普通高等教育"十一五"国家级规划教材

可再生能源概论

第 2 版

主编　左　然　　施明恒
　　　王希麟　　徐　谦
参编　闻建龙
主审　葛新石　　黄素逸

机 械 工 业 出 版 社

本书是普通高等教育"十一五"国家级规划教材。

可再生能源通常是指对环境友好、可以反复使用、不会枯竭的能源或能源利用技术,包括太阳能热利用、太阳电池、生物质能、风能、小水能、潮汐能、海浪能、地热能、氢能、燃料电池等。本书对上述相关知识进行了较为系统的介绍,重点介绍了各种可再生能源技术的基本原理和开发利用的方式,简要介绍了目前国内外可再生能源开发利用的现状和最新进展。此外,在第1版基础上,第2版新增加了储能技术一章。

本书适合作为理工科大学的教材,也可用作研究生参考教材。对于从事可再生能源技术研发的相关科技人员,本书也具有重要的参考价值。

本书配有电子课件,免费提供给选用本书的授课教师。需要者请登录机械工业出版社教育服务网(www.cmpedu.com)注册下载,或根据书末的"信息反馈表"索取。

图书在版编目(CIP)数据

可再生能源概论/左然等主编. —2 版. —北京:机械工业出版社,2015.3(2019.1 重印)

普通高等教育"十一五"国家级规划教材
ISBN 978-7-111-49448-5

I. ①可… II. ①左… III. ①再生能源 – 高等学校 – 教材 IV. ①TK01

中国版本图书馆 CIP 数据核字(2015)第 037203 号

机械工业出版社(北京市百万庄大街 22 号 邮政编码 100037)
策划编辑:刘 涛 责任编辑:刘 涛 冯 铗
版式设计:霍永明 责任校对:佟瑞鑫
封面设计:路恩中 责任印制:张 博
三河市宏达印刷有限公司印刷
2019 年 1 月第 2 版第 2 次印刷
184mm×260mm · 25 印张 · 617 千字
标准书号:ISBN 978-7-111-49448-5
定价:49.80 元

第2版前言

本书第 1 版出版至今已将近 8 年。这 8 年来，世界可再生能源技术的发展，仿佛从黎明前的一抹霞光，演变成清晨冉冉升起的朝阳。以世界光伏发电的领头羊德国为例，2006 年，德国的光伏发电量仅占全国发电量不到 1‰，到 2013 年底，这一数据已变成 5%。虽然中国的光伏发电量至今占比仍很小，但近年来国内光伏发电市场迅速启动，并且发展迅猛。2013 年全国新增光伏发电装机容量占全球的 30%，中国首次超越德国，成为世界最大的光伏发电市场。风能也是世界范围内发展最快的可再生能源技术，到 2013 年底，全球风电累计装机容量达到 318GW，与 10 年前相比增长了 10 倍，可以满足约 4% 的全球电力需求。而我国的风电装机容量超过 90GW，已排名世界第一，发电量约 1350 亿 kW·h，占全国发电量的 2%。风电已占据我国继火电、水电后的第三大电力能源位置。

这 8 年来，可再生能源技术也有了长足的进展。仍以太阳光伏为例，2006 年，晶体硅光伏组件的光电转化率最高为 15%，到 2013 年，这一数据提高到 18%。而光伏组件的价格，从 2006 年的大约 3 美元/Wp，下降为 2013 年大约 0.6 美元/Wp（Wp 为峰值瓦），降幅达到 80%。

随着新能源产业的高速发展，国内许多大学都开设了相关的本科和研究生课程，许多高校还开设了新能源专业。本书也被国内许多高校选为教材或参考教材，令编者感到喜悦和欣慰。如同第 1 版前言中所说，可再生能源技术包含多门不同的学科以及多学科交叉的知识，在一本教材中将如此众多的知识汇总在内，并且给出较精炼的介绍，实在是艰难的任务，里面的缺点和不足也在所难免。而适时地修改第 1 版的内容也是编者的心愿。

本书第 2 版在保留第 1 版主要内容的基础上，修改其中的错误和疏漏，删去若干过时的内容，并适当增加可再生能源技术的最新进展。编者的主要修改思路是：进一步加强相关基础理论介绍，压缩一般性的能源概论和国内外研究现状等内容，尽量用生动浅显的语言，系统地介绍可再生能源的相关基础知识以及最新进展。本书第 2 版主要做了以下修改和增删：

1）修正了第 1 版中存在的若干错误和重复之处，更换了若干过时或不够清晰的图片和表格。

2）压缩了各章有关国内外发展现状以及一般性的能源概论等内容；对国内外新能源发展的主要数据进行了更新。

3）增加了若干重要的基础理论介绍，例如太阳辐射的吸收和传递、光伏材料的直接带隙和间接带隙以及能量储存理论等。

4）增加了第 11 章储能技术。由于能量储存与可再生能源密切相关，因此该章的增加使得本书内容更为全面。

本书第 2 版的编写，除了第 1 版的四位作者外，还邀请了江苏大学徐谦副教授加入。徐谦副教授在香港科技大学读博期间，专门从事燃料电池和储能电池的研究。所以储能技术一章的编写以及电化学、燃料电池等部分的修改，均由徐谦博士承担。

在太阳电池一章的修改中，特别感谢常州天合光能有限公司（TSL）的张志强高级工程师，他不仅对该章进行了认真的审核，提出了很好的修改意见，而且提供了最新的光伏电池发展资料。

本书第1章和第4章的图表做了较多更新，江苏大学能源动力学院硕士研究生赵江承担了大量工作。这里一并表示感谢！

希望本书第2版的出版对我国可再生能源技术的发展起到微薄的促进作用。同时也诚恳地欢迎读者提出批评意见。

编者

第1版前言

进入21世纪，人类社会面临着严重的能源紧缺和环境污染。传统能源中的石油和天然气将在未来几十年内耗尽，煤尽管还能用一二百年，但它会对生态和环境带来很多的副作用。在世界范围的能源危机中，中国更是首当其冲。因此，研究开发无污染、可再生的新能源与能源转换技术是科技界的当务之急，而培养这方面的人才更是重中之重。

早在20世纪70年代，发达国家工科类专业（包括机械、电子、化工、材料等）就普遍开设能源与环境、可再生能源技术等相关课程。例如，美国许多大学都开设了名为 Renewable Energy, Alternative Energy, Sustainable Energy 或单独的 Solar Energy, Wind Energy, Fuel Cell 等课程。近年来，国内许多大学也都开设了相关课程。面对我国日益严峻的生态失衡和能源短缺，作为21世纪的理工科大学生，迫切需要具备能源与环保、可再生能源技术等基础知识。

尽管太阳能、风能、燃料电池等许多可再生能源和相应的利用技术早已列为国家重点发展的高技术项目，《可再生能源法》也于2005年2月在全国人大顺利通过，但是国内至今还没有一本适合理工科大学的、专门介绍可再生能源及其利用的大学本科教材。20世纪80年代初机械工业出版社出版过一本作为大学教材的《新能源发电》（西安交通大学陈听宽等编）。该书为国内最早较全面介绍可再生能源技术的大学教材，但由于当时的背景，核能和磁流体发电（不属于可再生能源范畴）占据很大篇幅，显然已不适应新时代的要求。近年来陆续有一些"新能源技术"类书籍问世，除了科普类以外，其中不乏介绍较全面的，但大都面向专业技术人员，偏重于某几类可再生能源，因此更适合于专业人士阅读。

因此，编写一本新的、适合理工科大学的"可再生能源及其利用"教材（本书将采用"可再生能源"这一更为准确的词汇，替代较为模糊的"新能源"一词），较为系统地介绍各种主要的可再生能源及其利用的原理、实用技术和当今国内外可再生能源技术的发展趋势，对于培养新一代具有开阔视野，将来能够从事与可再生能源相关的研究、开发和管理人才具有重要意义，也是改变我国传统的工科类专业陈旧的课程设置，与国际先进教育理念接轨的一个重要的尝试。

本书第1章是能源概论，内容包括能源与人类和环境的关系、能源的各种来源和分类以及人类所面临的能源和环境危机；第2章介绍可再生能源技术涉及的主要基础理论，包括热流体科学、半导体物理、电化学理论等；第3~10章，分门别类地介绍太阳能热利用、太阳电池、生物质能、风能、小水能、潮汐能、海浪能、地热能、氢能以及燃料电池技术，重点介绍各种可再生能源的基本概念、利用原理和实用技术。此外，也简要介绍了目前国内外可再生能源开发利用的现状、最新进展、以及对环境的影响。

本书在写作上着重基本概念的阐述，尽可能联系实际，尽可能多利用图、表等。在介绍基本原理的基础上，也适当给出该领域正在发展的、较高深的内容，为学生提供发挥想象力和创造力的空间。每章后备有5~10条思考题与练习题，供学生巩固所学内容，也给出一二道考核学生的创新能力的综合题，培养学生将书本知识转变为实际应用的能力。

本书需要的预备知识包括大学物理、大学化学、热力学、流体力学、传热学、半导体物理和电化学基础等，对于未学过后五门课程的同学，本书第2章给出了扼要的入门知识。其中半导体物理基础和电化学基础是学习太阳电池和燃料电池的必要准备。本书适合作为理工科大学三年级的教材，也可作为研究生的参考教材。全部内容学习大约需60~80学时，也可利用30学时有选择地学习。本书也为从事可再生能源相关领域研发的科技人员提供必要的参考。

可再生能源技术涵盖了许多不同的学科，涉及广泛的物理和化学原理。因此，编写这样一本教材，需要很宽的知识背景。由于作者主要是在工程热物理相关领域从事教学和科研，因此尽管已经竭尽所能，但错误（包括笔误和技术错误）、遗漏在所难免。诚恳希望读者发现后及时批评指正，以利于以后的再版。

本书第1章、第2章（2.2节除外）、第4章、第8章由左然（江苏大学）撰写，第3章、第9章、第10章由施明恒（东南大学）撰写，第5章、第6章由王希麟（清华大学）撰写，第7章、第2章2.2节由闻建龙（江苏大学）撰写。全书由左然统稿。清华大学航空航天学院研究生邓佳耀参与了本书的部分工作，江苏大学能源与动力工程学院研究生徐谦、戴剑侠、段清彬、张立平等协助绘图。

本书在编写过程中，参阅了大量的国内外文献，引用了许多不同来源的资料和插图。除了各章后所附的参考文献外，本书主要参考了 G. Boyle 的 Renewable Energy-Power for a Sustainable Future (2nd ed. , Oxford University Press, 2004.) 一书，以及下列网络资源：

1. 美国可再生能源国家实验室（NREL）网站：www. nrel. gov
2. 加拿大自然资源部（CANMET）能源技术中心网站：www. retscreen. ca
3. 欧洲可再生能源组织（EREC）网站：www. erec- renewables. org
4. 中国新能源网：www. newenergy. org. cn
5. 中国可再生能源网：www. crein. org. cn

全书承蒙我国可再生能源领域的两位著名学者——葛新石教授（中国科技大学）和黄素逸教授（华中科技大学）在百忙之中审阅，在此深表谢意。

最后，希望本书对培养我国可再生能源技术领域的人才有所裨益。

编　者

目 录

第2版前言

第1版前言

第1章　能源、人类与环境 ………… 1

  1.1　人类利用能源的历史 ………… 2

  1.2　能量的各种形式和转换 ………… 3

  1.3　能源的定义和分类 ………… 5

  1.4　能源的品质评价 ………… 7

  1.5　我国的能源问题 ………… 8

  1.6　能源与生态环境的关系 ………… 9

  1.7　可再生能源的应用和前景 ………… 11

  思考题与习题 ………… 12

  参考文献 ………… 12

第2章　能量转换基础知识——热力学、流体力学、传热学、半导体物理、电化学基础 ………… 13

  2.1　热力学基础 ………… 13

  2.2　流体力学基础 ………… 24

  2.3　传热学基础 ………… 38

  2.4　半导体物理基础 ………… 52

  2.5　电化学反应基础 ………… 72

  思考题与习题 ………… 80

  参考文献 ………… 81

第3章　太阳能热利用 ………… 82

  3.1　太阳辐射 ………… 82

  3.2　地面太阳辐射的接收和传递 ………… 88

  3.3　平板型太阳能集热器 ………… 93

  3.4　真空管集热器与太阳能热水器 ………… 103

  3.5　太阳房 ………… 106

  3.6　太阳灶 ………… 111

  3.7　太阳能热发电 ………… 113

  3.8　太阳能制冷与空调 ………… 119

  3.9　太阳能干燥 ………… 125

  3.10　太阳能储存 ………… 126

  思考题与习题 ………… 129

  参考文献 ………… 129

第4章　太阳电池 ………… 131

  4.1　太阳电池原理、发展历史和现状 ………… 131

  4.2　光吸收与载流子产生、光伏效应原理 ………… 134

  4.3　太阳电池的 I-V 特性 ………… 137

  4.4　太阳电池的工作特性与功率输出 ………… 140

  4.5　太阳电池的转换效率和影响因素 ………… 141

  4.6　太阳电池分类与太阳电池模块的标准测试条件 ………… 145

  4.7　单晶硅电池的基本结构和制备工艺 ………… 146

  4.8　太阳电池制备——从石英砂到单晶硅片 ………… 148

  4.9　太阳电池制备——从硅片到太阳电池 ………… 150

  4.10　其他类型的太阳电池 ………… 153

  4.11　太阳电池发电系统 ………… 158

  4.12　太阳电池的环境影响和发展前景展望 ………… 160

  4.13　例题 ………… 162

  思考题与习题 ………… 162

  参考文献 ………… 163

第5章　生物质能 ………… 164

  5.1　生物质能的形成和利用 ………… 164

  5.2　生物质能的来源 ………… 168

  5.3　生物质直接燃烧技术 ………… 171

  5.4　生物质压缩成型燃料技术 ………… 176

  5.5　厌氧消化制取气体燃料 ………… 180

  5.6　生物质气化技术 ………… 187

  5.7　生物质热裂解技术 ………… 191

  5.8　生物质燃料乙醇技术 ………… 194

  5.9　生物柴油技术 ………… 197

  5.10　生物质能与环境 ………… 200

  5.11　生物质能发展与展望 ………… 202

  思考题与习题 ………… 205

  参考文献 ………… 206

第6章　风能 ………… 207

  6.1　风的形成 ………… 207

6.2 风能利用简介 ……………………… 212
6.3 风能资源及分布 ……………………… 215
6.4 风的基本特征 ……………………… 219
6.5 风能的计算 ……………………… 221
6.6 风力机的空气动力学基础 ………… 224
6.7 各种类型的风力机 ………………… 229
6.8 风力发电机的结构 ………………… 232
6.9 风力机的控制 ……………………… 234
6.10 风力机的选址和输出功率 ………… 237
6.11 各种风力系统 ……………………… 239
6.12 风能利用的发展 …………………… 242
6.13 环境影响和风能利用展望 ………… 244
思考题与习题 …………………………… 247
参考文献 ………………………………… 247

第7章 小水电和潮汐能 ……………… 248
7.1 水力发电基本原理 ………………… 248
7.2 小型水电站类型和建站型式 ……… 249
7.3 水电站水工建筑物 ………………… 251
7.4 水轮机的工作参数及类型 ………… 253
7.5 水轮机的工作原理 ………………… 255
7.6 潮汐电站 …………………………… 262
7.7 抽水蓄能电站 ……………………… 266
7.8 环境问题与未来展望 ……………… 268
思考题与习题 …………………………… 269
参考文献 ………………………………… 270

第8章 波浪能 ………………………… 271
8.1 波浪的起因和定义 ………………… 272
8.2 波浪的特征和波浪能的功率 ……… 273
8.3 波浪在深水和浅水中的传播 ……… 274
8.4 波浪能资源 ………………………… 277
8.5 波浪能转换技术 …………………… 279
8.6 世界主要波浪能装置的范例 ……… 287
8.7 波浪发电的经济性、环境影响和
     技术展望 ………………………… 293
思考题与习题 …………………………… 294
参考文献 ………………………………… 295

第9章 地热能 ………………………… 296
9.1 地热能概述 ………………………… 296
9.2 我国的地热资源 …………………… 298
9.3 热储工程学基础 …………………… 302
9.4 地热发电 …………………………… 307
9.5 地热供暖 …………………………… 311
9.6 地热能的其他利用 ………………… 314
9.7 地热能开采 ………………………… 317
9.8 地热回灌技术 ……………………… 319
思考题与习题 …………………………… 320
参考文献 ………………………………… 320

第10章 氢能与燃料电池 …………… 322
10.1 氢元素和氢能 ……………………… 322
10.2 氢的制备 …………………………… 324
10.3 氢的储存 …………………………… 328
10.4 燃料电池的基本原理 ……………… 331
10.5 燃料电池的分类及特征 …………… 336
10.6 燃料电池的发展和展望 …………… 348
思考题与习题 …………………………… 349
参考文献 ………………………………… 350

第11章 储能技术 …………………… 351
11.1 飞轮储能 …………………………… 352
11.2 化学电池原理 ……………………… 354
11.3 铅酸电池 …………………………… 358
11.4 锂离子电池 ………………………… 361
11.5 钠硫电池 …………………………… 367
11.6 液流电池 …………………………… 372
11.7 各种储能技术的对比、环境影响和
     未来展望 ………………………… 376
思考题与习题 …………………………… 379
参考文献 ………………………………… 379

附录 …………………………………… 380
本书常用符号 ………………………… 381
全文索引 ……………………………… 383

第1章
能源、人类与环境

能源是人类赖以生存的基础，也是人类从事生产和社会活动的基础。能源的开发利用程度标志着人类社会进化和发展的程度。能源对于现代社会的重要性如同粮食对于人类的重要性，没有粮食，人类将不能生存；没有能源，现代社会将陷入瘫痪，人类只能回到远古的刀耕火种时代。

能源的消费水平是衡量国民经济发展和人民生活水平的重要标志。随着现代社会的发展和人民生活水平的提高，人类的能源消耗迅速增长（图1-1），能耗的增长速度大大超过了人口增长速度。在20世纪的100年中，世界人口从16亿增长到60亿，大约增长了4倍；而同一时期，世界一次能源的年消耗量从20亿t标准煤增长到200亿t标准煤，足足增长了10倍。据能源专家预测，以目前的消耗速度，地球上已探明的储藏，煤大约能维持200年，石油和天然气大约还能维持50年。全世界人口从2011年起已经突破70亿，这意味着地球资源紧张将进一步加剧。

传统的化石能源不仅储量有限，而且已经造成严重的生态失衡和环境污染。人类不能无节制地向自然索取，只有合理地开发和利用能源，与自然和谐相处，才能从根本上解决能源问题。我国的现代化建设，在很大程度上取决于能源的充分供应和有效利用。开发无污染、可再生的新能源是科技界的当务之急。

现代科学技术有四大支柱：信息科学、材料科学、生命科学、能源科学。属于能源科学的新能源技术的特点是，它并不自成一个学科，而是多种学科的交叉。能源技术研究各种能源的开发、生产、

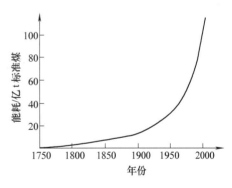

图1-1　工业革命以来人类能源消耗的增长

转换、储存和综合利用。简言之，研究能源技术的目的有两个：一是寻找新的能源和能源利用方式；二是提高现有能源的利用效率，特别是转换为电能的效率。对于可再生能源技术来说，最重要的是能量的高效率低成本的转换。因此，学习和了解可再生能源技术需要宽广的知识背景，需要掌握多方面的知识，特别是物理学和化学的基础知识。

在系统地介绍可再生能源技术之前，本章和第2章将分别介绍有关能源利用的一般知识和基础理论：本章将介绍能源利用的历史、能源的定义和分类、能源的品质评价、中国所面临的能源和环境问题、可再生能源的开发前景等。第2章将给出有关能源利用与转换的基础理论知识，包括热力学、流体力学、传热学、半导体物理以及电化学的基础知识。

1.1 人类利用能源的历史

人类进化的历史，也是一部不断地向自然界索取能源的历史。伴随着能源的开发利用，人类社会逐渐地从远古的刀耕火种走向现代文明。如表1-1所示，人类使用能源大致可以分为四个时期：

表1-1 人类利用能源的历史

名　称	时　期	特　点
（1）柴草时期	约50万年前~18世纪中叶	以柴草、人力、畜力为主，辅以少量风车、水车
（2）煤炭时期	18世纪中叶~20世纪中叶	以煤炭为主要能源，以蒸汽机为主要驱动机
（3）石油时期	20世纪中叶~21世纪中叶	以石油为主要能源，以内燃机和电机为驱动机
（4）新能源时期	21世纪中叶以后	包括太阳能、风能、水能、生物质能等可再生能源以及人工核聚变等多种能源利用体系

（1）柴草时期　大约50万年前，人类学会了使用工具和火，特别是学会了利用火来取暖和做饭（图1-2），从此人类完成了从猿到人的进化。此后一直到18世纪中叶，人类一直以柴草烧饭、取暖和照明，以人力、畜力和极少量水车、风车为动力，从事手工生产和交通运输。在马车的低吟声中，人类度过了悠长的农业文明时代。尽管生产力和生活水平非常低下，但火的发现和使用，使人类开始了迈向具有理性的文明社会的步伐。这一时期生产力低下，人类基本受制于大自然。

（2）煤炭时期　从18世纪中叶开始，以蒸汽机的发明为代表，人类进入了能源利用的煤炭时期。中国人早在1000多年前就学会使用煤，但大规模地开采和利用煤则始于17世纪的英国。煤气灯的使用，结束了人类的漫漫长夜。蒸汽机的发明，使煤炭一跃成为第二代主体能源。到18世纪以煤炭为燃料的蒸汽机的广泛应用，使纺织、冶金、采矿、机械加工等产业获得迅速发

图1-2 钻木取火——人类最早从事的能量转换过程

展。蒸汽机车、轮船的出现，又使交通运输业得到巨大进步。通过大规模使用机器，欧洲国家率先进入了工业社会，人类开始对大自然进行大规模的改造。

（3）石油时期　从19世纪末开始，以发明内燃机和电力为代表，人类进入以石油为主要能源的时代。中国人很早就发现石油是一种可燃的液体，宋朝的沈括就对石油作了详细的记载。但漫长的封建社会，压抑了中国人的聪明才智和科学技术的发展。而在地球的另一端，工业革命带来了巨大的技术进步。1854年，美国宾夕法尼亚州打出世界上第一口油井，现代石油工业由此发端。1886年，德国人本茨和戴姆勒研制成以汽油为燃料的世界上第一辆汽车，从此开始了大规模使用石油的汽车时代。从19世纪初法拉第发现电磁感应，到世纪末爱迪生发明电灯，作为一次能源的石油和煤炭被转换成便于输送和利用的二次能源——电能，使人类永远地脱离了黑暗。到20世纪60年代，全球石油的

消费量已超过煤炭，成为第三代主体能源。以石油和电能为基础，内燃机、电力机等动力机械，以及电话、电视、计算机、互联网等信息设备的发明和使用，将人类快速推进到现代文明时代。

（4）可再生能源时期　进入 21 世纪，在使用石油、煤、天然气等化石能源以及核能的同时，水力能以及太阳能、风能、海洋能、生物质能等可再生能源也逐渐走上历史舞台。由于传统的化石能源面临枯竭，人类正在积极地开发可再生的新能源。尽管目前人类仍处于石油能源时期，但按照当前的发展趋势预测，到 21 世纪中叶，很可能形成包括太阳能、风能、水力能、生物质能等可再生能源以及核能（核裂变和核聚变）的多种能源联合利用体系，可再生能源将占据社会总能源需求的至少半壁江山。

1.2　能量的各种形式和转换

按照物理学的定义，能量即物体（或系统）对外做功的能力。物体对外界做功 W，则外界能量增加 W，而物体本身能量减少 W。这是能量最重要的特征——能量守恒定律：能量既不能被创造也不能被消灭，它只能从一种形式转变为另一种形式。如动能变为势能、电能变为光能、机械能转换为热能、化学能转换为电能等。若用热力学的语言，则有热力学第一定律，它是目前除了核能以外的几乎所有能量转换的理论基础。若考虑爱因斯坦的质能关系式 $E = mc^2$，即质量和能量的相互转化，则有广义的能量守恒定律，它是核电站以及受控核聚变的理论基础。

能量的概念来源于力学，后来扩展到许多学科，成为人类认识世界的一个极其重要的物理量。能量有多种不同的形式，不同学科遇到的各种能量形式及表达式如表 1-2 所示。

表 1-2　不同学科遇到的能量形式及表达式

学　科	能　量	表　达　式	符　号　意　义
牛顿力学	平动动能	$E_k = \frac{1}{2}mv^2$	m，物体的质量； v，物体的平动速度
	转动动能	$E_r = \frac{1}{2}I\omega^2$	I，转动惯量； Ω，物体的转动角速度
	重力势能	$E_p = mgh$	g，重力加速度； h，物体的相对高度
热力学	热能、热力学能	$\Delta U = Q - W$	ΔU，系统热力学能的变化； Q，热能；W，做功
电磁场	电场能	$E_e = \frac{1}{2}CV^2$	C，电容；V，电压
	磁场能	$E_m = \frac{1}{2}LI^2$	L，电感；I，电流
核物理学	核能	$\varepsilon = h\nu$ $E = mC^2$	ε，单个粒子或光子的最小能量；h，普朗克常数；ν，振动频率； m，质量；C，光速

（续）

学　科	能　量	表 达 式	符 号 意 义
化学	化学键能、热能、光能	化学反应方程式	在化学反应中，首先由外界提供能量，如热能或光能，使连接原子之间的化学键断开，此能量即活化能；然后，原子发生重新组合，释放出多余的化学能
生物化学	光合作用	$6H_2O + 6CO_2$ $\rightarrow C_6H_{12}O_6 + 6O_2$	植物利用阳光将空气中的水和二氧化碳转变为葡萄糖
	无氧发酵		利用微生物将碳水化合物转变为醇，此即酿酒过程
	酶催化或消化作用		能量以葡萄糖的形式储存在体内，呼吸时与氧气作用，反应释放出 H_2O 和 CO_2

在牛顿力学中，有平动动能 E_k、转动动能 E_r、重力势能 E_p。上述三种能量通称为机械能，可再生能源中的水力能、波浪能、风能即属于上述能量形式。

在热力学中，能量守恒定律转化为热力学第一定律。对于封闭系统，$\Delta U = Q - W$，其中，ΔU 为系统内能的变化，Q 为热能，W 为做功。系统的内能是系统分子热运动的能量，其本质是微观粒子随机热运动的动能。分子运动速度越快，物体的温度越高。在热力学中，热能也可以表示由温差传递的能量。绝大多数化石能源的利用，都是先将燃料的化学能转变为热能，然后再转变成其他形式的能量。

在电磁场中，有电场能 E_e 和磁场能 E_m。它们之间可以相互转化，也可以根据法拉第电磁感应定律，由机械能转化而来。

在化学反应中，涉及的能量包括化学键能、热能、光能等。当燃料燃烧时，内部的化学键能转变为热和光能。无论是吸热反应或放热反应，由于原子需重新组合，首先必须由外界提供能量，如热能或光能，使连接原子之间的化学键打开，此能量即活化能，然后原子重新组合，释放出多余的化学能。干电池和蓄电池都是利用了化学能。

在生物化学中，涉及的能量过程包括：

1）光合作用。植物利用阳光将空气中的水和二氧化碳转变为葡萄糖和氧气（$6H_2O + 6CO_2 \rightarrow C_6H_{12}O_6 + 6O_2$），能量储存在葡萄糖中。粮食、薪柴、煤、石油中所含的能量都来自太阳的光合作用。

2）无氧发酵。利用微生物将碳水化合物转变为醇，此即酿酒过程。沼气也是来自这一过程。

3）酶催化或消化作用。动物和人类要维持生存，都要利用这一过程，从食物中摄取能量。此时，能量以葡萄糖的形式储存在体内，呼吸时与氧气作用，反应产生 H_2O 和 CO_2，释放出来。

在微观粒子中，能量只能以一份份不连续的形式释放或接受。由量子力学得知，粒子或光子的能量 $E = nh\nu$，n 为正整数，h 为普朗克常数，$h = 6.63 \times 10^{-34} J \cdot s$，$\nu$ 为振动频率，即粒子能量只能取最小能量 $h\nu$ 的整数倍。由于普朗克常数为很小的数，因此在宏观世界里通常观察不到这一能量的不连续性。但是，当原子核发生裂变或聚变时，释放出巨大的能量。由爱因斯坦的质能关系式，$E = mC^2$，其中 m 为物体质量，C 为光速，$C = 3 \times 10^8 m/s$。这里的能量 E 表示当物质的质量或原子核的数目改变时所释放出的原子核能。1kg 铀235 裂变后产生的能量等价于2500t煤燃烧后所产生的能量，该能量足以产生一次强烈地震，或一次原子弹爆炸。1kg氘和氚放出的能量相当于1万t煤，4倍于铀裂变的能量。太阳能就是一种核聚变能，其中大量的氢原子聚合到一起，形成氦原子，同时以光辐射的形式放出巨大的能量。

上述各种形式的能量，可以简单地归为两类：与运动相联系的能量，称为动能；与物体的相对位置或内部结构有关的能量，统称为势能。目前人类使用的能源可以认为全都来自以下若干类型的势能：由于水位差产生的水力能；由于空气温差产生的风能；储存在物质中的化学键中，当原子发生重新组合时释放出的化学能，如煤、石油、天然气等化石能源；储存在原子内部，当原子核破裂时释放出的原子核能。太阳其实就是一座天然的核聚变反应堆，氢同位素的核聚变放出能量。原子核能释放时，能量以热能、声能或光能的形式放出。

1.3　能源的定义和分类

广义地讲，能源即能够向人类提供能量的自然资源。如煤和石油等化石能源提供热能，水力和风力提供机械能，地热提供热能，太阳提供电磁辐射能（可转化为热能或电能）。许多自然过程都产生一定的能量，甚至普通的垃圾也可以转化为能量，但转化的数量和转化的难易程度则差异极大。因此，能源又可定义为较集中而又较容易转化的含能物质或含能资源。能源的分类有多种方式：

1）按照来源的不同，能源可分为来自太阳的辐射能量、地球内部固有的能量、地球与其他天体相互作用产生的能量共三大类（表1-3），分别称为第一类能源、第二类能源、第三类能源。

表1-3　一次能源的分类

	可再生能源	不可再生能源
第一类能源 （直接或间接来自太阳辐射）	太阳能、风能、水力能、波浪能、海流能、海水温差能、生物质能	煤、石油、天然气、油页岩、可燃冰
第二类能源 （地球内部带来的能量）	地热能、火山、地震、海啸	核燃料（铀、钍、氘、氚等）
第三类能源 （地球—天体相互作用能）	潮汐能	

第一类能源来自太阳辐射，又可分为：①间接来自太阳辐射，经光合作用转化为生物质能，如草木中所含的能量，其中一部分又经过生物体的转化，变为煤、石油、天然气、沼气、油页岩等。②间接来自太阳辐射，经空气或水的吸收转化，变为风能、水力能、波浪能、海水温差能等。③直接吸收太阳辐射，转化为热能或光能，如太阳能热水、太阳能采暖、太阳光伏电池等。

第二类能源为地球内部固有的能量，又可分为：地热水或汽、热岩层、地震、火山运动、核能（铀、钍、氘、氚）等。

第三类能源为地球与其他天体的相互作用能，主要是潮汐能，它来自月亮和太阳对地球海水的引力。

2）按照不同的资源形态，能源可分为：①含能体能源。能量存在于物质中，易于储存，包括化石燃料（煤、石油、天然气等）、核燃料、地热水或汽、氢能等。②过程性能源。能量存在于运动过程中，无法直接储存，包括太阳辐射、风、河流、潮汐、波浪等。

3）按照人们开发和使用的程度，能源可分为：①常规能源，如煤、石油、水力等；②新能源，指正在研发、尚未普及的能源，如太阳能、风能、海洋能等。核能曾属于新能源，但随着其广泛地开发，已归类为常规能源。

4）按照能否反复使用，能源可分为：①不可再生能源，即只能一次性使用，不可再生的能源，它包括所有化石能源和核能；②可再生能源，即可以反复使用，不会耗尽的能源，它包括太阳直接辐射能（简称太阳能）、风能、海洋能、地热能等。

5）按照是否经过加工或转换，能源又可分为：①一次能源，指自然界中以天然形态存在的原油、原煤、天然气、薪柴、水流、核燃料，以及太阳辐射、地热、潮汐等；②二次能源，指由一次能源经过加工或转换得到的能源，如煤气、焦炭、汽油、煤油、热水、电能、氢能等。电能是最重要、也是最方便的二次能源。

能源的分类如表1-4所示。能量的各种形式以及从来源到终端用户的转换关系如图1-3所示。

表1-4 一次能源、二次能源、可再生能源、不可再生能源分类

一次能源	可再生能源	太阳辐射、生物质、风、流水、海浪、潮汐、海流、海水温差、地热水、地热蒸汽、热岩层
	不可再生能源	化石燃料（煤、石油、天然气、油页岩、可燃冰）、核燃料（铀、钍、钚、氘等）
二次能源		电能、氢能、汽油、煤油、柴油、火药、酒精、甲醇、丙烷、苯胺、焦炭、硝化棉、甘油三硝酸酯（硝化甘油）等

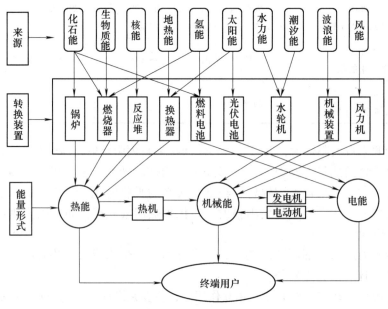

图1-3 能量的各种形式和转换

6）按照国际能源署（IEA）的推荐，新能源和可再生能源又分为三类：第一类，大中型水电；第二类，传统的生物质能利用；第三类，新的可再生能源。前两类统称为旧的可再生能源，因为它们的开发相对较成熟，而且都对环境有较大的不利影响。第三类即为新的可再生能源，包括太阳能、风能、现代生物质能、氢能、地热能、海洋能和小水电等。显然，新的可再生能源还有另一个含义，即它们除了不会耗尽外，也较少污染排放，对环境友好。新的可再生能源是 21 世纪最具发展前景的能源，它们必将取代传统的化石能源，成为人类的主流能源。本课程所要讲述的即是新的可再生能源，简称为可再生能源，或新能源。

1.4　能源的品质评价

能源的种类很多，各有优劣。通过对能源进行品质评价，可以了解各种能源利用的难易程度。评价各种能源的技术指标主要有以下几方面：

1）能流密度。即在单位体积或单位面积内从能源获得的功率。新能源如太阳能和风能的能流密度较小，只有几百 W/m^2；常规能源和核能的能流密度大。能流密度小是可再生能源的共性。因此，太阳能、风能等可再生能源利用需占用较大的接收面积。

2）能源投资。即开发能源所需的费用和设备价格。化石能源与核燃料，从勘测开采到加工运输，需投入大量人力物力，本身即耗能。太阳能、风能等可再生能源，由大自然提供，无能源费用，只是设备的初投资仍较高。截至 2014 年，太阳光伏发电的设备投资平均为 2 万元/kW，风能则已经降到 6 千元/kW，接近燃烧天然气和石油的设备投资以及水电设备的投资。

3）供应的连续性和存储的可能性。要求能源能连续供应，不用时能储存起来，需要时能立刻发出能量。一般化石燃料容易储存，可再生能源如太阳能、风能则难以储存，也难以连续供应。

4）运输费用和损耗。能源需要从产地运输到使用地，但运输本身消耗能源，也需要投资，所以远距离运输影响其使用。石油和天然气可以用管道从产地输送到用户，太阳能、风能等则难以运输。

5）对环境的影响。在能源利用中，环境影响是必须要考虑的因素，环境污染已成为影响全球的重大问题。几种主要能源对环境的影响简述如下：

核电站：放射线污染、核废料。

燃煤电站：温室效应、酸雨、粉尘排放。

水电站：淹没土地、改变生态、引发地震、土地盐碱化、妨碍灌溉与航运。

太阳能、风能、潮汐能、波浪能：对环境无直接污染，但占用大量陆地或海面。风能对鸟类、海洋能对航运有部分影响。废弃的太阳电池也会造成污染。

6）能源品位。从转换为电能的难易程度考虑，能源有低品位和高品位之分。较难转化为电能的为低品位能源，较易转化为电能的为高品位能源。能源的品位高低是相对的。例如，比较水力能与化石燃料，水力能可直接转化为机械能，再转化为电能；而化石燃料须先通过燃烧转化为热能，再转化为机械能，进而转化为电能。因此，水力能更容易转化，因此是高品位能源。在实际生活中，大量的低品位能源未被利用，白白浪费掉。如工业废热、太阳热能、小水能等，它们积累起来仍是一笔巨大的能量。

1.5　我国的能源问题

根据国际上通行的能源预测，石油和天然气均将在未来 50~60 年内枯竭，煤炭也只能用 200 年左右。在人口众多的我国，传统能源将枯竭得更快，形势不容乐观。与世界上一些资源贫乏的国家相比，我国的能源资源并不缺少。水力资源居世界第一，煤炭储量居世界第三，石油居第六，天然气居第十六。但由于人口太多，技术落后，就人均资源占有量而言，我国的一次能源又非常匮乏。因此，开发利用新能源，提高资源综合利用效率，是我国现代化建设的关键。表 1-5 列出了 2013 年中国和世界主要能源的储量和储采比（按当年生产水平尚可开采的剩余能源储量的年数）的对比。从中可看出，随着国民经济的快速增长，我国正面临着日益严峻的能源危机。21 世纪我国在能源问题上面临着如下的挑战。

表 1-5　2013 年中国主要能源与世界的对比

	煤　炭	石　油	天然气
世界总可采储量	8915 亿 t	2382 亿 t	185.7 万亿 m³
中国可采储量	1145 亿 t	25 亿 t	3.3 万亿 m³
中国所占比例（%）	12.8	1.1	1.8
世界储采比	113	53.3	55.1
中国储采比	31	11.9	28
中国产量名次	1	4	5

注：资料来源：BP 世界能源统计 2014。

（1）人均能源不足　我国人口占世界总人口 21%，人均能源资源占有量不到世界平均水平的一半，人均煤炭储量只相当于世界平均值的 1/2，人均石油可采储量仅为世界平均值的 1/10，人均用电量不足世界平均值的 1/2。

（2）能源分布不均　我国的煤炭、石油和天然气资源主要集中在东北、华北和西北地区，水电资源则集中在西南地区，而经济发达、人口集中的东部沿海地区能源却严重缺乏。因此，"北煤南运""西电东送"的不合理格局造成过大的能源输送损失和交通运输的长期紧张。

（3）能源构成不合理（图 1-4）　在我国一次能源的构成中，煤炭占 70% 以上，而国际上煤炭平均仅占 23%。大量燃煤造成严重的空气污染。我国目前是世界第一大温室气体排放国，面临巨大的国际压力。以煤炭为主要能源的结构带来严重的能源消费污染问题。

（4）能源效率低　我国目前单位产值能耗是世界最高的国家之一，能源效率约为 30%，与发达国家相差 10%，主要工业产品单位能耗比发达国家高出 30% 以上。据统计，中国每生产 1 美元 GDP，消耗的能源是美国的 4 倍、德国和法国的 7 倍、日本的 11 倍。

（5）农村能源严重短缺　我国农村生活用能的 2/3 依靠薪材和秸秆，即传统生物质能。每年砍伐薪柴 3000 万 t；森林年生长率 3 亿 m³，而年消耗量 4 亿 m³。由于盲目发展乡镇企业，乡镇工业用能剧增。许多乡镇企业能源利用率低且污染严重。我国单位面积粮食作物的能源投入量超过以"石油农业"著称的美国，农业生产高能耗、低效益。

（6）能源过度依赖进口　从 1993 年起，我国就变成了石油净进口国。2013 年 10 月，

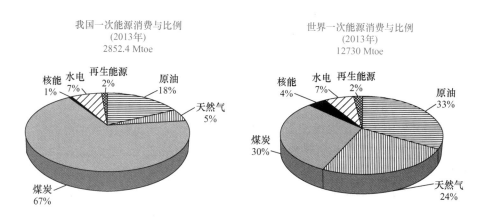

（注：toe 为吨标准油，1toe = 42GJ = 11.7×10^3 kW·h）

图 1-4 世界与中国能源消费比例

（来源：国际能源署 IEA）

中国超过美国，成为世界第一大石油进口国。我国石油对外依存度为 50% 以上，这对我国的能源安全提出了严重的挑战。

（7）环境污染极为严重 目前我国环境形势严峻，生态平衡脆弱。我国各类污染物排放量均居世界首位，远远超过自身的环境容量极限。截至 2011 年，我国消费了世界约 21% 的能源、11% 的石油、49% 的煤炭，排放了占世界 26% 的二氧化硫、28% 的氮氧化物、25% 的二氧化碳。我国早已是世界最大的二氧化碳排放国，二氧化碳排放量已占到全球排放总量的四分之一强，超过美国 50% 左右。除了大气污染，我国还存在严重的水污染、土壤污染和土地荒漠化问题。因此，保护环境，改变能源结构，也是关系国民生存和健康的大事。

1.6 能源与生态环境的关系

18 世纪的工业革命揭开了人类历史的新篇章，人类掌握了日益先进的干预自然的手段和工具，山川、河流、森林、海洋、太空，到处都留下了人类活动的足迹。社会生产力的发展和物质财富的增长刺激了人类对自然的征服欲和占有欲。但是，当人类创造一个又一个经济奇迹的同时，又一步步把自己推向了灾难的边缘：能源危机、生态危机、环境危机、粮食危机，这些都是人类不加节制地破坏大自然的后果。由于大量使用化石能源、砍伐森林以及化学排放等，人类正面临着严峻的生态与环境危机。

（1）温室效应 大气中的二氧化碳（CO_2）、甲烷（CH_4）等气体允许来自太阳的短波辐射通过，却能够吸收地球发出的红外长波辐射，然后再返回到地球上。过多的 CO_2 等气体如同温室中的玻璃一样，阻挡地球的正常热量散失，这就是温室效应。研究人员发现，自 1840 年工业革命以来，大气中 CO_2 的含量增加了 30%，从 280×10^{-4}% 增加到 368×10^{-4}%（体积分数），这可能是过去 42 万年中的最高值（图 1-5）。全球气温的变化严重地扰乱了世界气候的自然平衡状况。目前，CO_2 含量每年增加 3%，每年大约有 230 亿吨 CO_2 被释放到地球的大气中。如果这种趋势继续下去，未来 50 年内全球气温将上升 1.5~4.5℃，这将使极地冰雪融化，海水升温膨胀，将淹没全球大多数沿海地区，气候也将发生重大变化。

近年来，世界各地气候异常变化明显增加，如欧洲和亚洲的洪水、非洲的干旱等。近50年气候异常主要是人类使用化石燃料，如煤、石油、天然气而排放大量 CO_2 等温室气体所致。

（2）大气污染　大气污染物包括硫氧化物（SO_2）、氮氧化物（NO_x）、臭氧（O_3）以及粉尘等有害物。其原因主要是大量使用化石燃料、大规模烧毁森林以及工业废气排放。

据统计，100万 kW 的燃煤电站年排烟尘（粉尘、CO 等）100万 t，二氧化硫 6万 t，强致癌物苯并芘 630kg，形成酸雨，不仅破坏森林、庄稼，而且污染水源、动物和人。我国是大气污染最严重的国家之一，因为主要能源是煤。每年废气排放总量约 8.5亿 m^3，含 SO_2 1500万 t，烟尘 1300万 t，粉尘 780万 t。全国城市悬浮微粒年日均值为 381μg/m^3，是世界卫生组织规定标准的

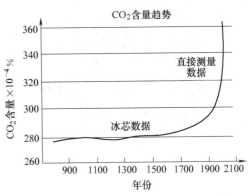

图 1-5　2000 年来大气中的 CO_2 含量趋势

4~6 倍（表1-6）。华中、华南和西南地区酸雨区已占国土面积的 30% 左右，造成的经济损失巨大。全国每年因大气污染造成损失达上百亿元。空气污染还引起多种呼吸道疾病。

表1-6　2004 年我国大气污染物年排放浓度

	全 国 均 值	南方城市均值	北方城市均值	WHO 推荐标准
SO_2 排放浓度/（μg/m^3）	66	60	72	40~60
TSP 排放浓度/（μg/m^3）	381	2	381	40~60

注：TSP 为城市总悬浮颗粒物。资料来源：中国能源网。

（3）水污染　全世界都面临严峻的淡水资源短缺，但这一问题在我国尤甚。我国有世界第一的水力资源，但又是贫水大国，人均水资源仅为世界人均水资源的 1/4。全国 30 条主要河流，从东北的松花江、辽河，到中华民族的母亲河——黄河、长江，一直到南方的湘江、珠江，都已受到严重污染。工业和生活污水排放，全国只有 5% 经过处理，其他未经任何处理即排放到江河湖海中。以"三湖"（滇池、太湖、巢湖）为代表的湖泊富营养化也相当严重，许多地区的地下水和饮用水源受到严重污染，对人体健康造成极大危害。

（4）森林砍伐　森林是地球生态循环的重要组成，能够吸收大量 CO_2，放出 O_2。森林还提供野生动物栖息地，涵养水源，防风固沙，调节气候，保持水土，净化大气。热带雨林被称作"地球的肺部"，提供全球 50% 的新鲜氧气，并抵消温室效应的影响，自 1945 年以来，世界上一半以上的雨林被毁坏，目前热带雨林覆盖率不到地球的 10%，大多数分布在南美的巴西亚马逊流域，少数分布在东南亚以及我国的海南岛，一旦全遭破坏，将使全球气候大幅变化。

我国是贫林大国，森林覆盖率不到 20%，为世界平均值的 1/2，森林总面积仅占世界的 4%，人均森林资源仅为世界人均值的 1/6（表1-7）。自 1980 年以来，我国原有森林面积减

少了23%，从东北到西南，森林遭到严重破坏，东北大兴安岭森林的大量砍伐，使黑龙江省年降水量由过去的600mm降至380mm，过去罕见的春旱、伏旱现在常有发生。

表1-7　世界主要国家的森林覆盖率（来源：联合国粮农组织2010年）

日本	加拿大	俄罗斯	德国	美国	印度	中国
69%	44%	33%	32%	33%	23%	<20%

（5）臭氧空洞　臭氧层位于距地面30km左右的平流层内，对太阳紫外线有极强的吸收作用，能够吸收99%以上对人类有害的太阳紫外线，是地球上生命的天然屏障。

1985年一支英国南极考察队发现南极上空臭氧层出现空洞，该处O_3含量仅为正常值的40%~50%，面积相当于一个美国。其后北极上空也发现了空洞。科学家认为，O_3减少1%，射到地面上的紫外辐射增加2%，皮肤癌、白内障发病率都将增加，海洋浮游生物无法进行光合作用，一旦食物链受阻，海洋生物将面临灭绝。臭氧层破坏的主因是人类排放的氟氯烃（CFCl）、甲烷等，上述物质存在于冰箱、空调、灭火器、喷雾剂和化工生产中。臭氧层要完全恢复需要100年的时间。

（6）固体垃圾污染　据国家环保部门统计，全国工业固体废弃物总量（不含乡镇企业）为每年7亿t以上，综合利用率仅为30%左右。2/3的城市陷入垃圾包围之中。全国城市生活垃圾每年1亿多吨，并且以每年6%~7%的速度增长，无害化处理率不足20%。大量未经处理的工业废渣和城市垃圾堆存于城郊等地，成为严重的二次污染源。

据世界卫生组织的报告显示，近年来全世界每年死亡的4500万人中，有3/4是由于环境恶化所致。我国近30年来经济高速发展，但环境问题极为严峻，癌症等疾病高发。因此，我们每个人都应关心自己周围环境的改善！

1.7　可再生能源的应用和前景

化石能源的大量开发和使用，是造成环境污染与生态破坏的主要原因。如何在开发和使用能源的同时保护好我们赖以生存的地球环境与生态，已经成为全球性的重大课题，而大力开发和利用可再生能源是人类走出困境的唯一出路。

在人类利用能源的历史长河中，石油、天然气、煤炭等化石燃料毕竟是短暂的，只有太阳能、风能、水力能、生物质能、波浪能、潮汐能、地热能等可再生能源才是取之不尽、用之不竭的。所有的可再生能源，除了潮汐能和地热能外，几乎都是来自太阳辐射的巨大能量。太阳还能存在50亿年，对于人类来说，可以认为是不会枯竭的。地球表面每年来自太阳的能量为5.45×10^{24}J，大约为全世界目前能量消耗的2万倍。

由于可再生能源本质上不会耗尽，它们在使用过程中产生极低的温室气体和其他污染气体，对地球上的生态系统和人类的健康影响很小，因此，在国际上受到越来越多的重视。从20世纪70年代石油危机开始，发达国家就斥巨资开发可再生能源技术，抢占能源技术的制高点。太阳能光伏发电、风力发电、垃圾发电、太阳能热利用、地热利用、沼气利用、秸秆气化等很多新技术现在已经逐步进入商品化推广应用阶段。可再生能源占总能源的比例逐年增加。世界银行的一份研究报告指出，到21世纪中叶，可再生能源将为人类提供50%的商品化能源。

我国地域辽阔，地形多变，蕴藏着极其丰富的可再生能源，主要有太阳能、风能、水力能和生物质能。全国陆地总面积 2/3 以上地区年日照时数大于 2200h，属于太阳能资源丰富地区。西藏、青海、新疆、甘肃、宁夏、内蒙古属于世界上太阳能资源最丰富的地区之一。我国风能资源丰富，陆地可开发利用风能资源约 2.5 亿 kW，加上海上风能资源，共计有约 10 亿 kW 的资源潜力，主要集中在"三北"地区和东部沿海地区。我国正在大力促进可再生能源的开发，已经签署了一系列国际公约，承诺逐渐减少传统能源利用，减少 CO_2 排放。2005 年我国通过了《可再生能源法》，从法律上确立了可再生能源开发利用的地位。到 2011 年前后，我国已经成为世界最大的光伏组件和风电机组生产国。从 2013 年起，国内不断出台鼓励光伏发电和并网的政策，国内市场快速启动，使中国一跃而成为世界最大的风电和太阳能市场。

大力开发可再生能源，保护生态环境，是保持我国经济可持续发展，提高人民生活水平，建设绿色中国，实现小康社会的唯一途径。

思考题与习题

1. 什么是能流密度？举例说明可再生能源的能流密度的主要特点。

2. 什么是能源品位？举例说明低品位能源（如汽车废热、太阳热能等）能否利用？在经济上是否合算？

3. 什么是含能体能源、过程性能源、一次能源、二次能源？

4. 从能量守恒角度，世界上的总能量保持不变，但为何人类存在能源危机？

5. 什么是生态平衡、温室效应、臭氧层破坏？影响它们的主要因素各有哪些？

6. 为何电能是最佳的二次能源？你认为目前哪种能源技术转换为电能最方便高效？

7. 水力能和草木秸秆燃烧也属于可再生能源，但为何不属于国际上提倡的新能源范畴？

8. 举例说明可再生能源（如太阳能）与不可再生能源（如煤）各自的优缺点。

9. 举例说明可再生能源转换为电能的过程与成本的关系。

10. 从能源品质评价的角度，你认为中国应该大力发展哪一种或哪几种可再生能源？

11. 化石能源仍是当今人类的主要能源，我国目前的能源利用中 70% 是煤和石油。假设现在世界上的化石能源已全部耗尽，新的替代能源还未问世，将会出现什么情况？请想象几个场景。

12. 你认为 21 世纪中期世界的主要能源是什么？人类如何最终解决能源问题？

参 考 文 献

[1] G Boyle. Renewable Energy-Power for a Sustainable Future [M]. 2th ed. Oxford：Oxford University Press, 2004.

[2] 陈听宽, 章燕谋, 温龙. 新能源发电 [M]. 北京：机械工业出版社, 1982.

[3] 黄素逸, 高伟. 能源概论 [M]. 北京：高等教育出版社, 2004.

[4] Edward S Cassedy. 可持续能源的前景 [M]. 段雷, 黄永梅, 译. 北京：清华大学出版社, 2002.

[5] BP 世界能源统计 2014.

第 2 章

能量转换基础知识——热力学、流体力学、传热学、半导体物理、电化学基础

可再生能源技术涉及多学科交叉，它们是物理、化学、生物、自动控制等多门科学理论在能量转换中应用的结晶。本章将扼要介绍涉及可再生能源转换的一些主要学科的基础理论知识，特别是热力学、流体力学、传热学、半导体物理和电化学的基础知识，对于未修过上述课程的读者，将起到重要的入门指导作用；对于已修过该课程的同学，则是一次扼要的复习，目的是为以后各章的学习做准备。

2.1 热力学基础

热力学是关于热功转换以及热力系统在平衡状态下的各种性质的科学。它具有广泛的适用性，可用于指导各种类型的系统，包括机械、物理、化学、电磁等，特别是涉及各种能量转换的系统，例如热机、化学反应等。作为一门科学，它建立在若干个实验定律的基础上，由此出发，导出一系列关于系统的热物理行为的预测。

热力学的起源可追溯到法国工程师卡诺（19 世纪 20 年代）对热机性能所作的研究。从19 世纪中叶开始，热力学迅速地成长。到今天，工程热力学的应用范围扩展到包括能源利用与转换、生态与环境保护以及许多交叉学科。热力学原理对于工程师、物理学和化学工作者来说，已经是不可或缺的工具。

2.1.1 热力系统

在热力学中，系统定义为被表面包围的确定量的物质。表面可以是真实的，例如盛水的容器；也可以是虚拟的，例如沿着管道流动的一定量的液体的边界。边界表面不一定是固定的形状和体积，也可以是变化的。例如，当气体在移动的活塞内膨胀时，由边界所包围的体积发生着变化。系统之外的物质和空间的组合被称为系统的外部环境。热力系统常简称为热力系。

图 2-1 给出热力系统的示例，此处气体是系统，系统的边界由虚线示出。热力学所研究的是关于给定的系统与外部环境或与另一系统之间的相互作用。

有时为了方便起见，一个系统又被定义为具有指定边界的空间区域。于是发生了两种情况：一种是有物质量穿过系统的边界，该系统称为开放系统；另一种则无物质量穿过边

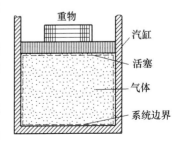

图 2-1　热力系统示例

界，该系统称为封闭系统。开放系统通常有粒子或流体流过，伴随着质量、动量或能量交换。封闭系统只能与外界交换能量。如果一个系统与外界隔热，则称绝热系统，但该系统可与外界"交换"做功。若系统与外界无热和功交换，则该系统称为孤立系统。

2.1.2 热力学变量

对于一个给定质量的由纯物质组成的系统，最常见的热力学变量有八个：压力 p，体积 V，热力学温度 T，热力学能 U，焓 $H = U + pV$，熵 S，亥姆霍兹自由能 $F = U - TS$，吉布斯自由能 $G = U + pV - TS = H - TS$，吉布斯自由能又称为自由焓。

热力学中，上述每一项变量都有严格的定义。实验结果证实，一个均匀系统的状态由两个变量即可确定。于是，除了存在相变的情况外，可以选择任何两个变量作为独立变量，剩下的六个则为依赖变量。一个特定系统函数之间的依赖关系必须由实验确定，但是理论分析中，总是可以导出 $V(p, T)$ 这样的函数来指出体积是压力和温度的函数。

由于测量的方便，压力和温度常常被选为独立变量，从而也经常将体积、热力学能、熵等物理量以列表或经验公式的形式写成压力和温度的函数。换句话说，如果已知三个函数 $U(p, T)$，$S(p, T)$，$V(p, T)$，要求知道函数 $U(S, V)$，则可以同时求解以下两个方程

$$\begin{cases} S = S(p,T) \\ V = V(p,T) \end{cases}$$

解出 p 和 T 作为 S 和 V 的函数

$$\begin{cases} p = p(S,V) \\ T = T(S,V) \end{cases}$$

将 p 和 T 的值再代入表达式 $U(p, T)$，即得到所要的函数 $U(S, V)$。

2.1.3 热力学状态函数

在热力学中，描述系统状态特性的变量称为状态参量或特征量。因此，除了在化学上定义系统的物质组成外，系统的状态必须通过压力、比体积、温度、弹性模量等这样一些宏观的特征量来定义。一个给定系统的状态可以由该时刻的状态参量来确定。

所谓状态函数就是一些物理量，这些物理量的数值由系统的状态确定，而与系统如何达到这个状态的过程无关。即当系统处在一个特殊状态时，系统的状态函数具有确定的数值，并且这一数值可通过测量来确定，而不需要追溯从前或以后的历史。压力、温度和比体积是满足上述要求的例子。由于状态函数的数值与系统到达某一特殊状态的过去经历无关，状态函数的变化只取决于系统的初态和终态。数学上可以表述为：如果 φ 代表系统的一个状态函数，那么状态函数的增量 $\mathrm{d}\varphi$ 是一个全微分，而系统在状态 1 和状态 2 之间这一物理量的变化可以写为

$$\int_1^2 \mathrm{d}\varphi = \varphi_2 - \varphi_1 \tag{2-1}$$

2.1.4　内涵量、广延量

热力学状态参量可以分为内涵量和广延量。

内涵量：此物理量的值不依赖于系统的质量。如温度 T、压力 p、密度 ρ、比体积 v、比熵 s 等均为内涵量，与系统质量无关。

广延量：此物理量与系统的质量成正比。如长度 L、体积 V、焓 H、熵 S 等均为广延量。

一个广延量与质量 m 之比称为该状态参量的"比参量"。如果系统的总体积为 V，质量为 m，则比体积（单位质量的体积）$v = \dfrac{V}{m}$。通常大写表示广延量，小写表示内涵量。

热力学最重要的关系式 $dU = TdS - pdV$ 即由内涵量和广延量组合而成：其中偶合系数 T、p 是内涵量，独立变量 S、V 是广延量。由全微分公式可知，它们之间存在如下关系

$$\frac{\partial U}{\partial S} = T, \qquad \frac{\partial U}{\partial V} = -p \tag{2-2}$$

2.1.5　热力学平衡

前面讨论系统的状态参量时包含了一个重要的假设，即系统处于热力学平衡态。当一个系统处于热力学平衡态时，系统中各点的温度或压力处处相等。如果系统内某一性质如压力不均匀，例如由于湍流，孤立系统内部将发生变化，直到湍流衰灭，压强变为均匀。类似地，如果温度在孤立系统内部不均匀，热量将自发地在内部传递，直到系统的所有部分达到同一的温度。因此，只有在平衡状态下，系统的性质才可赋予单一的量值。严格地说，当系统内同时存在力学平衡、热平衡、化学平衡时，系统才处在热力学平衡状态。

本质上，平衡态意味着当系统与外界隔离时，内部不发生任何自发的变化。一个正在导热的金属棒，不处在热力学平衡，因为若热传递停止，棒内的温度梯度将自发地趋于零。在室温下的氢氧混合气体不处在热力学平衡，因为如果混合物一旦引燃，内部将发生化学反应。但是，气缸内被缓慢移动的活塞所压缩的气体可假设为平衡态，因为一旦系统被孤立，系统状态不再继续变化。热力学主要关注处于平衡态的系统，或处于局部平衡状态的系统，即可逆过程热力学。对于非平衡下的热力学研究，则属于不可逆过程热力学。许多实际过程接近局部平衡的状态，因此可以用工程热力学进行预测。

2.1.6　热力学过程、可逆和不可逆

当系统从一个平衡态变化到另一个平衡态时，它需要通过一个"过程"来实现，这一过程体现为系统状态的变化，或系统坐标的变化。如果在一个过程中系统经历了一系列连续的平衡态，这些态可在相应的系统坐标图中定位，而连接所有点的曲线代表过程的路径。这样的过程称为可逆过程，如图 2-2a 所示，它类似于力学中的无摩擦过程。

另一方面，如果过程中系统经历了一系列非平衡状态，因为这些态没有确定的数值，所以不能在任何坐标图中定义，这一过程叫做不可逆过程。不过，可以假设系统被连接初态和终态的一系列断续线来表达。断续线表示中间状态是不确定的，如图 2-2b。

在实际过程中，不存在完全可逆的热力学过程，因为在系统和环境之间总存在一定的压强差和温度差。然而，可逆过程的概念是热力学不可或缺的，这一概念贯穿了热力学的全部理论。

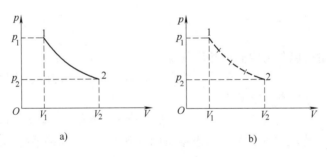

图 2-2　可逆过程和不可逆过程

可逆过程同时对系统和环境提出要求：一个系统从状态 1 沿一定路径变为状态 2，再沿同一路径回到状态 1，此时不仅系统，而且环境也必须返回到初始状态，否则就不是可逆过程。例如：

1）摩擦过程为不可逆，因为摩擦力总是作用在运动的相反方向，与运动方向相同的负摩擦力从未被观察到。

2）传热过程为不可逆，因为热总是从高温自发地传到低温。欲获得相反结果，必须额外做功。

3）等温过程为可逆，此时热量从一处传到温度相等的另一处（即两个热源温差无穷小）。饱和压力下的相变过程可视为等温过程，包括：液体蒸发为气体（沸腾）或气体冷凝为液体（凝结）；固体溶解为液体（溶解）或凝固成固体（凝固）；固体直接蒸发为气体（升华）。

4）绝热过程中，系统与外界无热交换，$Q=0$。若此过程中无摩擦，系统膨胀或压缩时无限缓慢，可视为可逆过程。

在热力学中，可逆过程与不可逆过程的一个简单判断为：对于可逆过程，存在可逆传热

$$\mathrm{d}Q = T\mathrm{d}S \tag{2-3}$$

和可逆做功

$$\mathrm{d}W = p\mathrm{d}V \tag{2-4}$$

若等号不成立，则为不可逆过程。例如气体的自由膨胀不做功，或不等于 $p\mathrm{d}V$。式（2-3）中的熵变 $\mathrm{d}S$ 将在 2.1.11 介绍。

2.1.7　热力学定律

热力学受到四个定律的支配：热力学第零定律、第一定律、第二定律和第三定律。它们都是从实践中总结出来的人类智慧结晶，其中热力学第一定律和第二定律尤为重要，它们是支撑起热力学理论大厦的两大支柱。

热力学第零定律表达很简单：如果两个热力系统分别与第三个系统温度相等，那么这两个系统温度也相等，或者说两者处于热力学平衡。热力学第零定律是温度测量的基础。

热力学第三定律的表述为：当温度趋向于绝对零度时，凝聚态的熵变也趋向于零。由于在极低温度下，凝聚态为固态，从热力学第三定律可得出两条推论：①在绝对零度时理想晶体的熵为零；②绝对零度不可达到。热力学第三定律主要用在低温物理中。

热力学第一定律是热力系统的能量守恒定律，其一般性的表述为：对存在着物质进出、

做功交换和热量传递的热力系统，其热力学能的变化（增加）恒等于物质进出系统所带入的净的能量、传递给系统的净的热量、外界对系统所做的净功这三者之和。

对于封闭系统，即无物质传递的系统，热力学第一定律可表述为

$$\Delta E = Q - W \qquad (2\text{-}5)$$

式中，ΔE 为系统热力学能的增量；Q 为系统获得的净的热量；W 为系统对外做功。

热力学第一定律表示能量转换前后的代数和守恒，而热力学第二定律则对能量转换的方向提出了限制。例如功可以完全转化成热，但是热不能完全转化为功。热力学第二定律有几种等价的表述。开尔文—普朗克表述为：对任何循环工作的装置，不能够仅与一个热源交换热量来做功。即单一热源的热机不可能实现，或热不能被连续地转化成功，必须有一部分热量被释放到另一较低温度的热源。克劳休斯表述为：不可能利用任何装置把热从低温物体传到高温物体，而不产生其他影响。即热只能从高温自发地传向低温，若要使热从低温传向高温，必须对系统额外做功。

图2-3 形象地表示了热力学的四个定律。

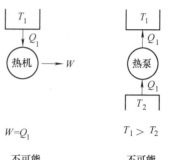

图 2-3　热力学定律的形象表示

2.1.8　开放系统与封闭系统的热力学第一定律

设 E 为系统的总能量，m 为系统的总质量，$\bar{v}$ 为流体平均速度，z 为流体的高度，g 为重力加速度，e 为单位质量的总能量；U 为系统的总热力学能，u 为单位质量的热力学能。则

$$E = U + \frac{m\bar{v}^2}{2} + mgz = m\left(u + \frac{\bar{v}^2}{2} + gz\right) = me$$

其中　$e = u + \dfrac{\bar{v}^2}{2} + gz$。

当考虑系统与环境同时存在能量和质量的交换时（即开放系统），热力学第一定律的通用形式为

$$Q + m_1\left(u_1 + p_1v_1 + \frac{\bar{v}_1^2}{2} + gz_1\right) = W + m_2\left(u_2 + p_2v_2 + \frac{\bar{v}_2^2}{2} + gz_2\right) + \Delta E \qquad (2\text{-}6)$$

式中，m_1 和 m_2 分别为流进和流出系统的质量，pv 称为流动功，即当单位质量流体流进（流出）系统，环境（系统）必须要做功来推动这部分流体进入（流出）系统，因为它与质量的流进或流出有关，故称为流动功。

内能（热力学能）u 与流动功 pv 经常发生在一起，它们的组合被定义为一个新的状态

参数——焓 h，

$$h = u + pv \quad \text{（内涵量）} \quad \text{或} \quad H = U + pV \quad \text{（广延量）} \tag{2-7}$$

热力学第一定律经常写成功率的形式

$$\dot{Q} + \dot{m}_1 \left(h_1 + \frac{\bar{v}_1^2}{2} + gz_1 \right) = \dot{W} + \dot{m}_2 \left(h_2 + \frac{\bar{v}_2^2}{2} + gz_2 \right) + \frac{\mathrm{d}E}{\mathrm{d}t} \tag{2-8}$$

式中，$\dot{Q}$ 为热流量；$\dot{m}_1$ 和 $\dot{m}_2$ 分别为流进和流出系统的质量流量；$\dot{W}$ 为做功功率。

如果没有质量的流进和流出，即 $m_1 = m_2 = 0$，则热力学第一定律简化为

$$\delta Q = \delta W + \mathrm{d}E \tag{2-9}$$

此即封闭系统的热力学第一定律。由于热量 Q 和做功 W 不是系统的态函数，故它们的变化用 "δ" 而不是 "d" 表示。

2.1.9 可逆过程与卡诺循环

1. 几个重要的定义

1）热机：一种循环工作系统，其与外界的联系只有热交换和功交换，而没有质量交换。

2）循环：一个封闭系统，经过一系列状态变化后，又回到初始状态，则称系统经历了一个循环，此时系统的能量不变，即 $\oint \mathrm{d}E = 0$。

由上，经历一个循环后，系统的内能（热力学能）

$$\oint \mathrm{d}E = \oint \delta Q - \oint \delta W = 0 \tag{2-10}$$

但经历一个循环后系统的热交换和功交换

$$\oint \delta Q = \oint \delta W \neq 0 \tag{2-11}$$

3）可逆循环：由可逆过程构成的循环称为可逆循环。

2. 卡诺循环

为了寻找热机的最大效率，卡诺（法国工程师，1824 年）构造了一个可逆循环：由两个等温、两个绝热过程组成，是最简单的可逆循环，如图 2-4 所示。

工作过程：首先，热量 Q_A 由高温（T_A）热源等温地传给系统（1→2），同时气体等温做功；接着气体绝热膨胀做功（2→3），同时温度下降，由热源温度降到冷源温度；然后，气体等温（温度 T_R）压缩（3→4），同时向温度为 T_R 的冷源放热 Q_R；最后气体绝热压缩（4→1），回到初始状态。所有过程都是准静态，即可逆过程。由于系统完成了一个循环，内能（热力学能）变化为零，$\Delta E = 0$。

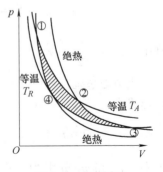

图 2-4　卡诺循环

净功　　$$\oint \delta W = \oint \delta Q = Q_A - Q_R$$

热效率　　$$\eta = \frac{\oint \delta W}{Q_A} = \frac{Q_A - Q_R}{Q_A} \tag{2-12}$$

卡诺定理：当工作在两个固定温度的热源之间时，没有一个热机的效率高过卡诺热机。

在卡诺循环中，可以证明

$$\frac{Q_R}{Q_A} = \frac{T_R}{T_A} \tag{2-13}$$

式中，Q_R、Q_A 均取绝对值，T_R、T_A 取热力学温度。于是

$$\eta = 1 - \frac{Q_R}{Q_A} = 1 - \frac{T_R}{T_A} \tag{2-14}$$

卡诺从理论上指出了提高热机效率的正确途径：提高高低温间的温差，并使工作过程尽可能接近可逆循环。卡诺提出了非凡的见解："热机的热效率与工作介质无关，仅取决于冷热源之间的温差。"卡诺定理为热力学第二定律奠定了理论基础。

基于卡诺热机，人们对热机作了下述改进：工作介质由蒸汽改为空气和空气加燃气（更接近理想气体），工作循环由外燃式改为内燃式（热损失小、温差大）。在热力学理论的指导下，从此，热机的应用有了飞跃的发展：1852 年，瑞典人发明高效蒸汽机；1885 年，德国人戴姆勒（奔驰汽车创始人）发明汽油机；1897 年，德国人狄赛尔发明柴油机；1908 年，美国人福特发明以汽油为动力的汽车，1930 年，英国人怀特取得喷气发动机专利权。

目前，蒸汽机效率约为 15%，汽油内燃机效率约为 40%，燃气轮机效率为 50%（燃气温度高达 1400℃）。大型超临界蒸汽动力循环的热效率约为 40%，燃气—蒸汽联合循环的热效率可达 58%。

2.1.10　热力学第二定律及其推论

1. 热力学第二定律两种叙述的等价性

关于热力学第二定律的两种表述是等价的，可以用反证法来证明二者的等价性。

1）如果开尔文表述是错误的话，那么热能够全部转化为功（只要不是绝对零度）。于是，可以从低温热源得到热，并全部转化为功，功再转化为热，传到更高温度的热源。这一系列过程的结果将是热由低温区域传向高温区域，而没有其他影响，从而也违反了克劳休斯表述。但根据实验，从未发现热自发地从低温热源传到高温热源这种现象。

2）如果克劳休斯表述是错误的话，那么热可以自发地从低温热源传到高温热源。可以构造这样一个热机，该热机由一个常规热机和一个热泵组成，常规热机从高温热源吸热，其中一部分对外做功，另一部分排到低温热源。而排到低温热源的这部分热，又自发地由热泵传回到高温热源。于是该系统的净效应是：从高温热源吸热，将此热量全部转化为功，即只需一个单一热源就可将热全部转化为功，从而也违反了开尔文表述。因此，两种表述是等价的。

2. 热力学第二定律的推论

从开尔文表述可以得出，热机不能工作于单一热源，必须工作于高温热源和低温冷源之间。

热机从高温热源获得热量，向外做功，同时必须向低温冷源放热，排出一部分热量，因此热机效率永远小于 1。

从克劳休斯表述得知，热只能从高温自发地传到低温，而不能相反。把热从低温物体传到高温物体是可能的，但要产生其他影响。图 2-5 分别示出热机和热泵的原理图。热从低温

物体传到高温物体，消耗了功，传到高温的热量 Q_1 大于来自低温的热量 Q_2，其差值等于外界对系统所做的功 W，即 $Q_1 = Q_2 + W$（每项只考虑数值大小）。

热泵是各种制冷系统的基础，制冷机工作的好坏用制冷系数 ε 表示

$$\varepsilon = \frac{Q_2}{Q_1 - Q_2} \tag{2-15}$$

$\varepsilon \in (0 \sim \infty)$，通常 $\varepsilon > 1$。

任何热源只要和周围环境之间有温度差，原则上就可获得可利用的功。故可以根据热力学第二定律，合理地利用太阳能、海水温差能、地热能等，但单一热源是不可用的。

高温热源温度愈高，低温冷源温度越低，温差越大，热效率也越高。但冷源温度以环境温度为下限。

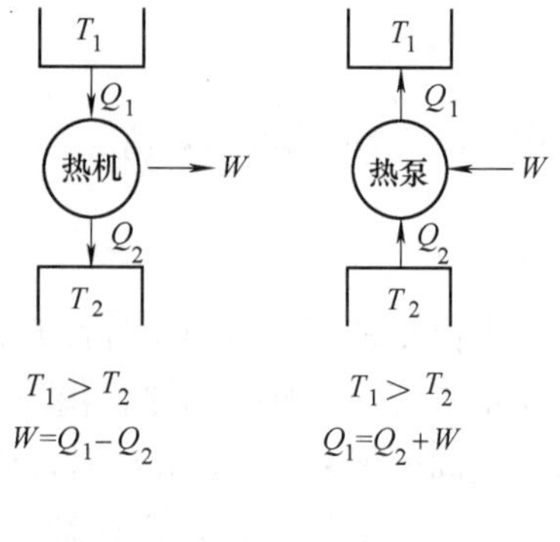

热力学第二定律为何如此重要，它与工程实际有何联系呢？如同热力学第零定律是温度测量的基础，热力学第一定律提供了能量的平衡关系，几乎是所有工程问题的出发点。热力学第二定律则为下述一系列重要问题提供了答案：①确定热机的可能的最大效率，或制冷机的最大制冷系数；②判别一种特别的过程是否可能发生；③预测一个化学反应的方向和进行的深度；④建立一种独立于物质的物理性质的温度标尺；⑤定义一个非常有用的热力学状态函数——熵。

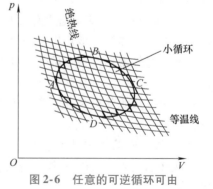

图 2-5 热机和热泵的原理
a) 热机的原理 **b)** 热泵的原理

2.1.11 熵

在卡诺循环中，有 $\frac{T_2}{T_1} = \left|\frac{Q_2}{Q_1}\right|$，按照系统吸热为正，放热为负的规定，$\frac{T_2}{T_1} = \frac{-Q_2}{Q_1}$。于是

$$\frac{Q_1}{T_1} + \frac{Q_2}{T_2} = 0 \tag{2-16}$$

即传热量与热力学温度之比的和在卡诺循环中为零。

1）该方程适用于工作于两个热源之间的任何可逆循环。

2）该方程可扩展到工作于任意多个热源的系统。

3）任何可逆循环可以被若干个可逆绝热和等温过程近似。

考虑包含在不同温度下的任意热源的可逆循环的一般情况，如图 2-6 所示的连续曲线 A—B—C—D—A。画出一系列相互交叉的等温线和绝热线，它们将这一可逆循环分割成许多小的卡诺循环，内部各个小循环互相抵消，因为每条路径分别沿正向和反向各走一次。而外部折线路径则近似于原来的循环。

图 2-6 任意的可逆循环可由许多个小卡诺循环近似

应用卡诺定理有 $\sum \dfrac{Q}{T} = 0$。

令卡诺循环的数目增加，则外部折线路径越来越接近于原有循环，同时内部的小循环变得更小。有

$$\oint \frac{\delta Q}{T} = 0 \quad （可逆循环） \tag{2-17}$$

式（2-17）对应可逆循环。对于不可逆循环，热效率小于可逆循环，有

$$\frac{Q_1 - Q_2}{Q_1} < \frac{T_1 - T_2}{T_1}, \quad 或 \quad \frac{Q_1}{T_1} - \frac{Q_2}{T_2} < 0$$

即

$$\oint \frac{\delta Q}{T} < 0 \quad （不可逆循环） \tag{2-18}$$

结合式（2-17）和式（2-18），当系统经历一个循环时，环积分 $\oint \dfrac{\delta Q}{T}$ 对于不可逆循环小于零，对于可逆循环等于零。即

$$\oint \frac{\delta Q}{T} \leqslant 0 \tag{2-19}$$

此积分不等式被称为克劳休斯不等式。

1. 熵

由热力学第一定律，对于一个循环

$$\oint (\delta Q - \delta W) = 0$$

于是，存在一个状态函数（状态函数的变化只与初态和终态有关，与过程无关），称为能量 E，它的值的变化等于吸热量和做功之差，$dE = \delta Q - \delta W$。

从热力学第二定律

$$\oint \frac{\delta Q}{T} = 0 \quad （可逆循环）$$

同样，存在一个状态函数，称为熵 S，它的值的变化为 $\dfrac{\delta Q}{T}$，即

$$dS = \left(\frac{\delta Q}{T} \right)_{\text{rev}} \quad （\text{rev} = 可逆） \tag{2-20}$$

对任意可逆过程，系统由状态 1 变化到状态 2，熵的变化为

$$\Delta S = S_2 - S_1 = \int_1^2 \left(\frac{\delta Q}{T} \right)_{\text{rev}} \tag{2-21}$$

2. 熵的性质

1）$dS = \left(\dfrac{\delta Q}{T} \right)_{\text{rev}}$ 为全微分，因而 $\left(\dfrac{\delta Q}{T} \right)_{\text{rev}}$，即 dS 只与初、终态有关，与路径无关。

2）熵 S、温度 T、压力 p、体积 V、内能（热力学能）U 都是态函数。

3）熵的变化可以通过初、终态之间的一个可逆过程来计算，$S_2 - S_1 = \int_1^2 \left(\dfrac{\delta Q}{T} \right)_{\text{rev}}$。

4）$dS = \left(\dfrac{\delta Q}{T}\right)_{rev}$ 对于任一点只给出相对值。

5）$\delta Q_{rev} = TdS$，$Q_{rev} = \displaystyle\int_1^2 TdS$

即可逆过程的热量交换 Q 等于 $T\text{-}s$ 图中温度曲线下的面积（图 2-7），如同功 W 等于在 $p\text{-}V$ 图中压力曲线下的面积。

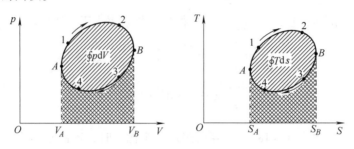

图 2-7　循环过程的做功与热交换

6）对于可逆的绝热过程，$\delta Q = 0$，$dS = \left(\dfrac{\delta Q}{T}\right)_{rev} = 0$，即等熵过程。

因此有：绝热 + 可逆 = 等熵

3. 熵增加原理

如图 2-8 所示，设系统从状态 1 变到状态 2 为可逆过程 1—A—2；由态 2 回到态 1，则或者沿可逆过程 2—B—1，或者沿不可逆过程 2—C—1。

由于循环 1—A—2—B—1 为可逆，由克劳休斯不等式

$$\int_{1A}^2 \frac{\delta Q}{T} + \int_{2B}^1 \frac{\delta Q}{T} = 0$$

对于不可逆循环 1—A—2—C—1，有

$$\int_{1A}^2 \frac{\delta Q}{T} + \int_{2C}^1 \frac{\delta Q}{T} < 0$$

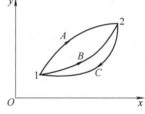

图 2-8　可逆过程与不可逆过程

两个不等式相减，并变换积分上下限，得

$$\int_{1B}^2 \frac{\delta Q}{T} \geqslant \int_{1C}^2 \frac{\delta Q}{T}$$

由于 B 过程为可逆，故

$$\int_1^2 dS \geqslant \int_{1C}^2 \frac{\delta Q}{T}$$

或者

$$dS \geqslant \frac{\delta Q}{T} \tag{2-22}$$

其中　"＞"对应不可逆过程，"＝"对应可逆过程。

对于孤立系统，由热力学第一定律，系统的热力学能 U 为常量；由热力学第二定律 $dS \geqslant \dfrac{\delta Q}{T} = 0$。于是有："孤立系统的热力学能恒为常量，孤立系统的熵总是趋于增加。"这就

是著名的熵增加原理的克劳修斯表述。

2.1.12　热力学例题

【例 2-1】　喷管是一种将焓能转变为动能的装置。转变后的动能用来驱动涡轮机等机械装置，进而将流体的动能转变为机械功。如图 2-9 所示为一典型喷管。空气进入喷管时压强为 2700kPa，速度为 30m/s，焓为 923.0kJ/kg，空气离开时压强为 700kPa，焓为 660.0kJ/kg。
1）如果热损失为 0.96 kJ/kg，质量流量为 0.2kg/s。确定出口速度的大小。2）确定绝热条件下的出口速度。

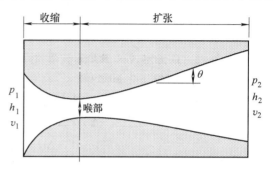

图 2-9　绝热收缩扩张喷管

【解】　这是开放系统、稳态流动，应用热力学第一定律

$$q + h_1 + \frac{v_1^2}{2} = h_2 + \frac{v_2^2}{2}$$

$$\frac{v_2^2}{2} = h_1 - h_2 + \frac{v_1^2}{2} + q$$

1）$\dfrac{v_2^2}{2} = \left[(923.0 - 660.0) + \dfrac{30^2}{2 \times 1000} + (-0.96) \right] \text{kJ/kg} = 262.94 \text{kJ/kg}$

$v_2 = (2 \times 1000 \times 262.94)^{\frac{1}{2}} \text{m/s} = 725.1 \text{m/s}$

2）$q = 0, \dfrac{v_2^2}{2} = \left[(923.0 - 660.0) + \dfrac{30^2}{2 \times 1000} \right] \text{kJ/kg} = 263.9 \text{kJ/kg}$

$v_2 = (2 \times 1000 \times 263.9)^{\frac{1}{2}} \text{m/s} = 726.5 \text{m/s}$

【例 2-2】　如图 2-10 所示为一风力机，桨叶直径为 D，流速为 v，密度为 ρ 的空气流入桨叶。设风力机为绝热，并且桨叶出口处风速可忽略。求风所做的功。

【解】　此系统为开放系统，控制体积取为桨叶的邻近区域，空气穿过这一区域。应用热力学第一定律

$$\dot{Q} + \dot{m}_1 \left(h_1 + \frac{\bar{v}_1^2}{2} + gz_1 \right) = P + \dot{m}_2 \left(h_2 + \frac{\bar{v}_2^2}{2} + gz_2 \right) + \frac{\mathrm{d}E}{\mathrm{d}t}$$

由于高度无变化，温度和压强也无变化，系统绝热并且为稳态，$\dot{m}_1 = \dot{m}_2 = \dot{m}$。

上述公式简化为　$P = \dot{m} \dfrac{v_1^2}{2}$

从质量守恒方程得

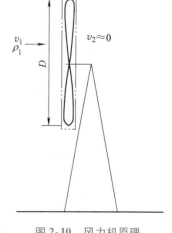

图 2-10　风力机原理

$$\dot{m} = \rho \, A v_1, \text{ 其中 } A = \frac{\pi}{4}D^2$$

最后 $$P = \frac{\pi}{8}\rho \, D^2 v_1^3$$

由上式可知风力机的功率输出正比于风力机叶片直径的平方以及速度的 3 次方。上述表达式代表风力机的理想或最大的输出功率。

【例 2-3】 设海水为恒温热源，温度 T_1；空气为恒温冷源，温度 T_2。若热量 ΔQ 由海水传给空气，则总的熵变化如何？

【解】 视海水与空气组成一个封闭系统，则总熵变为海水与空气的熵变之和

$$\Delta S = \Delta S_1 + \Delta S_2$$

$$= -\frac{\Delta Q}{T_1} + \frac{\Delta Q}{T_2} = \Delta Q\left(\frac{T_1 - T_2}{T_1 T_2}\right)$$

由于 $T_1 > T_2$，$\Delta S > 0$，即这一热量传递过程是自发的不可逆过程。

从理论上讲，利用海水所含有的巨大的热能为人类服务是可能的。但由于海水与空气之间的温差太小，实际应用极为困难。在海洋表面与深层之间温差稍大些，但温差最大也不超过 20℃（热带海水中），故海水温差发电存在很大的难度。

2.2 流体力学基础

流体力学是研究流体在外力作用下运动规律的学科。它是一门古老的科学，与固体力学同属于连续介质力学。它既具有基础学科的性质，又具有鲜明的技术学科的特点。

流体力学的形成可以追溯到 17 世纪帕斯卡原理的发现，以后牛顿、伯努利等人的研究为流体力学进一步奠定了基础。进入 20 世纪，随着航空航天事业的发展，边界层理论、湍流理论、可压缩流体力学等都获得了巨大的成就。20 世纪 60 年代以后，随着物理、化学等诸多领域的发展，流体力学也出现了许多新的分支或交叉学科，如稀薄气体力学、磁流体力学、多相流体力学、生物流体力学、物理-化学流体力学等。

流体力学的应用极为广泛，包括天文、气象、海洋、水利、交通运输、航空航天、材料加工、生物流体等。流体力学在可再生能源领域也有广泛的应用，太阳能热水器、太阳房等都涉及流体的流动。风轮机、海浪能转换装置等更是离不开流体力学的指导。本节将介绍流体力学最基本的原理，使读者对流体力学有一个初步的认识。

2.2.1 流体的主要物理性质

通常，人们将具有流动性的气体和液体统称为流体。流体和固体是物质存在的主要形式。从受力的角度看，流体和固体的主要差别在于抵抗外力的能力不同。固体能抵抗一定量的拉力、压力和剪切力。而流体只能抵抗压力，不能抵抗拉力和剪切力。流体在剪切力的作用下将发生连续不断的变形运动，直至剪切力消失为止，流体的这种性质称为易流动性。除此之外，流体还有下述主要性质。

1. 连续介质

流体可以看成是内部没有任何间隙的由质点组成的连续介质，即流体是在空间和时间上连续分布的物质。反映流体性质和运动特性的物理量则可表示为空间和时间的连续函数。如速度$\boldsymbol{v}$、压强p、密度ρ可表示为

$$\boldsymbol{v} = \boldsymbol{v}(x,y,z,t) \qquad p = p(x,y,z,t) \qquad \rho = \rho(x,y,z,t) \tag{2-23}$$

2. 质量力与表面力

质量力：大小与流体微团质量成比例，作用在微团质量中心上的力。常见的质量力是重力。

表面力：大小与表面积成比例，作用在流体表面上的力。表面力可分为垂直于作用面的压力和平行于作用面的切力。表面力连续分布在作用面上，因此常用单位面积上的表面力即应力表示。有压应力和切应力两种。压应力即压强，切应力即黏性力。对于静止流体或无黏性的理想流体，切应力为零，只有压应力。

3. 可压缩与不可压缩

液体的密度随压强和温度变化很小，因此在工程上将液体视为不可压缩流体，其密度为常数。对于气体，在低速、压力变化较小的场合，也可视为不可压缩流体。严格的判断则由流速与声速之比即马赫数Ma来描绘：$Ma \ll 1$，则为不可压缩流体；否则视为可压缩流体。

4. 黏性

黏性是指相邻两部分流体发生相对运动时，沿接触面互施切向摩擦力的现象。它代表了流体运动时抵抗剪切变形的能力，反映了流体流动的难易与否。流体运动时产生机械能损失的根源也来自黏性。黏性力即是切应力，也是内摩擦力。

现用牛顿平板实验（图2-11）来说明流体的黏性。设距离很近的两平行平板之间充满液体，上板以匀速U运动，则流体速度从下板的0变为U（由于黏性）。实验表明，拖动上板所需的力F与平板面积A和速度U成正比，与两平板间的距离h成反比。这一关系可表示为

$$F = \mu \frac{U}{h} A$$

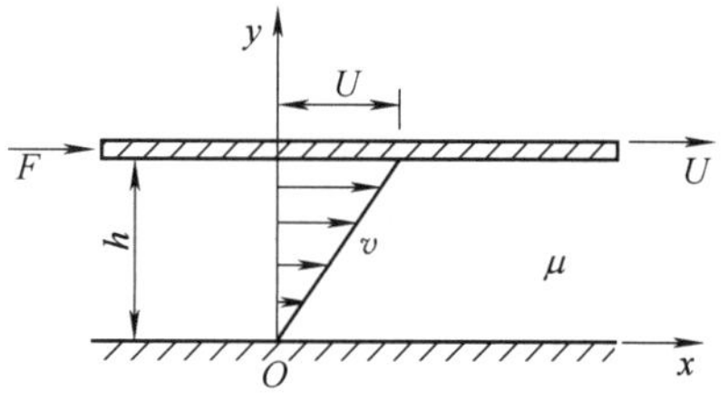

图2-11　牛顿的黏性实验

式中　μ——反映流体黏性的系数，称为动力黏度（或简称黏度）（$N \cdot s/m^2$ 或 $Pa \cdot s$）。

单位面积上的切应力为
$$\tau = \mu \frac{U}{h}$$

切应力的一般表达式

$$\tau = \mu \frac{dv}{dy} \tag{2-24}$$

式（2-24）称为牛顿内摩擦定律。

在工程计算中，常用动力黏度与流体密度的比值，称为运动黏度，以ν表示，单位m^2/s。

$$\nu = \frac{\mu}{\rho} \tag{2-25}$$

流体在运动过程中因克服黏性力必然要做功，产生流体的机械能损失。

5. 牛顿流体、非牛顿流体、黏性流体、理想流体

1）牛顿流体：切应力与速度梯度成正比，即符合牛顿内摩擦定律的流体。常见的牛顿

流体如空气、水等。

2）非牛顿流体：切应力与速度梯度之间关系不符合牛顿内摩擦定律的流体称为非牛顿流体，如油漆、纸浆、沥青、高分子聚合物等。非牛顿流体在化工、石油、医药、食品等工业部门应用较广。

3）具有黏性的流体（$\mu \neq 0$）称为黏性流体。

4）不具有黏性（$\mu = 0$）且不可压缩的流体称为理想流体。

在自然界中，实际的流体都具有黏性，但对具体的流动问题，黏性的影响不一定相同。例如，对求解绕流物体的升力、表面波的运动等，黏性作用可以忽略，可按理想流体处理。而对求解阻力、边界层内的流动、旋涡的扩散等，黏性则起主要作用，必须按黏性流体处理。如图2-12所示为牛顿流体和非牛顿流体的分类。

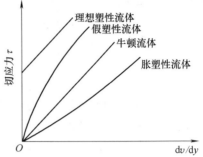

图2-12 牛顿流体和非牛顿流体

2.2.2 流体运动的基本概念

1. 描述流体运动的两种方法

描述流体运动的方法有两种：拉格朗日法和欧拉法。

拉格朗日法：此为研究固体运动的方法，这种方法跟踪一个个单独的质点或质点组成的系统，研究它们在一定的时间区间的变化。故又称为跟踪法。

欧拉法：由于流体由大量的粒子组成，很难运用固体力学的方法，跟踪一个个质点，故采用在固定的空间（控制体积）内观测流体物理性质的变化，即欧拉法。又称为控制体积法，或观测站法。

在两种研究流体力学的方法中，拉格朗日法好比是坐在一艘顺流而下的观测船上，对船前方的一个个流体质点进行跟踪观测，了解它们随时间的变化；而欧拉法则是对所感兴趣的河段拍下一幅幅照片，对照片中分布在不同空间的各个流体质点在同一时间的行为进行分析。

在大多数流体力学问题中，人们并不关心流体质点的运动情况如何，更注重的是整个流场的运动情况，所以主要采用欧拉法。但由于牛顿力学的定律是定义在拉格朗日法中（如 $f = ma$，m 为一固定质量的系统），故物理定律的导出首先需应用拉格朗日法，然后再利用数学变换转到欧拉法的表述。在应用中则可直接应用欧拉法表述的定律。

欧拉法将速度、压强等流动参数表示为空间坐标 (x, y, z) 和时间 t 的函数

$$\boldsymbol{v} = \boldsymbol{v}(x, y, z, t) \quad p = p(x, y, z, t)$$

在拉格朗日法中，速度 $\boldsymbol{v}$ 是位移 x 的函数，$\boldsymbol{v}_x = \dfrac{\mathrm{d}x}{\mathrm{d}t}$；而在欧拉法中，速度 $\boldsymbol{v}$ 是自变量，$\boldsymbol{v}_x \neq \dfrac{\mathrm{d}x}{\mathrm{d}t}$。因为坐标 x 不再代表流体质点的位移，而只是控制体积中的某点坐标。但在两种描述中均有 $a_x = \dfrac{\mathrm{d}v_x}{\mathrm{d}t}$。

2. 物理量的质点导数

任一流体质点在时间 t、坐标 (x, y, z) 具有物理量 $N = N(x,y,z,t)$。经过时间间隔 Δt，该流体质点移动到新坐标 $(x + \Delta x, y + \Delta y, z + \Delta z)$，有

$$N + \Delta N = N(x + \Delta x, y + \Delta y, z + \Delta z, t + \Delta t)$$

$$= N(x,y,z,t) + \frac{\partial N}{\partial x}\Delta x + \frac{\partial N}{\partial y}\Delta y + \frac{\partial N}{\partial z}\Delta z + \frac{\partial N}{\partial t}\Delta t$$

于是，$\dfrac{\Delta N}{\Delta t} = \dfrac{\partial N}{\partial x}v_x + \dfrac{\partial N}{\partial y}v_y + \dfrac{\partial N}{\partial z}v_z + \dfrac{\partial N}{\partial t}$

令 $t \to 0$，$\dfrac{\mathrm{d}N}{\mathrm{d}t} = \dfrac{\partial N}{\partial x}v_x + \dfrac{\partial N}{\partial y}v_y + \dfrac{\partial N}{\partial z}v_z + \dfrac{\partial N}{\partial t}$

或简写成

$$\frac{\mathrm{d}N}{\mathrm{d}t} = (\boldsymbol{v} \cdot \nabla)N + \frac{\partial N}{\partial t} \tag{2-26}$$

其中，$\nabla = \boldsymbol{i}\dfrac{\partial}{\partial x} + \boldsymbol{j}\dfrac{\partial}{\partial y} + \boldsymbol{k}\dfrac{\partial}{\partial z}$。上式称为物理量的质点导数，公式右边第一项为迁移导数，即由于流体的迁移带来的物理量的变化，第二项为时变导数，即通常意义的物理量随时间的变化。

注意：在上述推导中，Δx、Δy、Δz 既是流场中的空间坐标间隔，又恰巧代表同一流体质点在 Δt 时间内的位置差。故在推导中，首先应用了拉格朗日法，然后转化到欧拉法，从而普遍适用于流场中各点。

例如，流体运动的加速度

$$a_x = \frac{\mathrm{d}v_x}{\mathrm{d}t} = \frac{\partial v_x}{\partial t} + \boldsymbol{v} \cdot \nabla u_x$$

$$a_y = \frac{\mathrm{d}v_y}{\mathrm{d}t} = \frac{\partial v_y}{\partial t} + \boldsymbol{v} \cdot \nabla u_y$$

$$a_z = \frac{\mathrm{d}v_z}{\mathrm{d}t} = \frac{\partial v_z}{\partial t} + \boldsymbol{v} \cdot \nabla u_z$$

或

$$\boldsymbol{a} = \frac{\mathrm{d}\boldsymbol{v}}{\mathrm{d}t} = \frac{\partial \boldsymbol{v}}{\partial t} + (\boldsymbol{v} \cdot \nabla)u \tag{2-27}$$

上式等号右边第一项为瞬时加速度，第二项为迁移加速度。

3. 迹线与流线

1）迹线：流体质点在空间运动的轨迹，或某一流体质点在一段时间内所经过的路径。迹线是与拉格朗日法相联系的概念。若在流体的某一点滴入一滴红墨水，则红墨水的轨迹即为迹线，代表流体质点运动的轨迹。

迹线方程为

$$\boldsymbol{r} = \boldsymbol{r}(a,b,c,t) \tag{2-28}$$

其中流体质点的位置 $\boldsymbol{r}$ 表示为初始位置 (a, b, c) 和时间 t 的函数，此即拉格朗日法的表示。

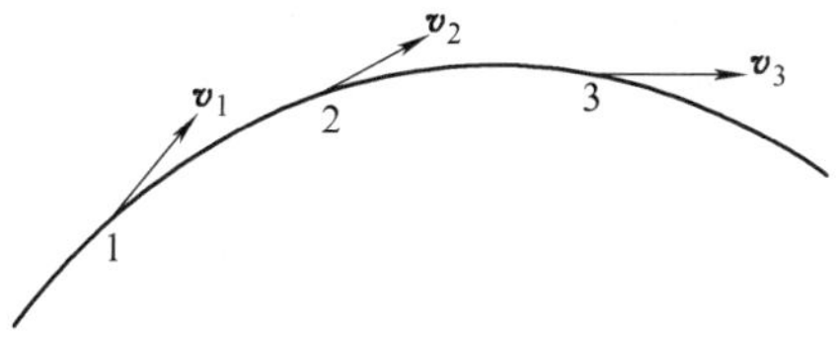

2）流线：流场中某一时刻的一条曲线，曲线上任一点的速度方向和该点的切线方向相同。流线给

图 2-13 流线

出了同一时刻不同流体质点的运动方向，如图2-13所示。流线是与欧拉法相联系的概念。

流线方程为

$$\frac{\mathrm{d}x}{v_x} = \frac{\mathrm{d}y}{v_y} = \frac{\mathrm{d}z}{v_z}$$ (2-29)

流线是流场中相邻的各点连接起来的瞬时光滑曲线。流线不能相交，一束流线围成的管子叫流管。定常流动时流线与流管都稳定不变。

4. 一元流、二元流、三元流

如果流动参数仅随一个坐标变化，则称为一元流；随二个坐标变化的称为二元流；实际工程问题其运动参数一般是三个坐标的函数，属于三元流。根据具体情况可将流动进行简化，将三元流简化为二元流或一元流处理。

对于管道、渠道中的流动，常忽略过流断面上速度分布的不均匀性，引进平均流速的概念，则可按一元流动讨论，如图2-14所示。

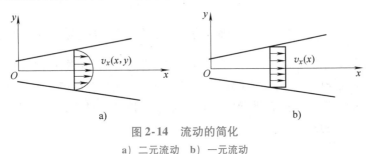

图 2-14　流动的简化

a）二元流动　b）一元流动

5. 定常流与非定常流

如果流动参数只与空间位置有关，而不随时间变化，则这种流动称为定常流，否则就称为非定常流。定常流要求各流动参数的时间导数为零

$$\frac{\partial \boldsymbol{v}}{\partial t} = \frac{\partial p}{\partial t} = \frac{\partial \rho}{\partial t} = \cdots = 0$$

严格地说，工程中所有的流动都是非定常流。然而，如果流动参数随时间的变化非常缓慢，就可以将这种流动视为定常流。

6. 均匀流、非均匀流、缓变流、急变流

如果速度、压强、密度等流动参数与空间位置无关，即

$$\frac{\partial \boldsymbol{v}}{\partial x} = \frac{\partial \boldsymbol{v}}{\partial y} = \frac{\partial \boldsymbol{v}}{\partial z} = \frac{\partial p}{\partial x} = \frac{\partial p}{\partial y} = \frac{\partial p}{\partial z} = \cdots = 0$$

则称为均匀流动，否则称为非均匀流动。此时，各物理量只是时间 t 的函数。

通常将流体在等直径长直管道中的流动也称为均匀流动，相应各过流断面上的速度分布、断面平均流速等沿程不变。

在非均匀流中，将流线之间夹角较小，流线比较平直的流动称为缓变流。反之，流线间夹角较大，或流线弯曲的、曲率较大的流动则称为急变流。

缓变流、急变流是两个具有工程实际意义的概念，它们之间没有明显的、确定的界限，需要根据实际情况来确定。

7. 过流断面、流量、平均流速

1) 过流断面：与流线垂直的横断面称为过流断面，通常过流断面上各点的流动参数是不相等的。

2) 流量：单位时间通过过流断面的流体体积，称为体积流量，简称流量。用 Q 表示，单位 m^3/s。

$$Q = \int_A v dA \tag{2-30}$$

3) 平均流速：流量与过流断面面积之比称为该断面的平均流速，常记为 $\bar{v}$，如图2-15所示。

$$\bar{v} = \frac{Q}{A} \tag{2-31}$$

8. 有旋流动、无旋流动

根据流体微团是否存在旋转运动，将流体运动分成有旋流动与无旋流动。若流体微团存在旋转角速度，即 $\boldsymbol{\omega} \neq 0$，则为有旋流动；若 $\boldsymbol{\omega} = 0$，则为无旋流动。

判断流体运动是有旋还是无旋，仅仅由流体微团本身是否绕自身轴线的旋转运动来决定，而与流体微团的运动轨迹无关。如图2-16a中，虽然流体微团的运动轨迹是直线，但微团本身有旋转，是有旋流动。而在图2-16b中，即使流体微团的运动轨迹是圆形，但微团本身无旋转，故是无旋流动。

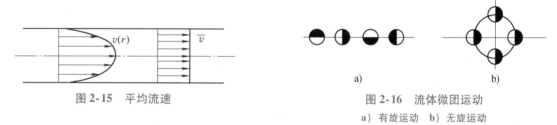

图2-15　平均流速

图2-16　流体微团运动

a) 有旋运动　b) 无旋运动

9. 层流、湍流

层流：流体作层状运动，各流层的流体质点无横向脉动，互不混杂。

湍流：流体不再分层，质点无规则地相互混杂、碰撞，流速在纵向和横向随时变化。

水流在管中流动，由于流动内部结构不同，展现出三种不同的流态，如图2-17所示。将颜色水注入水管中与水流一起运动。当管中流速较低时，管内颜色水呈一股界线分明的直线，如图2-17a。这表明此时管内各流层间互不相混，这种有规则的分层流动称为层流。随着流速增大，颜色水开始出现摆动，如图2-17b所示，这时称为过渡状态。继续加大流速，颜色水迅速与周围水流相互混掺，如图2-17c所示，这种流动状态称为湍流。通常将过渡状态归入湍流中。

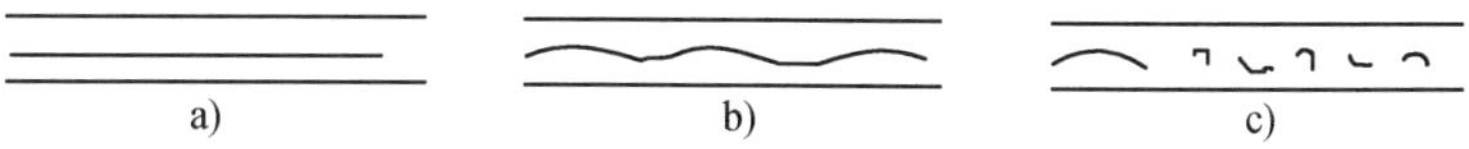

图2-17　流态图

a) 层流　b) 过渡状态　c) 湍流

流态判别采用雷诺数 Re，其定义为

$$Re = \frac{vd}{\nu} \tag{2-32}$$

式中，v 为平均流速；d 为圆管的直径；ν 为流体的运动黏度。

实验得出圆管的临界雷诺数 $Re_c = 2300$，则圆管中流态判别的准则为

$$Re < 2300 \text{ 层流} \qquad Re > 2300 \text{ 湍流}$$

即当圆管的雷诺数小于2300时，其流态认为是层流；当雷诺数大于2300时，其流态为湍流。

表2-1 中列出了流体运动的各种类型。

表 2-1 流体运动的各种分类

理想流体：无黏流，$\mu = 0$	真实流体：有黏流，$\mu \neq 0$
牛顿流体：$\tau = \mu \dfrac{dv}{dy}$（牛顿内摩擦定律）	非牛顿流体：$\tau \neq \mu \dfrac{dv}{dy}$
不可压缩流体：$\rho =$ 常数，马赫数 $Ma < 0.3$	可压缩流体：$\rho \neq$ 常数，马赫数 $Ma \geqslant 0.3$
层流：流体质点保持平稳的纵向运动，流速均匀分层，流速无横向脉动	湍流：流体质点无规则乱流，原有流层打乱，流速在纵向和横向脉动
一元流：$v = f(x, t)$	多元流：$(v_x, v_y, v_z) = f(x, y, z, t)$
定常流：$\partial / \partial t = 0$	非定常流（瞬态流）：$\partial / \partial t \neq 0$
均匀流：$\partial / \partial x_i = 0$	非均匀流：$\partial / \partial x_i \neq 0$
压差流：由流动进出口压差引起的流动，又称泊肃叶流	剪切流：由流道壁面之间相对运动引起的流动，又称库埃特流

2.2.3 流体运动的基本方程

1. 连续性方程

流体运动的连续性方程是质量守恒定律在流体力学中的数学表达。

根据质量守恒定律，对于由1、2两过流断面及管道壁面所组成的空间封闭区域（图2-18），定常流动时流入质量必然等于流出质量，即

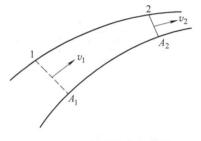

图 2-18 连续性方程示意图

$$\rho_1 v_1 A_1 = \rho_2 v_2 A_2 \qquad (2-33)$$

对不可压缩流体，$\rho =$ 常数，则上式变为

$$v_1 A_1 = v_2 A_2 \qquad (2-34)$$

式中，v_1、v_2 为1、2过流断面的平均流速；A_1、A_2 为1、2过流断面的面积。

式（2-34）为不可压缩流体定常流动的连续性方程。它说明了一元流动在定常流动条件下沿流程流量保持不变。各过流断面平均流速沿流程变化规律是：平均流速与过流断面面积成反比，即断面大流速小，断面小流速大。这是不可压缩流体运动的一个基本规律。例如，河道变窄时，河流速度将加大；风经过山谷时，风速将增大。

三元不可压缩流体的连续性方程为

$$\frac{\partial v_x}{\partial x} + \frac{\partial v_y}{\partial y} + \frac{\partial v_z}{\partial z} = 0 \qquad (2-35)$$

三元不可压缩流体的连续性方程确定了速度场中各速度分量之间应满足的关系。

2. 伯努利方程

伯努利方程是能量守恒定律在流体力学中的数学表达，它形式简单，意义明确，在流体力学中有广泛的应用。

对图2-19 管中流体任意两个过流断面，伯努利方程有如下关系式

$$z_1 g + \frac{p_1}{\rho} + \frac{\alpha_1 v_1^2}{2} = z_2 g + \frac{p_2}{\rho} + \frac{\alpha_2 v_2^2}{2} + h_w g \tag{2-36a}$$

或

$$z_1 + \frac{p_1}{\rho g} + \frac{\alpha_1 v_1^2}{2g} = z_2 + \frac{p_2}{\rho g} + \frac{\alpha_2 v_2^2}{2g} + h_w \tag{2-36b}$$

式中，$z_1 g$、$z_2 g$ 为断面 1、2 单位质量流体的位能；z_1、z_2 为过流断面 1、2 的位置水头；$\frac{p_1}{\rho}$、$\frac{p_2}{\rho}$ 为断面 1、2 单位质量流体的压能；$\frac{p_1}{\rho g}$、$\frac{p_2}{\rho g}$ 为过流断面 1、2 的压力水头；$\frac{\alpha_1 v_1^2}{2}$、$\frac{\alpha_2 v_2^2}{2}$ 为断面 1、2 单位质量流体的动能；$\frac{\alpha_1 v_1^2}{2g}$、$\frac{\alpha_2 v_2^2}{2g}$ 为过流断面 1、2 的速度水头；$h_w g$ 为单位质量流体由 1 流动至 2 断面的平均机械能损失；h_w 为断面 1 至 2 之间的水头损失；α_1、α_2 为动能修正系数，是以断面平均流速计算的动能，代替以实际速度分布计算的动能的修正系数。层流 $\alpha = 2$，湍流 $\alpha \approx 1$。

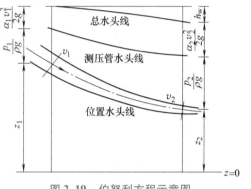

图 2-19 伯努利方程示意图

伯努利方程的几何意义从图 2-19 可以看出：在断面 1 的总水头（位置水头 + 压力水头 + 速度水头）等于断面 2 的总水头加上从断面 1 运动至断面 2 的水头损失。

式（2-36）的适用条件为：不可压缩流体、定常流动、重力流体（质量力只受重力）、断面 1、2 为缓变流断面。

3. 动量方程的积分形式

动量方程是物理学中的动量定理在流体力学中的数学表达式，它反映了流体运动的动量变化与作用力之间的关系。其特点在于只需要知道其边界上的流动情况，而不必知道流动范围内部的流动过程，就可以方便地解决急变流动中流体与边界面之间的相互作用力问题。

一元不可压缩流体的动量方程为

$$\sum \boldsymbol{F} = \rho g (\beta_2 \boldsymbol{v}_2 - \beta_1 \boldsymbol{v}_1) \tag{2-37}$$

式中，$\sum \boldsymbol{F}$ 为外界对 A_1、A_2 及管壁所围控制体内流体的作用力之和；β_1 和 β_2 为动量修正系数，与流动断面的速度分布有关。如果速度分布较均匀，则 β_1 和 β_2 近似为 1。

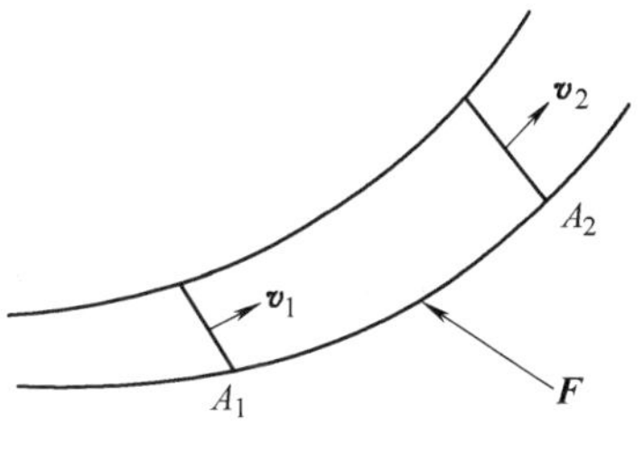

图 2-20 动量方程示意图

图 2-20 为动量方程应用于一元流动的示意图。

4. 纳维-斯托克斯方程（N-S 方程）

N-S 方程是动量方程的微分形式，是黏性流体必须满足的运动微分方程。N-S 方程可由牛顿第二定律推出

$$f_x - \frac{1}{\rho} \frac{\partial p}{\partial x} + \nu \left(\frac{\partial^2 v_x}{\partial x^2} + \frac{\partial^2 v_x}{\partial y^2} + \frac{\partial^2 v_x}{\partial z^2} \right) = \frac{\mathrm{d} v_x}{\mathrm{d} t}$$

$$f_y - \frac{1}{\rho}\frac{\partial p}{\partial y} + \nu\left(\frac{\partial^2 v_y}{\partial x^2} + \frac{\partial^2 v_y}{\partial y^2} + \frac{\partial^2 v_y}{\partial z^2}\right) = \frac{\mathrm{d}v_y}{\mathrm{d}t}$$

$$f_z - \frac{1}{\rho}\frac{\partial p}{\partial z} + \nu\left(\frac{\partial^2 v_z}{\partial x^2} + \frac{\partial^2 v_z}{\partial y^2} + \frac{\partial^2 v_z}{\partial z^2}\right) = \frac{\mathrm{d}v_z}{\mathrm{d}t}$$

$$(2-38)$$

式中，f_x、f_y、f_z 为单位质量力的分量；p 为流体中的动压强；ν 为流体的运动黏度；ρ 为流体的密度；v_x、v_y、v_z 分别为 x、y、z 方向的速度分量。

当流体的运动黏度 $\nu = 0$ 时，这一方程简化为理想流体的运动微分方程（即欧拉方程）。

N-S方程的3个方程加上不可压缩流体的连续性方程共4个方程，组成了黏性流体运动的微分方程组，原则上可以求解不可压缩黏性流动问题中的未知数 v_x、v_y、v_z 和 p。但是，由于N-S方程是非线性的二阶偏微分方程，而流动的实际情况又很复杂，要求解一般不可压缩黏性流体的运动问题，在数学上很困难。到目前为止只能对少数较为简单的流动问题求出解析解，如圆管中、二平行平板间和同心圆柱间的层流问题。近年来随着计算技术的不断发展，N-S方程的数值解法也得到了很大的发展。

2.2.4 流动阻力和能量损失

真实流体是有黏性的，当流体流动时，必然由于黏性产生阻力。有两种黏性阻力：①流体微团相互之间的摩擦力；②流体与壁面之间的摩擦力。显然阻力与流动的方向平行但相反，要维持流动就必须克服阻力，对流体做功，从而消耗机械能，转化为热量散发。

按照流体的边界情况，阻力又可分为沿程阻力和局部阻力，通常表示为水头损失（单位为m）的形式。雷诺曾用图2-21所示的简单装置测定了沿程水头损失 h_f 和局部水头损失 h_j。

1）沿程水头损失 h_f：由于流体具有黏性，在沿均匀直管道流动过程中，各流体层之间以及流体与管壁之间摩擦引起的水头损失。即沿程水头损失是由流体的黏性力造成的能量损失。

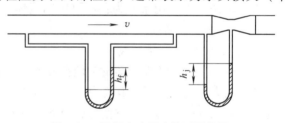

图2-21 沿程水头损失的测量装置

实验表明，管道中流体的沿程水头损失 h_f 与流程长度 l 成正比，与管径 d 成反比，其计算为达西（Darcy）公式

$$h_f = \lambda \frac{l}{d} \frac{v^2}{2g}$$

$$(2-39)$$

式中，l 为管道长度；v 为管中断面平均流速；d 为管道直径；λ 为沿程阻力系数，其值与流动特性以及管壁的粗糙程度有关，由莫迪图查得。

2）局部损失 h_j：在管道中流动的黏性流体流经各种局部装置（如阀门、弯头、变截面管等）时，由于流体的流动方向变化、速度重新分布等，在管道局部范围内产生旋涡等引起的能量损失（图2-22）。

显然，局部损失是由于各种障碍破坏了流体的正常流动而引起的损失，其大小必然取决于各障碍的类型，其特点是集中在管道中的一般较短的流程上。为简化计算，近似地认为局

图 2-22 局部损失

部损失集中在管道的某一截面上。其计算公式为

$$h_\mathrm{j} = \zeta \frac{v^2}{2g} \tag{2-40}$$

式中，v 为通常指流过局部装置后的流速；ζ 为局部阻力系数。

局部阻力系数由实验确定，通常只依管件形状而定，与通过的流速无关。各种水力计算手册上都有 ζ 表供查用。

如果管道由若干管段组成，并有多处局部损失，则管道总的水头损失等于各处沿程水头损失以及局部水头损失之和

$$h_\mathrm{w} = \sum h_\mathrm{f} + \sum h_\mathrm{j} \tag{2-41}$$

2.2.5 边界层

1. 边界层的概念

如图 2-23 所示，在运动的流体中顺流放置一块平板，若为理想流体，则平板表面上的流体速度与无限远处均匀来流速度 v_∞ 相同。

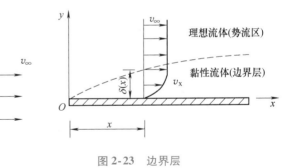

图 2-23 边界层

若为实际流体，则由于黏性，流体附着在平板表面上，故平板表面上流速为零。而在离平板一定距离处速度才接近于 v_∞。

在 $Re = \dfrac{v_\infty l}{\nu}$ 较大时，在垂直壁面很短的距离速度就由零升至 v_∞，故在这一薄层中，沿平板表面法线方向速度梯度 $\dfrac{\mathrm{d}v}{\mathrm{d}y}$ 很大（τ 很大）。而在薄层外 $\dfrac{\mathrm{d}v}{\mathrm{d}y}$ 很小，即使 μ 很大，但仍可忽略黏性摩擦力。

综上所述，可以把平板之间的流体流动分为两部分：紧靠平板的薄层内的黏性有旋运动，存在内摩擦力，这一薄层即称为边界层（或附面层）。在边界层外则可看成理想流体的无旋运动（无黏流）。边界层厚度以 δ 表示，它是壁面流程坐标 x 的函数。边界层从滞止点 $x = 0$ 处开始，厚度逐渐增加。与主流相比，边界层厚度通常很薄。

2. 层流边界层、湍流边界层

对边界层的进一步研究发现，边界层内的流动也有层流和湍流两种状态。以平板边界层为例（图 2-24）。边界层开始于平板的前端，越往下游，边界层越发展，即黏性的影响从边界逐渐向外扩大。在边界层的前部，由于厚度较小，流速梯度很大，因此黏性切应力作用很

大，这时边界层内的流动属于层流，这种边界层称为层流边界层。

随着边界层厚度的增大，流速梯度减小，黏性切应力的作用也随之减小，边界层内的流动将从层流经过过渡段变成湍流。边界层也变为湍流边界层。在紧靠平板处，存在一层厚度很薄的黏性底层。

边界层内从层流到湍流的转折点为 x_c，相应的雷诺数称为边界层临界雷诺数 Re_c，其大小由实验得到

$$Re_c = \frac{v_\infty x_c}{\nu} \approx 3 \times 10^5 \qquad (2\text{-}42)$$

也就是说，在 $x \geqslant x_c$ 的截面处才出现湍流边界层，而在 $x < x_c$ 的截面处出现的是层流边界层。严格地说，在层流段和湍流段之间存在过渡区，但为使问题简化，常忽略过渡区。这种前段为层流、后段为湍流的边界层称为混合边界层。

3. 边界层分离

边界层分离是边界层流动在一定条件下发生的一种极重要的流动现象，下面举一典型的边界层分离的例子。

平板边界层是无压强梯度的边界层，对有曲面边界的物体，其边界层外缘的速度和压强沿着流动方向（x 方向）均有变化，亦即存在压强梯度。这种压强梯度的存在会影响到边界层内的流动，在一定条件下产生边界层的分离。

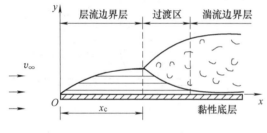

图 2-24　混合边界层

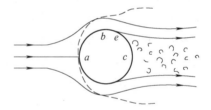

图 2-25　圆柱绕流及边界层的分离

现以圆柱绕流为例说明曲面边界层的压强梯度，图 2-25 表示流体绕圆柱体的流动，在圆柱表面形成边界层。由伯努利方程，在前驻点 a 压强最大，在最高点 b 压强最小，沿 ab 面压强是下降的，$\frac{\mathrm{d}p}{\mathrm{d}x} < 0$（$x$ 为物面切向坐标），压强有利于流动，使流体逐渐加速，ab 段称为顺压区。从 b 点到 c 点，速度逐渐变小，压强逐渐增加，$\frac{\mathrm{d}p}{\mathrm{d}x} > 0$，压强的增加不利于流体的流动，致使流体减速，产生边界层分离，出现旋涡区，bc 段称为逆压区。

曲面边界层也存在顺压区和逆压区，如图 2-26 所示。在逆压区 bf 段压强的逐渐升高使流体获得与主流反向的加速度，沿 bf 方向速度逐渐变小。如果逆压足够强，必在 bf 的

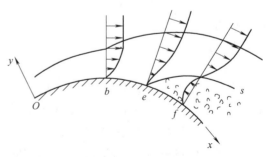

图 2-26　曲面边界层分离

后半部分出现逆流，物面附近的流速出现逆向。图中的 es 线是一条速度为零的曲线，它与物

面之间是逆流区，在它上方边界层主流离开了物体表面。这种在逆压梯度作用下，边界层的主流脱离绕流物体表面的现象称为边界层的分离。e 点为边界层的分离点，在这一点上

$$v\Big|_{y=0} = 0 \qquad \frac{\partial v}{\partial y}\Big|_{y=0} = 0 \qquad (2\text{-}43)$$

由于流体的逆向运动，分离点附近出现大尺度的旋涡，这些大旋涡不断被主流带走，并破碎成小尺度的旋涡，于是在物体的下游形成尾涡区。

边界层分离现象以及旋涡区的产生，在工程实际的流动问题中是常见的，如突然扩大、突然缩小、转弯、闸阀、桥墩、拦污栅处的流动等。

边界层分离现象还会导致压差阻力，特别是旋涡区较大时，压差阻力较大，在物体的绕流阻力中起主导作用。

在实际工程中，减小边界层的分离区，能减小绕流阻力。所以闸墩、桥墩的外形，汽车、飞机、船舶的外形，都要设计成流线形以减缓边界层分离，起到流态稳定、阻力损失小的作用。

2.2.6 空气动力学基础——机翼的几何参数及翼型的气动特性

空气动力学涉及复杂的可压缩流体流动，包括边界层理论、流动涡旋和分离、湍流、激波等。由于风能利用主要涉及不可压缩流动中的机翼，因此本节仅介绍机翼的基本原理。

1. 机翼的几何特性

机翼即飞机翅膀，泛指相对于流体运动的各种升力装置。因此，叶轮机械中的工作叶片可视为一个机翼。机翼在流体中运动，在获得升力的同时，不可避免地会受到阻力的作用。因此，对机翼性能的要求首先是尽可能大的升力 L 和尽量小的阻力 D，也就是希望具有最佳的升、阻力比值 L/D，这就是要求机翼采用适当的几何形状。

低速机翼的平面形状较多，以椭圆形最为有利，但由于制造上的困难，实用上多采用与椭圆相近的形状，如图 2-27 所示。

机翼迎向来流的最前边缘叫机翼前缘，背向来流的边缘称机翼后缘，机翼的左右两端称为翼梢。机翼顺着来流方向切下来的剖面称为翼型，翼型通常都具有流线型外形，头部圆滑、尾部尖瘦、上弧稍拱曲、下弧形状则有凹、凸、平三种。

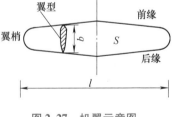

图 2-27 机翼示意图

机翼的几个主要参数：

1）机翼面积 S：是机翼的俯视平面正投影面积。

2）机翼翼展 l：机翼两梢之间的距离。

3）翼弦 b：前后缘连线的长度。

4）平均翼弦 $\bar{b}$：机翼面积 S 和翼展 l 之比值，$\bar{b} = \dfrac{S}{l}$。

5）展弦比 λ：翼展 l 与平均翼弦 $\bar{b}$ 之比，称为展弦比，记作 $\lambda\left(\lambda = \dfrac{l}{b}\right)$。

2. 翼型的几何参数

如图 2-28 所示，翼型的几何参数有：

1）翼弦 b：连接翼型前后缘点间的直线段，称为几何翼弦，简称翼弦。翼弦的长度称

为弦长，以 b 表示。

2）翼型厚度 t：垂直于翼弦，位于上下弧间的直线段长度，称为翼型厚度，通常以厚度中的最大值作为厚度的代表，以 t 表示。常用相对值

$$\bar{t} = \frac{t}{b} \qquad \bar{x}_t = \frac{x_t}{b}$$

3）翼型中线：翼型厚度中心的连线，严格地说是翼型轮廓线的内切圆圆心的连线，称为翼型中线。

4）翼型弯度 f：翼型中线到翼弦的拱高，称为翼型弯度 f，以最大值表示，符号 f。常用相对值

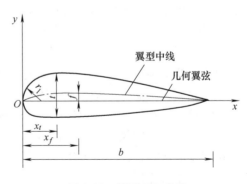

图 2-28 翼型几何参数

$$\bar{f} = \frac{f}{b} \qquad \bar{x}_f = \frac{x_f}{b}$$

5）前后缘半径和后缘角：翼型前、后缘的曲率半径，分别以 r_l、r_t 表示。常用相对值

$$\bar{r}_l = \frac{r_l}{b} \qquad \bar{r}_t = \frac{r_t}{b}$$

如尾部非圆形而是尖的，以上下弧在尾缘的切线交角 τ 表示，叫后缘角。

翼型的几何参数决定了翼型剖面的几何特性。

3. 翼型的空气动力参数

当无穷远处速度 v_∞ 的气流绕翼型流动时，翼型不仅会受到与气流方向垂直的升力作用，还存在沿流动方向的阻力与力矩作用（图 2-29）。与这些力、力矩相关的空气动力特性有：

1）攻角：来流与翼弦的夹角 α 称为几何攻角，简称攻角。几何攻角为零时，翼型仍受升力作用。只有几何攻角为一负值时升力才为零，这一负的攻角称为零升力攻角，以 α_0 表示。

2）气动翼弦：过后缘的零升力来流方向的直线称为这一翼型的气动翼弦。

3）升力系数、阻力系数、力矩系数、压强系数。

翼型在流场中受力 R 的作用。R 在垂直来流方向的分力称为升力，在平行来流方向的分力称为阻力。此外，R 对某参考

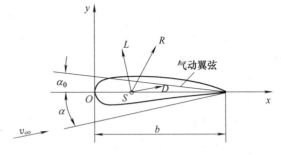

图 2-29 作用于翼型上的气动力

点（常取前缘点 O）有力矩。在空气动力学中，常引进无量纲的空气动力学系数：升力系数 C_l、阻力系数 C_d、力矩系数 C_m、压强系数 C_p。对于单位翼形宽度，它们的定义分别为

$$C_l = \frac{L}{\frac{1}{2}\rho\, v_\infty^2 b} \qquad C_d = \frac{D}{\frac{1}{2}\rho\, v_\infty^2 b} \qquad C_m = \frac{M}{\frac{1}{2}\rho\, v_\infty^2 b^2} \qquad C_p = \frac{p - p_\infty}{\frac{1}{2}\rho\, v_\infty^2} \qquad (2\text{-}44)$$

2.2.7　流体力学例题

【例2-4】　在如图 2-30 所示牛顿平板实验中，设有面积为 A，相距 h 的两平行平板，下板固定，上板在力 F 作用下以匀速 U 运动，两板间液体黏性为 μ。利用 $N\text{-}S$ 方程导出流体的速度分布和流体所受的剪切力。

【解】　设平板间隙 h 很小，且远远小于面积 A，于是问题简化为沿 x 方向的一元流动。设流速 v 仅随 y 方向变化，不随 x 方向变化；又假设在 x 方向无压力差，即流动纯粹是由平板对流体的黏性剪切引起。于是，$N\text{-}S$ 方程可简化为

$$0 = \mu \frac{\mathrm{d}^2 v}{\mathrm{d}y^2}$$

边界条件为

$$v(y = 0) = 0$$
$$v(y = h) = U$$

上述边界条件即所谓"无滑移"原理——紧贴壁面的流体与壁面同速度。

解出上述微分方程，得

$$v = \frac{Uy}{h}$$

即平板间流体为线性分布，如图 2-33 所示。流体中的剪切力为

$$\tau = \mu \frac{\mathrm{d}v}{\mathrm{d}y} = \mu \frac{U}{h}$$

此剪切力为常数。上述流动也称为剪切流，或库埃特流。在滑动轴承中即存在这样的流动。

【例2-5】　如图 2-31 所示为文丘里管，常用来测量流速。其喉部面积是进/出口面积的 0.7 倍，水箱直接与大气相通。确定使垂直测压管水柱上升 0.1m 的进口风速 v。

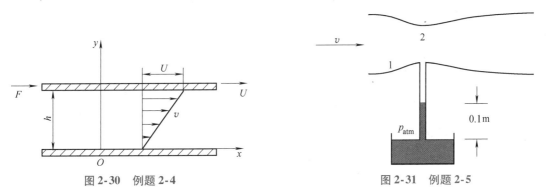

图 2-30　例题 2-4　　　　　　　　　图 2-31　例题 2-5

【解】　已知：水密度 $\rho_{\mathrm{w}} = 1000\mathrm{kg/m}^3$，空气密度 $\rho = 1.226\mathrm{kg/m}^3$，$g = 9.8\mathrm{m/s}^2$，$h = 0.1\mathrm{m}$，水柱下端的压强即为进口压强 p_1、$p_1 = p_{\mathrm{atm}}$，水柱上端的压强即为管喉部的压强 p_2。

水柱重力恰好等于水柱上下端的压力差，于是

$$p_1 - p_2 = \rho_{\mathrm{w}} g h = 980\mathrm{Pa}$$

对管道截面 1 和 2 应用伯努利方程，有

$$p_1 + \frac{1}{2}\rho v_1^2 = p_2 + \frac{1}{2}\rho v_2^2$$

变换为

$$\frac{1}{2}\rho v_2^2 - \frac{1}{2}\rho v_1^2 = p_1 - p_2$$

应用连续性方程，$v_2 = v_1 \dfrac{A_1}{A_2}$。将 v_2 代入上面方程，

$$\frac{1}{2}\rho v_1^2 \left[\left(\frac{A_1}{A_2} \right)^2 - 1 \right] = p_1 - p_2$$

于是

$$v_1 = \sqrt{\frac{2(p_1 - p_2)}{\rho\left[\left(\frac{A_1}{A_2} \right)^2 - 1 \right]}} = \sqrt{\frac{2 \times 980}{1.226\left(\frac{1}{0.7^2} - 1 \right)}}\,\mathrm{m/s} = 39\mathrm{m/s}$$

【例 2-6】 水库闸门宽 $B = 6\mathrm{m}$，闸前水深 $H = 5\mathrm{m}$，闸后收缩断面水深 $h_c = 1\mathrm{m}$，流量 $Q = 30\mathrm{m}^3/\mathrm{s}$。求水流对矩形平板闸门的推力。如图 2-32 所示。

【解】 取断面 $o\text{-}o$ 和 $c\text{-}c$，构成控制体积，对此控制体积应用动量方程。

各断面的平均速度和作用力分别为

$v_0 = Q/BH$；$v_c = Q/Bh_c$；$P_0 = \dfrac{1}{2}\rho g H^2 B$；$P_c = \dfrac{1}{2}\rho g h_c^2 B$。其中作用力是由水重力产生，作用在每个断面的质心上。动量修正系数 $\beta_0 = \beta_c \approx 1$。

代入动量方程 $\rho Q(v_c - v_0) = P_0 - P_c - R'$，$R'$ 为 R 的反作用力。

于是闸门上的作用力

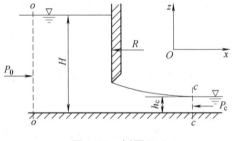

图 2-32　例题 2-6

$$R' = P_0 - P_c - \rho Q(v_c - v_0) = \frac{1}{2}\rho g B(H^2 - h_c^2) - \rho Q(v_c - v_0)$$

代入数值 $R' = \left[0.5 \times 1000 \times 9.8 \times 6 \times (5^2 - 1) - 1000 \times 30 \times \left(\dfrac{30}{6 \times 1} - \dfrac{30}{6 \times 5} \right) \right]\mathrm{N}$

$$= 585\,600\mathrm{N}$$

2.3　传热学基础

我们知道从高温到低温有一种神秘的东西在运动，它被称为热。古代的人们以为热是一种粒子，现在我们知道热是能量的一种形式。热量有几个重要的特征：①热量是不可见的而且极易扩散到各处；②热量无法直接测出，只能通过某些热效应间接测出；③热量总是从高

温物体传向低温物体，这是热力学第二定律所确定的。所有生命都需要热量，也时刻传递着热量。唯一没有热传递的地方是等温且绝热的区域，那里将是一片死寂。

在人们日常的生产和生活中，特别是利用能源的过程中，涉及大量的热传递现象，以及热量与其他能量的转变。为了提高能源的利用率，让热更好地为人类服务，需要学习和掌握热传递的基本原理，从而能解决各种传热问题，或设计出效率更高的能量转换装置。本节将介绍热传递的一些基本知识。

2.3.1　传热学与热力学的关系

所有传热过程都伴随着能量的传递和转换，必然服从热力学第一定律和第二定律。那么传热学与热力学有何关系？传热学是否可从热力学推导出来？

热力学是关于系统处于热平衡状态下系统的各种参数的关系以及热量与其他形式的能量相互转换的关系，它建立在系统参数均匀或准静态的假设下。因此，热力学只关注平衡态下发生的热力过程。而热传递是在温度不均匀的状态下发生，系统处于热不平衡状态。传热学关注速率过程，即传热速率的快慢，它属于动力学过程，它是无法从热力学推导出来的。类似地，质量输运和扩散（传质过程）也是不平衡过程，也有着自身的规律。这些理论统称为输运过程，它们又称为传热传质学，不属于热力学的范畴。

2.3.2　热传递的三种方式

传热有三种方式：导热、对流、辐射。导热和辐射是传热的最基本方式，它们只取决于温差。对流不是热传递的基本方式，因为它还取决于流动的快慢，它是分子微观热运动引起的导热和流体宏观流动二者的叠加。对流传热十分普遍，人们将其列为第三种传热方式。

（1）导热　在固体、液体或气体内部，当存在温度梯度时，热量将从高温区传向低温区，这种由于介质内部的温度不均引起的热传递称为热传导或导热。

单位时间内通过某一给定面积的热量称为热流量 Q（W），它与温度梯度和垂直于热传递的横截面积成正比

$$Q \propto A \frac{\mathrm{d}T}{\mathrm{d}x}$$

实际热流量还取决于传热介质的一种物理性质——导热系数（也称热导率）λ。对于通过均匀介质的导热，热流量可表示为

$$Q = -\lambda A \frac{\mathrm{d}T}{\mathrm{d}x} \tag{2-45}$$

上式称为傅立叶导热定律。其中的负号是热力学第二定律的要求，即热总是从高温流向低温。如图 2-33 所示，热传导的方向总是与温度梯度的方向相反。

将上式中的热流量 Q 用面积 A 去除，即得单位面积的热流量，用 q 表示，即 $q = \dfrac{Q}{A}$（W/m^2）。q 称为热流密度。

在一维时，热流密度 q 的方向很容易判断，恰好指向温度降低的方向。在三维时，热流密度显然是一个矢量，可表示为

$$\boldsymbol{q} = -\lambda \nabla T \tag{2-46}$$

其中，$\nabla = \dfrac{\partial}{\partial x}\boldsymbol{i} + \dfrac{\partial}{\partial y}\boldsymbol{j} + \dfrac{\partial}{\partial z}\boldsymbol{k}$，即梯度符号。负号表示热流方向总是指向与温度梯度相反的方向。

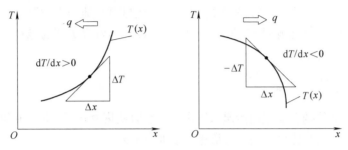

图 2-33 热流与温度梯度

（2）对流 当传热介质为流体，如气体或液体时，除了导热之外，热传递更主要是通过对流来完成。如图 2-34 所示，当较冷的流体流经较热的固体时，紧邻固体边界的流体形成一层流速减慢的"边界层"，流体中温度的变化主要发生在这一边界层（温度变化的边界层与速度变化的边界层通常不重合）。热量从固体通过这一边界层内的流体被传递到更远的主流区域。我们称这一过程为对流换热。

对流换热实际包含了两种传热机制：由于温差引起的导热以及由于流体的整体移动引起的热传递。前者是一种微观的热运动，后者是宏观的流动现象。二者叠加在一起，加速了热

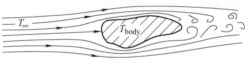

图 2-34 流体与固体之间的对流换热

量的传递。因此，当对流发生时，热传递大大加快。对流现象可以想象成在一杯水中加入糖块，如果用匙子搅拌，显然可以大大加快糖在水中的溶解和扩散。糖分子在水中的扩散对应纯导热过程，而匙子的搅拌则引起了流动，使糖分子更快地混合到水中的各处。对流则包含了这两种过程。

对流 = 导热(微观热扩散运动) + 流动(整体宏观位移)

与导热过程不同的是，对流换热的驱动力不仅来自固体界面与流体介质的温差，还强烈地依赖于流动速度的快慢。如果流动停止，那么对流也停止，此时传热仅仅依靠导热进行。

忽略内部复杂的机制，对流换热量 Q_c 可以用牛顿冷却定律来简化地表示

$$Q_c = \bar{h} A \Delta T \tag{2-47}$$

式中，Q_c 为对流换热量（W）；A 为传热面积（m^2）；ΔT 为固体表面温度 T_s 与远离表面的流体温度 T_∞ 之差（K）；$\bar{h}$ 为表面 A 上的平均表面传热系数，简称表面传热系数 $[W/(m^2 \cdot K)]$，$\bar{h}$ 与局部表面传热系数 h 的关系为：$\bar{h} = \dfrac{1}{A}\displaystyle\int_A h \mathrm{d}A$。

在上述表达式中，$\bar{h}$ 实际包含了复杂的函数关系，必须根据具体的过程计算出来，通常 $\bar{h} = f(\Delta T, u, 表面粗糙度，表面形状，流体热物性)$，其中温差 ΔT 和流速 u 是最重要的两个影响因素。对流换热的主要任务就是求出在各种不同情况下的 $\bar{h}$。

（3）辐射 热传递的第三种方式是热辐射。热辐射是以电磁波的形式来传递热量，它可以在真空中传播，不需要物体与工质的直接接触。任何物体只要温度大于绝对零度，就不断地通过电磁辐射向外释放能量。辐射能的强度取决于物体表面的温度及表面的性质（如表

面光滑度等），而且辐射能与周围的物体无关（而导热则取决于与相邻区域的温差）。实验证明辐射热 $Q_r \propto T^4$。

为了了解物体的热辐射性质，人们设想出一种理想的辐射体，又称黑体。它具有如下性质：①它能够吸收所有入射辐射能而无任何反射；②它是在相同温度下辐射能力最大的物体。黑体的辐射能 $Q_r(\mathrm{W})$（辐射力）服从斯忒藩-玻耳兹曼定律

$$Q_r = \sigma A T^4 \tag{2-48}$$

或者

$$Q_r = cA\left(\frac{T}{100}\right)^4$$

式中，σ 称为斯忒藩-玻耳兹曼常数，$\sigma = 5.67 \times 10^{-8}\,[\mathrm{W/(m^2 \cdot K^4)}]$；$c$ 为常数，$c = 5.67$ $[\mathrm{W/(m^2 \cdot K^4)}]$；$A$ 为辐射体的表面积（$\mathrm{m^2}$），T 为热力学温度（K）。上述辐射能包含了辐射体在半球方向上所有可能的波长的辐射，故又称为半球全波辐射力。

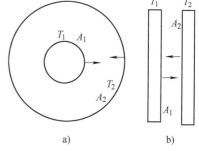

对于图 2-35 所示的黑体之间的辐射换热，设 $T_1 >$ T_2，净的热传递可表示为

$$Q_{net} = Q_{1\to2} - Q_{2\to1} = \sigma A_1 (T_1^4 - T_2^4) \tag{2-49}$$

其中，$Q_{i\to j}$ 表示从 A_i 发射出，被 A_j 吸收的辐射能。对于图 2-35a 所示情况，从 A_2 辐射出的能量并未全部打到 A_1，其中一部分又被自身所拦截和吸收，因此被 A_1 吸收的辐射能仍要乘以 A_1，即 $Q_{2\to1} = \sigma A_1 T_2^4$。

图 2-35　两块黑体之间的辐射换热

a）面积 A_1 被面积 A_2 所包围

b）两块平行大平板

与导热热流类似，黑体的辐射热流强度（单位面积的辐射能）为 $q_r = \sigma T^4$，大多数真实物体的辐射性质可用灰体来近似，其辐射能可表示为 $Q = \varepsilon \sigma A T^4$。其中 ε 称为辐射率或辐射系数，$0 < \varepsilon < 1$。显然灰体与黑体的辐射强度之比即为 ε。ε 是一个常数，不随波长变化。

辐射能只取决于辐射体自身的温度及其表面性质，与周围物体无关。但辐射热交换则显然与周围物质有关，因为辐射体本身除了向外辐射热量，也吸收来自周围的辐射热。

2.3.3　导热系数与导热机理

根据傅立叶导热定律，方程（2-45），物质的导热系数定义为

$$\lambda = \frac{Q/A}{|\,\mathrm{d}T/\mathrm{d}x\,|} \tag{2-50}$$

在工程计算中，对于固体和液体的导热系数，通常利用上述方程，采用试验方法，间接测出热量和温度梯度，即可得到导热系数。对于在不太高温度下的气体，气体分子运动理论可用来较准确地预测导热系数值。

表 2-2 列出一些常见物质的导热系数值。注意到纯金属大都为热的良导体，气体为热的不良导体，介于它们之间的是液体和非金属。在室温下导热系数从气体到金刚石几乎相差 10^5 数量级。为何导热系数有如此大的差异呢？这是由物质的不同导热机理所决定的。

表 2-2 常见的金属、非金属、液体、气体的导热系数 ($T = 300 \mathrm{K}$)

材　　料	导热系数/[W/(m·K)]	材　　料	导热系数/[W/(m·K)]
金刚石	500 ~ 2500	水	0.6
铜	399.0	乙二醇	0.26
铝	237.0	机油	0.15
碳钢，$\omega_C = 1\%$	43.0	氟利昂（液态）	0.07
玻璃	0.81	氢气	0.18
塑料	0.2 ~ 0.3	空气	0.026

气体导热的机理可以用气体分子运动理论来解释。分子的运动动能与温度成正比，在高温区的分子运动速度大，在低温区的分子运动速度小。考虑如图 2-36 所示的气体夹层导热（设忽略对流传热），靠近热壁的气体分子与热壁碰撞从而吸收更多的能量，它们离开热壁时具有更高的运动速度。当它们与右端相邻的能量较低的气体分子碰撞时，将动能传给相邻的分子，使右端的分子运动速度增大，即动能增大。这一过程持续向右进行，直到气体分子将动能传递给右端的冷壁。

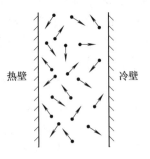

图 2-36 气体导热机理

在固体中，热传递过程是由固体晶格上的原子振荡以及自由电子的扩散来完成，如图 2-37 所示。按照固体物理理论，固体由周期性排列的原子和自由电子组成，热能的传递可通过两种途径来完成：自由电子的扩散运动和晶格的振动，固体导热就是这两种效应的叠加。其中晶格振动的能量传递是一份份不连续的，其最小的能量量子称为声子。

一般来说，热量的电子输运比起声子输运更加有效。由于电子将能量从高温区输运到低温区的方式与电荷输运相似，因此电的良导体通常也是热的良导体，而电的良绝缘体也是热的良绝缘体。在非金属固体中，自由电子数目很少，因而导热性差，此时导热主要依靠晶格振动。因此，非金属的导热系数远小于金属。

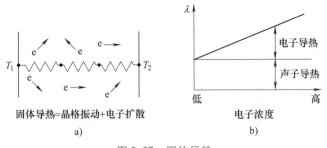

图 2-37 固体导热

a) 固体导热机理　b) 固体导热系数随电子浓度的变化

液体的导热机理与气体导热有些相似，但是由于液体的分子运动很难描述，因此液体导热的机理至今仍不清楚。对于大多数液体，导热系数随温度升高而减小，但水是例外。液体的导热系数在临界点以下与压强无关。一般来说，液体的导热系数随着相对分子质量（分子量）的增加而减小。

2.3.4　一维复合传热问题

在实际过程中，热传递的三种机制经常同时发生，或者重叠在一起，构成复合传热问题。例如，在冬天，热量从房屋屋顶传到更冷的室外环境时，不仅通过对流，还通过辐射；而热量从屋顶的内壁向外壁的传递则通过传导进行。热量通过双层窗户夹层的传递为对流和辐射并行，而通过玻璃壁的热传递为导热和辐射并行，另外，还有部分辐射直接穿过整个双层窗——玻璃系统。

本节将讨论上述这类问题，通过将传热路径分解成串联的几段，而每段又有几种传热机制并联，如同电路的串并联一样，将热传递的路径表述成热路或热网络来而解上述问题。

1. 平壁的串联和并联

如果热量通过若干热接触良好的平壁，例如穿过建筑物的三层墙壁，则穿过各层壁面的导热热流量不变，但各层的温度梯度则不同，如图 2-38 所示。图中下方为与该物理系统等价的热路。

根据式（2-45），穿过各平壁的导热热流量为

$$Q = \frac{\lambda_1 A}{L_1}(T_1 - T_2) = \frac{\lambda_2 A}{L_2}(T_2 - T_3) = \frac{\lambda_3 A}{L_3}(T_3 - T_4)$$

从方程中消去中间温度 T_2 和 T_3，得

$$Q = \frac{T_1 - T_4}{L_1/\lambda_1 A + L_2/\lambda_2 A + L_3/\lambda_3 A}$$

类似地，对于 N 层平壁叠加，有

$$Q = \frac{T_1 - T_{N+1}}{\sum\limits_{n=1}^{N} (L/\lambda A)_n} \qquad (2\text{-}51)$$

式中，T_1 为第一层的外表面温度；T_{N+1} 为第 N 层的外表面温度。

定义导热热阻即壁面热传导的阻力为

$$R = L/\lambda A \qquad (2\text{-}52)$$

式（2-52）可改写为

$$Q = \frac{T_1 - T_{N+1}}{\sum\limits_{n=1}^{N} R_n} = \frac{\Delta T}{\sum\limits_{n=1}^{N} R_n} \qquad (2\text{-}53)$$

式中，ΔT 为总温差，或称为温度势。热流量显然与温度势成正比，与总热阻成反比，如同电流与电压和电阻的关系。

导热还可发生在两种平行拼接的不同材料内，如图 2-39 所示。设表面温度在左侧和右侧分别为均匀的 T_1 和 T_2，图中下方为代表该物理系统的热路。由于热传导是在相同的温度势下分别沿着两种材料的路径传递，总的热流量为穿过面积 1 和面积 2 的热流量之和

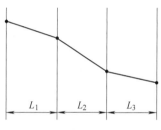

图 2-38　穿过多层平壁的
导热热流量

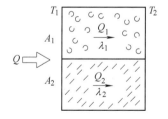

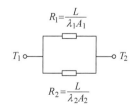

图 2-39　两种不同材料拼成的
平板的传热

$$\dot{Q} = \dot{Q}_1 + \dot{Q}_2 = \frac{T_1 - T_2}{L/\lambda_1 A_1} + \frac{T_1 - T_2}{L/\lambda_2 A_2}$$

$$= \frac{T_1 - T_2}{R_1 R_2/(R_1 + R_2)}$$

注意：总的传热面积为 A_1 和 A_2 之和，总的热阻为各单独热阻的乘积除以它们的和，与并联电路相同。

2. 导热与对流顺序（串联）传热

上面讨论了当两个外侧表面温度给定时通过复合平壁的导热。而在工程中更常见的问题是，表面温度是未知的，热量在被壁面隔开的两种流体之间传递。在这类问题中，如果知道两壁面的表面传热系数，则可以计算出各表面的温度。

对流换热可以很容易地结合进热路中。根据式（2-47），对流换热热阻为

$$R_C = \frac{1}{\bar{h}A} \qquad (2\text{-}54)$$

图 2-40 示出被一个壁面隔开的两种流体之间的对流换热。根据图中的等效热路，从温度为 T_{hot} 的热流体到温度 T_{cold} 的冷流体的热流量为

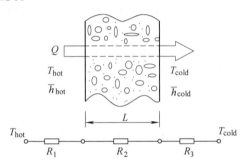

图 2-40 导热与对流串联的热路

$$Q = \frac{T_{hot} - T_{cold}}{\sum_{n=3}^{3} R_n} = \frac{\Delta T}{R_1 + R_2 + R_3}$$

其中，$R_1 = \frac{1}{(\bar{h}A)_{hot}}$，$R_2 = \frac{L}{\lambda A}$，$R_3 = \frac{1}{(\bar{h}A)_{cold}}$

2.3.5 总传热系数

由前可知，热传递的一个普遍问题是确定在被固壁分开的两种流体——气体或液体之间的传热量。如果固壁为平面，热量在两侧壁的传递通常依靠对流，热流量可用两种流体的温度来表示。例如，图 2-43 所示系统的热流量可表示为

$$Q = \frac{T_{hot} - T_{cold}}{(1/h_c A)_{hot} + (L/\lambda A) + (1/h_c A)_{cold}} = \frac{\Delta T}{R_1 + R_2 + R_3}$$

在上述方程中，热流量只取决于总的温度势和传热路径各段的热性质（热阻）。对分母上的各个热阻的数量级进行检验，常常可以使问题得到简化。当某一热阻的量级相对很大时，其余热阻可近似忽略。然而在某些问题中，例如在设计换热器时，将系统中的热阻合并成一个总热阻或进一步写成总热导，称为总传热系数 U，则更为方便。

此时上式可写成

$$Q = UA\Delta T \qquad (2\text{-}55)$$

其中

$$UA = \frac{1}{R_1 + R_2 + R_3} = \frac{1}{R_{总}} \qquad (2\text{-}56)$$

总传热系数 U 可基于任意选择的面积。在通过管道壁面的换热器中，所选面积至关重

要。为避免出错，总传热系数所参照的面积应该明确指出。

当壁面与流体之间同时发生对流和辐射传热时，总传热系数同样可基于热路中的各个热阻得出。通常当流体为液体时，辐射传热的影响不大；但当流体为气体且温度很高时，或当表面传热系数较小时，例如在自然对流中，辐射传热不可忽略。

2.3.6　导热基本方程

导热主要发生在固体中。当对固体微元（控制体积）应用能量守恒定律（热力学第一定律），并认为固体中热传递只有导热时（图 2-41），结合傅立叶定律即可得出导热基本方程，即热传导方程或热扩散方程。其一般形式为

$$\nabla(\lambda \nabla T) + q_G = \rho c \frac{\partial T}{\partial t} \qquad (2\text{-}57)$$

如果导热系数 λ 为常数，则导热方程转变为常见的形式

$$\nabla^2 T + \frac{1}{\lambda} q_G = \frac{1}{a} \frac{\partial T}{\partial t} \qquad (2\text{-}58)$$

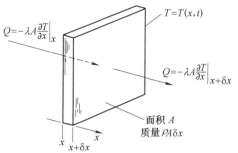

图 2-41　一维热传导的固体微元

其中，$\nabla^2 T = \dfrac{\partial^2 T}{\partial x^2} + \dfrac{\partial^2 T}{\partial y^2} + \dfrac{\partial^2 T}{\partial z^2}$，$a = \dfrac{\lambda}{\rho c}$，$a$ 即热扩散率。

当系统为稳态（即温度不随时间变化），内热源 q_G 为零时，导热方程变为拉普拉斯方程

$$\nabla^2 T = 0 \qquad (2\text{-}59)$$

欲解出上述偏微分方程，需给出系统的初始条件和边界条件。

对于三维直角坐标，初始条件为（当 $t = t_0$ 时）

$$T(x,y,z,t)_{t=t_0} = T_i$$

边界条件有三类（当 $t > t_0$ 时）：

第一类边界条件（指定边界温度）

$$T(x,y,z,t)_{x=L} = T_b \qquad (2\text{-}60)$$

第二类边界条件（指定穿过边界的热流量）

$$\lambda (\partial T/\partial x)_{x=L} = q \qquad (2\text{-}61)$$

第三类边界条件（穿过边界的热流量等于对流换热量）

$$-\lambda (\partial T/\partial x)_{x=L} = h(T - T_\infty)_{x=L} \qquad (2\text{-}62)$$

以上均为针对 x 方向的边界条件，对于 y，z 方向可类似地写出。其中的 T_i，T_b，q 均为常数。

对于简单几何形状和容易确定边界条件的系统，通用方程（2-57）可解出解析解，它对理解系统的性质和各参数的关系、并使复杂的问题化简都极为重要。但对于工程上遇到的复杂几何形状和复杂边界条件的系统，方程的解析解通常无法得到。利用计算机数值计算的方法，可较容易地给出数值解。一旦系统随空间和时间的温度分布确定，利用傅立叶导热定律，即可推出沿任一方向的热流量。

2.3.7　对流的基本理论

1. 强迫对流与自然对流

当固体与流体接触并发生热传递时,大多数情况下对流换热是传热的主要机制,导热和辐射往往可忽略。对流换热的机制是流体的宏观运动与流体的微观分子热运动以及流体与固壁微观分子之间的碰撞热运动的叠加。因此,流体的宏观运动速度对于对流换热的速率影响极大。若流体运动是由外界引起,如风机和泵,这种对流称为强迫对流;若流体运动是由流体的密度差引起的浮力造成,这种对流称为自然对流,也称浮力对流。自然对流大多是由于流体受热后密度减小而引起,但密度差也可能是由于液固界面的浓度变化引起,例如在某些化学反应中。

2. 边界层理论

在流体流经壁面时,速度沿垂直于壁面的变化即速度梯度,集中在紧邻壁面的流体薄层内,这一速度急剧变化的流体薄层称为速度边界层。同样,温度和浓度也有类似的薄层,分别称为温度边界层和浓度边界层。流体与壁面之间的动量、质量和热量交换,主要都发生在这三种薄层内。因此,流体在三种边界层内的行为对于对流换热和传质起决定性的作用,边界层理论因而也是对流换热的最基本的理论。

如图 2-42 所示为流体流经一个大平板上方时速度边界层的发展。首先,在前端发展出一段层流边界层,然后随着流体的后移,经过一段过渡区后,层流边界层转变为湍流边界层。湍流的速度分布比起层流来更平钝,因为湍流中的湍动黏性力比层流中的分子间动量交换(黏性力)来得更强。

对于黏性流体,由于紧贴壁面的流体薄层可视为速度为零,故热传递在那里以导热进行。根据傅立叶导热定律,$q = -\lambda \dfrac{\partial T}{\partial y}\Big|_{y=0}$,注意此处 λ 为流体而非平板的导热系数。又根据牛顿冷却定律 $q = h(T_w - T_\infty)$。二者结合,得

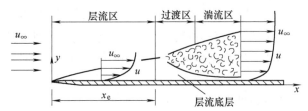

图 2-42　流动经过一个大平板时速度边界层的发展

$$h = \frac{\lambda (\partial T/\partial y)_{y=0}}{T_\infty - T_w} \tag{2-63}$$

此即表面传热系数 h 的严格定义。寻找表面传热系数的当地值(h)和平均值($\overline{h}$)的表达式是对流换热理论的核心任务。

由式(2-63),为了求解 h,必须求出边界层内的温度分布,而温度又与流动紧密相关,因此须求解联立的边界层质量守恒、动量守恒和能量守恒方程式,并根据具体问题进行适当简化。

2.3.8　大平板上方的层流边界层

对于大平板上方的流动为层流的边界层问题,须求解以下的二维守恒方程

连续性方程
$$\frac{\partial u}{\partial x} + \frac{\partial v}{\partial y} = 0 \tag{2-64}$$

动量守恒方程
$$\rho \left(u \frac{\partial u}{\partial x} + v \frac{\partial u}{\partial y} \right) = \mu \frac{\partial^2 u}{\partial y^2} - \frac{\partial p}{\partial x} \tag{2-65}$$

能量守恒方程

$$u\frac{\partial T}{\partial x} + v\frac{\partial T}{\partial y} = a\frac{\partial^2 T}{\partial y^2} + \frac{\mu}{\rho c_p}\left(\frac{\partial u}{\partial y}\right)^2 \tag{2-66}$$

式（2-64）和式（2-65）可首先联立解出，结合边界条件可得到

$$\frac{u}{u_\infty} = \frac{3}{2}\frac{y}{\delta} - \frac{1}{2}\left(\frac{y}{\delta}\right)^3 \tag{2-67}$$

式中，δ 为边界层厚度，$\delta = 4.64\sqrt{\mu x/\rho u_\infty}$，$\delta$ 定义为当 $y = \delta$ 时，$u/u_\infty = 0.99$。

对于式（2-66），当忽略等号右侧第二项，即黏性摩擦热后，可解出局部表面传热系数为

$$h_x = 0.332\lambda Pr^{1/3}(u_\infty/vx)^{1/2} \tag{2-68}$$

式中，普朗特数 $Pr = v/\alpha = c_p u/\lambda$。式（2-68）常写成无量纲的形式

$$h_x x/\lambda = Nu_x = 0.332Pr^{1/3}Re_x^{1/2} \tag{2-69}$$

式中，Nu_x 为努塞尔数，其意义为无量纲的表面传热系数。Re_x 为当地雷诺数

$$Re_x = u_\infty x/v \tag{2-70}$$

进一步可导出平均努塞尔数

$$\overline{Nu_L} = \frac{\overline{h}L}{k} = 0.664Re_L^{1/2}Pr^{1/3} \tag{2-71}$$

对于湍流，则有

$$\overline{Nu_L} = Pr^{1/3}(0.036Re_L^{0.8} - 836) \tag{2-72}$$

2.3.9　热辐射

热辐射是以电磁波的形式传递热量，它所传递的辐射能量只取决于物体的表面温度和表面性质。如表 2-3 所示，热辐射的能量在电磁波谱中主要位于 $0.1 \sim 1000\mu m$，可见光的波段为 $0.4 \sim 0.7\mu m$，因此属于热辐射波。太阳表面可近似为 5 760K 的黑体，它辐射的大部分电磁波位于 $0.1 \sim 3\mu m$。

表 2-3　电磁波谱

电磁波类型	波长，λ
宇宙射线	$< 0.3pm$
γ 射线	$0.3 \sim 100pm$
X 射线	$0.01 \sim 30nm$
紫外线	$3 \sim 400nm$
可见光	$0.4 \sim 0.7\mu m$
近红外辐射	$0.7 \sim 30\mu m$
远红外辐射	$30 \sim 1000\mu m$
毫米波	$1 \sim 10mm$
微波	$10 \sim 300mm$
无线电短波	$300mm \sim 100m$
无线电长波	$100m \sim 30km$

热辐射 $0.1 \sim 1000\mu m$（范围为可见光至远红外辐射）

电磁波以光速传播，在真空中的速度为 $3 \times 10^8 m/s$。光速与辐射波长和频率的关系为 $C = \lambda v$。式中，C 为光速，λ 为波长，v 为频率。

尽管在推导物质的辐射性质时利用了辐射的波动性，辐射还有另一种性质，即粒子性。在推导物体由于自身温度而辐射能量的大小时，必须利用辐射的粒子性。根据量子理论，电磁波是由分立的光子组成，其所带能量为 $\varepsilon = hv$。其中 ε 为光子能量，h 为普朗克常数，$h = 6.6 \times 10^{-34}$ J·s。

尽管所有光子都以光速传播，但其中能量的分布是不同的。频率越高的光子，能量也越大，但具有高频率的光子数目也越少。因此，热辐射能量随频率或波长有一概率分布，即辐射能的光谱分布，它是不同于导热和对流的重要特征。

表面对入射辐射的响应

当一束辐射打到物体表面，其中一部分被表面反射，一部分被物体吸收，还有一部分透过表面。定义

ρ = 反射率 = 被反射的辐射能量份额；

α = 吸收率 = 被吸收的辐射能量份额；

τ = 透射率 = 被透射的辐射能量份额。有

$$\rho + \alpha + \tau = 1 \qquad (2\text{-}73)$$

多数固体是不透明的，因此 $\tau = 0$，$\rho + \alpha = 1$。

热辐射波打到物体表面后会发生两种类型的反射：镜反射和漫反射（图2-43）。当表面粗糙度尺寸小于入射辐射波长时，发生镜反射，反射角等于入射角。高度抛

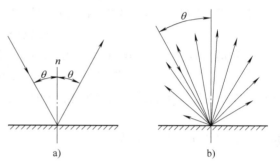

图 2-43　镜反射和漫反射
a）镜反射：反射角 = 入射角
b）漫反射：反射辐射方向与入射辐射无关

光的金属表面即产生镜反射。当表面粗糙度比波长大得多时，形成漫反射，此时反射辐射能均匀地分布在各个方向。大多数工程材料的表面较粗糙，形成漫反射。也有一部分材料的性质介于镜反射和漫反射之间。

物体对入射辐射波的响应性质不仅与物体的表面性质有关，而且也和入射辐射波的方向和波长有关。式（2-73）仅适用于物体对于全波长范围的辐射的平均值。要表达上述性质与波长的关系，需考虑物体对单一波长的辐射的响应性质，即单色反射率 ρ_λ、单色吸收率 α_λ 和单色透射率 τ_λ，有

$$\rho_\lambda + \alpha_\lambda + \tau_\lambda = 1 \qquad (2\text{-}74)$$

2.3.10　黑体辐射力

如果一个物体吸收所有入射辐射能，即 $\tau = 0$，$\rho = 0$，$\alpha = 1$，且无论入射辐射的方向和光谱性质，这种物体称为黑体。这是一种假想的理想化吸收体，现实中并不存在黑体。

黑体除了作为理想的吸收体，在同温度的物体中它还具有最大的辐射能力。黑体的辐射能是温度的函数，并且不均匀地分布在所有波段（光谱分布）。辐射能在特定的波长每单位面积的辐射功率称为单色辐射力 E_λ。黑体的单色辐射力与温度和波长的关系由普朗克方程表示为

$$E_{b\lambda} = \frac{C_1}{\lambda^5 (e^{C_2/\lambda T} - 1)} \qquad (2\text{-}75)$$

式中，$E_{b\lambda}$ 为黑体的单色辐射力 [W/(m²·μm)]；T 为黑体的热力学温度（K）；λ 为波长（μm）；C_1 为普朗克第一常数，$C_1 = 3.74 \times 10^8\,\mathrm{W \cdot \mu m^4/m^2}$；$C_2$ 为普朗克第二常数，$C_2 = 1.44 \times 10^4\,\mu m \cdot K$。

图2-44示出根据普朗克方程给出的黑体单色辐射力在不同温度下随波长的变化关系。在给定波长时，黑体辐射的能量随着物体温度的升高而增大。每条曲线均存在一个峰值，随

着温度的升高，这一峰值向较短波长移动。辐射能达到峰值的波长与温度的关系由维恩位移定律给出

$$(\lambda T)_{max} = 2898 \mu m \cdot K \tag{2-76}$$

在固定温度时，$E_{b\lambda}$ 对 λ 的曲线下的面积正好是黑体在该温度时的单位面积的总辐射率。于是，黑体的总辐射力 E_b 与单色辐射力 $E_{b\lambda}$ 由下式相联系

$$E_b = \int_0^\infty E_{b\lambda} d\lambda \tag{2-77}$$

将式（2-75）代入并积分，即得斯蒂芬-玻尔兹曼定律的表达式

$$E_b = \sigma T^4 \tag{2-78}$$

在一些工程计算中，常需要计算某一波段范围内黑体的辐射能，例如，从 λ_1 到 λ_2 波段的黑体辐射力。这可以利用下式计算

$$E_{b(0-\lambda)} = \int_0^\lambda E_{b\lambda} d\lambda \tag{2-79}$$

由于 $E_{b\lambda}$ 的值同时取决于 λ 和 T，也可以方便地将上述两个变量结合在一起

$$E_{b(0-\lambda T)} = \int_0^{\lambda T} \frac{E_{b\lambda}}{T} d(\lambda T) \tag{2-80}$$

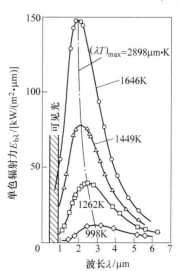

图 2-44　黑体单色辐射力在不同温度下
随波长的变化关系

于是

$$E_{b(\lambda_1 T - \lambda_2 T)} = \int_{\lambda_1 T}^{\lambda_2 T} \frac{E_{b\lambda}}{T} d(\lambda T) = E_{b(0-\lambda_2 T)} - E_{b(0-\lambda_1 T)} \tag{2-81}$$

在不同 λT 下作为总辐射力分数的值 $\dfrac{E_{b(0-\lambda T)}}{\sigma T^4}$ 通常已列成表格，可方便地查出。

2.3.11　真实表面的辐射性质

真实表面的辐射力小于同温度下黑体的辐射力。真实表面的总辐射力 E 与同温度下黑体的辐射力 E_b 之比称为该表面的辐射率 ε，即

$$\varepsilon = E/E_b \tag{2-82}$$

表面辐射率除了是表面温度的函数外，还取决于辐射的波长和方向。上式所定义的辐射率是对于所有波长和各个方向的平均值，故 ε 又称为全辐射率或半球辐射率。

为了表示辐射对波长的依赖性，定义单色辐射率或光谱辐射率 ε_λ 为真实表面的单色辐射力 E_λ 与同波长、同温度的黑体的单色辐射力 $E_{b\lambda}$ 的比值，即

$$\varepsilon_\lambda = E_\lambda / E_{b\lambda} \tag{2-83}$$

灰体是一类特殊的表面，其单色辐射率 ε_λ 与波长无关。灰体的单色辐射力 E_λ 与同温度同波长的黑体的单色辐射力之比是常数，因而灰体的单色辐射率就等于其全辐射率，即 $\varepsilon = \varepsilon_\lambda$。灰体的辐射力为

$$E = \varepsilon \sigma T^4 \tag{2-84}$$

如同黑体一样，真实的灰体也不存在，但许多物体表面表现出近似灰体的行为。太阳辐

射在地球表面看上去近似于灰体，其辐射率约为 0.6。还有一些材料，例如铜、氧化铝和某些油漆在常温下也近似表现为灰体的行为。

基尔霍夫定律

物体发射辐射的能力取决于表面的物理性质和温度；而物体吸收辐射的能力则不仅取决于物体的表面性质，还取决于辐射源的性质，这是因为表面可能对某一波段的辐射能吸收得更多一些。基尔霍夫定律给出了在一定的限制条件下，物体发射辐射的能力与其吸收辐射的能力之间的关系。

基尔霍夫定律指出，表面单色吸收率与表面单色辐射率一样，仅仅是表面性质的函数，而且在给定的表面温度下二者相等，即

$$\alpha_\lambda(T) = \varepsilon_\lambda(T) \tag{2-85}$$

对于灰体，$\alpha_\lambda = \alpha = \varepsilon$，因而表面的辐射性质大大简化，但这一等式只有在表面与外部环境近似处于热平衡时才可适用。

2.3.12 辐射换热与角系数

对于真实表面，离开表面的辐射能包括发射辐射和反射辐射。离开表面单位面积的总辐射能称为有效辐射 J。如果真实表面近似为灰体，则有

$$J = \varepsilon E_b + \rho H \tag{2-86}$$

式中，E_b 为黑体辐射力；H 为单位面积的入射辐射；ε 和 ρ 分别为表面辐射率和表面反射率。且灰体有 $\rho = 1 - \varepsilon$，于是

$$J = \varepsilon E_b + (1 - \varepsilon)H \tag{2-87}$$

离开表面单位面积的净辐射能为表面的有效辐射能 J 和入射辐射能之差，即

$$q = J - H \tag{2-88}$$

从上两式中消去 H，即得

$$q = \frac{E_b - J}{\left(\frac{1-\varepsilon}{\varepsilon}\right)} \tag{2-89}$$

从上式，灰体表面单位面积净辐射能可看作在作用势为 $(E_b - J)$，热阻为 $(1 - \varepsilon)/\varepsilon$ 的等效热路中的热流。这一热阻可视作热辐射的表面热阻，它来自于表面既作为发射体又作为吸收体、相对于黑体的非理想性质。

考虑在两个灰体表面 A_1 和 A_2 之间的辐射换热。离开表面 A_1 到达 A_2 的辐射能为 $J_1 A_1 F_{12}$；离开表面 A_2 到达 A_1 的辐射能为 $J_2 A_2 F_{21}$。其中 F_{12} 为离开表面 A_1 到达表面 A_2 的辐射能的百分数，F_{21} 为离开表面 A_2 到达表面 A_1 的辐射能的百分数，它们被称为角系数。角系数代表了作辐射热交换的二表面之间的几何位置关系。关于角系数的一个重要关系式是其互换定理

$$A_1 F_{12} = A_2 F_{21} \tag{2-90}$$

于是，在两表面间净辐射换热为

$$Q_{12} = J_1 A_1 F_{12} - J_2 A_2 F_{21}$$

应用互换定理，有

$$Q_{12} = A_1 F_{12}(J_1 - J_2) = A_2 F_{21}(J_1 - J_2) \tag{2-91}$$

由上式可知，对于两灰体表面的辐射换热，热阻来自表面间的几何位置关系，即 $R = 1/A_1 F_{12} = 1/A_2 F_{21}$，热流的驱动势为两表面的有效辐射之差（$J_1 - J_2$）。

将每个表面的表面热阻 $(1 - \varepsilon)/A\varepsilon$ 和表面之间的几何位置热阻 $1/A_1 F_{12}$ 结合考虑，可构造出灰体表面辐射换热的等效热路，如图 2-45 所示。净辐射热交换等价于将二表面视为黑体所产生的作用势（$E_{b1} - E_{b2}$）除以各个热阻之和

$$Q_{12} = \frac{E_{b1} - E_{b2}}{\dfrac{1 - \varepsilon_1}{A_1 \varepsilon_1} + \dfrac{1}{A_1 F_{12}} + \dfrac{1 - \varepsilon_2}{A_2 \varepsilon_2}} = \frac{\sigma(T_1^4 - T_2^4)}{\dfrac{1 - \varepsilon_1}{A_1 \varepsilon_1} + \dfrac{1}{A_1 F_{12}} + \dfrac{1 - \varepsilon_2}{A_2 \varepsilon_2}} \tag{2-92}$$

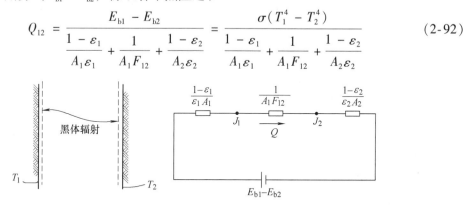

图 2-45　灰体辐射换热的等效热路

2.3.13　传热学例题

【例 2-7】　热量从一火炉向外传递，如图 2-46 所示。火炉壁由 0.5cm 厚的钢制内层 $[\lambda = 40\text{W}/(\text{m}\cdot\text{K})]$ 和 10cm 厚的耐火砖 $[\lambda = 2.5\text{W}/(\text{m}\cdot\text{K})]$ 构成。内壁温度为 900K，外壁温度为 460K。（1）计算单位面积从火炉传出的热流量。（2）计算内外壁的界面温度。

【解】　设稳态传热，忽略壁面的四角和边缘效应，并设壁面温度处处均匀。

（1）
$$q = \frac{Q}{A} = \frac{T_1 - T_3}{L_1/\lambda_1 + L_2/\lambda_2}$$
$$= \frac{900 - 460}{0.005/40 + 0.1/2.5}\text{W/m}^2$$
$$= 10\,965\text{W/m}^2$$

（2）界面温度 T_2 由下式求得

$$q = \frac{T_1 - T_2}{L_1/\lambda_1} \qquad T_2 = T_1 - q\frac{L_1}{\lambda_1}$$

$$T_2 = (900 - 10\,965 \times 0.005/40)\text{K} = 898.6\text{K}$$

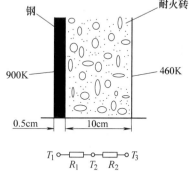

图 2-46　穿过多层平壁的导热热流

注意穿过钢板的温度降只有 1.4K，因为这部分的热阻远远小于耐火砖的热阻，因而穿过火炉壁的温降几乎全部作用在 10cm 厚的耐火砖上。

【例 2-8】　一堵 0.1m 厚的砖墙 $[\lambda = 0.7\text{W}/(\text{m}\cdot\text{K})]$ 与户外温度为 270K 的冷风发生对流换热 $[\bar{h}_1 = 40\text{W}/(\text{m}^2\cdot\text{K})]$。砖墙的另一侧与温度为 330K 的室内的平静空气发生自然对流

换热 $[\bar{h}_2 = 10\text{W}/(\text{m}^2 \cdot \text{K})]$。计算单位面积的热流量（即热流密度）

【解】 三种热阻（每平方米）分别为

$$R_1 = \frac{1}{(\bar{h}A)_{\text{hot}}} = \frac{1}{10 \times 1}\text{K/W} = 0.10\text{K/W}$$

$$R_2 = \frac{L}{\lambda A} = \frac{0.1}{0.7 \times 1}\text{K/W} = 0.143\text{K/W}$$

$$R_3 = \frac{1}{(\bar{h}A)_{\text{cold}}} = \frac{1}{40 \times 1}\text{K/W} = 0.025\text{K/W}$$

热流密度 $\quad q = \dfrac{Q}{A} = \dfrac{\Delta T}{R_1 + R_2 + R_3} = \dfrac{330 - 270}{0.10 + 0.143 + 0.025}\text{W/m}^2 = 223.9\text{W/m}^2$

【例 2-9】 一间温室采用某种特殊的玻璃盖板，其透射率在 $0.4 \sim 3\mu\text{m}$ 的波段为 0.92，在其他所有波段则为不透明。试确定（1）入射太阳辐射通过此玻璃的百分比，设太阳为 5760K 的黑体并忽略大气的吸收；（2）温室内物体的辐射透过此玻璃到达室外的百分比，设温室内部的辐射行为等价于一个 373K 的黑体。

【解】 （1）对于入射太阳辐射，$T = 5760\text{K}$，于是

$$\lambda_1 T = (0.4 \times 5760)\mu\text{m} \cdot \text{K} = 2304\mu\text{m} \cdot \text{K},$$

$$\lambda_2 T = (3.0 \times 5760)\mu\text{m} \cdot \text{K} = 17280\mu\text{m} \cdot \text{K}$$

查表得 $\dfrac{E_b(0 - \lambda_1 T)}{\sigma T^4} = 0.1211$，$\dfrac{E_b(0 - \lambda_2 T)}{\sigma T^4} = 0.9778$

入射太阳辐射在 $0.4 \sim 3\mu\text{m}$ 的波段所占有的能量份额为

$$\frac{E_b(\lambda_2 T - \lambda_1 T)}{\sigma T^4} = 0.9778 - 0.1211 = 0.8567 = 85.67\%$$

太阳辐射能透过此玻璃的百分比为 $\quad 0.92 \times 0.8567 = 0.788 = 78.8\%$

（2）对于出射的红外辐射，$T = 373\text{K}$，于是

$$\lambda_1 T = (0.4 \times 373)\mu\text{m} \cdot \text{K} = 149.2\mu\text{m} \cdot \text{K}, \quad \lambda_2 T = (3.0 \times 373)\mu\text{m} \cdot \text{K}$$

$$= 1119\mu\text{m} \cdot \text{K}$$

查表得 $\dfrac{E_b(0 - \lambda_1 T)}{\sigma T^4} = 0\%$，$\dfrac{E_b(0 - \lambda_2 T)}{\sigma T^4} = 0.001 = 0.1\%$，因此，出射的红外辐射在 $0.4 \sim 3\mu\text{m}$ 波段所占能量份额为 $0.92 \times 0.1\% = 0.092\%$。

该例子显示了温室效应的原理。一旦太阳能被温室内部物体吸收，这一能量即被有效地约束在温室内，除了少量通过热传导损失的能量外。

2.4 半导体物理基础

半导体物理是有关半导体材料和器件与电场、磁场、光照等相互作用的知识，它建立在半导体材料、电动力学和量子力学的基础上。半导体物理在信息技术、通信技术、能源技术等领域的应用，诞生了集成电路、计算机和互联网、太阳能光伏电池、LED 和激光器件等

重大发明,它们是 20 世纪科学技术最令人激动的领域,今天仍在蓬勃发展。本节将介绍半导体物理的入门知识,它们是学习太阳电池和 LED 的必要准备。

2.4.1   半导体、自由电子和空穴

按照导电性能的好坏,固体可以分为导体、绝缘体和半导体三大类。导体内有大量的自由电子,其数量与温度无关,因而其电导率随温度变化不大。好的导体如铜(Cu),它的电导率在 $10^6[1/(\Omega \cdot cm)]$ 左右(如果在边长为 1cm 的铜立方体的相对两面之间加 1V 的电压,则两个面之间将流过 $10^6 A$ 的电流)。导体的另一极端为绝缘体,在常温下绝缘体含有极少量自由电子。好的绝缘体如石英(SiO_2),其电导率在 $10^{-16}[1/(\Omega \cdot cm)]$ 左右。半导体内的自由电子数介于导体和绝缘体之间,其数量随温度变化,通常在高温下自由电子数多,在低温下则自由电子数少。其电导率介于 $10^{-4} \sim 10^4[1/(\Omega \cdot cm)]$。足够纯的半导体,其电导率随温度的增加而急剧增大;半导体还可通过加入少量杂质使其电导率在很大范围内变化。这些是半导体的重要特征。

半导体可以是元素,如硅(Si)和锗(Ge);也可以是化合物,如硫化镉(CdS)和砷化镓(GaAs);还可以是合金,如 $Ga_xAl_{1-x}As$,其中 x 为 0~1 之间的任意数。

半导体的许多电特性可以用硅的共价键模型来解释。在 Si、Ge 或 C 的金刚石形态的晶格中(图 2-47),每个原子被 4 个最紧邻的原子包围,每个原子外层拥有 4 个电子。在这些晶体中,每个原子与其 4 个邻居共享其价电子,从而形成稳定的八电子结构。图 2-47 中示出金刚石晶体中最紧邻原子之间的键,这种键力起源于共享电子之间的量子力学作用,它们被称为共价键。每个原子对组成一个共价键,每个键包含 2 个电子。共价键也存在于许多气体分子如 O_2 和 H_2 中。

图 2-47 所示的晶体硅的共价键结构常常表示成如图 2-48 所示的二维模型。图中所有电子都被束缚在共价键中,晶格中没有自由电子可用。然而,这只是在 0K 温度的理想晶格。在温度大于 0K 时,在热或光的能量激发下,电子可以从共价键中挣脱出来,变成自由电子参与导电;同时,由于共价键的断裂,在断裂处产生能够吸引电子的带正电的空穴。在外界激发下同时产生自由电子和空穴,或称电子—空穴对(EHP),这是半导体的另一个重要特征。

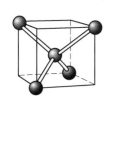 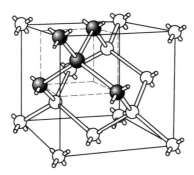
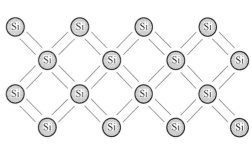

图 2-47   金刚石形态的晶格及其共价键

图 2-48   硅晶体的共价键模型的二维示意图
(<100> 晶向的视图)

在室温下，由于原子的热振动，总有少量的原子受到激发而失去电子。被激发出来的电子脱离了原子核的束缚，可以在整个固体中自由运动并传送电流，这些能传导电流的电子称为自由电子。失去电子的原子将带正电，称为空穴，因为它具有吸收相邻电子的能力。当其吸收相邻电子时，相邻的原子将失去电子而带正电，好像是空穴传播到了相邻的原子。因此，空穴也和电子一样，具有自由运动的能力。空穴的这种运动很像浮在水中的气泡，虽然实际上水在流动（此处是电子在跃迁），看起来仿佛气泡（空穴）在向着相反的方向运动。带正电的空穴的运动与实际上向相反方向运动的电子流等价。自由电子和空穴都被称为携带电荷的载流子。

2.4.2 本征半导体和掺杂半导体

纯净的半导体称为本征半导体。在本征半导体 Si 中，杂质含量少于 10^{-9}，即每 10 亿个 Si 原子中，最多只能有一个杂质原子。尽管室温下的本征半导体含有极少量的自由电子和空穴，在整体上显然是电中性的。在实际应用中，需要在本征半导体中掺入杂质原子，得到掺杂半导体，即 N 型半导体和 P 型半导体。掺杂后的硅晶体的共价键模型如图 2-49 所示。

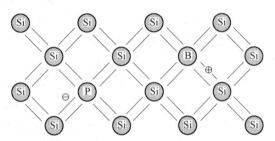

图 2-49　掺杂后的硅晶体的共价键模型
（P 为施主原子，B 为受主原子，
⊖代表自由电子，⊕代表空穴）

N 型半导体是在硅晶体中掺有微量的 5 价杂质如磷原子，掺杂后的晶体含有多余的自由电子。由于电子带有负电荷，故称这种掺杂的硅为 N 型半导体（N = Negative）。在 N 型半导体中，除了掺杂产生的多余电子外，也存在由于原子热振动所激发的少数空穴。在数量上空穴数目远小于电子，故在 N 型半导体中，电子为多数载流子（简称多子），空穴为少数载流子（简称少子）。

P 型半导体是在硅晶体中掺有微量的 3 价杂质如硼原子，掺杂后的晶体造成电子短缺。那些失去电子的地方称为空穴。由于空穴可以通过接受相邻的电子而向周围传递，故等同于带正电荷的自由粒子，故称这种掺杂的硅为 P 型半导体（P = Positive）。在 P 型半导体中，除了掺杂产生的多余空穴外，也存在由于原子热运动产生的电子，但在数量上电子数目远小于空穴，故 P 型半导体中，空穴为多数载流子，电子为少数载流子。

尽管 N 型半导体带有多余的自由电子，P 型半导体带有多余的空穴，但它们在整体上都是电中性的。因为带正电的原子核与带负电的电子在总数上是相等的，自由电子只是脱离了原子壳层的束缚而已。

2.4.3 禁带宽度与载流子浓度

从硅的共价键中激发出一个电子需要 1.12eV 的能量，该能量称为硅的禁带宽度。在具有禁带宽度 E_g 的半导体中，电子浓度 n 与空穴浓度 p 之间有如下关系

$$np = be^{-E_g/kT} \equiv n_i^2 \tag{2-93}$$

式中，b 对所有半导体来说近似为常数，$b \approx 10^{39}\,\mathrm{cm}^{-6}$；$k$ 为玻耳兹曼常数；T 为热力学温度（K）。上式也称为质量作用定律，它对于本征半导体和非本征半导体都同样适用。较详细的证明将在 2.4.10 节给出。

对于掺杂半导体，显然 $n \neq p$。在本征半导体中，n 与 p 相等且有

$$n = p = n_i \tag{2-94}$$

式中，n_i 为本征载流子浓度。

半导体的禁带宽度 E_g 随着温度的上升而减小。这是因为随着温度的升高，原子间距增大，电子平均势能减小，进而使禁带宽度也随之减小。下面的经验方程给出某些半导体的禁带宽度作为温度的函数关系

$$E_g(T) = E_g(0) - \frac{\alpha T^2}{T + \beta} \tag{2-95}$$

式中，$E_g(0)$ 为 0K 时的禁带宽度；α 和 β 为拟合常数（MeV/K）。表 2-4 中列出了 Ge、Si 和

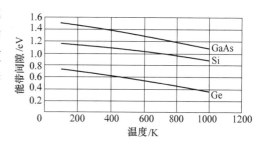

图 2-50　三种半导体材料的禁带宽度 E_g 随温度的变化

GaAs 的禁带宽度的计算参数值。图 2-50 示出了三种半导体材料的禁带宽度 E_g 随温度的变化。

表 2-4　禁带宽度作为温度函数的计算参数值

	Ge	Si	GaAs
$E_g(0)/\text{eV}$	0.744	1.166	1.519
$\alpha/(\text{meV/K})$	0.477	0.473	0.541
β/K	235	636	204

对于硅（Si），$E_g = 1.12\text{eV}$，室温下 n_i 约为 10^{10}cm^{-3}。金属的 $n > 10^{22}\text{cm}^{-3}$，显然，相对于金属来说，纯净硅的传导性是很差的。可以采用在硅中加入少量的 V 族元素，如磷（P）或砷（As）的办法来增加其导电性。如图 2-52 所示，磷贡献出 4 个电子去填满价键以后，第 5 个电子很容易离开磷原子核逃逸出来，成为自由电子。那些能施与电子的杂质原子称为施主。如果施主浓度 N_d 比 n_i 大得多，则电子和空穴的浓度分别为

$$n \approx N_d \qquad p = n_i^2/n \approx n_i^2/N_d \tag{2-96}$$

由于施主原子的加入，使得半导体中自由电子浓度 n 增加，它们将占据原来本征半导体中一部分空穴的位置，因此空穴浓度 p 将相应地减少。例如，一个硅的样品以 10^{15}cm^{-3} 的磷去掺杂，则 $n = 10^{15}\text{cm}^{-3}$，$p = 10^5\text{cm}^{-3}$。注意，在施主掺杂的半导体（N 型半导体）中，$n \gg p$。电子是多子，空穴是少子。

类似地，若Ⅲ族元素如硼（B）或铝（Al）掺入 Si 中，则使空穴增加。这些掺杂原子称为受主，因为它们接受了过剩的电子。以受主掺杂的半导体即 P 型半导体。其中 $p \gg n$，空穴是多子，电子是少子。如果 N_a 为受主浓度，则

$$p \approx N_a, \quad n \approx n_i^2/N_a \tag{2-97}$$

以上的讨论也适用于锗（Ge）——另一类Ⅳ族半导体。

半导体的电导率 σ 与电子浓度 n 和空穴浓度 p 之间有如下关系

$$\sigma = q(\mu_n n + \mu_p p) \tag{2-98}$$

式中，q 为电子电荷，μ_n 和 μ_p 分别为电子和空穴的迁移率，它们是半导体的两个特征参数。对于一个给定的半导体，迁移率与掺杂浓度和温度有一定的关系，而电导率与多数载流子的

浓度近似成正比。

将上式带入以电流密度表示的欧姆定律，得

$$J_x = \sigma E_x = q(\mu_n n + \mu_p p)E_x \qquad (2\text{-}99)$$

式中，J_x 和 E_x 分别为 x 方向的电流密度和电场强度。

2.4.4 P-N 结

许多半导体器件都是由两种不同类型的半导体薄层——P 型薄层和 N 型薄层组成的"结"构成，两种材料的结合部称为 P-N 结。实际制造是在一片本征半导体的两侧各掺以 5 价的磷和 3 价的硼（或类似性质的元素），就构成了一个 P-N 结（图 2-51）。

P-N 结形成后，由于结两侧的电子和空穴浓度不同，N 型一侧电子浓度大，P 型一侧空穴浓度大。因此，N 区的多数载流子——电子将向 P 区扩散，并与 P 区的空穴结合；同样，P 区的多数载流子——空穴将向 N 区扩散，并与 N 区的电子中和。扩散与中和的结果，P-N 结两侧的半导体不再保持电中性，在交界面附近，N 区由于电子的离去和空穴的到来，出现带正电的离子；P 区由于空穴的离去和电子的到来，出现带负电的离子。由于这些离子不能移动，就形成一层空间电荷区，并在 P-N 结附近建立了一个反向电场，称为内建电场 E，方向由 N 区指向 P 区。内建电场好像是一层阻挡层，将阻挡多子的继续扩散。与此同时，它又帮助少子加速通过 P-N 结。通常把载流子在内电场作用下的运动称为漂移。显然，少子的漂移中和了部分空间电荷区的离子，使空间电荷区变窄，内电场削弱，于是，多子又开始扩散。当扩散与漂移达到动态平衡时，此时称 P-N 结达到热平衡。

由于靠近结两侧薄层的电子和空穴被耗尽，故 P-N 结区又称为耗尽层，其厚度约为 0.1μm，它阻止电子与空穴继续扩散。在无外加电场或光照时，电子与空穴的扩散运动（由于粒子浓度差引起）和漂移运动（由电场对带电粒子的作用引起）很快就达到动态平衡。

P-N 结具有单向导电性（图 2-52）。P-N 结在未加外部电压时，扩散和漂移达到动态平衡，通过 P-N 结的电流为零。

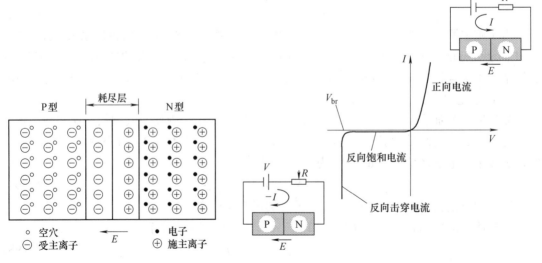

图 2-51　PN 结的内建电场和耗尽层示意图　　　　图 2-52　P-N 结在外电场下的特性

当 P-N 结的 P 区接电源正极，N 区接电源负极时，称为外加正向电压，也称正向偏置。此时，由于耗尽层内载流子很少，电阻率要比 P 区和 N 区高，所以外加电压几乎全部加在交界面附近的 P-N 结上。由于外电场方向和内电场方向相反，削弱了内电场。于是，在正向电压下，空间电荷区变窄，这将有利于多子的扩散运动，而不利于少子的漂移运动，使扩散电流大大超过漂移电流。当正向电压大于某一数值时，P-N 结有较大的正向电流流过，这一电流是通过电子和空穴的相互扩散实现的。

当 P-N 结的 P 区接电源负极，N 区接电源正极时，称为外加反向电压，也称反向偏置。此时，外加电场的方向和 P-N 结内电场方向相同，相当于增强了内电场。因此，反向电压使空间电荷区变宽，这将有利于少子的漂移运动，而不利于多子的扩散运动，使漂移电流超过扩散电流。因为漂移电流是由少数载流子的运动产生，在室温下少子浓度很低，所以电流非常微弱。因此，当反向电压在一定范围内增大时，其电流值几乎不变，故又称为反向饱和电流。但是，当温度升高时，反向电流将急剧增大。

综上所述，P-N 结在外电场作用下具有以下特性：

1）正向特性：当 P-N 结正向偏置，正向电压大于某一数值时，P-N 结有较大正向电流流通，导通电阻很小，称 P-N 结处于导通状态，这一电压称为导通电压或开启电压。它的大小与二极管材料有关，硅管约为 0.5V，锗管约为 0.1V。当外加正向电压大于导通电压后，随着电压的升高，正向电流迅速增大，伏安特性是一条指数曲线。

2）反向特性：当 P-N 结反向偏置时，产生反向饱和电流。在室温下由少子形成的反向电流很小，并且不随反向电压的增加而加大。此时，P-N 结相当于一个非常大的电阻，称 P-N 结处于截止状态。反向饱和电流的数值受温度的影响很大，并且与 P-N 结的材料有关，一般反向电流硅管比锗管要小得多。

3）击穿特性：当反向电压大到一定数值时，由于外电场过强，会使反向电流急剧增加，称为电击穿。对应的反向电压值称为击穿电压 V_{br}。发生击穿后，只要反向电压略有增加，就会使反向电流急剧增大。

2.4.5　固体的能带

金属导电的机理比较容易理解：金属原子镶嵌在能够自由运动的电子"海洋"中，在电场作用下这些电子可以成群地移动。这一自由电子的图像虽然过于简化，但金属的许多重要性质可从这一模型中推出。不过，不能再用这一模型说明半导体的电性质。为了进一步了解半导体的导电机理，需要学习一些固体的能带理论。

一个孤立原子的能量状态是由原子中的电子所具有的势能和动能决定的。按照量子力学理论，孤立原子的电子只能有特定的分立能量值，即它仅能占据有限个分立的能级。一个占据较低能级的电子与原子自身较强地结合；而一个占据较高能级的电子与其原子仅微弱的结合。在能级之间是能量的禁区，电子在那里不能停留。电子如果获得足够的能量，可以从一个能级跳到另一个更高的能级；反之，如果释放出足够的能量，电子将跳到更低的能级。在没有外界影响的情况下，原子中的电子将从最低能级开始往上逐级填充，填满所有可能的能级，此时的原子被称为处于基态。如果一个或多个电子被激发到高于基态的能级，原子被称为处在激发态。图 2-53a 显示了孤立原子中的分立的能级。

当两个原子相互靠近时，它们的电子波函数逐渐重叠，根据泡利不相容原理，一个量子态不允许有两个电子存在，于是原来孤立状态下的每个能级将分裂为二，如图 2-53b 所示。晶体中若有 N 个原子，由于各原子间的相互作用，对应于原来孤立原子的每一个能级，在晶体中形成了 N 条靠得很近的能级，即一条能带。每个能带包含了数量众多的相近能级，能带之间是不允许电子停留的禁带。于是，如同孤立原子中的电子被限制在分立的能级一样，固体中的电子被限制在分立的能带中，如图 2-53c 所示。

正常情况下，充满电子的最高的能带对应着原子最外层电子即价电子的基态，因此被称为满带或价带；而无填充电子的最低的空置能带被称为空带或导带。显然导带在价带的上方，价带与导带之间的禁带宽度称为能带间隙（带隙）。材料的电特性即取决于其中的电子在允许的能带中的分布状态。绝缘体、导体、半导体的不同导电行为，取决于它们拥有的不同能带结构。

在半导体晶体中，价电子（原子最外壳层的电子）通常占据并完全充满价带。内层电子填充位于价带下方的能带，而由于晶体的不完整性所带来的多余电子将处于最低的空置能带，即导带。要产生一双电子/空穴对，必须通过加热或光照等激活方法，给位于价带的电子以足够的能量使其进入导带。结果造成一个载流子（电子）进入导带，同时另一个载流子（空穴）留在价带中。产生电子－空穴对所需的能量必须大于或等于介于两个能带之间的禁带宽度。半导体的导电正是来自导带中多余的电子和价带中的空穴。因而，为了研究半导体的导电性质，只需关注上述两种能带。

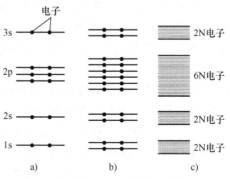

图 2-53 从孤立原子的分立能级到 N 个原子的固体能带
a）孤立原子的分立能级
b）两个原子靠近产生的能级分裂
c）N 个原子靠近产生的固体能带

2.4.6 固体导电性质的能带解释

每一种固体都拥有自己的特征能带结构，这一能带结构的变化是造成各种不同材料的导电特性存在巨大差异的原因。欲解释为何铜是良导体，而金刚石是良绝缘体，必须考虑在导电过程中完全充满能带、完全空置能带以及部分充满能带的性质。欲使电子在电场的作用下获得加速度，它们必须能够移动到新的能态。这意味着必须存在电子填充的空态（即允许的但未被电子填充的能态）。

在绝缘体中，价带和导带分隔很远，从而在通常的环境温度下，只有极少量的电子能接受足够的能量，从价带激发到导带。图 2-54a 示出绝缘体如金刚石在 0K 时的能带图，图中价带完全充满，导带完全空置。价带内没有可以使电子移入的空置能态，因而没有电荷输运发生；导带内没有电子，于是也没有电荷输运发生。因此，金刚石具有很高的电阻率，为典型的绝缘体。

在金属中，能带或者仅部分充满，或者相互重叠。在前一种情况，只有相对很少的电子填充在除此之外全空的能带，从而有大量未填充的能态可供电子移入并充填；在后一种情况，电子和空的能态混合在能带中，使电子在价带和导带之间可以自由移动。二种能带情况都使金属具有高的导电性。图 2-54b 显示导体如铅的能带图，图中价带和导带相互重叠，从

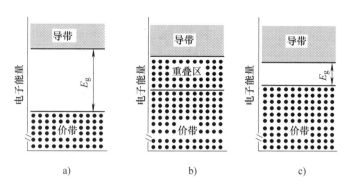

图 2-54　绝缘体、导体和半导体的能带示意图

a）绝缘体　**b**）导体　**c**）半导体

而电子在电场作用下能自由移动，成为"自由电子"。

半导体材料通常具有类似绝缘体的能带构造——充满的价带和空置的导带，它们被不含能态的带隙隔开，差别在于半导体的带隙宽度 E_g 很小。图 2-54c 显示半导体如锗的能带图。图中价带和导带虽然分隔开，但距离很近，带宽远远小于绝缘体的带宽。在适当的热能或光能的激发下电子能够从价带跳跃到导带，同时由于电子的离去而在价带中产生空穴。导带中的电子和价带中的空穴都能参与导电。价带和导带由较小的带隙分隔的情况即为典型的半导体。例如，在室温下，一个具有 1eV 带隙的半导体将有数量相当可观的热激发的电子穿过带隙到达导带，而一个具有 10eV 带隙的绝缘体热激发的电子数量几乎可以忽略。因此，半导体的另一个重要性质是，其导电电子的数量可以通过热能或光能的激发大大地增加。

2.4.7　掺杂半导体的附加能级和有效质量

前述的半导体的能带，属于完美的（没有任何杂质或晶格缺陷的）半导体材料，即本征半导体。在大多数工程应用中，半导体要进行掺杂。掺杂后的半导体能带发生变化，电学特性也相应地变化。当杂质或晶格缺陷被引入到半导体中时，能带结构中引入了附加能级（杂质能级），通常它们位于能带间隙中。

考虑一块锗晶体（4 价），掺有少量的砷（5 价）。砷原子所带的多余电子占据的能级 E_d 只略微低于导带底的能级 E_c 百分之几电子伏特，如图 2-55b 中导带下方的实线所示。当温度升高，晶格振动加剧，这些多余电子很容易被激发进入导带，如图中的黑圆圈。这一杂质能级 E_d 被称为施主能级，砷原子被称为"施主"，因为它们施与电子给导带。带有这类杂质的半导体即为 N 型半导体，因为多余的电子为负电荷携带者。

如果另一种杂质硼（3 价）掺入锗半导体中，硼原子将占据原来纯半导体中锗原子的晶格位置。晶体的共价结构中缺少了一个电子，从而给出了一个空穴。由杂质原子产生的空穴占据的能级 E_a 恰好高于正常填充的价带底的能级 E_v 百分之几电子伏特，如图 2-55c 中价带上方的实线所示。当温度升高时，价电子很容易被激发进入这些空穴，结果在价带中又留下新的活跃的空穴。这一杂质空穴的能级称为"受主"能级 E_a，因为它们能够接受电子，带有硼杂质的半导体即为 P 型半导体，因为空穴携带正电荷。

掺杂对导电性质的影响深度可以通过考虑样品电阻随着掺杂的变化来说明。例如在 Si 中，室温下本征载流子浓度 n_i 约为 $10^{10} cm^{-3}$。如果在 Si 中掺入浓度为 $10^{15} cm^{-3}$ 的 Sb 原子，

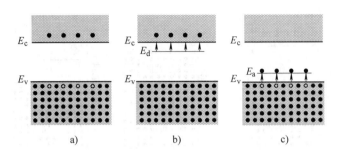

图 2-55 本征半导体与掺杂半导体的能带

a) 本征半导体 b) N 型半导体 c) P 型半导体

导电电子的浓度改变了 5 个数量级，Si 的电阻率由 $2 \times 10^5 \Omega \cdot cm$ 变为掺杂后的 $5\Omega \cdot cm$。

可以简单地计算将施主原子的第 5 个电子激发到导带所需的能量（施主束缚能）。假设施主原子的 4 个价电子被原子紧密地约束，第 5 个"多余的"电子则松散地留在原子外层，只受少量约束。这一情况可近似地用类似氢原子中的电子绕轨道运动的玻尔模型来描绘，即将这一原子系统视为受约束很小的电子围绕着受原子核紧密吸引的内层电子的运动。根据计算，这样的电子的基态能量（$n=1$）的大小为

$$E = \frac{m_n^* q^4}{8(\varepsilon_0 \varepsilon_r)^2 h^2} \tag{2-100}$$

式中，q 为电子电荷；h 为普朗克常数；ε_0 和 ε_r 分别为真空介电常数和材料的相对介电常数；m_n^* 为半导体中电子的有效质量。

半导体载流子的有效质量不同于其惯性质量。由于晶体中的电子不是完全自由的，而是受到晶格中周期势能的作用，因此它们的"波动-粒子"运动不同于电子在自由空间的运动。于是，当应用一般的电动力学方程于固体中的载流子时，必须采用修正过的粒子质量数值，即有效质量。有效质量考虑了晶格的影响，从而电子和空穴在计算中被处理为"近似自由"的载流子。任何涉及电荷载流子有效质量的计算，必须使用相关材料的有效质量值。

计算运动方程中的有效质量必须考虑在三维"k 空间"的能带形状（k 与动量对应，将在下节介绍），这对于复杂的能带结构将很困难。在实际中，有效质量 m_n^* 的平均值可以利用电子在磁场中的回旋共振效应通过实验测量得到。表 2-5 给出了 Ge 和 Si 的电子和空穴的有效质量。

表 2-5 Ge 和 Si 的有效质量

	Ge	Si
m_n^*	$0.55 m_0$	$1.1 m_0$
m_p^*	$0.37 m_0$	$0.56 m_0$

注：m_n^* 为电子有效质量，m_p^* 为空穴有效质量，m_0 为自由电子静止质量。

一般来说，在 Ge 中，V 族施主能级近似位于导带下方 0.01eV，而 III 族受主能级近似位于价带上方 0.01eV。在 Si 中，通常的施主和受主能级与带隙边缘距离约为 0.03~0.06eV。

2.4.8　直接带隙与间接带隙半导体

如前所述，半导体中的电子被限制在数个相互隔离的不同能带里。在能带内部，电子能量处于准连续状态，而能带之间则有带隙相隔离，电子不能处于带隙内。每个能带都有多个相对应的量子态，电子将首先填满能量较低的量子态。完全被电子填满的能量最高的能带称为价带，完全空置或未被填满的能量最低的能带称为导带。显然，导带位于价带的上方（图2-54）。同一个能带内之所以会有不同能量的量子态，原因是能带内的电子具有不同的波矢 k。

波矢 k 来源于量子力学中的德布罗意关系式，$p = h/\lambda = \hbar k$。其中 h 为普朗克常数，λ 为波长，$\hbar$ 为约化普朗克常数（$\hbar = h/2\pi$）。波矢 k 的大小也称为波数（$k = 2\pi/\lambda$），其方向表示波传播的方向。德布罗意关系式中，粒子的动量 p 与波矢 k 成正比，因此波矢 k 常用来描述电子的运动状态。结合粒子的能量与频率关系式 $E = h\nu$，德布罗意将粒子的能量 E 和动量 p 与物质波的频率 ν 和波长 λ 联系在一起。在半导体材料中，通常用 $E\text{-}k$ 曲线说明受晶格势场约束的电子的能量与动量的关系，称为 k 空间。

如果半导体材料的导带底（导带最小值）和价带顶（价带最大值）有相同的 k 值，这种材料称为直接带隙半导体，例如 GaAs 和 InP。相对地，如果半导体材料的导带底和价带顶在 $E\text{-}k$ 曲线中处在不同的 k 值，这种材料叫做间接带隙半导体，例如 Si 和 Ge。图2-56 示出直接带隙和间接带隙半导体的 $E\text{-}k$ 曲线。

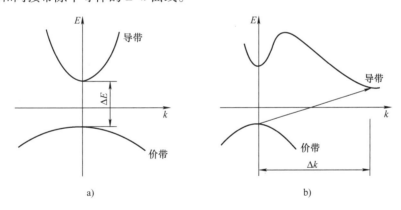

a)　　　　　　　　　　　　　　　　b)

图2-56　半导体的 $E\text{-}k$ 曲线

a）直接带隙　b）间接带隙

在直接带隙半导体中，在光照或其他外界能量激发下，价带电子会跃迁到导带。如果跃迁过程中电子的波矢 k 不变，在能带图上显示为竖直跃迁（图2-56a），这意味着电子在跃迁过程中，只需要吸收能量，而动量保持不变，即电子的动量守恒。电子的竖直跃迁由于不涉及动量变化，因此有更大的概率吸收光子能量。因此直接带隙半导体更适合用作太阳电池材料。

间接带隙半导体的导带底和价带顶处于 k 空间中不同位置（图2-56b），电子从价带跃迁至导带时不仅需要吸收能量，还需要改变动量（电子在 k 状态时的动量 $p = h/\lambda = \hbar k$）。为满足动量守恒，电子必须与晶格交换一定的振动能量，即放出或吸收一个声子。因此，间接带隙半导体会以极大的概率将能量释放给晶格，转化为声子，即变成热能释放掉。由于声子的能量相对很小，因此电子跃迁所需的能量主要由光子等外部提供，而声子主要提供跃迁所需要的动量。

相反，在直接带隙半导体中，如果导带电子回落到价带（即电子与空穴复合），也可以保持动量不变，即电子与空穴只要一相遇就会发生复合，不需要声子来接受或提供动量。因此，直接带隙半导体可以把能量几乎全部以光的形式放出（因为没有声子参与，故也没有把能量交给晶体原子），这也就是为什么发光器件多半采用直接带隙半导体来制作的原因。对于间接带隙半导体而言，当电子从导带落至价带时，能量的释放牵涉到晶格振动，故能量大部分以声子的形式释放，因此间接带隙半导体不适合制作发光器件。

2.4.9 费米能级

在半导体中电子能够占据的能级数目很大。事实上，在半导体中可充填的能级数目远大于电子的数目。在绝对零度，所有电子将填充到最低能级。在较高温度，一些电子被激发到更高能级，同时在较低能级留下空穴。

根据统计物理理论，在热平衡状态，固体中的电子服从费米—狄拉克统计分布（另外两种统计分布为：麦克斯韦-玻尔兹曼分布，适用于古典粒子如气体；玻色-爱因斯坦分布，适用于非实物粒子如光子和声子）。在推导这种统计分布时，需考虑电子的不可分辨性，它们的波动本性，以及泡利不相容原理。这种统计分布的表达式为

$$f(E) = \frac{1}{1 + e^{(E-E_F)/kT}} \tag{2-101}$$

式中，$f(E)$ 即为费米—狄拉克分布函数，它给出电子在温度 T 时出现在能级 E 上的概率；k 为玻尔兹曼常数，$k = 8.62 \times 10^{-5} \, \text{eV/K} = 1.38 \times 10^{-23} \, \text{J/K}$；$E_F$ 为费米能，它代表了半导体的一个重要特性，当能量 E 等于费米能 E_F 时，在除了 0K 外的所有温度 T，电子占据能态的概率均为

$$f(E_F) = \frac{1}{1 + e^{0/kT}} = \frac{1}{1 + 1} = \frac{1}{2}$$

即一个位于费米能的能态被电子占据的概率恰好等于 1/2。

图 2-57 给出了三种不同温度下的费米-狄拉克分布函数。在绝对零度（$T = 0K$），所有能量 $E < E_F$ 的可用的能态都填满了电子，而所有 $E > E_F$ 的能态都空置，即没有电子填充。随着温度的身高，越来越多的高能态被占据，在填充与空置之间的分界线将变得模糊。

当温度高于 0K 时，例如在图中的 $T = T_1$，存在一定的高于费米能级 E_F 的能态被填充的概率 $f(E)$，而对应的另一些低于 E_F 的能态被空置的概率为 $[1 - f(E)]$。费米函数对于所有温度都是对称的，即高于 E_F 为 ΔE 的能态被充填的概率 $f(E_F + \Delta E)$，正好等于低于 E_F 为 ΔE 的能态被空置的概率 $[1 - f(E_F - \Delta E)]$（即在任一温度 T 的

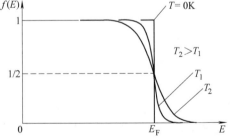

图 2-57　费米-狄拉克分布函数

概率曲线与 $T = 0$ 时的矩形概率曲线之间所夹的两块面积相等）。或者说，在任何给定温度，电子占据能级 $E > E_F$ 的概率，恰好等于空穴占据能级 $E < E_F$ 的概率。费米分布函数关于 E_F 的对称性使得费米能级成为计算半导体中电子和空穴浓度的自然参考点。

2.4.10 载流子的能态分布

在计算半导体的电性质时，通常需要了解材料中每立方厘米的载流子数目。在重掺杂材料（通常用 N^+ 和 P^+ 表示）中，由于对于标准的掺入杂质，每个杂质原子对应一个多数载流子（电子或空穴），因此多数载流子的浓度容易确定。然而，少数载流子的浓度不易确定，载流子浓度与温度的依赖关系也不易确定。

欲得到载流子浓度的方程，必须研究载流子关于可充填的能态的分布关系。这一分布计算并不难，但推导过程需要一些统计物理的方法。由于主要关心这些结果在半导体材料和器件中的应用，所以直接将分布函数视为已知。当应用费米—狄拉克分布于半导体时，必须注意 $f(E)$ 是具有能量 E 的可用能态被占据的概率。因此，如果没有能量为 E 的可用能态（例如在位于半导体的带隙中），就不可能在该能态找到电子。

如果将能量分布函数 $f(E)$ 对 E 的分布图逆时针转 90°，即让 E 坐标与能带图对应，就可以更好地观察载流子浓度的分布，如图 2-58 所示。对于本征半导体，已知价带中的空穴浓度等于导带中的电子浓度，（实际上，本征半导体的 E_F 稍稍偏离带隙的中央，因为价带和导带中的可用能态密度并不相等。）于是费米能级 E_F 在本征半导体中一定位于带隙的中央。由于 $f(E)$ 关于 E_F 对称，图 2-58a 中显示的 $f(E)$ 伸入导带的电子概率的尾部对称于价带中的空穴概率的尾部 $[1 - f(E)]$。分布函数在介于 E_v 和 E_c 之间的带隙中尽管存在数值，但由于没有可用的能态存在，也就没有电子占据该区域的 $f(E)$ 值。

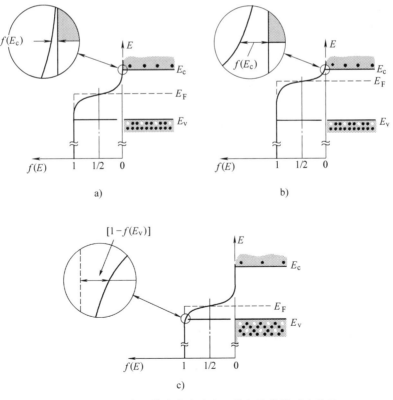

图 2-58 三种半导体中费米分布函数与能带的对应关系
a）本征半导体 b）N 型半导体 c）P 型半导体

为了观察方便，图中的 $f(E)$ 的尾部被放大画出。实际上，对于本征半导体，在室温下电子能量在 E_v 和 E_c 的概率很小。例如，Si 在 300K 时，$n_i = p_i \approx 10^{10} \mathrm{cm}^{-3}$，而可用的能态密度在 E_v 和 E_c 的数量级为 $10^{19} \mathrm{cm}^{-3}$。于是，一个位于导带的能态被电子占据的概率 $f(E)$ 或者一个位于价带的能态被空穴占据的概率 $[1 - f(E)]$ 都非常小。由于在每个能带中能态密度数量相对很大，很小的 $f(E)$ 变化即可带来载流子浓度的显著变化。

对于 N 型半导体，导带中的电子浓度比价带中的空穴浓度高很多。于是，N 型半导体中的分布函数 $f(E)$ 必须处在高于本征半导体的能量位置（图 2-58b）。由于 $f(E)$ 对于特定的温度保持其形状，N 型材料中在 E_c 的较大电子浓度意味着对应着在 E_v 的较小的空穴浓度。我们注意到随着 E_F 更靠近 E_c，导带中每个能级的 $f(E)$ 值（也即是总的电子浓度 n_o）也随之增加。于是，能量差 $(E_c - E_F)$ 给出了载流子浓度 n 的量度，我们将在下一节给出这一数学关系式。

对于 P 型半导体，费米能级靠近价带（图 2-58c），从而 $[1 - f(E)]$ 在低于 E_v 的尾部分布大于 $f(E)$ 在高于 E_c 的尾部分布。能量差 $(E_F - E_v)$ 给出了 P 型材料中载流子浓度 p 的量度。

上述的画出 $f(E)$ 与能带图对应的图形来指出电子和空穴的分布往往不太方便，通常的做法是仅指出 E_F 在能带图中的位置，这一信息已经够用。因为对于特定的温度，E_F 的位置确定了载流子的分布。在大多数讨论中，采用图 2-59 所示的简化的能带图。这些能带图显示了以能带边缘和费米能级表示的电子能级作为距离的函数。

图 2-59 简化的能带图

a）本征半导体 b）N 型半导体 c）P 型半导体

2.4.11 平衡时电子和空穴的浓度

如果价带和导带中可填充的能态的密度为已知，费米分布函数即可用来计算平衡时半导体中的电子和空穴浓度。例如，导带中的电子浓度为

$$n_0 = \int_{E_c}^{\infty} f(E) N(E) \mathrm{d}E \tag{2-102}$$

式中，$N(E)\mathrm{d}E$ 为处在能量范围 $\mathrm{d}E$ 的态密度（cm^{-3}）。用来标注电子和空穴浓度（n_0，p_0）的下标 0 代表平衡时的值。在能量范围 $\mathrm{d}E$ 的单位体积的电子数等于态密度与填充概率 $f(E)$ 的乘积。于是，总的电子浓度为对整个导带的积分，如式（2-102）所示。积分上限实际并不存在，因为导带并不延伸到无限的能量，在计算 n_0 时也并不重要。因为在 E 值较大时，$f(E)$ 变得很小甚至可忽略。多数电子在平衡时占据导带的底部能态。

函数 $f(E)$ 可以利用量子力学和泡利不相容原理来计算。对式（2-102）积分后发现，如果将所有在导带中的电子能态用位于导带边缘的能量 E_c 对应的有效态密度 N_c 来代表，所得的结果与式（2-102）的积分结果一样。于是，导带电子浓度就等于能量为 E_c 的有效态密度 N_c 乘以电子在 E_c 的填充概率

$$n_0 = N_c f(E_c) \tag{2-103}$$

在上述表达式中，假设费米能级 E_F 处在低于导带至少几个 kT 的位置，于是 $f(E_c)$ 中的指数项远大于 1，费米函数 $f(E_c)$ 可被简化为

$$f(E_c) = \frac{1}{1 + e^{(E_c - E_F)/kT}} \approx e^{-(E_c - E_F)/kT} \tag{2-104}$$

由于 kT 在室温下只有 $0.026\mathrm{eV}$，这是一个好的假设。在此条件下，导带中的电子浓度为

$$n_0 = N_c e^{-(E_c - E_F)/kT} \tag{2-105}$$

其中有效态密度的表达式为 $N_c = 2\left(\dfrac{2\pi m_n^* kT}{h^2}\right)^{3/2}$。由于方程中的其他各项为已知，$N_c$ 的值可以列表写成温度 T 的函数。

从式（2-105）可推出，当 E_F 更靠近导带时，电子浓度随之增加。这一结论也可从图 2-58b 中看出。

同理，对照式（2-103），价带中的空穴浓度为

$$p_0 = N_v [1 - f(E_v)] \tag{2-106}$$

式中，N_v 为价带中的有效态密度。处在 E_v 的一个空态的概率为

$$1 - f(E_v) = 1 - \frac{1}{1 + e^{(E_v - E_F)/kT}} \approx e^{-(E_F - E_v)/kT} \tag{2-107}$$

上式适用于当 E_F 比 E_v 大几个 kT 时。从上述方程可知，价带中的空穴浓度为

$$p_0 = N_v e^{-(E_F - E_v)/kT} \tag{2-108}$$

价带边缘的有效态密度为 $N_v = 2\left(\dfrac{2\pi m_p^* kT}{h^2}\right)^{3/2}$。式（2-108）预见了当 E_F 更靠近价带时，空穴浓度随之增加，这一结论也可从图 2-58c 看出。

无论是本征半导体还是掺杂半导体，只要处于热平衡，电子浓度和空穴浓度就可由式（2-105）和式（2-108）来计算。于是，对于本征材料，E_F 位于靠近能带间隙中部的某个本征能级 E_i（图 2-58a），本征电子浓度和空穴浓度分别为

$$n_i = N_c e^{-(E_c - E_i)/kT} \qquad p_i = N_v e^{-(E_i - E_v)/kT} \tag{2-109}$$

在平衡时 n_0 和 p_0 的乘积对于特定的材料和温度为一常数，即使掺杂发生改变

$$n_0 p_0 = N_c N_v e^{-(E_c - E_v)/kT} = N_c N_v e^{-E_g/kT}$$

对于本征材料，同样有

$$n_i p_i = N_c N_v e^{-(E_c - E_v)/kT} = N_c N_v e^{-E_g/kT}$$

但本征电子浓度 n_i 和空穴浓度 p_i 相等，因此有 $n_0 p_0 = n_i^2$，此即质量作用定律。

2.4.12 载流子的产生和复合

在一定温度下，半导体中总有一些电子在导带，一些空穴在价带。这些电荷载流子或是由于杂质的电离，或是由于导带中的电子被热激发到价带，产生电子/空穴对。一个近似的估计为，在室温以上，几乎所有的杂质原子被电离，因为使杂质原子电离产生自由电子（N型半导体）或空穴（P型半导体）所需的能量远远小于在本征半导体中产生电子—空穴对所需的能量。

根据定义，一个将电子从价带激发到导带即产生电子/空穴对的过程，称为"产生"（generation）；反之，电子从导带返回到到价带，即电子/空穴对湮灭的过程，称为"复合"（recombination）。

在平衡时，载流子的产生速率和复合速率相等，于是电子和空穴的平衡浓度 n_0 和 p_0 为常数。然而，半导体器件实际工作在非平衡条件下，由于受到电能、热能或光能等激发，此时电子和空穴的浓度，$n \neq n_0$，$p \neq p_0$。载流子的产生和复合有两种不同的物理过程：

（1）带间直接产生和复合（直接迁移） 一个电子可以通过下列过程从价带直接激发到导带：吸收一个能量大于带隙的光子，例如在 GaAs 中；同时吸收一个光子和一个声子（晶格振动的能量量子），例如在 Si 中；或者同时吸收若干个声子。电子在带间的直接转换过程如图 2-60a 所示。这一过程产生电子/空穴对。图 2-60b 示出该过程的逆过程。当电子重新与空穴结合，将产生一个光子、一个光子加一个声子、或者多个声子。无论在何种情况，能量和波矢量（晶体的动量）都必须守恒。

（2）二步过程（间接迁移） 载流子的产生和复合也可以经过禁带中的某电子态由二步过程完成。图 2-60c 示出在 P 型 GaAs 中载流子的产生：声子将价带中的电子激发到受主能态，然后光子（或多个声子）将受主能态的电子激发到导带。图 2-60d 示出相反的复合过程：从导带跳到受主能态的过程发射光子，而从受主能态跳到价带的过程发射声子。

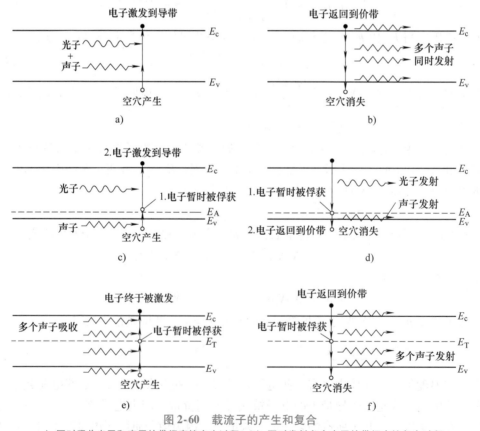

图 2-60 载流子的产生和复合

a）同时吸收光子和声子的带间直接产生过程 b）同时发射多个声子的带间直接复合过程
c）经由受主能态的二步产生过程 d）经由受主能态的三步复合过程
e）经由复合中心的二步产生过程 f）经由复合中心的二步复合过程

在 Si 中的产生和复合通常为二步过程，涉及的中间能级具有能量 E_T，靠近禁带的中央，称为俘获能级。如图 2-60e 和 f 所示。在 Si 中，电子跳跃的每一步都伴随着多个声子的吸收（图 2-60e）或发射（图 2-60f）。在理论上，上述的每一步也可由光子的吸收或发射引起，但在 Si 的实验中并未观测到这种现象。

在给定温度下，对应着一定的电子-空穴对的浓度 n_i。显然，在稳态时，载流子浓度保持不变，此时必有电子-空穴对的产生速率等于其复合速率（动态平衡）。当导带中的一个电子发生迁移（直接迁移或间接迁移），跑到价带中的一个空穴，即发生一次复合，从而湮灭这一双电子-空穴对。如果将电子-空穴对的产生速率记为 $g_i[\mathrm{EHP}/(\mathrm{cm}^3 \cdot \mathrm{s})]$，电子-空穴对的复合速率记为 r_i，则平衡时有

$$r_i = g_i \tag{2-110}$$

式中，每个速率都是温度的函数。例如，当温度升高时，$g_i(T)$ 随之升高，进而建立了一个新的载流子浓度 n_i 和复合速率 r_i，使得升高的复合速率恰好与产生速率平衡。在任意温度，可以预料平衡时电子与空穴的复合速率与电子浓度 n_0 和空穴浓度 p_0 成正比

$$r_i = \alpha_r n_0 p_0 = \alpha_r n_i^2 = g_i \tag{2-111}$$

因子 α_r 为比例常数，取决于发生复合的特别机理。

2.4.13　P-N 结的能带解释

根据固体的能带理论，半导体的导电来自导带中的电子和价带中的空穴。

对于本征半导体，0K 温度时无任何电荷载流子，所有电子都填充在低于费米能级的价带，导带的所有能级都空置。当温度升高时，由于热激发，价带电子穿过带隙进入导带，导带中电子数量增加。当电子被激发到导带后，价带中剩下的空态也可参与导电过程。这一过程中产生的电子/空穴对是本征半导体中唯一的载流子。由于本征半导体价带中的空穴浓度等于导带中的电子浓度，于是费米能级 E_F 在本征半导体中一定位于带隙的中央。

在 N 型半导体中，导带中的电子浓度比价带中的空穴浓度高很多。于是，N 型半导体中的费米能级靠近导带。随着 E_F 更靠近 E_c，导带中的电子浓度 n_0 也随之大大增加。对于 P 型半导体，费米能级则靠近价带。随着 E_F 更靠近 E_v，价带中的空穴浓度 p_0 也同样大大增加。

在如图 2-61a 所示的 N 型和 P 型半导体中，孤立的 N 型或 P 型样品中的任何区域都没有净的电荷产生，但 N 型半导体的导带中存在高能量的电子（由施主原子产生），P 型半导体的价带中存在高能量的空穴（由受主原子产生）。它们都具有从高能态向低能态自发流动的趋势，这是由热力学第二定律所决定的。

现在让两个样品紧密接触，如图 2-61b 所示。从势能的角度，结两侧电子和空穴的相互扩散，相当于 N 型区的电子自发地从所处的高势能处流向 P 型区的低势能处；而 P 型区的正的空穴则自发地从所处的低势能处爬上 N 型区的高势能处（注意：能带图的势能高低是针对电子而言，能带图的低势能处其实是空穴的高势能处）。结果造成在 P 侧电子多于正常情况，N 侧电子少于正常情况，于是在穿越 P-N 结合部形成一个 N 型区高于 P 型区的电势。该电势方向由 N 指向 P，从而形成一个能障，它阻挡带负电的电子从 N 区向 P 区扩散，也同样阻挡带正电的空穴从 P 区向 N 区扩散。

从能带的角度，当两种半导体接触后处于热平衡时，空间电荷的积累使得 P 型区的能

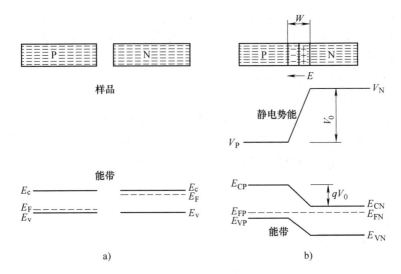

图 2-61　P-N 结的能带变化图

a）孤立样品的 P 型和 N 型能带　b）形成 P-N 结后的能带

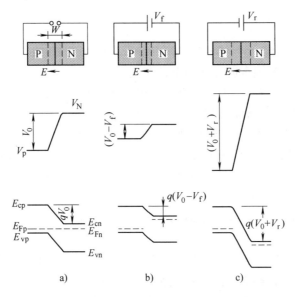

图 2-62　外电压下 P-N 结的费米能级和电位

a）平衡　b）正偏压　c）负偏压

级向上偏移，N 型区的能级向下偏移，最终使两侧的费米能级水平对齐，系统达到平衡，如同两个连通的盛水容器的水面相平。平衡时费米能级相等，这是 P-N 结的一个重要的性质，此时两侧的电子和空穴的能量相等，否则将会有电流流过。平衡时 P-N 结的静电势能以及能带图如图 2-62a 所示。

　　如果对 P-N 结施加一正偏压 V_f，使 P 型区的电位高于 N 型区，如图 2-62b 所示，则外电场方向与内建电场方向相反，能障高度被削弱，P-N 结之间的费米能级不再相平，而是 N 型区高于 P 型区。相应地 N 型区的电子能量高于 P 型区，而 P 型区的空穴能量高于 N 型区。

于是有更多的电子和空穴能够穿越 P-N 结能障，形成从 P 区流向 N 区的扩散电流。在正偏压情况，N 侧的电子和 P 侧的空穴的能量同时被提高，因此较容易地从一种材料扩散到另一种材料中。

如果对 P-N 结施加一负偏压 V_r，使 N 型区的电位高于 P 型区，如图 2-62c 所示，则外电场方向与内建电场方向相同，能障高度被抬高，P 型区的费米能级高于 N 型区。相应地 N 型区的电子能量低于 P 型区，P 型区的空穴能量低于 N 型区，与正偏压时恰恰相反。此时尽管 P 型区的电子和 N 型区的空穴能够穿越这一能障，但它们均为少数载流子，数量很少，因此只能携带很少的漂移电流。此时 P-N 结如同一个被充电的电容器，P-N 结两端积累了更多的空间电荷。

2.4.14　P-N 结的电流

下面讨论 P-N 结中的电流。首先考虑平衡时的电流，然后考虑在外电压下的流动。

1. 平衡时的电流

图 2-62a 示出平衡时 P-N 结的能带图。电子从 N 区（高浓度区）向 P 区（低浓度区）扩散，而结区的内建电场迫使电子向反方向漂移，与扩散电子在每一点恰好相互抵消。类似地，空穴从 P 区向 N 区扩散，但电场迫使它们返回到 P 区。无论电子还是空穴都没有净的流动。

在装置内部，到处都发生电子的"产生"和"复合"。在中性的 N 区，产生率和复合率在平衡时相等。由于在该区域无电场和浓度梯度，产生-复合过程对电流无贡献。同样，在中性的 P 区，产生-复合过程也不产生电流。

在过渡区，由于有电场存在，在此区域"产生"的电子将加速向 N 侧运动，引起由 N 向 P 的电流。在同一产生-复合过程中"产生"的空穴，同样引起由 N 向 P 的电流，于是在过渡区的一个电子-空穴对的"产生"，引起了穿过 P-N 结的电流。

类似地，过渡区电子的"复合"将在相反方向引起电流。从 N 侧进入过渡区的电子，将与从 P 侧进入的空穴发生"复合"，从而引起由 P 向 N 的净电流。在平衡时，产生率和复合率在任何位置都相等，从而净的产生-复合电流为零。

2. 正偏压时的电流

对于正偏压时的情况，结区存在一个降低的电位差 $(V_0 - V_f)$ 和削弱的能障 $q(V_0 - V_f)$，如图 2-62b 所示。由于结区的能障被降低，相当多的电子具有足够的能量穿越 P-N 结。于是，从 N 侧穿过能障到达 P 侧有一个净的电子扩散，产生从 P 到 N 的净的电子电流。

类似地，外电压也降低了空穴的能障。于是，从 P 到 N 有一个的净的空穴扩散和一个净的空穴电流。空穴和电子的扩散电流叠加在一起，给出正偏压下明显的电流。

一旦电子（通过扩散）注入 P 区，其电荷立刻（在介电驰豫时间内，量级大约为 $10^{-12} \sim 10^{-13}\text{s}$）被等量但反向带电的空穴所中和。空穴是通过与 P 材料作欧姆接触提供。介电驰豫时间以下述假设为前提：除了在过渡区外，P 区假设为电中性（$E = 0$），同样 N 区也为电中性。这些区域又称为准中性区。

在正偏压下，在结区外但靠近结区处，有额外的少数载流子穿过 P-N 结被注入（当 P-N 结一侧的多子通过扩散穿过能障到达另一侧时，立刻变为另一侧的少子）。即在靠近结区的 P 侧有额外的电子，在靠近结区的 N 侧有额外的空穴。由于与多数载流子发生复合，额外的

电子浓度 Δn 和额外的空穴浓度 Δp 随着扩散远离结区而迅速衰减。在准中性区，电场强度 $E \approx 0$，因此电子在 P 区的运动几乎完全依靠扩散。这一结论也同样适合空穴在 N 区的运动。因此少子的流动总是扩散流。

在远离结的地方，没有额外的少数载流子，那么流动是如何维持的呢? 在远离结的准中性区，多子通过漂移携带电流。电场强度尽管很弱但实际并不为零。而由于多子的数目如此巨大，依靠微弱的电场强度即可维持二极管的漂移电流。随着距离结越远，额外载流子的浓度由于发生复合而降低。导致电子扩散电流减小和相应的空穴漂移电流升高，以保证总的电流维持不变。

在正偏压下，一个额外的电流是由于过渡区内电子与空穴的复合产生。虽然在平衡时产生电流和复合电流相等，但在正偏压时，由于在过渡区内电子浓度和空穴浓度的增加（由于它们相互扩散），复合速率占据了主导地位。在正偏压下不发生隧道电流，因为隧穿发生在等能量状态，此时没有像在负偏压时那种允许的能态从价带穿过带隙。因此电子不能从 P 侧的价带穿过带隙到达 N 侧的导带。

3. 负偏压时的电流

在负偏压下，结区存在一个升高的电位差 $(V_0 + V_r)$ 和加强的能障 $q(V_0 + V_r)$，它阻碍多数载流子的扩散运动，而帮助少数载流子的漂移运动。如图 2-64c 所示。

此时，N 区的电子（多数载流子）试图向低浓度的 P 区扩散，但由于势能障碍，只有极少数电子具有超越能障的动能。对于大多数电子，当它们向左运动时，动能很快减少并停止下来，而结电场又使它们返回右侧。因此在这一过程中，穿过 P-N 结的净的电流可以忽略。

然而，在结的左侧（P 区）的少数导带电子也具有一些动能，在任意时刻，它们当中有50% 向左运动。如果其中的一些电子漫游进了过渡区，内电场将使它们加速通过结区。于是，有一净的电子流，但数值很小。因为 P 区存在的电子数很少。

类似地，位于 P 侧的空穴向 N 区的扩散也受到能障的阻挡。但 N 侧极少量的空穴扩散到结区时，内电场将把它们扫到 P 侧。这种在电场的作用下加速穿过 P-N 结的电流被称为少子漂移电流。

在负偏压下还存在三种额外的电流机制：①在过渡区价带中的电子由于热激发进入导带，并被电场加速到 N 区，从而引起"产生"电流。而每个"产生"电子留下的空穴被电场加速到 P 区。在负偏压下过渡区的"复合"可以忽略，因为那里的电子浓度和空穴浓度都极低。②电子的隧道效应能够引起隧道电流，这是由量子力学理论所预见的。尽管 N 区的电子面对很高的能障，能障的厚度却可能极薄，如图中所示，左边（P 区）价带中的一些电子可以隧穿过禁带区域，进入右边（N 区）的导带中的可用能态，然后被电场扫到右边。在负偏压下产生电流和隧道电流合称为漏电流，因为它们的数量很小。③载流子有一种雪崩效应，它来源于电子或空穴在过渡区的碰撞产生的电子-空穴对。这些额外的载流子形成一种电流。

4. P-N 结的电流总结

正偏压时，结区的能障被降低，电子和空穴扩散穿过耗尽层被注入另一侧，变为少数载流子。当它们扩散远离结区时，发生复合，因此额外载流子的浓度随着远离结区成指数规律下降，少子的扩散电流也同样下降。多子的漂移电流弥补少子电流的下降，从而使总电流不变。多子运动依靠漂移，在准中性区电场强度很弱但多子浓度很大，维持了漂移电流。

前面已经介绍了 P-N 结的电流与电压的函数关系。在平衡时，具有足够能量得以扩散穿过能障的电子和空穴的数目，恰好等于由于扩散产生的内电场而导致的反向漂移的粒子数目。我们知道电子和空穴的分布函数随能量呈指数变化。因此，如果能障降低了数量 qV，能够扩散穿过能障的载流子的数目也呈指数增加。因此，预计在正偏压下穿过结的电流随外电压呈指数增加，如图 2-55 中 I-V 曲线的第一象限所示。

在负偏压时，能障被抬高，但能障高度不影响从 N 到 P 的漂移电流，因为少子的数目不随能障高度而变化。但是，随着负偏压的增加，结区宽度增大，使得产生电流增大。此外，隧穿距离（在恒定能量下）减小，导致隧道电流增大。另外，随着负偏压的增加，过渡区的场强增大。于是，载流子在两次碰撞之间获得更多的动能。当碰撞时，如果动能足够大，产生的电子-空穴对可以造成雪崩效应。

由以上讨论，可以定性地预测 P-N 结的完整的 I-V 特性曲线（图 2-55），即：在正偏压下电流随电压呈指数增加，在负偏压下电流先是不随电压变化，保持微弱恒定（饱和电流），最后在电压超过某一值时电流迅速增大至无穷（击穿）。

描述 P-N 结的 I-V 特性的定量关系式又称为二极管方程，即

$$I = I_0 (e^{qV/\gamma kT} - 1) \tag{2-112}$$

式中，第一项 $I_0 (e^{qV/\gamma kT})$，代表正向扩散电流；第二项 I_0 为反向饱和电流，它也等于平衡时的正向扩散电流值。γ 为介于 1 和 2 之间的数，反映了二极管偏离理想状态的特性，为材料和温度的函数。I_0 可以写成

$$I_0 = qA \left(\frac{L_P}{\tau_P} p_N + \frac{L_N}{\tau_N} n_P \right) \tag{2-113}$$

式中，q 为电子电荷；A 为 P-N 结横截面积；L_P 和 L_N 分别为空穴和电子的扩散长度；τ_P 和 τ_N 分别为空穴和电子的寿命。

2.4.15　半导体物理例题

【例 2-10】　计算 Ge 的近似的施主束缚能（$\varepsilon_r = 16$，$m_n^* = 0.12 m_e$，m_e 为电子质量）。

【解】　从式（2-99）并查相关手册，有

$$E = \frac{m_n^* q^4}{8 (\varepsilon_0 \varepsilon_r)^2 h^2} = \frac{0.12 (9.11 \times 10^{-31}) (1.6 \times 10^{-19})^4}{8 (8.85 \times 10^{-12} \times 16)^2 (6.63 \times 10^{-34})^2} \text{J}$$

$$= 1.02 \times 10^{-21} \text{J} = 0.0064 \text{eV}$$

因此，将施主电子从 $n = 1$ 的基态激发到 $n = \infty$ 的自由态所需的能量大约为 6meV。对应图 2-55b 中的能量差 $E_c - E_d$，且与实际测量值非常相近。

【例 2-11】　一片锗晶体轻微掺有 10^{16} cm^{-3} 杂质，在光照下产生 10^{15} 过余电子和空穴。计算相对于本征能量的准费米能量，并与无光照时的费米能量作对比。

【解】　在光照时的半导体载流子密度为

$$n = n_0 + dn = (10^{16} + 10^{15}) \text{cm}^{-3} = 1.1 \times 10^{16} \text{cm}^{-3}$$

$$p = p_0 + dp \approx 10^{15} \text{cm}^{-3}$$

准费米能量为

$$E_{FN} - E_i = kT\ln\frac{n}{n_i} = 0.0259\ln\frac{1.1 \times 10^{16}}{2 \times 10^{13}}meV = 163meV$$

$$E_{FP} - F_i = kT\ln\frac{p}{n_i} = 0.0259\ln\frac{1 \times 10^{15}}{2 \times 10^{13}}meV = -101meV$$

对比无光照时的费米能量 $E_F - E_i = kT\ln\dfrac{n_0}{n_i} = 0.0259\ln\dfrac{10^{16}}{2 \times 10^{13}}meV = 161meV$ 可见无光照时的费米能量非常接近于有光照时的费米能量。

2.5 电化学反应基础

电化学是化学的一个分支，它涉及电流与化学反应的相互作用以及电能与化学能的相互转化。电化学的应用包括电解、电镀、化学电池、金属腐蚀等广泛领域，电化学原理是各种化学电池、包括本书所介绍的燃料电池和储能电池的理论基础。电化学效应需通过"电池"来实现，故电化学即"电池的化学"。电池包括电极和电解液两部分。电化学的基础内容包括电极的热力学和动力学两方面。电极热力学能够预测反应的发生与否以及反应方向，但反应发生的快慢即反应速率则由电极动力学理论确定。本节将简要介绍电极热力学的内容，包括电化学的基本定义、氧化还原反应、电化学电池、电极电位等。

2.5.1 化学反应与电化学反应

1. 化学反应

化学反应有别于电化学反应。化学反应可定义为只有化学物质（包括中性分子、正离子、负离子）而没有电子参与的反应。以下列出一些常见的化学反应

水蒸气的离解	$2H_2O = 2H_2 + O_2$
液态水的电解	$H_2O = H^+ + OH^-$
氢氧化铁的析出	$Fe^{2+} + 2OH^- = Fe(OH)_2$
气态二氧化碳的溶解	$CO_2 + H_2O = H_2CO_3$
铁的析氢腐蚀	$Fe + 2H^+ = Fe^{2+} + H_2$
二价铁被高锰酸盐氧化	$MnO_4^- + 8H^+ + 5Fe^{2+} = Mn^{2+} + 4H_2O + 5Fe^{3+}$

上述反应可归纳成一般形式

$$|\nu_1'|M_1' + |\nu_2'|M_2' + \cdots = |\nu_1''|M_1'' + |\nu_2''|M_2'' + \cdots$$

该方程可进一步简化为

$$\sum_i \nu_i M_i = 0 \tag{2-114}$$

上式中的化学计量系数 ν_i，依据其对应的 M_i 在平衡方程的左侧或右侧，分别取为正或负。例如，对于前面讨论过的反应

$$MnO_4^- + 8H^+ + 5Fe^{2+} = Mn^{2+} + 4H_2O + 5Fe^{3+}$$

化学计量系数分别为

$$\nu_{MnO_4^-} = +1 \qquad \nu_{H^+} = +8 \qquad \nu_{Fe^{2+}} = +5$$
$$\nu_{Mn^{2+}} = -1 \qquad \nu_{H_2O} = -4 \qquad \nu_{Fe^{3+}} = -5$$

根据式 (2-114), 上面的反应也可写成

$$MnO_4^- + 8H^+ + 5Fe^{2+} - Mn^{2+} - 4H_2O - 5Fe^{3+} = 0$$

2. 电化学反应

电化学反应可定义为同时有化学物质和自由电子参与的反应 (例如负电子在金属电极中复合)。对于电化学反应, 如果反应方向对应电子的释放, 则为氧化反应; 如果反应方向对应电子的吸收, 则为还原反应。下面给出一些常见的电化学反应:

氢气氧化为氢离子 $\qquad\qquad\qquad H_2 \rightarrow 2H^+ + 2e^-$

氧气还原为氢氧根离子 $\qquad O_2 + 2H_2O + 4e^- \rightarrow 4OH^-$

铁氧化为亚铁离子 $\qquad\qquad\qquad Fe \rightarrow Fe^{2+} + 2e^-$

亚铁离子氧化成三价铁离子 $\qquad Fe^{2+} \rightarrow Fe^{3+} + e^-$

高锰酸盐还原为锰离子 $\qquad MnO_4^- + 8H^+ + 5e^- \rightarrow Mn^{2+} + 4H_2O$

上述电化学反应可写成一般形式

$$|\nu_1'|M_1' + |\nu_2'|M_2' + \cdots + ne^- = |\nu_1''|M_1'' + |\nu_2''|M_2'' + \cdots$$

或者进一步简化为

$$\sum_i \nu_i M_i + ne^- = 0 \tag{2-115}$$

2.5.2 平衡常数与电化学平衡图

对于在气相或溶液中发生的化学反应, 存在一平衡常数, 其值在给定温度下为常数。在平衡时反应气体的偏压强或溶液中的反应物浓度通过平衡常数联系在一起。例如:

气体中的分解 $\qquad 2H_2O = 2H_2 + O_2 \qquad\qquad K = \dfrac{p_{H_2}^2 p_{O_2}}{p_{H_2O}^2}$

溶液中的分解 $\qquad H_2O = H^+ + OH^- \qquad\qquad K = [H^+] \cdot [OH^-]$

弱溶解性物质的分解 $\quad Fe(OH)_2 = Fe^{2+} + 2OH^- \qquad K = [Fe^{2+}] \cdot [OH^-]^2$

气态物质的溶解 $\qquad CO_2 + H_2O = H_2CO_3 \qquad\qquad K = \dfrac{[H_2CO_3]}{p_{CO_2}}$

类似地, 对所有溶解在气相和液相中的物质中发生的电化学反应, 也存在一个平衡常数, 其值对给定的温度为常数。但是, 电化学反应中的平衡常数不仅是反应气体偏压强或溶液中反应物浓度的函数, 还是金属—溶液界面电位差 (或电极电位) 的函数。由于在电化学反应方程式的两端出现了带电离子包括氢离子和电子, 它们对平衡常数的影响是显然易见的。

为了理解 pH 值 (氢离子浓度的负对数) 和电极电位的作用, 下面给出两个例子。

二价铁变为氢氧化铁沉淀 $\qquad Fe^{2+} + 2H_2O = Fe(OH)_2 + 2H^+$

高锰酸盐离子在酸溶液中还原为锰离子 $\quad MnO_4^- + 8H^+ + 5e^- = Mn^{2+} + 4H_2O$

在上面的化学平衡式中, 包含氢离子、电子或其他正负离子, 反应对 pH 值和电极电位的依赖关系就一目了然: pH 值衡量 H^+ 离子的作用, 而电极电位衡量电荷的作用。

一般，从氧化物 A 转化为还原物 B 的反应可写成

$$aA + cH_2O + ne^- = bB + mH^+$$

为了方便地了解电化学反应中发生的现象，常用一种电化学平衡图来表示其中的各种反应，它表为电极电位与 pH 值的函数关系，故又称电位 – pH 图或 E-pH 图。它是以平衡电极电位 E 为纵坐标，以溶液的 pH 值为横坐标而绘制出的线图。最简单的电位-pH 平衡图仅涉及某一元素（及其含氧和含氢化合物）与水构成的体系。由图可以直观而全面地提供各类平衡反应发生的条件和倾向性，可用来判断各物种能够稳定存在的电位和 pH 值范围。它广泛应用于电化学、金属腐蚀、化学分析等方面。图 2-63 示出 Fe-H_2O 体系的电位 -pH图。

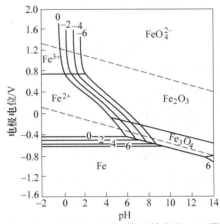

图 2-63   示出 Fe-H_2O 体系的电位-pH 图

（平衡固相是 Fe，Fe_3O_4，Fe_2O_3）

根据参与电极反应的物质不同，电位- pH 图上的曲线可分为三类：

1）反应只与电极电位有关，而与溶液的 pH 值无关，即图中的水平线。

2）反应只与 pH 值有关，而与电极电位无关，即图中的垂直线。

3）反应既同电极电位有关，又与溶液的 pH 值有关，即图中的斜线。

关于电位-pH 图的详细讨论和应用，读者可参阅相关的电化学参考书。

2.5.3   氧化还原反应

有一大类化学反应，反应前后发生电子的转移，称为氧化还原反应。显然电化学反应一定是氧化还原反应。在反应中，如果对应负电荷（电子）的释放，则反应向氧化方向进行；如果对应负电荷的消耗，则反应向还原方向进行。以下举出一些典型的氧化和还原反应。

氧化反应

$Fe \longrightarrow Fe^{2+} + 2e^-$　　　　　铁腐蚀为亚铁离子

$Fe^{2+} \longrightarrow Fe^{3+} + e^-$　　　　　亚铁离子氧化为正铁离子

$H_2 \longrightarrow 2H^+ + 2e^-$　　　　　氢气氧化为氢离子

$2H_2O \longrightarrow O_2 + 4H^+ + 4e^-$　　水氧化成氢离子和氧气

还原反应

$Fe^{2+} + 2e^- \longrightarrow Fe$　　　　　铁的电沉积

$Fe^{3+} + e^- \longrightarrow Fe^{2+}$　　　　　正铁离子还原为亚铁离子

$2H^+ + 2e^- \longrightarrow H_2$　　　　　氢离子还原为氢气

$O_2 + 4H^+ + 4e^- \longrightarrow 2H_2O$　　氧气和氢离子还原形成水

下面给出亚铁盐被高锰酸氧化和丹尼尔干电池的例子。

亚铁盐被高锰酸氧化

亚铁盐在高锰酸溶液中被高锰酸氧化由下面方程描述

$$MnO_4^- + 5Fe^{2+} + 8H^+ \longrightarrow Mn^{2+} + 5Fe^{2+} + 4H_2O$$

或在中性溶液中有下面方程

$$MnO_4^- + 3Fe^{2+} + 4H^+ \longrightarrow MnO_2 + 3Fe^{3+} + 2H_2O$$

它们分别来自两个同时发生的电化学半反应的合成

氧化反应： $\qquad 5Fe^{2+} \qquad \longrightarrow 5Fe^{3+} + 5e^-$

还原反应： $\qquad MnO_4^- + 5e^- + 8H^+ \longrightarrow Mn^{2+} + 4H_2O$

总反应： $\qquad MnO_4^- + 5Fe^{2+} + 8H^+ \longrightarrow Mn^{2+} + 5Fe^{2+} + 4H_2O$

或 氧化反应： $\qquad 3Fe^{2+} \qquad \longrightarrow 3Fe^{3+} + 3e^-$

还原反应： $\qquad MnO_4^- + 3e^- + 4H^+ \longrightarrow MnO_2 + 2H_2O$

总反应： $\qquad MnO_4^- + 3Fe^{2+} + 4H^+ \longrightarrow MnO_2 + 3Fe^{3+} + 2H_2O$

2.5.4 电极的作用

大量的具有 A + B→C + D 形式的反应可看作由两个中间步骤：还原反应（电子化）和氧化反应（去电子化）构成

还原反应： $A + e^- \rightarrow C$

氧化反应： $B \rightarrow D + e^-$

产生上述反应的一个方式是将反应物 A 和 B 混合，如图 2-64a 所示。于是，在氧化步骤中由反应物 B 释放的电子传递给相邻的反应物 A。在总的混合物中，电子传递的方向是随机的。因此，整个过程不做任何有用功（除了由于反应系统膨胀或收缩所做的 PV 功）。

另一种产生上述反应的方式是，隔离反应物 A 和 B，但利用导线将与溶液接触的两个电极连接在一起，其中一个电极做电子的发生源，另一电极作为电子的吸收汇，如图 2-64b 所示。于是，反应物 B 脱去其外层电子给其中一电极，反应物 A 从另一电极获得电子。此电池（容器）的两个电极必须用导线相连，从而使 B 脱掉的电子能够通过导线传递给 A。当反应进行时，在外电路中产生了电流，可用来做功。由于此时的反应需通过电极来完成，故称为电化学氧化还原反应。

发生氧化反应的电极称为阳极，发生还原反应的电极称为阴极。当电化学电池用作电源时，阳极电位低于阴极电位。原因可解

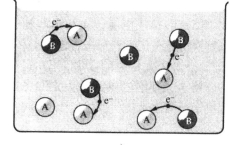

a)

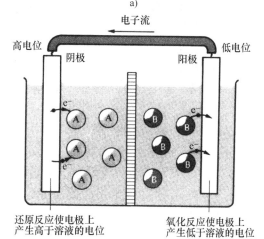

b)

图 2-64 溶液中的氧化还原反应和电极的作用

a）反应物 A 和 B 直接混合

b）隔离反应物 A 和 B，但利用导线和电极连接

释如下：为使反应持续进行，发生还原反应的物质 A 从对应的电极（阴极）吸收电子，从而使阴极带正电。在阳极则发生相反情况，发生氧化反应的物质 B 脱去其外层电子并传给

电极（阳极），从而使阳极带负电。将一个正试验电荷靠近阴极，它将比靠近阳极具有更高的能量。因此，以正试验电荷定义的电位在阴极比在阳极更高。

当上述电池用在电解反应时，阴极和阳极的相对电位将发生反转，即阳极电位将高于阴极电位。此时，阳极仍然是发生氧化反应的地方，阴极仍然发生还原反应，但电功将被消耗并用来产生化学反应。此时，阴离子（负电物质）必须被引导到一个电极处被氧化，阳离子必须被引导到另一电极处被还原。因此，阳极电位必须高于阴极，从而使阴离子被吸引过来，释放出它们的电子。

上述电化学反应的关系可总结如下：

电　极	阳　极	阴　极
反应过程	氧化反应	还原反应
电位（原电池）	低（－）	高（＋）
电位（电解池）	高（＋）	低（－）

电位的不同来自下述原因：在原电池中，化学能被转换成电能；而在电解池中，电能被转换成化学能。现在来考虑将一个金属电极 M 浸入含有相应的金属离子 M^{+z} 的溶液中，将会发生什么现象。如图 2-65 所示，取决于溶液的性质，可能发生二种情况之一。

第一种情况，构成金属晶格的离子具有从金属中分离并进入溶液成为 M^{+z} 离子的趋势。每当一个离子脱离金属电极，将留下 z 个电子，因此溶解过程产生了带负电的电极。这一过程不会一直进行下去，因此随着负电荷在电极上积累，分离出阳离子所需的功很快就变得极大。电极上很快地就建立了动态平衡

$$M^{+z}+ze^- \rightleftharpoons M \qquad (2\text{-}116)$$

第二种情况，溶液中的阳离子趋向于从电极处吸收电子，变成中性原子 M 并粘附

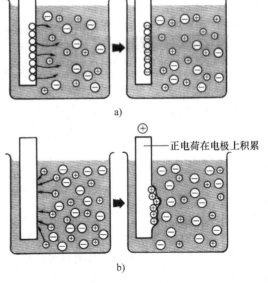

图 2-65 电极上的电荷变化
a）氧化反应 b）还原反应

在电极表面。这一过程相当于金属阳离子凝结到金属表面，并给予电极一个正电荷。从不断变负的溶液中（溶液变负是由于剩下的阴离子所致）吸收阳离子并提供给带正电的表面所需的功，同样很快增大，并达到式（2-116）所示的动态平衡。但这种情况下电极上带正电。

在电极上发生的电荷变化，对外界观察者看来好像是其电位的变化。如果一个观察者比较将一个正的电荷从无穷远处移动到电极处所做的功，他会发现将验电荷移动到电子缺乏的电极比移动到中性电极具有更高的电位。类似地，将正的验电荷移动到电子富余的电极所做的功少于移动到中性电极所做的功。因此，其电位要小于中性电极的电位。

2.5.5　电化学电池

电化学电池由两个电极浸没在电解液中构成。当电流通过电池时，电极的金属/电解液界面上将发生电子的交换，形成电极反应，从而产生电化学的各种效应。当其与外负载连接，通过电极上的化学反应产生电流，使化学能转化为电能时，即为自发电池或原电池，工业上称化学电源；反之，当其与外部电源连接，由外电源驱动其内的化学反应，使电能转化为化学能时，称其为电解电池，工业上称为电解槽。这是电化学电池作用的两个方面，基本原理相同，只是电流方向相反而已。

最简单的电化学电池是一个没有液体分界面的电池，只有一种电解液为两个电极共享，如图 2-66a 所示。它包括一个氢电极和一个氯化银/银电极，二者浸没在同一种电解液——氯化氢中，将它们记为 Pt，H_2 | HCl | AgCl，Ag。在这种情况下，穿过电池两端的电位差，等于穿过两个电极/电解液界面的电位差之和。

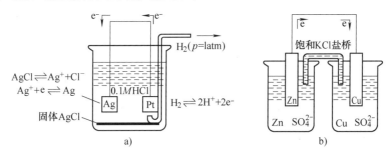

图 2-66　电化学电池

a）无液体界面的电化学电池　b）具有液体界面、利用盐桥的电池

在某些情况下，须将两个电极浸没在不同的电解液里，于是出现了两种液体的交界面。液体界面使总电位差增加，因此当考虑总电位差的构成时，除了两个电极界面的贡献，还必须加上液体界面的贡献。另一种选择是可以通过第三种电解液，将两个"半电池"连接起来，从而使电池最小化。在实验中，这种电池利用盐桥的方法，即 KCl 的饱和溶液来实现，如图 2-66b 所示。盐桥的作用就是使正离子向溶液移动，负离子向 $ZnSO_4$ 溶液移动，以保持溶液呈电中性。盐桥中高浓度的 K^+ 和 Cl^- 离子保证了它们承担液体界面的大多数电流的输送，而不论方向如何；又因为两种离子具有相似的尺寸，它们携带相等的电流。最后，由于盐桥产生了两种界面电位，人们期望两者能相互抵消。

电化学电池的标记是根据相应的电极和所用的电解液。一个相界面用一竖线或逗点表示。例如，图 2-66a 所示的电池被记为

$$Pt, H_2(p) \mid HCl(m) \mid AgCl, Ag$$

液体界面电位的消去被记为"‖"。例如，图 2-66b 所示的电池被记为

$$Zn \mid ZnSO_4(m_L) \parallel CuSO_4(m_R) \mid Cu \mid$$

表示电池的符号惯例为：

1）进行氧化作用的电极（阳极）写在左边（L），还原电极（阴极）写在右边（R）。如果电池反应是自发的，则电池电动势为正值；如果不是自发的，则电动势为负值。

2）各相的排列顺序按电流流动的方向排列，各项以竖线"｜"分开，表示存在相

界面。

3）对于两个液相界面，也用"｜"分开。若已消除液体界面电位，则液相界面用"‖"表示。

4）各物质应标明其状态，溶液应注明浓度。如气体标出压强 p，溶液标出浓度 m。

2.5.6 电池、燃料电池、电解池

如果一个原电池向外电路自发地放电，这一电池放电是通过在负电极产生氧化、在正电极产生还原来实现，自由电子从负极流向正极。如下面的三个例子。

（1）丹尼尔锌铜电池

负电极（氧化）：
$$Zn \rightarrow Zn^{++} + 2e^-$$

正电极（还原）：
$$Cu \leftarrow Cu^{++} + 2e^-$$

总反应：
$$Zn + Cu^{++} \rightarrow Zn^{++} + Cu$$

（2）氢氧燃料电池

负电极（氧化）：
$$2H_2 \rightarrow 4H^+ + 4e^-$$

正电极（还原）：
$$2H_2O \leftarrow 4H^+ + O_2 + 4e^-$$

总反应：
$$2H_2 + O_2 \rightarrow 2H_2O$$

（3）铅蓄电池

负电极（氧化）：
$$Pb \rightarrow Pb^{++} + 2e^-$$

正电极（还原）：
$$Pb^{++} + 2H_2O \leftarrow PbO_2 + 4H^+ + 2e^-$$

总反应：
$$Pb + PbO_2 + 4H^+ \rightarrow 2Pb^{++} + 2H_2O$$

相反，如果在原电池的两端加一个足够大的电压，使得电流反向流动，溶液将发生电解或者电池被充电。于是，在负极将发生还原反应，在正极发生氧化反应；自由电子将从正极流向负极。在上述三个例子中，所有的化学反应方向都反号，反应物变成生成物，而其余不变。

图2-67特别示出了在铅蓄电池充放电时的电流方向。如果原电池的阳极被定义为发生氧化的电极，阴极被定义为发生还原的电极，那么负极在燃料电池中将是阳极，在电解池中将是阴极；正极在燃料电池中将是阴极，在电解池中将是阳极。

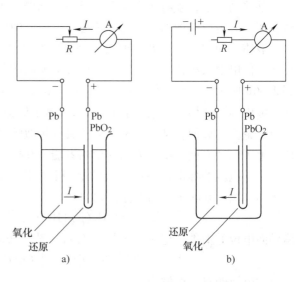

图2-67　铅蓄电池

a）放电　b）充电

2.5.7　电化学例题

【例 2-12】　计算丹尼尔电池在 25℃、电解液中 Zn^{2+} 和 Cu^{2+} 均为单位活度时的平衡电位。

【解】　假设该电池电极上发生的反应可以写成下列形式

$$Zn = Zn^{2+} + 2e^-$$
$$\underline{Cu^{2+} + 2e^- = Cu}$$
$$Zn + Cu^{2+} = Zn^{2+} + Cu$$

考虑反应方程中的化学计量系数 ν 和 n 在等号左端为正，在等号右端为负。可逆电位 $\varphi_{Zn} - \varphi_{Cu}$ 可写为

$$\varphi_{Zn} - \varphi_{Cu} = \frac{\mu_{Zn} - \mu_{Zn^{2+}} + \mu_{Cu^{2+}} - \mu_{Cn}}{23\,060 \times (-2)}$$

假设各组分的化学势可用标准化学势来近似。查表得标准化学势

$$\mu_{Zn}^0 = 0cal \qquad \mu_{Zn^{2+}}^0 = -35\,184cal = 147\,308J$$
$$\mu_{Cu}^0 = 0cal \qquad \mu_{Cu^{2+}}^0 = 15\,530cal = 65\,021J$$

代入上述方程，得

$$\varphi_{Zn} - \varphi_{Cu} = \frac{0 - (-35\,184) + 15\,530 - 0}{-46\,120} = \frac{50\,714}{-46\,120}V = -1.099V$$

于是，平衡时丹尼尔电池两极的电势差为 1.099 V；其中 Zn 为电池的负极。

【例 2-13】　铁在酸环境中腐蚀的一个重要的反应是 $Fe + 2HCl\,(aq) + \frac{1}{2}O_2 \rightarrow FeCl_2\,(aq) + H_2O$。当 Fe^{2+} 的活度为 1，$a(H^+) = 1$ 时，该反应自发进行的方向如何？

【解】　采用前述的判据。首先找出半电池反应，并写出所有反应为单一电子传递的形式。电极电势在表 2-6 中查找，由于铁离子活度为 1，因此采用标准电势值。

总电池反应可表示为　$Fe + 2H^+ + 2e^- + \frac{1}{2}O_2 \rightleftharpoons Fe^{2+} + 2e^- + H_2O$

或写成　　$\frac{1}{2}Fe + H^+ + e^- + \frac{1}{4}O_2 \rightleftharpoons \frac{1}{2}Fe^{2+} + e^- + \frac{1}{2}H_2O$

由上写出两个半电池反应

右端：　　$H^+ + e^- + \frac{1}{4}O_2 \rightleftharpoons \frac{1}{2}H_2O$, $V_R = 1.229V$

左端：　　$\frac{1}{2}Fe^{2+} + e^- \rightleftharpoons \frac{1}{2}Fe$, $V_L = -0.440V$

总反应为右端—左端，总电动势为 $E = V_R - V_L = 1.669V > 0$。因此反应的自发倾向为向右进行（在指定前述条件下）。

讨论：反应向右自发进行的前提为 $a(H^+) = 1$ 和 $a(Fe^{2+}) = 1$；反应进行到某点，使铁离子的活度改变为使向右的热力学倾向不再成立（$E = 0$）时，反应将停止。

假设电池的反应物的浓度（molalities）变化使 $E = 0$ 时，电池反应将不再有向右或向左

的倾向，于是反应达到平衡。即使用导线将两个电极连接起来，导线中也没有电流流动，因为反应不再有向任一方向进行的趋势。因此当反应达到平衡时，电池被耗尽。这是一个非常重要的结论，因为如果能预知使 $E=0$ 的浓度，就可以找到电池反应的平衡常数。

思考题与习题

热力学

1. 什么是热力学平衡态？在什么情况下可以将系统假设为热力学平衡态？

2. 什么是可逆过程和不可逆过程？在能量转换过程中，哪些是可逆的，哪些是不可逆的？

3. 什么是热机？为什么热机的效率一定小于1？

4. 在各种可再生能源转换装置中，举例说明哪些装置属于热机？哪些不属于热机？不属于热机的装置效率可以大于1吗？

5. 从热力学第一定律的角度，能量不会消失而恒为常量，为什么人类却面临着能源危机？

6. 汽车发动机依靠汽油来提供能量。这一能量是如何转换的？能量最终跑到了哪里？

7. 从热力学第二定律出发，说明为何关于环境"先污染后治理"的观点是完全错误的。

8. 举例说明如何利用热力学第二定律指导能源利用过程。

流体力学

9. 流体力学与固体力学的主要区别是什么？流体力学建立在哪几个假设和守恒方程的基础上？

10. 既然流体是由大量的分子组成，那么流体中某点的流速的含义是什么？是否是该点分子的速度？

11. 由于流体的黏性，靠近管壁的流体速度降低，此时有一种什么物理量在从主流向管壁传递？黏性的作用是什么？

12. 可压缩和不可压缩流体的主要区别是什么？气体是可压缩流体吗？

13. 牛顿第二定律是如何运用到大量的流体质点中，变成了流体力学的动量方程？

14. 从能量的角度，层流与湍流的主要区别是什么？哪种流态携带的能量多？哪种容易利用？

15. 在太阳能热利用中，水和空气是两种常用的工质。分析比较两种工质的利弊，以及适用的场合。

16. 试述飞机飞行的原理和风轮机的工作原理。

传热学

17. 传热学与热力学有何区别？

18. 传热有哪几种机制，它们的微观本质是什么？

19. 制冷系统借助外部做功，使内部保持在较低温度。但冰箱的背面或侧面为何摸起来很热，而不是低于环境温度？

20. 夏天在同样的温度下，为何在北方地区没有南方那样热？

21. 太阳能热水器中的真空管是如何工作的？

22. 为强化对流传热，经常采用粗糙表面或者增大流速，为什么？

23. 非导电体以及氧化的金属表面通常具有较高的红外线辐射率，而抛光的导电体则相反。哪种材料更适合用作太阳能吸热板？

24. 估算一块温度保持为100℃的普通铝板，在置于室外环境下（10℃）的对流损失与辐射损失之比。

半导体物理

25. 半导体与金属、非金属的主要区别是什么？

26. 什么是电子？什么是空穴？半导体是如何导电的？

27. 在热平衡时半导体中有多少电子和空穴？

28. 温度如何影响半导体的导电特性？掺杂如何改变半导体的导电特性？

29. 什么是费米能级？热平衡时费米能级为何是常数？

30. 用能带理论来解释半导体与金属导电性质的差异，以及 P-N 结的导电过程。

31. 解释为何在 P-N 结电压反偏时电流小，在正偏时电流大。

32. 解释为何在 P-N 结电压反偏时发生电流超过了复合电流，而在正偏时复合电流超过了发生电流。

电化学

33. 化学反应、电化学反应、氧化还原反应各有什么异同？

34. 电化学反应的本质是什么？

35. 在电化学电池中，锌片上的电子为什么会流向铜片？铜片上为什么有气体产生？产生的是什么气体？

36. 什么是原电池？从能量转换的观点分析，原电池是一种什么装置？

37. 构造一个转换效率高的原电池，需要什么样的材料做电极和电解液？总结组成原电池的条件。

38. 金属腐蚀的本质是什么？

39. 电化学电池与半导体 P-N 结有何异同？

40. 能否用电化学电池构造一个类似于 P-N 结的内建电场？存在什么问题？

参 考 文 献

[1] J E Lay. Thermodynamics [M]. Charles E. Merrill Books, Inc., 1963.

[2] F Kreith, M S Bohn. Principles of Heat Transfer [M]. 5th ed. PWS Publishing Company, 1997.

[3] P W Atkins. Physical Chemistry [M]. 2th ed., W. H. Freeman and Company, 1982.

[4] M Pourbaix. Lectures on Electrochemical Corrosion [M]. 2th ed. Plenum Press, 1975.

[5] R L Panton. Incompressible Flow [M]. John Wiley and Sons, 1984.

[6] B G Streetman, S Banerjee. Solid State Electronic Devices [M]. 5th ed. Prentice Hall, 2000.

[7] B L Anderson, R L Anderson. 半导体器件基础 [M]. 北京：清华大学出版社（影印版），2006.

[8] 张三慧. 大学物理学 [M]. 北京：清华大学出版社，2000.

第 3 章
太阳能热利用

太阳能是一种清洁的可再生能源。对于人类社会来说，太阳能是万物生长的源泉，是取之不尽，用之不竭的。在所有可再生能源中，太阳能分布最广，获取最容易。但是太阳能也有两个主要的缺点：一是它的能流密度低，通常每平方米不到 1kW；二是它的能量随时间和天气呈现不稳定性和不连续性。这两个缺点，限制了人类对太阳能大规模利用的步伐。

根据历史记载，人类早在 3000 年前就开始了太阳能的利用，但是利用方式是十分简单和低级的，仅仅是直接接受白天太阳的烘晒和取暖而已。对太阳能真正意义上的大规模开发利用是从二次世界大战后开始的。随着地球上化石能源的消耗和短缺以及环境污染的加剧，人类加快了开发和利用太阳能的步伐。针对太阳能的特点，研究太阳能收集、转换、储存和输送等太阳能高效和规模利用中的关键技术问题，已成为当前能源领域研究的热点。太阳能的开发利用将对人类社会的发展产生重大而深远的影响。

从广义的角度，太阳能不仅包括直接投射到地球表面的辐射能，还包括像生物质能、水能、风能、海浪能等同样起源于太阳辐射的间接的太阳能量，而且现在广泛使用的石油、天然气和煤炭等化石能源，也都是古代太阳能资源的产物。但是，通常意义上的太阳能利用，指的是对直接投射到地球表面的太阳辐射能的利用。目前太阳能的利用主要有两个方面：太阳能热利用和太阳能光伏发电。本章将主要讨论太阳能热利用。

太阳能热利用是指采用集热装置将太阳辐射收集起来并转换成热能，再通过介质的传递，直接或间接地供人类使用。它是目前无论在理论上还是实践中最成熟、成本最低、应用最广泛的一种太阳能利用方式。本章将介绍太阳辐射的基本概念、日地关系、太阳能热利用的基本原理、太阳能集热器的基本理论和构造，分析和讨论各种实用的太阳能热利用技术和装置，以及太阳能的储存。

3.1 太阳辐射

3.1.1 太阳辐射的基本概念

太阳是太阳系的"母星"，是距地球最近的一颗恒星。太阳是一个炽热的气态球体，直径约为 1.39×10^9 m，体积为 1.42×10^{27} m³，太阳是地球体积的 130 万倍。太阳的质量为 1.98×10^{30} kg，大约是地球质量的 33 万倍，其平均密度为 1.4×10^3 kg/m³，只有地球密度的1/4。

太阳的构造如图 3-1 所示。组成太阳的主要气体为氢（约80%）和氦（约19%），日常见到的耀眼的光亮部分，称为光球。太阳内部（半径约 $0.23R$）是太阳内核，温度约为 $8 \times 10^6 \sim 2 \times 10^7 K$，压力高达 $3 \times 10^{16} Pa$。内核密度较高，占整个太阳质量的 40%，其内部进行着剧烈的氢转变为氦的核聚变反应。温度从中心向表面逐渐降低。光球表面的温度约为 5700K，是向外辐射太阳能的主体。光球外表面是透明的太阳大气，也称色变层。色变层外是色球层。它们都是由氢气和氦气组成，只是气体的密度有所不同。

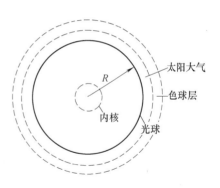

图 3-1 太阳的构造示意图

太阳的能量来自太阳内部的氢氦热核反应，反应的结果是将 4 个氢核聚变成 1 个氦核，同时释放出 $4.12 \times 10^{-12} J$ 的能量。由于每秒钟有亿万个氢核在发生聚变，这一能量是极其巨大的。根据热核聚变的速率，太阳中氢的储量足够维持太阳存在 600 亿年。

显然，太阳是一个由多层组成，且温度和辐射波长不同的复杂辐射体，但在实际太阳能利用的计算中，常常把太阳简化成一个温度为 6000K 的辐射黑体。

根据推算，太阳每秒钟向外发射的能量约为 $3.74 \times 10^{26} J$，功率高达 $3.74 \times 10^{26} W$，相当于每秒燃烧 $1.28 \times 10^{16} t$ 标准煤所放出的能量。太阳能从太阳表面向四周辐射。地球距太阳十分遥远（平均距离为 $1.5 \times 10^8 km$），中间是真空地带。所以太阳能只有通过辐射方式才能到达地球表面。由于地球半径只有 $6.37 \times 10^3 km$，所以太阳辐射出来的总功率中只有二十二亿分之一能到达地球大气层上界，即到达地球大气上界的太阳辐射功率约为 $1.73 \times 10^{17} W$。但即使是这样一小部分，也相当于 1.73 亿个百万千瓦级电厂发出的总功率。所以地球接收的太阳辐射能仍然是十分巨大的。

3.1.2 日地关系和太阳常数

地球每天绕着地轴自西向东自转，同时围绕太阳公转。由于地轴与公转轴的倾斜角为 $23.5°$，从而形成了地球上一年四季的变化，如图 3-2 所示。由于地球自转引起地球交替面向和背向太阳的结果，又形成了地球上的昼夜变化。

夏至时，太阳光线垂直照射到北回归线上，此时北半球为夏天，南半球为冬天；冬至时，太阳光线垂直照射到南回归线上，此时南半球为夏天，北半球为冬天。因为地球是沿一椭圆轨道围绕太阳转动，所以太阳到地球的距离是随时间而变化的。表 3-1 给出了几个典型的日期所对应的日地距离。由表可知，一年中日地距离的变化达到 $5 \times 10^6 km$，但该距离的变化所引起到达地球的太阳辐射能的变化只占到达地球总辐射能的 $\pm 6.7\%$ 左右。

表 3-1 日地距离的典型值

日　　期	日地距离/km	与平均距离之差/km
1 月 1 日	1470×10^5	-30×10^5
4 月 1 日	1495×10^5	-5×10^5
7 月 1 日	1520×10^5	20×10^5
10 月 1 日	1495×10^5	-5×10^5

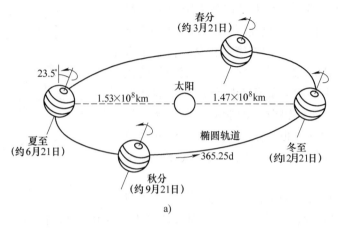

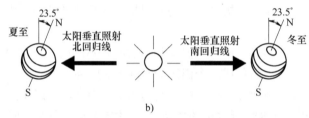

图 3-2 地球与太阳的位置关系

a）地球上四季的变化 b）夏至与冬至的太阳光线

此外，太阳本身的活动也会引起太阳辐射强度的波动。长期的观测表明，太阳活动峰值年比太阳活动宁静年的辐射量只不过增大 2.5%。因此，在一般的太阳辐射计算中，都近似认为太阳辐射是稳定的，在地球大气层外的太阳辐射强度是一个常数。为此，人们提出了"太阳常数"这一概念，来描述太阳对地球的辐射强度。所谓"太阳常数"，就是指在平均日地距离，垂直于太阳辐射的大气外层平面上，单位时间、单位面积上所接收的太阳辐射能，单位为 W/m^2。经过测定，国际学术界一致将"太阳常数"取为 $1357W/m^2$。显然，太阳常数只具有平均值的意义。

在大气层之外，单位时间、单位垂直面积上所接收到的太阳辐射能 $I(W/m^2)$ 随地球与太阳的距离而变。对于一年中的某一天，可用下式计算

$$I = I_C\left(\frac{D_0}{D}\right)^2 = I_C\left[1 + 0.034\cos\frac{360n}{365.25}\right] \tag{3-1}$$

式中，D 为日地距离；D_0 为日地平均距离；I_C 为太阳常数；n 为从元旦算起的天数。

3.1.3 太阳辐射的光谱分布

太阳辐射是一种电磁辐射，其辐射波是一种电磁波。它与无线电波没有实质上的差别，只是波长与频率不同而已。太阳辐射波既具有波动性也具有粒子性。

太阳辐射波穿过大气层到达地球表面后，绝大部分辐射能量集中在波长 $0.3 \sim 3.0\mu m$ 区间，属于一种短波辐射。而地面和大气向宇宙空间辐射的波长范围为 $30 \sim 120\mu m$，为长波辐射，如图 3-3 所示。

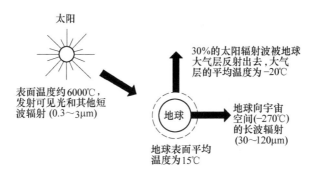

图 3-3　地球接收和发出的辐射

太阳辐射的光谱可以细分为下列几个波段：波长小于 $0.4\mu m$ 的为紫外波段；从 $0.4\sim 0.75\mu m$ 的波段称为可见光波段；波长大于 $0.75\mu m$ 的称为红外波段 [红外波段可以分为近红外（$0.75\sim 25\mu m$）和远红外（$25\sim 1000\mu m$）两个子波段]。在可见光的波长范围内，不同波长的电磁辐射对于人体产生不同的颜色感觉。表 3-2 给出了各种颜色的可见光波长及其光谱范围。

用太阳辐射光谱强度作为纵坐标，辐射波长作为横坐标所绘制的曲线称为太阳光谱的能量分布曲线，如图 3-4 所示。

由图可见，太阳辐射的能量主要集中在波长为 $0.3\sim 3.0\mu m$ 的波段内，占总能量的 99%，其中可见光波段占 43%，红外波段约占 48.3%，紫外波段约占 8.7%。能量分布的最大值所对应的波长在 $0.475\mu m$ 左右，属蓝色光范围。

表 3-2　可见光的波长及光谱范围

颜　色	波长/μm	光谱范围/μm	颜　色	波长/μm	光谱范围/μm
红	0.7	$0.64\sim 0.75$	绿	0.51	$0.48\sim 0.55$
橙	0.62	$0.6\sim 0.64$	蓝	0.47	$0.45\sim 0.48$
黄	0.58	$0.55\sim 0.60$	紫	0.42	$0.4\sim 0.45$

3.1.4　地球表面的太阳辐射

太阳辐射进入地球大气层后，不仅要受到大气中的空气分子、水蒸气和尘埃的反射和散射，还要受到大气中氧、臭氧、水蒸气和二氧化碳的吸收。反射和吸收使到达地球表面的太阳辐射强度显著减弱，而且还会改变辐射的方向和辐射光谱的分布，图 3-4 给出了大气层上界和海平面上的辐射光谱分布。计算表明，被大气层反射回宇宙的太阳辐射功率约为 $5.2\times 10^{16}W$，约占到达地球大气层太阳辐射总功率的 30%。被大气所吸收的太阳辐射功率约为 $4.0\times 10^{16}W$，约占到达地球大气层太阳辐射总功率的 23%。因此，能够穿透大气层到达地球表面的太阳辐射功率约为 $8.1\times 10^{16}W$，约占到达地球大气层太阳辐射总功率的 47%。

此外，由于地球表面上海洋面积约占 79%，所以到达地球表面陆地上的太阳辐射功率大约只有 $1.7\times 10^{16}W$。除去陆地上存在的山区、沙漠和森林、江河湖泊以外，实际到达人类居住区域的太阳辐射功率估计为 $7\times 10^{15}\sim 10\times 10^{15}W$，也就是说只占到达地球大气层太阳

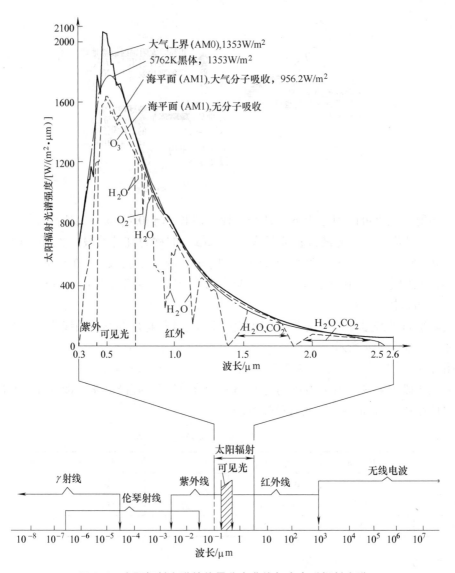

图3-4 太阳辐射光谱的能量分布曲线与全电磁辐射光谱

辐射总功率的5%~6%。但是从绝对值来看，它比目前人类每年所用的各种类型的能源总和还要大得多！

　　应当指出，实际到达地面的太阳辐射中，包含了太阳的直接辐射和经过地球大气反射、散射后的太阳辐射，所以实际到达地面的太阳辐射功率比上述的估算要高一些。

　　到达地面的太阳辐射强度还受到大气层厚度的影响。大气层越厚，到达地面的太阳辐射量越少。此外，大气层的状态和大气质量也会对到达地面的太阳辐射强度产生影响。

3.1.5 大气质量与大气透明度

　　"大气质量"（AM）的定义如图3-5所示。设 A 为地球表面海平面上的一点。当太阳在天顶位置 S 时，太阳垂直入射，太阳辐射穿过大气层到达 A 点的路径为 OA。当太阳位于任

一位置 S' 时，其穿过大气层到达 A 点的路径为 $O'A$。大气质量的定义为两者之比，即

$$AM = \frac{O'A}{OA} \tag{3-2}$$

设定在 1atm 和 0℃，海平面上太阳垂直入射，此时的大气质量 AM = 1，简记为 AM1。

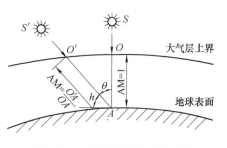

图 3-5　大气质量的计算示意图

定义太阳的高度角为太阳辐射到达海平面 A 点的入射线和海平面 A 点切线方向的夹角 h，则有

$$\sin h = \frac{1}{AM} \tag{3-3}$$

上式，当 $h = 90°$ 时，AM = 1；当 $h = 30°$ 时，AM = 2。

地面上任一点太阳辐射强度 I 的定义为单位时间单位面积上所入射的太阳辐射功率，单位为 $[W/m^2]$。太阳辐射强度可由下式计算

$$I = I_0 \sin h = I_0 / AM \tag{3-4}$$

式中，I_0 为大气质量为 AM1 的海平面上的太阳辐射强度。显然，到达地球表面任意一点的太阳辐射强度与该点的大气质量成反比。大气质量越大，到达该点的太阳辐射强度越小。

太阳辐射强度除了与大气质量有关外，大气中含有的各种气体和固体尘埃都会影响太阳光的透过量。若定义 P 为大气透明度，则有下列关系：

当大气质量为 m（$m = AM$）时，太阳直接辐射强度

$$I = I_0 P_m = I_0 P_1^m \tag{3-5}$$

式中，P_1 为大气质量为 1 时的大气透明度，P_m 为大气质量为 m 时的大气透明度。P_1 值越大，大气越透明。P_1 值永远小于 1，一般在 0.3 ~ 0.85 之间。0.85 相当于大气最清净时的透明程度。城市里空气污染较重，因此 P_1 值较小。

P_1 可按照天气的好坏进行选取，最好的晴天可取 $P_1 = 0.85$；一般的晴天取 $P_1 = 0.65$；较差的晴天取 $P_1 = 0.532$。P_1 还和海拔高度有关，海拔高，P_1 大；海拔低，P_1 小。因此高原地区光照好。

3.1.6　我国的太阳能资源及分布

我国地处北半球，南起北纬 4° 的曾母暗沙，北至北纬 52°32′ 的漠河以北黑龙江中心航道，太阳能资源十分丰富。资料表明，我国各地太阳辐射的年总量约为 $3.3 \times 10^9 \sim 8.4 \times 10^9 J/(m^2 \cdot a)$。全国总面积 2/3 以上地区年日照时数大于 2200h。我国西藏、青海、新疆、甘肃、宁夏、内蒙古的太阳总辐射量和日照时数均为全国最高，属世界上太阳能资源丰富地区。四川盆地、两湖流域、秦巴山地是太阳能资源低值区；我国东部、南部及东北为太阳能资源中等区。我国太阳能资源南低北高、东低西高的原因主要是由大气云量以及山脉分布的

影响所造成，与通常随纬度变化的规律并不一致。表3-3给出了我国太阳能资源的地区分类概况。

表3-3 我国太阳能资源分类概况

地区类别	全年日照时数/h	每平方米地面所接受的太阳辐射年总量/($\times 10^8$ J)	主要包括的省份和地区
一	2800～3300	67.2～84.0	宁夏北部、甘肃北部、新疆东部、青海西部和西藏西部
二	3000～3200	58.8～67.2	河北北部、山西北部、内蒙古和宁夏南部、甘肃中部、青海东部、西藏东南部和新疆南部
三	2200～3000	50.4～58.8	山东、河南、河北东南部、山西南部、新疆北部、吉林、辽宁、云南、陕西北部、甘肃东南部、广东和福建的南部、江苏和安徽的北部、北京
四	1400～2200	42.0～50.4	湖北、湖南、江西、浙江、广西、广东北部、黑龙江以及陕西、江苏和安徽三省的南部
五	1000～1400	33.6～42.0	四川和贵州两省

3.2 地面太阳辐射的接收和传递

3.2.1 太阳辐射的入射角

由于太阳辐射强度与太阳光线投射到地面或集热面上的角度有关，利用太阳能时必须了解太阳光线与地面或集热面之间夹角的关系，如图3-6所示。图中 h 为太阳高度角，θ 为太阳入射角，γ_s 和 γ_c 分别为太阳和集热器的方位角。其中方位角 γ_s 上午为负，下午为正。对于非跟踪型太阳集热器，一般都朝正南放置，因此集热器的方位角 $\gamma_c = 0$。下面给出两个最重要的角度——太阳高度角 h 和太阳入射角 θ 的计算公式。

1. 太阳高度角 h

上节已经给出太阳高度角 h 的定义。地面上任一点任一时刻的太阳高度角可按下式计算

$$\sin h = \sin\psi\sin\delta + \cos\psi\cos\delta\cos\omega \tag{3-6}$$

式中，ψ 为当地的纬度角；ω 为时角。若设定太阳在正午12时 ω 为0°，则 ω 由下式计算

$$\omega = 15° \times (n - 12) \tag{3-7}$$

式中，n 为一天24h的时间数。显然，每小时的时角为15°，即地球每小时自转15°。

δ 为赤纬角。赤纬角的定义为正午时太阳—地球连线与地球赤道平面所夹的圆心角。当太阳垂直照射在地球赤道上时，赤纬角为 $\delta = 0°$。从赤道向北，δ 取正值，向南取负值。地球绕太阳运行时，地面上每一点的太阳照射每天都在变化，因此一年中赤纬角 δ 也是每日每时都在变化，其变化范围为

$$23°27'（夏至日）\geqslant \delta \geqslant -23°27'（冬至日）$$

太阳赤纬角可由下式计算

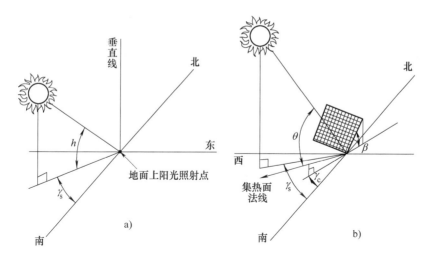

图 3-6 太阳光线与地面和集热面的角度关系

a）太阳光线和地面的角度关系 b）太阳光线和集热面的角度关系

$$\delta \approx 23.45° \times \sin\left[360\frac{284+D}{365}\right] \tag{3-8}$$

式中，D 为一年的第几天。赤纬角也可以由图 3-7 查出。

2. 太阳入射角 θ

如图 3-6b 所示，定义太阳入射角 θ 为太阳光线与被照射的平面法线之间的夹角（在图 3-5 中入射角与天顶角重合）。将式（3-4）推广到倾斜平面，则该平面上太阳辐射强度与太阳入射角之间存在以下关系

$$I = I_0\cos\theta \tag{3-9}$$

因此，计算出集热器平面的太阳入射角 θ 随地域和时间的变化，对于充分利用太阳能具有重要意义。

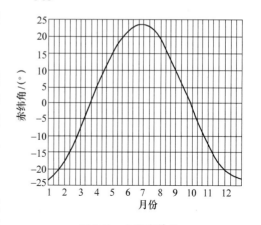

图 3-7 太阳赤纬角

已知纬度、赤纬和时角，可以按下式计算出地面上某水平面上逐时的太阳入射角 θ

$$\cos\theta = \sin\psi\sin\delta + \cos\psi\cos\delta\cos\omega \tag{3-10}$$

为了接受更多的太阳能，在北半球实际太阳能集热面都是朝南倾斜的，在春天和秋天，如果集热面倾角等于地球的纬度角，则太阳辐射正好与集热面垂直。一般说来在夏季，集热面要更水平一些；在冬季，则要更垂直一些。这样可以多接受太阳辐射。

若集热面朝向正南，与水平面的倾角为 β，则该斜面上太阳辐射的入射角 θ（太阳射线与斜面法线的夹角）由下式计算

$$\cos\theta = \sin(\psi-\beta)\sin\delta + \cos(\psi-\beta)\cos\delta\cos\omega \tag{3-11}$$

在正午，$\omega = 0$，太阳入射角为

$$\theta = \psi - \beta - \delta$$

由于高度角和大气状况的影响，地球上不同地区、不同季节和不同气象条件下到达地面的太阳辐射强度都是不同的。根据测定，地球上热带沙漠地区全年平均太阳辐射强度为 210 ~ 250W/m²，温带地区为 130 ~ 210W/m²，高纬度寒冷地区为 80 ~ 130W/m²。

【例 3-1】 试求南京地区大暑日（7 月 23 日）12 时和 18 时的太阳高度角。

【解】 南京地区纬度角 $\psi = 32°0'$，大暑日的太阳赤纬角 $\delta = 20°12'$，时角 $\omega = 0°$。12 时的太阳高度角为

$$\sin h = \sin\psi\sin\delta + \cos\psi\cos\delta\cos\omega$$
$$= \cos(\psi - \delta) = \sin[90° - (\psi - \delta)]$$
$$h = 90° - (\psi - \delta) = 90° - 32° + 20°12' = 78°12'$$

18 时的太阳高度角为

$$\sin h = \sin32°\sin20°12' + \cos32°\cos20°12'\cos\omega$$
$$\cos\omega = \cos[15° \times (18 - 12)] = 0$$
$$\sin h = \sin32°\sin20°12' = 0.183 \qquad h = 10°32'$$

【例 3-2】 计算南京地区某平房朝南屋顶屋檐的突出长度，以保证在每年 12 月 30 日中午，屋檐对入射窗玻璃的阳光不发生遮挡。屋檐和玻璃的布置如图 3-8 所示。已知玻璃窗顶部距屋檐的距离 $S = 0.5m$。

【解】 如图 3-8 所示，所求屋檐突出长度 L 满足下列几何关系

$$L = \frac{S}{\tan\alpha}$$

南京地区纬度角 $\Psi = 32°$，12 月 30 日的赤纬角为 $-23°10'$，则正午时太阳对水平面的入射角为 $\theta = 32° - (-23°10') = 55°10'$，$\alpha = 90° - 55°10' = 34°50'$，由此屋檐的突出长度应为

$$L = \frac{S}{\tan\alpha} = \frac{0.5m}{\tan34°50'} = \frac{0.5m}{0.696} = 0.719m$$

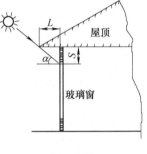

图 3-8

3.2.2 太阳辐射的测量和计算

太阳辐射到达地面集热面上的辐射量受诸多因素的影响：有天文、地理方面的因素，如太阳入射角、日地距离、地面的经纬度、海拔高度等；有大气方面的因素，如云量、大气组成和污染程度（指固体灰尘微粒、二氧化碳和氯氟烃等的含量）。由于影响因素太多且它们具有随机的特征，因此很难从理论上对太阳辐射量进行精确计算。工程上普遍采用的方法是：依靠仪器实测各地水平面上的月平均每日太阳总辐射量和小时平均总量，然后在大量实测统计的基础上，整理出一系列经验常数、系数和经验公式，再利用日地的几何关系，计算出集热面在不同时刻、不同方位上所接收到的太阳辐射量。

地面上太阳辐射强度可以用太阳辐射计测出。辐射计由黑白相间的金属薄片组成，薄片下面有一组串联的温差热电偶，在阳光照射下，黑色表面吸收几乎全部的太阳辐射，而白色

表面则反射可见光与近红外辐射。黑白表面形成的温差与太阳辐射强度成正比例。这样，通过测量温差电势的大小，就可以推算出太阳辐射强度。如果用特别的板遮住太阳光，也可以用它来测出天空对地的散射辐射。

实际到达地球表面的太阳辐射包含了来自太阳而不改变方向的直接太阳辐射和经过大气层散射后改变了方向的散射辐射。因此晴空太阳垂直入射时到达海平面上的总太阳辐射强度为

$$I_0 = I_{r0} + I_{d0} \tag{3-12}$$

式中，I_{r0} 是直接太阳辐射强度（W/m^2）；I_{d0} 是散射太阳辐射强度（W/m^2）。

当大气质量为 m、太阳入射角为 θ 时，到达地面水平集热面上的太阳总辐射强度为

$$I = (I_{r0}P_m + I_{d0}P_{md})\cos\theta \tag{3-13}$$

式中，P_m 是大气质量为 m 时直接太阳辐射的大气透明度；P_{md} 是大气质量为 m 时散射太阳辐射的大气透明度，可以按下式计算

$$P_{md} = 0.271 - 0.294P_m \tag{3-14}$$

地面上接收太阳辐射的集热面的方位设置以获得最多的太阳辐射为基本原则。要使全年接收到的太阳辐射能最多，不同季节、不同地区对集热面方位的设置是不一样的。如果在集热过程中方位（一般指集热面倾角 β）不可调节，则集热面应该根据天文、地理参数，设计出一个最佳倾角。实测数据表明，对于一个全年使用的固定位置集热面，其集热面的最佳倾角应接近或等于当地的纬度角 ψ；对于夏半年（春分到秋分）使用的集热面，取倾角 $\beta = \psi - (10° \sim 15°)$；对于冬半年（秋分到第二年春分）使用的集热面，取 $\beta = \psi + (10° \sim 15°)$。

3.2.3　太阳辐射的吸收和传递

1. 集热面上太阳辐射能的吸收

太阳辐射能以电磁波的形式从太阳表面到达地面上的集热面，部分辐射能被表面吸收，部分辐射能被反射，其余部分将透过物体。根据能量守恒定律有

$$\alpha + \beta + \tau = 1 \tag{3-15}$$

式中，α 为集热面对太阳辐射的吸收率；β 为集热面对太阳辐射的反射率；τ 为集热面对太阳辐射的透射率。

如果集热体不透明，也即太阳辐射不能透过物体，则

$$\alpha + \beta = 1 \tag{3-16}$$

另外，即使物体是透明的，也只能在一定的辐射波长范围内透过辐射，而在其他波长范围内不能透过辐射。例如，普通平板玻璃不能透过波长大于 $3\mu m$ 的太阳辐射。

如果集热面很光滑，如高度抛光的金属镜面，其粗糙度小于入射电磁波的波长时，可以将入射辐射完全反射出去，称为镜面反射，即 $\beta = 1$。

集热面受到太阳辐射以后，部分辐射能在集热体内部一个极短的距离内（$1 \sim 100\mu m$）就能被物体吸收并立即转变为热能，使物体温度升高，并增加集热面对外发射的热辐射。对于以实现太阳能热利用为目的的集热面，希望对太阳辐射的反射和透射以及集热面的对外辐射都越少越好，使大部分太阳辐射为集热面所吸收并转变为热能。提高集热面太阳辐射吸收

能力的方法通常有两种:

1) 在集热面上覆盖深色的具有高吸收率的吸收涂层。目前工程上常用的涂层有非选择性吸收涂层(涂层的光学特性与波长无关)和选择性吸收涂层(涂层的光学特性与波长有关)两类。太阳辐射可以近似认为是6000K的黑体辐射,约99%的太阳辐射集中在0.3~3μm的波长范围内。集热面的温度一般为400~1000K,其辐射波长主要集中在2~30μm范围内。因此,采用对不同波长有不同辐射和吸收特性的选择性涂层,即采用既有高的太阳辐射吸收率又有低的红外发射率的涂层,就可以在保证尽可能多吸收太阳辐射的同时,又尽量减小集热面自身的辐射能损失。

2) 改变集热面的形状和结构。例如采用V形槽式集热面和透明蜂窝结构的集热面,利用它们的多次反射和吸收特性,减少对太阳辐射的反射,可以大大提高对太阳辐射的吸收率。

2. 太阳辐射能的传递

太阳辐射在集热体内转变为热能以后,一般需要通过传热工质以对流和传导的方式将热量转递到用户。工质可以是液体,如水和油,也可以是气体。工质在与集热面紧密接触的窄缝空间或管道中,以自然对流或强制对流的方式将热量传递出去。当集热面吸收的太阳辐射能与工质传递出去的热量以及所有传递过程的热损失达到平衡时,集热面和其他相关部件的温度维持恒定,形成一个稳态的传热过程,这时可以用各种稳态传热公式进行各类传热计算。

由于地面接受到的太阳辐射具有瞬态特性且受到外界多种因素的影响,这种稳态传热过程仅仅是理论上的,太阳辐射的吸收和传递过程实际上是一个随时间变化的复杂的非稳态过程。工程上为了简化计算,可以把时间分隔成一个个短的时段,在每个时段内,温度的变化不大,就可以用稳态传热的公式进行设计和计算,所得结果和实际工况相差不大。下面通过两个典型算例,来说明集热器内常用的热量传递的计算方法。

【例3-3】 有一平行平板太阳能空气集热器,空气流道宽 $W = 1\text{m}$,长 $L = 2\text{m}$,流道厚度 $\delta = 15\text{mm}$,空气质量流量为 $m = 0.03\text{kg/s}$。假定集热平板的平均温度为60℃,另一平板为绝热面。进出口空气的平均温度为35℃,计算该集热器单位时间所吸收的太阳辐射能。

【解】 为计算空气吸收的太阳辐射能,需计算出空气的表面传热系数。35℃空气的黏度为 $1.88 \times 10^{-5}\text{kg/(m·s)}$,导热系数为 0.027W/(m·K)。平行平板通道的水力直径 D_h 为板间距的两倍。

空气流动的雷诺数 Re 可按单位宽度上的流量计算。即

$$Re = \frac{\rho v D_\text{h}}{\mu} = \frac{2m}{W\mu} = \frac{2 \times 0.03}{1 \times 1.88 \times 10^{-5}} = 3200\,(\text{属湍流流动})$$

平行平板间空气湍流对流换热的努塞尔数 Nu 可由 Kays 公式计算

$$Nu = 0.0158 Re^{0.8} = 0.0158 \times (3200)^{0.8} = 10.1$$

空气表面传热系数 $h = \dfrac{Nu \cdot k}{D_\text{h}} = \dfrac{10.1 \times 0.027}{0.03}\text{W/(m}^2\text{·K)} = 9\text{W/(m}^2\text{·K)}$

空气从平板集热器单位时间所吸收的太阳辐射能为

$$P = h(T_W - T_a)LW = [9 \times (60 - 35) \times 1 \times 2]J/s = 450J/s$$

【例 3-4】　一翼管式太阳能集热器由 15 根铜翼管组成，铜管内径为 $D = 10mm$，集热管长 $L = 3m$，集热工质为水。假定集热管内平均水温为 50℃，集热管平均壁温为 70℃，集热器总水流量为 0.075kg/s。计算单位时间内水流过该集热器所吸收的太阳辐射能。

【解】　50℃水的黏度为 5.49×10^{-4} kg/(m·s)，导热系数为 0.65W/(m·K)，普朗特数为 3.54；70℃水的黏度为 4.06×10^{-4} kg/(m·s)。

每根吸热管的水流量 $m = \dfrac{0.075}{15}$kg/s $= 0.005$kg/s

管内水流的雷诺数 $Re = \dfrac{\rho v D}{\mu} = \dfrac{4m}{\pi D \mu} = \dfrac{4 \times 0.005}{\pi \times 0.01 \times 5.49 \times 10^{-4}} = 1160$ （层流）

短管内层流换热的努塞尔数 Nu 可由齐德-泰特公式计算。即

$$Nu = 1.86\left(\frac{Re_f Pr_f}{L/D}\right)^{0.33}\left(\frac{\mu_f}{\mu_W}\right)^{0.14} = 1.86 \times \left(\frac{1160 \times 3.54}{3/0.01}\right)^{1/3} \times \left(\frac{5.49}{4.06}\right)^{0.14} = 4.63$$

管内水流的表面传热系数为 $h = \dfrac{Nu \cdot k}{D} = \dfrac{4.63 \times 0.65}{0.01}$W/(m²·K) $= 301$W/(m²·K)

单位时间水通过集热器（$N = 15$ 根铜管）所吸收的总太阳辐射能为

$$P = Nh(T_W - T_f)\pi DL = [15 \times 301 \times (70 - 50) \times 3.14 \times 0.01 \times 3]J/s = 8506J/s$$

3.3　平板型太阳能集热器

3.3.1　太阳能集热器的分类

根据集热方式的不同，目前使用的太阳能集热器可以分成两类：一类是平板型集热器。这类集热器接收太阳辐射的面积和吸热体的面积相等。由于太阳辐射强度相对较小，因此为了接收较多的太阳能，需要很大的集热面积，这类集热器的工作温度较低。另一类是聚焦型集热器。这类集热器通过采用聚焦器，将太阳辐射聚集到较小的集热面上，从而可以获得相当高的集热温度和能流密度。这类集热器结构较复杂，造价较高。

根据集热器所能达到的温度水平，太阳能集热器又可分成低温集热器（≤100℃）、中温集热器（100~500℃）和高温集热器（>500℃）三类。

太阳能集热器大致可分为六种基本类型，如图 3-9 所示。以下将重点介绍平板型太阳能集热器的基本原理、结构和有关的热工计算方法。

3.3.2　平板型集热器的基本结构

平板型集热器是一种利用吸热平板直接吸收太阳辐射能的集热器。它结构简单，应用广泛。平板集热器主要由集热板、透明盖板、隔热层和外壳几部分所组成，如图 3-10 所示。在吸热板上（或上、下方）有工作介质的流道。用于平板型集热器的介质可以是液体，也可以是气体。

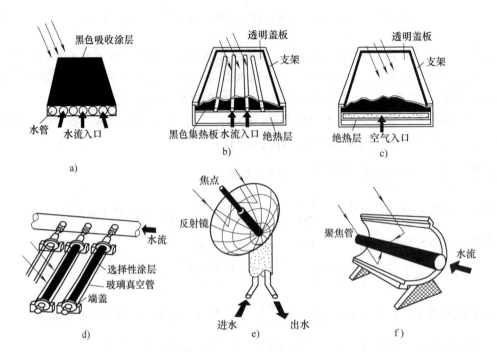

图 3-9 太阳能集热器的基本类型

a）直晒式平板集热器，温升 0～10℃ b）透明盖板式集热器（水），温升 0～50℃

c）透明盖板集热器（空气），温升 0～50℃ d）真空管集热器，温升 10～150℃

e）点聚焦集热器，温升＞100℃ f）线聚焦集热器，温升 50～150℃

（1）集热板 集热板的作用是吸收太阳辐射，把收集到的太阳能转变为热能。并通过被加热的工作介质将热能传送到需要用热的用户处。对集热板的技术要求有：

1）可以最大限度地吸收太阳辐射。

2）传热性能好，可以将吸收太阳辐射所产生的热能高效地传递给工作介质。

3）有好的力学和耐腐蚀性能。

4）加工简单，造价低。

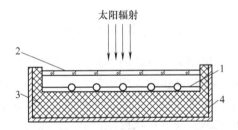

图 3-10 平板型集热器的结构示意图

1—集热板 2—透明盖板 3—隔热层 4—外壳

常用的制作集热板的材料有铜、铝合金、镀锌铜、铜铝复合板、不锈钢和塑料等。集热板上布置有工作介质通过的排管和集管，常用的集热板有管板式、翼管式、扁盒式和蛇管式四种，如图 3-11 所示。

（2）选择性吸收涂层 为了提高集热板吸收太阳辐射的能力，在集热板上都覆盖着一层黑色涂层，称为太阳能吸收涂层。选择性涂层是专门针对太阳辐射的一种高效吸收涂层，是由以色列学者泰伯（Tabor）于 20 世纪 50 年代首次提出的，这一研究是太阳能热利用的重大突破，目前已获得广泛应用。选择性涂层对于太阳短波辐射具有高的吸收率，而对于长波辐射则吸收率很低，从而保证尽可能多地吸收太阳辐射并减少集热板向环境的辐射损失。

选择性涂层通常为多层膜结构，包括红外反射底层、吸收层和上部的减反射层等。厚度一般在可见光的波长范围，即 0.5μm 左右。选择性涂层可以用喷涂、化学、电化学、真空镀膜、磁控溅射等方法来制备。各种方法制备的涂层对太阳辐射的吸收率都在 0.9 以上，红外发射率差别较大。一般用喷涂方法制备的硫化铅、氧化铁、铁锰铜氧化物涂层的发射率为 0.3 ~ 0.5；用化学和电化学制备的氧化铜、氧化铁涂层的发射率为 0.18 ~ 0.32；用电化学制备的黑铬、黑镍和铝阳极化涂层的发射率为 0.08 ~ 0.2；用真空镀膜制备的黑铬、黑镍和硫化铅涂层的发射率约为 0.05 ~ 0.12。更好的是用磁控溅射法制备的铝氮铝涂层，其发射率只有 0.04 ~ 0.09。

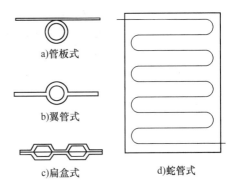

图 3-11　集热板结构示意图

磁控溅射法制备铝-氮/铝涂层，可在大面积基片上快速均匀地沉积薄膜。其特点是在制备过程中通过控制反应气体的不同流量，可连续在基片上沉积红外反射底层、吸收层和减反射层。涂层吸收率大于 0.93，发射率小于 0.1，具有良好的高温稳定性。这种方法在目前的全玻璃真空集热管和热管真空集热管中发挥着重要的作用。

（3）透明盖板　透明盖板是平板型集热器的重要部件。它的主要功能有三个：透过太阳辐射，保护集热板不受外界灰尘和雨雪侵蚀，形成温室效应。对透明盖板材料的要求有：太阳辐射的透射率高，红外辐射的透射率低，导热性差和耐蚀耐冲击性能好。常用透明材料的光学特性如表 3-4 所示。

表 3-4　常用透明材料的光学特性

材　　料	厚度/mm	太阳光透射率	长波红外透射率
浮法玻璃	3.9	0.83	0.02
低铁玻璃	3.2	0.9	0.02
有机玻璃	3.1	0.82	0.02
聚酯薄膜	0.1	0.87	0.18

目前，用作透明盖板的材料有：①平板玻璃，它具有红外辐射透射率低，导热性能差和耐蚀性能好等优点，但耐冲击性能较差；好的平板玻璃的透射率已达到 0.9 ~ 0.91；②玻璃钢板，它是一种玻璃纤维增强型塑料板，具有太阳透射率高，导热性差，冲击强度高且易加工等特点，但红外透射率较高，耐蚀性也较差。透明盖板一般只需要使用单层，但对于工作温度较高的场合和环境温度较低的北方，也可以使用双层。

透明蜂窝是 20 世纪 70 年代开始发展的一种新型透明隔热材料。它既能透过太阳辐射又具有优良的隔热性能。一般用聚碳酸酯薄膜（PC），氟化乙丙稀薄膜（FEP），聚氯乙烯和薄壁玻璃管制成。其基本的结构有三种，即多边形、V 形和毛细管形，如图 3-12 所示。其中以聚碳酸酯制成的多边形蜂窝性能最好，但制作难度较大。

透明蜂窝的结构类似蜂窝，但壁面用透明材料制成，所以它能够透过太阳辐射。一般太

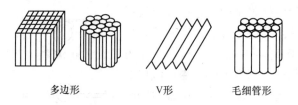

多边形　　　　V形　　　　毛细管形

图 3-12　透明蜂窝的基本结构

阳光是经过多次投射后最终到达蜂窝的底部，如图 3-13 所示。

蜂窝在太阳辐射入射角为 θ 时的总透过率 $T(\theta)$ 可按下式计算

$$T(\theta) = (1 - f)\tau^R \tag{3-17}$$

式中，τ 为蜂窝壁材料的透射率；f 为蜂窝壁的横截面积与蜂窝孔的横截面积之比，$f = 2t/D$；t 为蜂窝壁厚度；D 为蜂窝孔的水力直径；R 为光线透过蜂窝壁的次数，$R = \dfrac{L}{D}\tan\theta$，$\dfrac{L}{D}$ 为蜂窝的高宽比。

由式（3-17）可知，透明蜂窝的总透过率与太阳光的入射角，材料的总透射率和蜂窝的尺度有关。例如，以色列生产的 PC 蜂窝，在 $L = 50\text{mm}$，$D = 4.5\text{mm}$ 的条件下，太阳辐射的透过率分别为 0.9（$\theta = 0°$），0.8（$\theta = 20°$），0.6（$\theta = 40°$），0.3（$\theta = 60°$）。

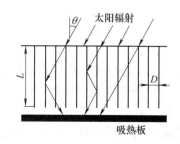

图 3-13　太阳光通过透明蜂窝的透射

另一方面，由于蜂窝将空间分隔成一个个小室，大大抑止了其间的空气自然对流。研究表明，当蜂窝孔的水力直径小于 10mm，高宽比大于 6 时，自然对流过程可以完全被抑止。同时，蜂窝能抑止集热板对环境的长波辐射，因此蜂窝具有优良的隔热性能。例如，采用普通玻璃盖板的平板集热器，热损系数达到 8W/（$\text{m}^2 \cdot \text{K}$）；而采用透明蜂窝的平板集热器，其热损系数只有 1 ～ 1.5W/（$\text{m}^2 \cdot \text{K}$）。图 3-14 是一种采用透明蜂窝的改进型平板集热器及其效率与其他类型集热器的比较（Rommel，1989）。由图可见，在较高温度下（> 105℃），透明蜂窝集热器的

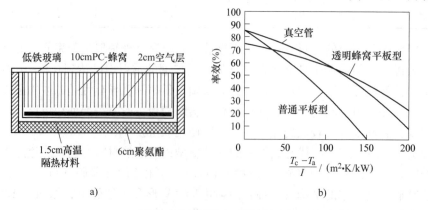

图 3-14　一种带透明蜂窝的改进型太阳能平板集热器

a）集热器剖面图　b）几种类型集热器热效率的比较

效率优于真空管集热器。

（4）隔热层与外壳　隔热层的作用是减少集热板向周围环境的散热。因此，隔热层的材料要求保温性能好，性能稳定，不易挥发和老化，不产生有害气体，价格低。一般常用岩棉、矿棉、聚氨酯泡沫和聚苯乙烯等材料制成。

外壳的作用是固定集热器、透明盖板和隔热层，对集热器起保护作用，常采用铝合金、不锈钢或玻璃钢制造。

3.3.3　平板型集热器的能量方程

下面以翼管式集热板为例，对集热板的传热过程进行分析。

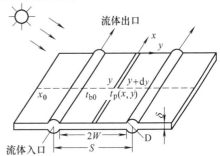

图 3-15 所示是翼管式集热板的近似传热模型。太阳辐射照射在集热板表面上集热板吸收的辐射强度为 $(\tau\alpha)_e I$，集热器总热损失系数为 U_L，其定义见式（3-26）和式（3-27）。冷却流体通过管道吸收热量，环境温度 t_a 维持为常数。为了简化传热分析，假定沿集热板方向的导热可以忽略不计，材料的导热系数 λ 和与环境的换热系数为常数。集热板厚度为 δ，两相邻冷却流体管道之间的距离为 $2W$，流体通道直径为 D，集热板温度为 t_p。

图 3-15　集热板传热模型

沿 x 方向单位长度微元体的能量平衡为

$$(\tau\alpha)_e I \mathrm{d}y - U_L(t_p - t_a)\mathrm{d}y + \left(-\lambda\delta\frac{\mathrm{d}t_p}{\mathrm{d}y}\Big|_{y,x_0}\right) - \left(-\lambda\delta\frac{\mathrm{d}t_p}{\mathrm{d}y}\Big|_{y+\mathrm{d}y,x_0}\right) = 0$$

因为 $\dfrac{\mathrm{d}t_p}{\mathrm{d}y}\Big|_{y+\mathrm{d}y,x_0} = \dfrac{\mathrm{d}t_p}{\mathrm{d}y}\Big|_{y,x_0} + \left(\dfrac{\mathrm{d}^2 t_p}{\mathrm{d}y^2}\right)\mathrm{d}y$，所以上式可化简为

$$\frac{\mathrm{d}^2 t_p}{\mathrm{d}y^2} = \frac{U_L}{\lambda\delta}\left[t_p - \left(t_a + \frac{(\tau\alpha)_e I}{U_L}\right)\right] \tag{3-18}$$

边界条件为

$y = 0$（在两管的中部），$\dfrac{\mathrm{d}t_p}{\mathrm{d}y} = 0$

$y = W = (S - D)/2$，$t_p = t_{b0}$（肋片根部温度）

令 $m^2 = U_L/\lambda\delta$，$\Phi = t_p - [t_a + (\tau\alpha)_e I/U_L]$，式（3-18）变化为

$$\frac{\mathrm{d}^2\Phi}{\mathrm{d}y^2} = m^2\Phi \tag{3-19}$$

相应的边界条件变为

$$y = 0,\ \frac{\mathrm{d}\Phi}{\mathrm{d}y} = 0$$

$$y = W,\ \Phi = t_{b0} - \left[t_a + \frac{(\tau\alpha)_e I}{U_L}\right]$$

式（3-19）的通解为

$$\Phi = C_1 \sinh(my) + C_2 \cosh(my) \tag{3-20}$$

利用边界条件求出常数 C_1 和 C_2，最后得到板面的温度分布为

$$\frac{t_p - \left[t_a + \dfrac{(\tau\alpha)_e I}{U_L} \right]}{t_{b0} - \left[t_a + \dfrac{(\tau\alpha)_e I}{U_L} \right]} = \frac{\cosh(my)}{\cosh(mW)} \tag{3-21}$$

集热板单侧肋片传递给冷却流体的热流密度为

$$q_{肋} = -\lambda\delta \frac{dt_p}{dy}\Big|_{y=W} = \frac{1}{m}\left[(\tau\alpha)_e I - U_L(t_{b0} - t_a)\tanh mW \right] \tag{3-22}$$

冷却流体从肋片得到的热流密度为

$$q = 2q_{肋} = 2W\left[(\tau\alpha)_e I - U_L(t_{b0} - t_a) \right] \frac{\tanh(mW)}{mW}$$

$$= 2W\eta_f\left[(\tau\alpha)_e I - U_L(t_{b0} - t_a) \right] \tag{3-23}$$

式中，$\eta_f = \dfrac{\tanh(mW)}{mW}$ 为肋片效率。当导热系数 $\lambda = \infty$ 时，肋片温度等于肋根温度，$\eta_f = 1$。

图 3-16 给出了肋片效率 η_f 随集热管几何参数的变化曲线。

考虑到通流管部分也受到太阳辐射，因此流体沿管道单位长度得到的总热流密度为

$$q_u = (D + 2W\eta_f)\left[(\tau\alpha)_e I - U_L(t_{b0} - t_a) \right] \tag{3-24}$$

整个平板集热器的等效热路如图 3-17 所示。根据能量守恒定律，在稳定状态下，集热器单位时间输出的热量 Q_U 应等于单位时间内集热板吸收的太阳辐射能 Q_A 减去集热器向环境散失的热量 Q_L，即

$$Q_U = Q_A - Q_L \tag{3-25}$$

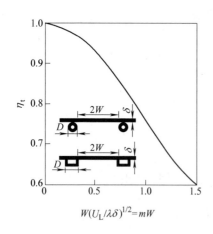

图 3-16　肋片效率随集热管
几何参数的变化

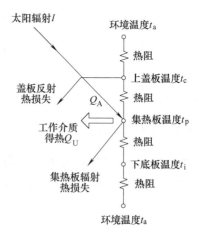

图 3-17　平板集热器的热路图

集热器在单位时间内吸收的太阳辐射能 Q_A 由下式计算

$$Q_A = AI(\tau\alpha)_e \tag{3-26}$$

式中，A 为集热板的有效面积（m^2）；I 为太阳辐射强度（W/m^2）；$(\tau\alpha)_e$ 为透明盖板的透射

率和集热板吸收率乘积的有效值。

集热器单位时间内向环境的散热量为

$$Q_L = AU_L(t_p - t_a) \tag{3-27}$$

式中，U_L 是集热器的总热损失系数 $[W/(m^2 \cdot ℃)]$；t_p 是集热板温度（℃）；t_a 是环境温度（℃）。

集热器单位时间通过工作介质输出的热量为

$$Q_U = AI(\tau\alpha)_e - AU_L(t_p - t_a) = \dot{m}c_f(t_i - t_e) \tag{3-28}$$

式中，$\dot{m}$ 为工作介质的质量流量（kg/s）；c_f 为工作介质比热容，$J/(kg \cdot ℃)$；t_i、t_e 分别为工作介质的进、出口温度。

集热器的总热损失系数 U_L 由下式计算（不计集热器底部热损失）

$$U_L = \left(\frac{1}{h_1} + \frac{1}{h_2} \right)^{-1} \tag{3-29}$$

式中，h_1、h_2 分别为集热板到盖板和盖板到环境的总表面传热系数，它们分别由下列公式计算

$$h_1 = h_{1c} + h_{1r} \tag{3-30}$$

表面传热系数

$$h_{1c} = Nu\frac{\lambda_f}{L} \tag{3-31}$$

式中，λ_f 为空气的导热系数 $[W/(m \cdot K)]$；L 为集热板到盖板的距离（m）；Nu 为空气夹层对流换热努塞尔数。

对倾斜角为 β 的平板集热器，根据 Holland 的计算，有

对于 $0 < \beta < 75°$，

$$Nu = 1 + 1.44\left[1 - \frac{1708}{Ra\cos\beta} \right]^+ \left(1 - \frac{\sin(1.8\beta)^{1.6}1708}{Ra\cos\beta} \right) + \left[\left(\frac{Ra\cos\beta}{5830} \right)^{\frac{1}{3}} - 1 \right]^+ \tag{3-32}$$

式中方括号的指数"+"表示方括号内须为正数，若为负值时，该方括号内的值取为零。

对于 $75° \leqslant \beta \leqslant 90°$，

$$Nu = \left[1, 0.288\left(\frac{\sin\beta\ Ra}{A} \right)^{\frac{1}{4}}, 0.039(\sin\beta\ Ra)^{\frac{1}{3}} \right]_{max} \tag{3-33}$$

式中，下标 max 表示取三个计算值中的最大值。Ra 为瑞利数，$Ra = Gr\ Pr = \dfrac{g\Delta TL^3}{Tva}$。

式中，T 为空气的平均温度（K）；ΔT 为集热板和盖板之间的温差 $\Delta T = T_p - T_g$（K）；v、a 分别为空气的运动黏度和热扩散率（m^2/s）。

辐射换热系数

$$h_{1r} = \left[\frac{1}{\varepsilon_p} + \frac{1}{\varepsilon_g} - 1 \right]^{-1} \sigma \frac{(T_p^4 - T_g^4)}{(T_p - T_g)} \tag{3-34}$$

$$h_2 = h_{2c} + h_{2r} \tag{3-35}$$

表面传热系数（Watmuff 等，1977）

$$h_{2c} = 2.8 + 3.0v \tag{3-36}$$

式中，v 为环境风速（m/s）。

辐射换热系数
$$h_{2r} = \varepsilon_g \sigma \frac{(T_g^4 - T_s^4)}{(T_g - T_a)}$$

式中，T_s 为天空温度，$T_s = T_a - 6$，T_a 是环境温度（K）。

在计算热损失系数 U_L 时，由于盖板温度 T_g 是一个未知数，所以需要进行迭代计算。先假定一个 T_g，然后按上述各式计算 U_L，算出 U_L 后再计算 T_g。如果与假定的 T_g 不相符，用新的 T_g 再进行下一轮迭代，直至计算出的 T_g 和设定的 T_g 相等为止。

如果考虑集热器底部的热损失 U_b，则总热损失系数 U_L 中还要加上 U_b。一般 U_b 可由下式计算

$$U_b \approx \frac{\lambda_i}{L_i} \tag{3-37}$$

式中，λ_i、L_i 分别为底部绝热层的导热系数和厚度。

【例 3-5】 试计算某一平板集热器的热损失系数 U_L。已知集热板到玻璃盖板的距离为 0.025m，集热板的发射率 ε_p 为 0.95，玻璃盖板的发射率 ε_g 为 0.88，集热器倾斜角为 45°，盖板与环境之间的表面传热系数为 10W/($m^2 \cdot \text{℃}$)，环境温度 16℃，集热板的平均温度为 100℃。

【解】 假定 $t_g = 35℃$，天空温度设为 $t_s = t_a - 6 = 10℃$

$$h_{1r} = \left[\frac{1}{0.95} + \frac{1}{0.88} - 1 \right]^{-1} \times 5.6 \times 10^{-8} \times$$

$$\frac{((100 + 273)^4 - (35 + 273)^4)}{(100 - 35)} W/(m^2 \cdot \text{℃}) = 7.496 W/(m^2 \cdot \text{℃})$$

$$h_{2r} = 0.88 \times 5.6 \times 10^{-8} \times \frac{(35 + 273)^4 - (10 + 273)^4}{(35 - 16)} W/(m^2 \cdot \text{℃})$$

$$= 6.705 W/(m^2 \cdot \text{℃})$$

夹层空气的平均温度为 $\frac{1}{2}(t_g + t_p) = 67.5℃$，运动黏度 $\nu = 1.96 \times 10^{-5} m^2/s$，导热系数 $\lambda_f = 0.0293 W/(m \cdot \text{℃})$

$$Ra = GrPr = \frac{9.81 \times (100 - 35) \times 0.025^3 \times 0.7}{(273 + 67.5) \times (1.96 \times 10^{-5})^2} = 5.33 \times 10^4$$

由式 (3-32)，$Nu = 3.19$，$h_{1c} = Nu \frac{\lambda_f}{L} = 3.19 \frac{0.0293}{0.025} W/(m^2 \cdot \text{℃}) = 3.73 W/(m^2 \cdot \text{℃})$，则

$$U_L = \left(\frac{1}{7.496 + 3.73} + \frac{1}{6.705 + 10} \right)^{-1} W/(m^2 \cdot \text{℃}) = 6.714 W/(m^2 \cdot \text{℃})$$

$$t_g = 100 - \frac{6.714}{7.496 + 3.73} [100 - 16]℃ = 49.76℃$$

与假定值 $t_g = 35℃$ 不符。所以用 $t_g = 49.76℃$ 代入，重复上述计算，最后得到

$$U_L = 6.76 W/(m^2 \cdot \text{℃}), \quad t_g = 50.4℃$$

3.3.4　平板型集热器的效率

集热器效率的定义为在稳定工况下，集热器工作介质在单位时间内输出的热量和单位时间入射到集热器的太阳辐射能之比，即

$$\eta = \frac{Q_U}{AI} = \frac{\dot{m}c_f(t_i - t_e)}{AI} \tag{3-38}$$

由式 (3-38)

$$\eta = \frac{AI(\tau\alpha)_e - AU_L(t_p - t_a)}{AI}$$

$$= (\tau\alpha)_e - U_L\frac{(t_p - t_a)}{I} \tag{3-39}$$

通常，由于集热板温度不易测出，而集热器工作介质进出口温度易于测定，所以在上述效率公式中用集热器工质进出口的平均温度 $t_m = \dfrac{t_i + t_e}{2}$ 来代替集热板温度，再考虑一个修正因子 F（称为集热器效率因子）进行集热器效率的计算。集热器效率因子 F 的物理意义是，集热器输出的热量与假定整个集热板处于介质平均温度时输出热量之比。因此，式 (3-39) 变为

$$\eta = F\left[(\tau\alpha)_e - U_L\frac{(t_m - t_a)}{I}\right] \tag{3-40}$$

集热器效率也可以用集热器介质进口温度 t_i 代替 t_m，以消除由于太阳辐射随时间的变化而引起介质出口温度的波动所带来的不确定性。最终的集热器效率公式演变成

$$\eta = F_R\left[(\tau\alpha)_e - U_L\frac{t_i - t_a}{I}\right] \tag{3-41}$$

式中，F_R 称为集热器热转移因子，它与集热器结构有关，可由实验确定。

根据集热器效率方程——式 (3-39) 所绘的曲线称为集热器效率曲线。若假定集热器热损失系数为常数，则集热器效率曲线为一条直线，直线的斜率就是集热器的热损失系数 U_L，如图 3-18 所示。由图可见，集热器效率与集热温度、环境温度和太阳辐射强度有关，是一个变数。集热器工作温度越高，环境温度和太阳辐射强度越低，则集热器效率越低。所以同一台集热器在夏天的效率比冬天高。集热器的散热损失达到最大时，没有有用的热量输出，此时集热器效率为零，集热器温度达到最高温度 $t_{p,max}$，也称为闷晒温度，由下式计算

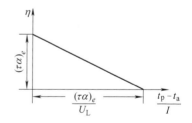

图 3-18　集热器的热损失系数

$$t_{p,max} = \frac{I(\tau\alpha)_e}{U_L} + t_a \tag{3-42}$$

3.3.5　集热器启动过程的不稳定传热

集热器启动时的不稳定传热过程对于分析集热器的运行特性有重要的作用。假定不考虑集热器底部的热损失，集热器中流体不发生流动，则集热板启动加热过程的能量平衡为

$$\overline{(mc_p)}\frac{\mathrm{d}t_p(\tau)}{\mathrm{d}\tau} = AI\alpha_e + AU_p\left[t_g(\tau) - t_p(\tau)\right] \tag{3-43}$$

式中，$(\overline{mc_p})$ 是集热板、流体和绝热层的总热容；t_g、t_p、U_p 分别为玻璃盖板和集热板的温度和它们之间的传热系数；α_e 是集热板的当量吸收系数；A 是集热板面积；τ 是时间。

玻璃盖板的能量平衡方程为

$$(\overline{mc_p})_g \frac{dt_g(\tau)}{d\tau} = A U_P[t_p(\tau) - t_g(\tau)] - A U_\infty[t_g(\tau) - t_a] \tag{3-44}$$

式中，U_∞ 是盖板和环境之间的传热系数；t_a 是环境温度。

在达到准稳态以后，可以认为盖板向外的热损失就等于集热器的热损失，所以

$$U_\infty[t_g(\tau) - t_a] = U_L[t_p(\tau) - t_a] \tag{3-45}$$

将上式微分后得

$$\frac{dt_g(\tau)}{d\tau} = \frac{U_L}{U_\infty} \frac{dt_p(\tau)}{d\tau} \tag{3-46}$$

将上式代入式（3-43）和式（3-44），并将两式相加，可得到集热板的温度方程为

$$\left[(\overline{mc_p}) + \frac{U_L}{U_\infty}(\overline{mc_p})_g \right] \frac{dt_p(\tau)}{d\tau} = [\alpha_e I - U_L(t_p(\tau) - t_a)]A \tag{3-47}$$

由此可解出集热板的温度随时间的变化为

$$t_p(\tau) - t_a = \frac{\alpha_e I}{U_L} - \left[\frac{\alpha_e I}{U_L} - (t_p(0) - t_a) \right] \exp\left[-\frac{U_L A \tau}{(\overline{mc_p}) + \frac{U_L}{U_\infty}(\overline{mc_p})_g} \right] \tag{3-48}$$

【例3-6】 试计算早上8点到10点平板集热器中集热板的温升。已知平板集热板尺寸为 $1\text{m} \times 2\text{m}$，玻璃盖板厚度为0.3cm，集热板、水和绝热层的热容分别为5kJ/K、3kJ/K 和 2kJ/K，玻璃盖板和环境之间的传热系数为 $8\text{W/(m}^2 \cdot \text{K)}$，集热器的热损失系数为 $6\text{W/(m}^2 \cdot \text{K)}$，集热器初始时处于环境温度。早上8点到9点的环境温度为0℃，9点到10点的环境温度为5℃。早上8点到9点集热板吸收太阳辐射为 90W/m^2，9点到10点吸收的太阳辐射为 180W/m^2。

【解】 玻璃盖板的热容为

$$(\overline{mc_p})_g = (\rho V c_p)_g = (2500 \times 1 \times 2 \times 0.003 \times 1)\text{kJ/K} = 15\text{kJ/K}$$

系统总热容 $(\overline{mc_p}) + \frac{U_p}{U_\infty}(\overline{mc_p})_g = \left(5 + 3 + 2 + \frac{6}{18} \times 15\right)\text{kJ/K} = 15.0\text{kJ/K}$

由式（3-48）计算集热板的温升

早上8点到9点，$t_p(8) = t_a = 0$℃，

$$t_p(9) - t_a = \frac{\alpha_e I}{U_L} - \left[\frac{\alpha_e I}{U_L} - (t_p(8) - t_a) \right] \exp\left[-\frac{U_L A \tau}{(\overline{mc_p}) + \frac{U_L}{U_\infty}(\overline{mc_p})_g} \right]$$

9点钟时集热板的温度为

$$t_p(9) = \frac{90}{6}\left[1 - \exp\left(-\frac{2 \times 6 \times 3600}{15.0 \times 10^3} \right) \right] = (15 \times 0.944)\text{℃} = 14.2\text{℃}$$

同理，10点钟时集热板温度为

$$t_p(10) = \left\{ 5 + \frac{180}{6} - \left[\frac{180}{6} - (14.2 - 5) \right] \times 0.056 \right\}\text{℃} = 33.83\text{℃}$$

3.4 真空管集热器与太阳能热水器

3.4.1 真空管集热器

为了减少平板集热器对环境的热损失，将集热板与盖板、侧壁与底板之间抽成真空，同时在结构上将集热板做成圆管形状，就变成了真空管集热器。真空管集热器按材料分，可分

成全玻璃真空管集热器和金属真空管集热器两类。目前，常用的是全玻璃真空管集热器。如图 3-19 所示，是一根全玻璃真空集热管的结构示意图。

全玻璃真空管结构上类似于暖水瓶胆，采用单端开口设计，由两根同心玻璃管烧结而成，内外管之间抽成真空，真空度为 $5 \times 10^{-2} \mathrm{Pa}$。内管外壁用磁控溅射工艺镀上

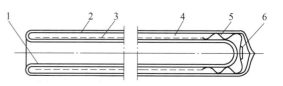

图 3-19 全玻璃真空集热管结构示意图
1—内玻璃管 2—外玻璃管 3—选择性吸收涂层
4—真空腔 5—弹簧支架 6—消气剂

选择性吸收涂层，常用铝-氮/铝涂层。为了使真空长期保持，在真空腔中放置一片钡-钛消气剂，并将它蒸散在抽真空封口一端的外玻璃管内表面，像镜面一样。它可以不断吸收集热管内释放出来的微量气体。一旦银色的镜面消失，说明真空集热管内的真空已被破坏。

每支真空集热管的热损失可由下式计算

$$q_{\mathrm{L}} = U_{\mathrm{L}}(T_{\mathrm{r}} - T_{\mathrm{a}}) \tag{3-49}$$

式中，U_{L} 是真空集热管的热损失系数；T_{r} 是真空集热管温度；T_{a} 是环境温度。

真空管的热损失由三部分组成：第一部分是集热管对保护玻璃套管的辐射热损失；第二部分为通过玻璃管的传导热损失；第三部分为集热管通过对流和辐射向环境的热损失。如用热阻来表示，则真空集热管的热阻由上述三种热阻组成，可表示为

$$\frac{1}{U_{\mathrm{L}}} = R_1 + R_2 + R_3 \tag{3-50}$$

三个热阻可分别用下列公式计算

$$\frac{1}{R_1} = \frac{\sigma(T_{\mathrm{r}} + T_{ei})(T_{\mathrm{r}}^2 + T_{ei}^2)}{\dfrac{1}{\varepsilon_{\mathrm{r}}} + \dfrac{1}{\varepsilon_e} - 1} \tag{3-51}$$

$$\frac{1}{R_2} = \frac{2\lambda}{D_{\mathrm{r}} \ln \dfrac{D_{eo}}{D_{ei}}} \tag{3-52}$$

$$\frac{1}{R_3} = h_c + \sigma \varepsilon_e (T_{eo} + T_{\mathrm{a}})(T_{eo}^2 + T_{\mathrm{a}}^2)\frac{D_{eo}}{D_{\mathrm{r}}} \tag{3-53}$$

式中，下标 e 和 r 分别表示保护套管和集热管的热物性；i 和 o 分别表示套管的内外表面；h_c 是套管与环境之间的表面传热系数 $[\mathrm{W/(m^2 \cdot K)}]$；$D_{\mathrm{r}}$、$D_e$ 分别是集热管和套管的直径（m）；T_{a} 是环境温度（K）；λ 是玻璃的导热系数 $[\mathrm{W/(m \cdot K)}]$。

真空集热管实际得到的热流密度为

$$q_u = (\tau\alpha)_e I - U_L(T_r - T_a) \tag{3-54}$$

使真空管集热器开始工作的最小太阳辐射为（$q_u = 0$）

$$I = \frac{U_L(T_r - T_a)}{(\tau\alpha)_e} \tag{3-55}$$

按国家标准《全玻璃真空太阳集热管》（GB/T 17049—2005），全玻璃真空集热管的平均热损失系数 $U_L \le 0.9 \text{W}/(\text{m}^2 \cdot \text{K})$，太阳辐射的透射比 $\tau \ge 0.89$，吸收比 $\alpha \ge 0.86$。计算集热器效率时集热管面积取集热管最大投影面积。实用的真空管集热器常由 8 ~ 20 根真空管并联组成。

热管式真空管集热器是一种结合热管的真空管集热器，它的基本结构如图 3-20 所示。

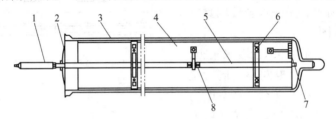

图 3-20　热管式真空集热管结构示意
1—热管冷凝段　2—金属封盖　3—玻璃管　4—金属吸热板
5—热管蒸发段　6—弹簧支架　7—蒸散型消气剂　8—非蒸散型消气剂

热管式真空管集热器的工作原理是：太阳辐射穿过玻璃外管后投射在有涂层的金属热管上。热管将热量传给与其紧密结合的热管蒸发段，供蒸发段内的工质汽化。工质蒸汽流向热管冷凝段被凝结，凝结放出的热量加热集热器的工作介质。凝结后的液体工质在重力或毛细力的作用下回流到热管蒸发段循环工作。常用的热管用铜管制成，工质有水和有机溶剂。

热管真空管集热器起动快、保温性能好，且由于真空管内不充满水，所以热管式真空管集热器可耐冰冻，可在极低温度下工作。

3.4.2　太阳能热水器

太阳能平板型集热器和真空管集热器主要用于生产热水，供用户使用。典型的全玻璃真空管热水器外形如图 3-21 所示。图 3-22 所示是一种采用透明蜂窝的整体式太阳能集热器。

图 3-21　典型的全玻璃真空管
热水器外形

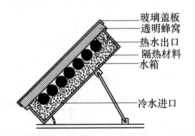

玻璃盖板
透明蜂窝
热水出口
隔热材料
水箱

冷水进口

图 3-22　一种采用透明蜂窝的整体式
太阳能集热器

集热器是太阳能热水器的主要组成部分。一般太阳能热水器由集热器、储热水箱、循环水泵和控制系统等主要部件组成。根据热水温度的不同，热水器可分为三类，它们是低温热水器（热水温度 ≤ 60℃）、中温热水器（热水温度 ≤ 100℃）和高温热水器（热水温度 ≤ 150℃）。低温和中温热水器主要作为民用生活热水和采暖，高温热水器用于采暖、制冷或发电。

集热器和储热水箱合二为一的称为闷晒式热水器。集热器和储热水箱分离的称为分立式热水器。

按热水流动方式，太阳能热水器还可以分为自然循环热水器，强制循环热水器和直流式三类。

图 3-23 所示是自然循环热水器系统。该热水器依靠集热器和蓄水箱中水温不同而产生的压力差来推动热水运动。水箱中较冷的水经集热器被加热后密度减小，在回路压差的推动下流入蓄热水箱。蓄热水箱中的热水被补给水箱中的自来水压头顶出，供热水用户使用。该系统要求蓄水箱必须置于集热器的上方，因此在布置上有一定的难度。自然循环热水器受蓄水箱容积的影响，一般只用作家用的小型热水器。

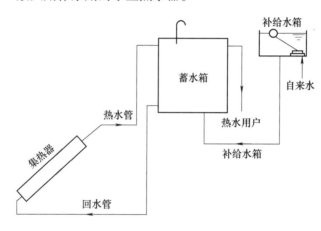

图 3-23　自然循环式热水器系统

图 3-24 所示是强制循环太阳能热水器系统。在强制循环热水器中，水循环是依靠泵来实现的。当集热器顶部的水温超过控制器设定的热水温度时，控制器起动水泵，将热水打入蓄水箱中；反之，泵停止工作。强制循环热水器中蓄水箱可随意灵活布置，不必高于集热器，因此适用于较大型的太阳能热水系统。

图 3-25 所示为直流式热水器系统。在直流式热水器中，水的运动直接依靠自来水的进水压力，故适用于自来水压力较高的地区。系统中蓄水箱可以灵活布置，便于和建筑结构复合。由于冷水直接进入集热器，所以产生热水的时间较短。

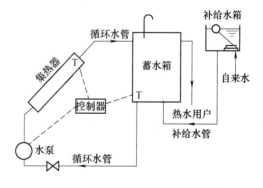

图 3-24　强制循环太阳能热水器系统

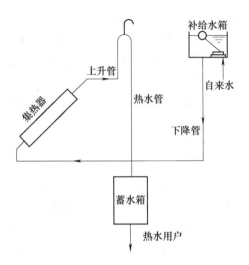

图 3-25　直流式热水器系统

3.5　太阳房

太阳房是一种直接利用太阳能进行采暖和空气调节的环保型节能建筑。它能使建筑物在一定程度上具有冬暖夏凉的功能。如果再与其他辅助能源相结合，可以使建筑物实现一年四季采暖空调的目标。

太阳房是人类利用太阳能的最早形式之一，已经有很长的历史。但是，对于太阳房有目的的科学研究和设计，直到 20 世纪 30 年代才开始。1931 年美国麻省理工学院建成了世界上第一座太阳能采暖房。之后，世界上陆续出现了各种类型的太阳房，功能也日趋完善，包括采暖、空调、热水和照明等。在各类太阳房中，绝大部分还是以采暖为主要目标。太阳房获取太阳能的最基本原理是温室效应。

温室效应

温室效应是太阳能热利用的物理基础。温室效应是指由于玻璃和透明材料对不同波长的电磁波具有选择性吸收和透过的能力所导致的热量积蓄的现象。玻璃和透明材料可以让波长较短的太阳辐射透过，而阻挡波长较长的热辐射。这样，用玻璃和透明材料为顶做成的温室，可以让太阳辐射进入温室内部，而室内的长波热辐射则被玻璃阻挡住。这样，进入温室的能量就大于从温室向外散发的能量，温室内的温度就会逐渐升高而大于环境温度。常用的透明材料的光学特性如表 3-4 所示。

地球大气层与玻璃温室有类似的效应，但物理过程并不一样。大气层温室效应是指大气中的二氧化碳、甲烷等温室气体对于短波辐射是透明的，但可以显著地吸收长波辐射（红外线），而太阳辐射的能量主要集中在可见光和波长更短的辐射，所以大气中的二氧化碳并不显著影响太阳对地球的辐射。而地球表面温度较低，它向太空的辐射几乎全部是红外辐射。大气中的二氧化碳可以吸收大部分地球向太空的红外辐射，大气被加热，其中部分热量又重新辐射回地面，从而产生了对地球的保温作用。近两百年来，科学家已经发现大气中的二氧化碳由于人类活动的影响而异乎寻常的增加，而地面温度也急剧上升，为此人们正在急迫地采取措施控制大气层的温室效应。

3.5.1　被动式太阳房

太阳房一般分为被动式和主动式两大类。下面先介绍被动式太阳房。

被动式太阳房是指仅仅依靠建筑物方位的合理布置，通过窗、墙和屋顶等建筑构件的专门设计以及选用性能优良的建筑材料，以自然交换的方式（辐射、对流和传导）来获取太阳能的一类建筑。

被动式太阳房以冬季能采暖，夏季可散热，达到冬暖夏凉为主要目标。这类太阳房不需要添置如水泵、管道等附加设备，因此构建方便，造价低，能节约常规能源，也不需要特殊的日常维护。它的不足之处是对太阳能的接收和利用效率低，因而建筑物的热工性能指标也较低。

按太阳能的采集方式，被动式太阳房主要有直接受益式、集热蓄热墙式、蓄热屋顶式、温室蓄热墙式和对流蓄热综合式五种基本类型，如图 3-26 所示。下面重点介绍最常见的前两种。

1. 直接受益式

直接受益式太阳房（图 3-26a）是最简单的一种被动式太阳房。它利用朝南的窗户（北半球）直接吸收入射的太阳光。在这种太阳房中，一般可以把朝南的窗户做大，或做成落地式大玻璃墙，增大太阳光的照射面积，同时围护结构具有较好的保温性能。室内墙壁、地板和家具都能吸收太阳能并将热量贮存起来。通过室内空气的对流、传导和墙壁、地板等的辐射，使冬季室内保持较高的温度。通过玻璃直接入射太阳能的能量平衡如图 3-27 所示。

2. 集热-蓄热墙式

1967 年法国科学家特朗伯设计了世界上最早的集热-蓄热墙（图 3-26b），后来常被称为特朗伯墙（Trombe wall）。特朗伯墙能较有效地吸收和储存太阳能。图 3-28 给出了特朗伯墙的基本结构和工作原理。其构造是在朝南向阳墙（集热墙）的外表面涂以深色的太阳辐射吸收涂层，并在离墙外表面约 10cm 处装上玻璃或透明塑料板以形成空气夹层，利用"温室效应"加热夹层中的空气，从而产生热压来驱动空气流动。图中分别给出了冬季和夏季不同的运行工况。在冬季，通过打开集热墙上、下两个通风口，形成空气循环来对室内空气加热。当需要新鲜空气或室外气温较合适时，也可打开玻璃下面的进风口，关闭集热墙下面的风口，使室外空气先加热后再流入室内。在夏季，打开玻璃墙上风口，利用夹层空气的流动来使室内通风散热。

3.5.2　特朗伯墙的传热过程计算

特朗伯墙的传热蓄热是一个较为复杂的复合过程。图 3-28c 为特朗伯墙的传热过程示意图。为了对它的传热过程进行定量的分析计算，作如下的简化假设：

1）室内温度恒定。
2）玻璃墙和集热墙的温度沿高度与宽度均匀一致。
3）忽略空气流动阻力。
4）不考虑玻璃墙与集热墙的热容量。

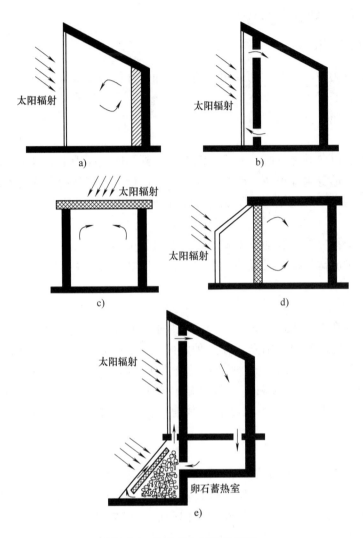

图 3-26   被动式太阳房的类型

a) 直接受益式   b) 集热-蓄热墙式   c) 蓄热屋顶式   d) 温室蓄热墙式   e) 对流蓄热综合式

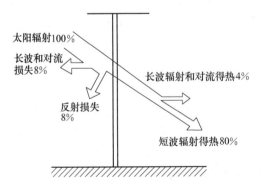

图 3-27   太阳辐射入射玻璃时的能量平衡图

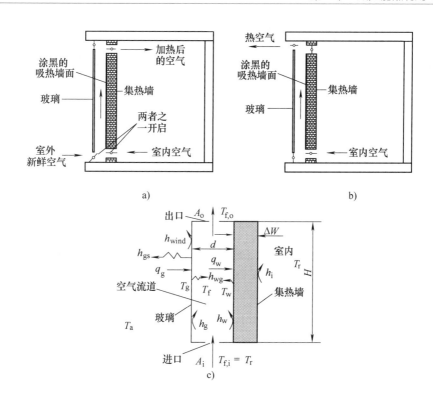

图 3-28 特朗伯墙的结构和工作原理图

a) 冬季运行工况 b) 夏季运行工况 c) 特朗伯墙的传热过程

根据以上假设，可列出特朗伯墙各部分的能量平衡方程。

1. 玻璃墙的热平衡方程

$$q_g = (h_{wind} - h_{gs})(T_g - T_a) + h_g(T_g - T_f) + h_{wg}(T_g - T_w) \qquad (3-56)$$

式中，q_g 为玻璃墙吸收的太阳辐射热（W/m²），$q_g = \alpha_1 I$；α_1 为玻璃的有效吸收系数；h_{wind} 为玻璃墙外侧的表面传热系数 [W/(m²·K)]，$h_{wind} = 5.7 + 3.8v$，v 为风速（m/s）；h_{gs} 为玻璃墙向天空的辐射换热系数 [W/(m²·K)]，$h_{gs} = \sigma \varepsilon_g (T_g^4 - T_s^4)/(T_g - T_a)$；$T_s$ 为天空温度（K），$T_s = 0.0552 T_a^{1.5}$，T_g、T_a、T_f、T_w 分别为玻璃墙、环境、夹层空气及集热墙外表面的平均温度（K）；h_g 为玻璃墙与夹层空气之间的表面传热系数 [W/(m²·K)]，$h_g = Nu \dfrac{\lambda}{d}$，$\lambda$ 为空气的导热系数，d 为空气夹层厚度。

层流：$Nu = 4.9 + \dfrac{0.0606(RePrD_h/H)^{1.2}}{1 + 0.0909(RePrD_h/H)^{0.7}Pr^{0.17}}$

湍流：$Nu = 0.0158Re^{0.8}$

式中，Re 的特征尺寸为空气流道的水力直径 $D_h = 2d$；h_{wg} 为玻璃墙与集热墙外表面之间的辐射换热系数，$h_{wg} = \dfrac{\sigma (T_g^2 + T_w^2)(T_g + T_w)}{\left(\dfrac{1}{\varepsilon_g} + \dfrac{1}{\varepsilon_w} - 1\right)}$；$\varepsilon_w$ 为集热墙外表面的发射率。

2. 空气夹层的热平衡方程

夹层内空气所吸收的热量等于玻璃墙与集热墙对流放热之和

$$q = h_g(T_g - T_f) + h_w(T_w - T_f) = \dot{m}c_f(T_{fo} - T_{fi})/(Hd) \tag{3-57}$$

式中，$\dot{m}$ 为夹层中空气的质量流量（kg/s）；c_f 为空气比热容 [J/(kg·K)]；T_{fi}、T_{fo} 分别为夹层中空气进、出口温度（K）；H 为空气夹层的高度（m）。

3. 集热墙的热平衡方程

集热墙吸收的太阳辐射能等于其传给夹层空气、玻璃墙及室内空气的热量之和

$$q_w = h_w(T_w - T_f) + U_b(T_w - T_f) + h_{wg}(T_w - T_g) = (\alpha\tau)_e I \tag{3-58}$$

式中，$(\alpha\tau)_e$ 为集热墙的有效透射率和吸收率的乘积；U_b 为集热墙与室内空气间的传热系数 [W/(m²·K)]

$$U_b = \left(\frac{1}{h_r} + \frac{\Delta W}{\lambda_w}\right)^{-1}$$

式中，h_r 为室内空气与集热墙内表面之间的表面传热系数 [W/(m²·K)]；ΔW、λ_w 分别为集热墙厚度（m）和导热系数 [W/(m·K)]。

4. 空气夹层中引发的空气质量流量

空气夹层中引发的空气质量流量可用下式计算

$$\dot{m} = c_d \frac{\rho_{fo} A_o}{\sqrt{1 + A_o/A_i}} \sqrt{\frac{2gH(T_f - T_r)}{T_r}} \tag{3-59}$$

式中，c_d 为空气夹层中的流量系数；A_i 和 A_o 分别为空气进出口截面积；ρ_{fo} 为出口空气密度；T_r 为室内空气温度。式（3-51）～ 式（3-54）构成了蓄热墙传热与流动过程的完整的数学描述。

除了上述两类常见的被动式太阳房之外，通过将直接受益式和蓄热墙式的不同组合，以及利用屋顶的集热储热方式，可以构造出更复杂、太阳能利用效果更好的被动式太阳房。

3.5.3 主动式太阳房

主动式太阳房除满足被动式太阳房对建筑结构的需求外，主要是以太阳能集热器作为热源的一种环保型节能建筑。它以太阳能集热器替代常规的锅炉，通过热水或热风系统对室内进行供暖。

由于地面上受到的太阳平均辐射强度弱，每平方米能够接收到的太阳能量有限，因此主动式太阳房要求有一定的太阳集热面积，大约为采暖建筑面积的 10%～30%。另外，由于太阳辐射是不连续的，且易受季节和大气环境的影响，所以集热器无法连续稳定地提供热量。为此，为满足连续供暖的要求，主动式太阳房需要有相应的辅助能源和储热装置（例如储水箱或固体蓄热器）进行配套。下面介绍常用的两类主动式太阳房和它们的集热供热系统。

1. 以空气为集热介质的主动式太阳房

图 3-29 所示是以空气为集热介质的太阳房采暖系统图，该系统利用卵石床作为蓄热器。空气通过集热器被加热后进入卵石床蓄热器，将卵石加热。房间的回风经卵石床加热或直接在集热器出口和热风混合后送入采暖房。夜晚无太阳时，蓄热器仍能提供一定量的采暖热负荷。由于空气的热容量小，这种系统需要体积庞大的集热器和储热器。集热器可采用平板式、丝网式、肋片式和折板式等。

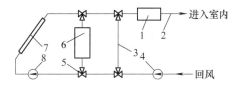

图 3-29　以空气为集热介质的太阳房采暖系统图

1—辅助加热器　2、3—暖空气管路及旁通管

4、8—风机　5—三通阀　6—卵石床储热器　7—集热器

2. 以水为集热介质的主动式太阳房

图 3-30 所示是以水为介质的主动式太阳房供暖系统。热水在储热水箱和集热器之间循环。储热水箱的热水通过热水管道送到室内散热器，对室内供暖。太阳能不足或间断时需要起动辅助加热器。一般根据采暖需求，设定采暖热水温度。当集热器出口热水温度超过设定的采暖温度时，辅助集热器不工作；反之，辅助加热器投入工作，通过辅助加热器的水流量由旁通管调节。

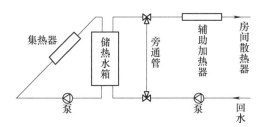

图 3-30　以水为介质的主动式太阳房供暖系统

3.6　太阳灶

太阳灶是属于太阳能中、高温利用的一种太阳能热利用设备。由于它要求的温度较高，采用普通的直射式太阳能集热器已不能满足要求，而必须采用聚焦型集热器。

太阳灶是一种利用太阳能进行炊事、烹饪食品的一种装置。一般来说，用于蒸煮或烧开水的太阳灶，集热温度在 $100 \sim 150℃$ 左右已足够；如果是用于煎、炒和油炸食品，则需要大约 $300℃$ 左右的高温。

根据太阳灶收集太阳能方式的不同，太阳灶主要有两种类型：热箱式太阳灶与聚光式太阳灶。

3.6.1　热箱式太阳灶

热箱式太阳灶为一箱体，如图 3-31 所示。箱体上部有 $1 \sim 2$ 层玻璃或透明塑料盖板。四周和底部采用隔热保温层。底部内表面涂一高吸收率的涂层。食品放置于箱内预制的托架上。使用时，调节支架，将箱体盖板与入射太阳光相垂直。一般 $1 \sim 2h$ 即可使食物煮熟，其间要多次调整箱体的位置以接受最多的太阳能。

热箱式太阳灶结构简单，成本低，有一定的使用价值，但加热温度较低，一般用于蒸煮和消毒灭菌。

3.6.2 聚光式太阳灶

聚光式太阳灶是利用抛物面、球面、圆锥面或菲涅耳面等曲面的聚光特性，将太阳光聚焦，可以获得 500℃ 以上的高温。

图 3-32 给出了抛物镜面聚光的原理图。所有沿 z 轴平行的入射光线分别射到抛物面上的 M、M'、…等点上，经抛物面反射后的反射光都将通过抛物面的焦点 F，从而将入射光线的能量会聚到焦点，在焦点处获得很高的太阳辐射强度和高温。

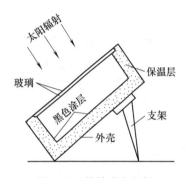

图 3-31 热箱式太阳灶

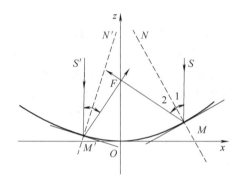

图 3-32 抛物面的聚光原理

设计太阳灶时，先按照给定的焦距 f $(f = \overline{OF})$，画出太阳灶灶面抛物线大样，选取抛物线的某一部分制作灶面。如果灶面主轴正好与抛物线对称轴一致，则称为正轴灶；否则称偏轴灶。正轴灶结构简单，易加工，适用于太阳高度角较高的季节和中午。偏轴灶可在较宽的太阳高度角范围内使用，适用地区较广。

图 3-33 所示是一座抛物面聚光式太阳灶的示意图。蒸煮食物的锅位于抛物面的焦点处。

一般来说，聚光式太阳灶由聚光器、跟踪装置和吸收器（炊具）三部分组成。其中聚光器是最基本的部件。它由聚光基面和反光材料组成。聚光基面常用旋转抛物面，它具有最佳的聚光效果，面积约为 $2 \sim 3 m^2$，用玻璃钢、铸铁等材料制成。反光材料用涤纶镀铝薄膜或小块玻璃镜粘在基面上构成。跟踪装置的作用是用来跟踪太阳，以使聚光器始终正对太阳。跟踪装置有手动和自动两种。自动跟踪装置应能在太阳高度角方向的南北向跟踪和在方位角方向的东西向跟踪，因此结构比较复杂。但是由于一天中太阳的高度角变化较小，所以一般只进行东西向跟踪。

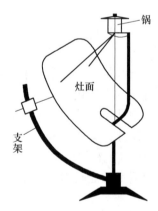

图 3-33 抛物面聚光灶结构

太阳灶的截光面应该在最大太阳高度角 h_{max} 和最小太阳高度角 h_{min} 的范围内，都能使太阳光集中于吸收器的底部。根据计算和经验，推荐用下列公式计算

$$h_{max} = \begin{cases} 101° - 0.8\phi \ (\phi \geqslant 23.5°) \\ 82° \ (\phi < 23.5°) \end{cases} \tag{3-60}$$

$$h_{min} = 39.5° - 0.4\phi \tag{3-61}$$

式中，ϕ 是当地的地理纬度。

太阳灶的截光面积 $A_c(m^2)$ 用下式近似计算

$$A_c = \frac{N}{I\eta} \tag{3-62}$$

式中，N 为太阳灶功率；I 为太阳垂直辐射强度（W/m^2）；η 为太阳灶热效率。

太阳灶的光斑直径一般为 $15\sim20cm$，焦距为 $60\sim80cm$。光斑越小，焦面温度越高。太阳灶的平均热效率在 50% 左右。

3.7 太阳能热发电

太阳能热发电是指利用工质将太阳辐射能先转变为热能，然后再将热能转变为电能的一种发电方式。太阳能热发电有多种类型，本节着重介绍各种太阳能热发电的基本工作原理。

3.7.1 太阳能半导体温差发电

太阳能半导体温差发电是一种热电直接转换技术。热电直接转换是根据 1821 年德国化学家塞贝克（Seebeck）发现的塞贝克效应进行工作的。塞贝克效应是指在甲、乙两种不同的导体或导电类型不同的半导体联成的回路中（图 3-34），若两导体的两个接点处温度不同，则在这两个接点之间有电动势产生，且电动势的大小与两接点的温差成正比，即

$$E \propto \Delta T = \alpha \Delta T \tag{3-63}$$

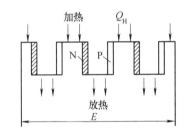

图 3-34 N-P 型半导体温差电池组

式中，α 为甲、乙两种材料的热电系数或称为塞贝克系数。不同金属（半导体）对的热电系数差别很大，例如，铁—白铜的热电系数为 $6.6mV/K$，而锗和硅半导体组合的热电系数达到 $830mV/K$。

利用塞贝克效应制成的热电转换装置称为温差发电装置，是一种工作可靠、无运动部件和无污染的清洁发电技术。为了得到较大的温差电动势，常常将多个温差电池并联成电池组。当利用太阳能为热源时，需要将太阳能聚焦加热温差发电装置的热端（热接点），并尽可能减少热端与冷端之间的内部热交换。实验表明，如果热端和冷端的温差大于 800℃，N-P 型半导体（碲化物）温差电池的发电效率可达到 15%~20%，可作为小型动力源在不同的领域中使用。

随着半导体材料工业的发展，材料的热电系数正在不断提高，太阳能半导体温差发电将在太阳能利用中逐步占据一席之地。

3.7.2 太阳能蒸汽热动力发电

太阳能蒸汽热动力发电是利用聚光器将太阳能聚焦后加热某种工质使之成为蒸气，蒸气再推动汽轮发电机组进行发电。与常规蒸汽动力发电站的不同在于热源是太阳能而不是燃料燃烧的热能。所采用的发电机组与动力循环两者基本相同。

图 3-35 所示给出了一个典型的利用朗肯循环的太阳能蒸汽热动力发电系统的原理图。图中定日镜即聚光器的作用是将太阳辐射聚焦，以提高其功率密度。常用的聚光器有：复合抛物面反射镜（聚光倍率 1.5~10），槽型和柱状抛物面反射镜（15~50），菲涅尔透镜

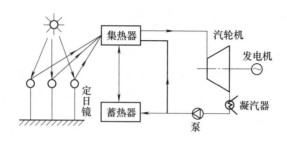

图 3-35　太阳能蒸汽热动力发电系统

（100~1000）和定日镜式聚光器（1000~3000）等。各种太阳能聚焦系统总体上可以分成三类：槽式、蝶式和塔式太阳能聚焦系统，形成一个庞大的太阳能收集场。为了使聚光器发挥最大效果，聚光器应配备太阳能跟踪装置。图 3-36 所示是美国加州建造的一个槽式抛物面聚焦系统的实物照片。

图 3-36　美国加州建造的一个槽式抛物面聚焦系统

　　集热器的作用是将聚焦后的太阳辐射吸收，因此，在集热器中有一个太阳能吸收装置。目前常用的吸收装置有真空管式和腔体式两种。真空管式吸收器类似于太阳能热水器中的真空管，但在玻璃套管之间放置镀有选择性涂层的金属管。腔体式吸收装置如图 3-37 所示。腔体吸收装置的主体为一个柱状腔体，外包绝热保温材料。腔体内表面涂有黑色涂层或选择性吸收涂层。腔体式吸收装置吸热效率优于真空管集热吸收器，结构简单，腔体壁温均匀，和工作流体之间的换热面积大，热损较小。

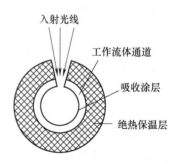

图 3-37　腔体吸收器剖面图

　　蓄热器的作用是保证太阳能发电系统稳定发电。蓄热工质一般有水、低沸点工质（低温蓄热介质）、导热油、二苯基族流体等有机溶液（中温蓄热介质）。

　　应用于太阳能热发电的发电机组，除了通常的水蒸气汽轮发电机组、低沸点工质汽轮发电机组以外，还有太阳能加热空气的燃气轮发电机组、斯特林热发动机和正在研究的热声发动机等。

图 3-38 和图 3-39 所示分别是美国研制的槽式抛物面聚焦太阳能蒸汽热发电系统和"太阳 1 号"塔式太阳能发电系统的工作原理图。前者的太阳能收集场包含有 852 个长 96m 的太阳能集热器阵列，后者则由 818 面反射镜组成定日镜场和 85.5m 高的接受塔组成太阳能集热系统。

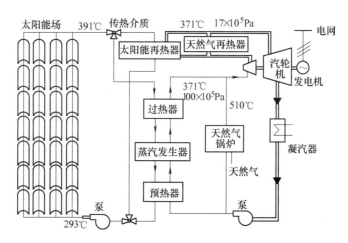

图 3-38 槽式抛物面聚焦太阳能蒸汽热发电系统工作原理图

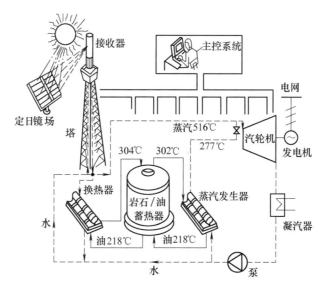

图 3-39 "太阳 1 号"塔式太阳能发电系统的工作原理图

3.7.3 斯特林发动机

斯特林发动机是一种外部加热的闭式循环发动机，它的工作过程和结构如图 3-40 所示。发动机是由汽缸、两个活塞及三个换热器（加热器、回热器、冷却器）组成。汽缸下部空间为冷压缩空间，上部为热膨胀空间。两个活塞连在一轴上，通过特殊的连接机构使其在缸内上下移动的规律符合一定的要求，其工作原理简述如下：活塞 A 不动，活塞 B 向上压缩定量气体，在理想情况下，冷却器（冷源）可使压缩过程1—2恒定在T_1（冷源温度）不变的条件下进行。接着活塞A、B以同一速度向上移动，直至活塞B到达止点为止。低温压缩气体经过回热器并吸收回热器所蓄积的热量，而温度升高到T_3。此过程因两活塞同步移动而保持两活塞间空间不变，故此过程2—3为等容吸热过程。此后，活塞B不动，活塞A继续向上移动直至上止点。气体经过加热器进入热膨胀空间并向加热器（热源）吸收热量，在理想情况下，加热器可使此膨胀过程3—4恒定在T_4（热源温度）不变的条件下进行。最后，活塞A、B以同一速度向下移动，高温气体经过回热器后回到冷压缩空间，因两活塞同步向下移动而保持两活塞间空间不变，故4—1为等容放热过程。至此，气体又回复到原态而完成一个封闭循环。

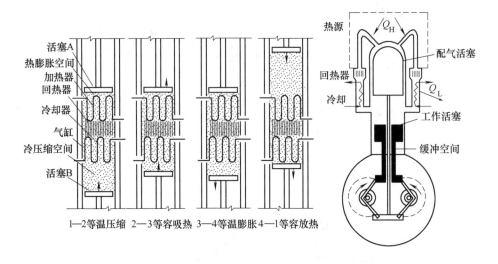

1—2等温压缩　2—3等容吸热　3—4等温膨胀　4—1等容放热

图3-40　斯特林发动机的工作过程和结构示意图

图3-41所示为斯特林理想循环的p-v图及T-s图。其中1—2为等温压缩过程，2—3为等容加热过程，3—4为等温膨胀过程，4—1为等容放热过程。循环的特点是组成循环的四个过程都有热量传递。对于理想气体，在相同的温度下具有相同的比热容，所以理想回热（$\sigma = 1$）时，等容放热过程4—1放出的热量正好为等容加热过程2—3所吸收。这样，循环中只有等温膨胀过程3—4是从外热源吸收热量，等温压缩过程1—2向外界冷源放出热量。

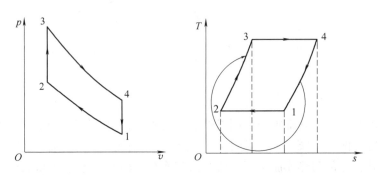

图3-41　斯特林发动机理想循环的p-v图和T-s图

循环加热量 $\qquad\qquad q_1 = T_3(s_4 - s_3) = T_3 R \ln \dfrac{v_4}{v_3}$

循环放热量 $\qquad\qquad q_2 = T_1(s_1 - s_2) = T_1 R \ln \dfrac{v_1}{v_2}$

循环热效率 $\qquad\qquad \eta_t = 1 - \dfrac{q_2}{q_1} = 1 - \dfrac{T_1 R \ln \dfrac{v_2}{v_1}}{T_3 R \ln \dfrac{v_4}{v_3}}$

因 4—1 与 2—3 都是等容过程，故 $v_1 = v_4$，$v_2 = v_3$。则

$$\eta_t = 1 - \frac{T_1}{T_3} \qquad\qquad (3\text{-}64)$$

上式表明，在相同的温度范围内，斯特林循环与卡诺循环具有相同的热效率。

斯特林发动机早在 1816 年就已提出，但在相当长的时期内，由于许多技术问题无法解决而未得到发展。斯特林发动机的突出优点在于它可以采用外燃方式来加热工质，因而对燃料的选择要求不高，也可以利用太阳能和核能作为加热热源。

3.7.4　热声发电机

热声发电机是正在发展中的新一代无运动部件的热力发电机。它是利用热声效应，即管内气体（氦气）在温度梯度作用下发生振动而获得声能输出的现象，来将热能转换成声能，再由声能驱动一个线性交流发电机。热声热机和一般热机一样，热量由高温热源输入，发生机械功（声功）后剩余的热量放给低温热源。由于过程的不可逆性较大，因此热声热机的效率较低。热声热机十分适合采用太阳能作为热源。

热声热机可以分为驻波型、行波型和行波—驻波混合型三类。经过不断的创新，目前国际上行波—驻波混合型热声热机实验样机的热效率已达到 30%，与内燃机的热效率相当。

热声热机由加热器、热声板叠、谐振管、冷却器和消声器等部件组成。图 3-42 给出了热声发电机的原理性结构图。

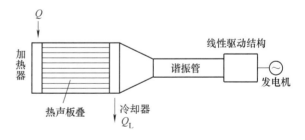

图 3-42　热声发电机的原理

3.7.5　太阳烟囱

太阳烟囱（Solar Chimney）是太阳能热发电的一种新模式。太阳烟囱的原理如图 3-43 所示。空气在一个很大的玻璃天棚下被加热，热空气在天棚中央的烟囱中上升。上升气流带动烟囱底部的空气透平发电机组产生电能。

西班牙 Manzanares 在 1981 年建成了世界上第一座太阳烟囱发电实验原型机组。其天棚区直径 240m，天棚高度 2.0m，烟囱高度 195m，直径 10m。空气涡轮机发电量为 50kW。天

棚入口空气温度为 298K，烟囱内空气温度为 318K，流速为 10m/s，流量 800kg/s，总热效率为 0.33%。

太阳烟囱的优点是不需要太阳跟踪和聚焦系统，集热器天棚结构简单，不需要高科技制造技术，不需要冷却水，一经建成，运行维护成本很低，且天棚温室可用于农业目的。它的缺点是占地面积巨大。由于加热空气温度低（温升 <35℃），发电的热效率很低（<1.5%）。显然，在人烟荒芜、太阳能资源充沛的沙漠地区，建造太阳能烟囱有其现实意义。目前世界上一些发展中国家，如印度、斯里兰卡和南非都在考虑发展这种太阳能电站。

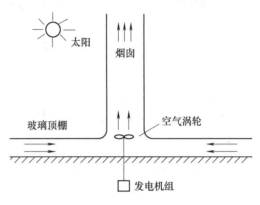

图 3-43 太阳烟囱工作原理

3.7.6 太阳池发电

太阳池是一种盐水池。盐水沿池深具有一定的浓度梯度。池表面的水是清水，向下浓度逐渐增大，池底接近于饱和溶液。由于盐水自下而上的浓度梯度，下层较浓的盐水比较重，因此可阻止或削弱由于池中温度梯度引发的池内液体自然对流，从而使池水稳定分层。在太阳辐射下池底的水温升高，形成温度高达 90℃ 左右的热水层，而上层清水层则成为一层有效的绝热层。同时，由于盐溶液和池周围土壤的热容量大，所以太阳池具有很大的储热能力。这就是太阳池蓄热的基本原理。

为了使池水不发生自然对流，池内自上而下的浓度梯度有一定的要求。由于盐水的密度 ρ 是盐水浓度 s 和温度 T 的函数，所以为了抑制自然对流，由浓度变化造成的自上而下的密度变化率一定要大于温度变化引起的自下而上的密度变化率，即

$$\frac{\partial \rho}{\partial s}\frac{\partial s}{\partial x} \geqslant -\frac{\partial \rho}{\partial T}\frac{\partial T}{\partial x} \tag{3-65}$$

或写成

$$\frac{\partial s}{\partial x} \geqslant \frac{\beta_T}{\beta_s}\frac{\partial T}{\partial x} \tag{3-66}$$

式中，$\beta_T = -\dfrac{1}{\rho}\dfrac{\partial \rho}{\partial T}$ 为溶液的热膨胀系数；$\beta_s = \dfrac{1}{\rho}\dfrac{\partial \rho}{\partial s}$ 为溶液的盐膨胀系数。因此，使太阳池静止，不发生自然对流的最小浓度差为

$$(\Delta s)_{\min} = \frac{\beta_T \Delta T}{\beta_s} \tag{3-67}$$

式中，Δs 和 ΔT 分别对应于所讨论的两层溶液之间的浓度差和温度差。由于浓度差和温度差难以完全匹配，实际池中总存在一些自然对流。

太阳池发电的原理如图3-44所示。它的工作过程是将池底的热水通过泵送到蒸发器。在蒸发器中加热低沸点工质产生蒸气，蒸气推动汽轮机做功发电后返回到冷凝器。在冷凝器中采用池面较冷的水作为冷源。冷凝后的液体再回到蒸发器循环工作。

太阳池发电由于热水温度低，所以循环的热效率较低，一般小于2%。但是由于系统简单，运行费用低，发电成本低于其他太阳能发电方法，所以在有太阳能资源的地区仍有发展前景。1970年以色列已建成一个 150kW 的太阳池发电站，池深 2.7m，面积 7000m^2。以后又在死海建立了一座 50MW 的太阳池电站。美国等国家也有太阳池发电的发展计划。

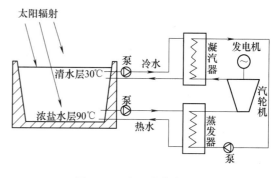

图 3-44　太阳池发电原理

为了改善太阳池的性能，可以在池中对流区增加一个透明塑料膜隔层，或者采用聚合物、洗涤剂、油或水凝胶等增粘剂提高溶液的黏性，进一步削弱池中的自然对流。另一方面，太阳池发电最好与海水淡化装置相结合，以补充太阳池运行中的水分损失。

太阳池除了发电外，还可以作供暖、制冷等用途。

3.8　太阳能制冷与空调

利用太阳能进行制冷与空调，一直是人类追求的目标。在常规能源紧缺和环境污染加剧的今天，采用太阳能制冷与空调，已成为当今国内外研究的热点之一。

太阳能制冷与空调的最突出优点在于它具有良好的季节适应性。在夏季空调负荷高峰时，正是太阳辐射最强时。因此，可以大大缓解夏季电力供应的季节性难题。

太阳能制冷（空调）是一种直接利用热能驱动制冷机的制冷方式。常用的太阳能制冷系统有下面几种类型：

1）太阳能吸收式制冷系统。

2）太阳能吸附式制冷系统。

3）太阳能除湿制冷系统。

4）太阳能蒸汽喷射式制冷系统。

下面对这四种太阳能制冷系统的工作原理和利用特点分别进行讨论。

3.8.1　太阳能吸收式制冷

吸收式制冷是利用热能直接制冷的最常用方式。它的工作原理是：在高温热源加热下，浓溶液沸腾，溶液中沸点较低的制冷剂汽化和溶液分离，分离出的制冷剂蒸气经冷凝后变成液体。冷凝后的制冷剂液体在蒸发器中蒸发产生制冷效应。蒸发后的制冷剂蒸气在吸收器中被稀溶液吸收，使稀溶液回复到初始的浓溶液状态，过程重复进行。因此吸收式制冷循环是依靠溶液中的吸收剂浓度的变化来完成制冷循环的。

常用的吸收式制冷溶液有：①溴化锂-水溶液，溴化锂是吸收剂（沸点1265℃），水是制冷剂；②氨-水溶液，其中氨是制冷剂（沸点是33.4℃），水是吸收剂。

太阳能吸收式制冷系统的制冷性能系数可表示为

$$COP = \frac{Q_0}{Q_1} \tag{3-68}$$

式中，Q_0 为循环制冷量；Q_1 为系统接受的太阳辐射能。

1. 太阳能溴化锂吸收式制冷系统

太阳能溴化锂吸收式制冷系统的工作原理如图 3-45 所示。

在该制冷系统中，发生器中的溴化锂溶液由太阳能集热器的集热介质直接加热，溶液中的水分不断汽化，溶液浓度提高，浓溶液进入吸收器。水蒸气在冷凝器中凝结后变成高压低温的液态水，然后进入节流阀。节流后的低压液态水进入蒸发器吸收冷媒水的热量而蒸发，产生制冷效应。低温水蒸气再进入吸收器，被吸收器中的溴化锂浓溶液吸收。溴化锂稀溶液通过溶液泵返回发生器，完成整个制冷循环。溶液换热器是用来回收发生器高温浓溶液的热量以提高整个装置的热效率。

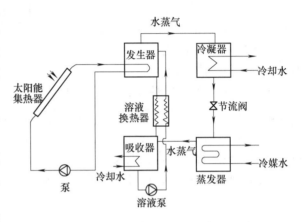

图 3-45　太阳能溴化锂吸收式制冷系统工作原理

溴化锂吸收式制冷机中冷媒水的温度一般为 5 ~ 10℃，主要是用于空气调节。单级溴化锂制冷的性能系数大约在 0.7 左右。

溴化锂吸收式制冷机主要的缺点，一是系统在真空下工作，气密性要求高；二是溴化锂水溶液对一般金属有较强的腐蚀性。因此，一方面要保证系统有很好的气密性，另一方面需要在溴化锂溶液中加入缓蚀剂。常用的缓蚀剂有铬酸锂和氢氧化锂，以保持溶液呈碱性。

太阳能溴化锂吸收式制冷机的工作参数和性能系数如表 3-5 所示。

表 3-5　太阳能溴化锂吸收式制冷机的工作参数和性能系数

类型	热源温度 /℃	集热器类型	制冷温度 /℃	COP	每 kW 制冷量的集热器面积/m²
单级	80 ~ 85	平板或真空管	5 ~ 7	0.7	7.5
双级	120 ~ 130	平板或真空管	5 ~ 7	1.2	5.1
三级	200 ~ 220	聚焦型	5 ~ 7	1.7	4.5

2. 太阳能氨-水吸收式制冷系统

氨-水吸收式制冷以水为吸收剂，氨为制冷剂，因此可以获得 0℃以下的制冷温度，满足冷冻冷藏的需要。由于氨和水的沸点相差不大，在发生器中产生的氨蒸气中含有较多的水蒸气。所以为了提高氨蒸气的浓度，必须在发生器上部设置精馏装置。太阳能氨-水吸收式制冷系统工作原理如图 3-46 所示。

氨-水吸收式制冷系统结构复杂，体积庞大，主要用于需要制冷量大、制冷温度低的石油化工等工业部门。但是由于氨-水吸收式制冷能同时实现空调和冷冻的目的，所以适合使用太阳能和其他低位热源的小型紧凑式家用氨-水吸收式制冷机，这种制冷机正在加速研制之中。

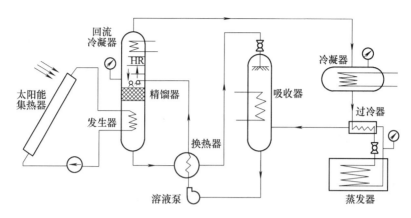

图 3-46　太阳能氨-水吸收式制冷系统工作原理

3. 太阳能氢-氨扩散-吸收式制冷系统

氢-氨扩散-吸收式制冷机是一种小型制冷系统，它的原理性结构如图 3-47 所示。

在发生器中，氨水溶液被加热，氨蒸气在上升运动时，带动溶液形成气液两相流动，相当于一个溶液泵的作用。当气液混合物到达发生器上部后，气液分离。分离出来的稀氨水溶液进入吸收器，吸收氨蒸气后再变成浓溶液，在热虹吸的作用返回发生器继续循环工作。分离出来的含水蒸气的氨蒸气在精馏管中进行分馏，最终以接近纯氨气的形式进入冷凝器，冷凝成液态氨。液态氨进入蒸发器。由于蒸发器中是氨-氢混合气体，其中氨的分压力很低，能使液态氨蒸发，产生制冷效应。蒸发后的氨-氢混合气体进入吸收器，其中的氨气为稀氨水吸收，氢气则在吸收器和蒸发器之间循环。

最新的研究表明，用氦气代替氢气可以获得更好的制冷效果。

扩散-吸收式制冷机无噪声，是一种环保型制冷系统，但它的热源一般需要 150～300℃ 的高温，所以在利用太阳能作为热源时，必须使用聚焦型集热器。扩散-吸收式制冷机热效率较低，系统的性

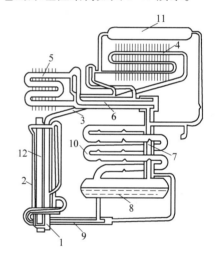

图 3-47　扩散-吸收式制冷机

1—发生器　2—热虹吸泵管　3—精馏器
4—冷凝器　5—蒸发器　6—气体换热器
7—气液换热器　8—储液器　9—溶液换热器
10—吸收器　11—氢气罐　12—加热元件

能系数只有 0.2～0.3 左右，目前都制成小容量的冰箱，供要求无噪声的高档旅馆、沙漠野外及无电力的偏远地区使用。

3.8.2　太阳能吸附式制冷

吸附式制冷是利用固体吸附剂在低温时吸附制冷剂和在高温时解吸制冷剂的原理进行工作的。吸附和解吸在不同的时间段进行，因此吸附式制冷机是一种间歇式制冷系统。

太阳能吸附式制冷机的工作原理如图 3-48 所示。制冷系统由太阳能集热型吸附床/发生

器、冷凝器、蒸发器和储液器等组成。集热型吸附床/发生器中充满了固态吸附剂。常用的吸附剂有硅胶、氯化钙、沸石和活性炭。制冷剂有水、甲醇和氨，与吸附剂配对使用，常用的工作对有沸石-水、活性炭-甲醇、氯化钙-氨和活性炭-乙醇等。

太阳能吸附制冷系统的工作过程为：白天，吸附集热器吸收太阳辐射能，吸附床温度升高，制冷剂从吸附剂中被解吸出来。吸附集热器中制冷剂蒸气压力升高，推动制冷剂进入蒸发器和储热器。这一阶段中，太阳能转化为吸附剂的化学吸附潜能被储存起来。当夜晚时或太阳辐射不足时，环境温度降低，吸附集热器被冷却（也可以通过冷却水冷却），吸附床温度降低，制冷剂压力也相应降低，引起蒸发器中液态制冷剂蒸发，产生制冷效应。蒸发的制冷剂蒸气进入吸附床，重新被吸附剂吸附。当吸附床再次被加热时，过程重复进行。为了使制冷过程连续，需要采用双床交替工作的模式。

吸附制冷机的热力循环如图 3-49 所示。图中，过程 1—2—3 是白天利用太阳能加热的解吸过程，其中，主体是过程 2—3 的等压解吸过程；过程 3—4—1 是夜晚冷却吸附过程，其中主体是 4—1 的等压吸附过程。

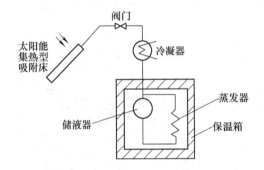

图 3-48　太阳能吸附式制冷机工作原理

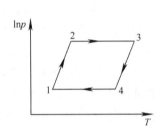

图 3-49　吸附制冷的热力循环

吸附集热器可以是平板型，也可以是真空管型。如果在吸附集热器中埋设冷却水管，既可以降低吸附床冷却温度，提高吸附效率，也可以将吸附热回收，所得热水可作生活热水使用。

吸附式制冷系统的制冷性能系数为

$$COP = \frac{Q_r}{Q_{eff}} \tag{3-69}$$

式中，Q_r 为制冷量；Q_{eff} 为吸附床的有效加热量。

对太阳能吸附式制冷系统，也可用太阳能制冷性能系数来描述系统的整体性能，即

$$COP = \frac{Q_r}{Q_s} \tag{3-70}$$

式中，Q_s 是吸附集热器吸收的太阳总辐射能。

3.8.3　太阳能除湿制冷

太阳能除湿制冷系统是利用除湿剂吸收空气中的水蒸气以降低空气的湿度，然后利用对空气加湿来产生制冷效果。

　　除湿制冷系统结构简单，是一种节能环保型制冷技术。但是它的制冷效率低，制冷量较小，且受到环境空气初始和能达到的湿度的限制。一般只适用于空气干燥的地方。

　　除湿制冷系统可分为两大类：固体除湿制冷系统和溶液除湿制冷系统。

　　1. 太阳能固体除湿制冷

　　固体除湿制冷采用的固体除湿剂有：硅胶、分子筛、氯化锂晶体、活性炭和氧化铝凝胶。

　　太阳能固体转轮式除湿制冷系统如图 3-50 所示。

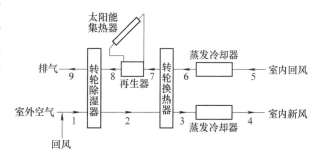

　　该系统主要由太阳能集热器、转轮除湿器、转轮换热器、蒸发冷却器和再生器组成。蜂窝结构的转轮由波纹板卷绕而成。细小的颗粒状固体除湿剂均匀地粘结在波纹板面上，使气流通道中空气和固体除湿剂之间有巨大的接触面积。转轮的迎风面分成相互密封的工作区和再生区。它们分别和被处理空气（湿空气）和再生空气（干热空气）相接触。转轮在不停地

图 3-50　太阳能固体转轮式除湿制冷系统

缓慢转动，工作区与再生器依次交换，使除湿和再生过程周而复始地进行。

　　太阳能固体除湿制冷系统工作时，待处理的室外空气和部分室内回风在状态 1 进入转轮工作区，被除湿剂绝热除湿。吸湿剂吸湿过程是一个放热过程，它使通过转轮的空气变成干热空气（状态 2）。干燥的热空气再经转轮换热器冷却至状态 3，然后经过蒸发冷却器加湿减温到所要求的室内新风状态 4 后进入室内。另一路室内排出的空气（回风）以状态 5 进入蒸发冷却器，被冷却到状态 6，再进入转轮换热器冷却被第一回路干热空气所加热的转轮，被加热到状态 7 后进入再生器，在再生器中再次被加热到状态 8 后进入除湿转轮再生区，使已经吸湿的除湿剂获得再生。最后的湿热空气被排回大气中。太阳能集热器为再生器提供热源。

　　固体转轮式制冷系统的 COP 约为 0.8~0.9，再生温度在 80℃ 左右，经冷却后进入室内的新风温度约为 14~16℃，室内回风温度在 26℃ 左右。转轮的转速为 5~10r/h。

　　2. 太阳能液体除湿制冷

　　液体除湿制冷采用的液体除湿剂通常为金属卤盐溶液。常用的有溴化锂、氯化钙和氯化锂等，也可以用氯化钙和氯化锂的混合溶液。

　　太阳能液体除湿制冷系统如图 3-51 所示。该系统由太阳能集热器、再生器、除湿器、蒸发冷却器、换热器和溶液泵所组成。环境空气或室内回风进入除湿器与除湿溶液相接触，除去部分水后变成干燥的热风，然后进入蒸发冷却器，加湿到所需要的新风状态后送入室内。被水分稀释的除湿溶液进入再生器加热脱水后再回到除湿器继续工作。过程循环进行。

　　液体除湿制冷系统中，除湿器是最为关键的部件。在除湿器中，进入除湿器的被处理空气中的水蒸气分压力 p_1 大于除湿溶液表面水蒸气压力 p_2，压差（$p_1 - p_2$）就是水分由空气向除湿溶液迁移的推动力。除湿过程中溶液吸收水分是一个放热过程，因此，为了除湿过程的效率不致因温升而下降，除湿器必须进行冷却。目前常用的除湿器有两类，一类是绝热型

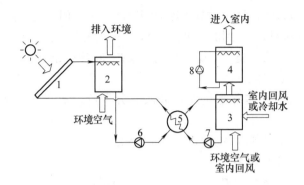

图 3-51 太阳能液体除湿系统

1—太阳能集热器 2—再生器 3—除湿器

4—直接蒸发冷却器 5—换热器 6~8—溶液泵

填料喷淋式,另一类是内冷式。后者的除湿效果较好。

再生器中发生的再生过程是除湿的逆过程。再生过程是从外界获取热量,使溶液中水分蒸发的过程。再生器大多采用喷淋填料式,以增大溶液和空气的接触面积,从而增大水分的蒸发量。

太阳能液体除湿制冷系统的性能系数为

$$COP = \frac{Q_r}{Q_{reg}} \tag{3-71}$$

式中,Q_r 是制冷量;Q_{reg} 是再生过程的吸热量。

3.8.4 太阳能蒸汽喷射式制冷

太阳能蒸汽喷射式制冷是通过太阳能直接或间接加热制冷工质,使其产生一定压力的蒸汽,然后通过喷射器的抽吸而使制冷剂在蒸发器中蒸发制冷的一种制冷技术。

太阳能蒸汽喷射式制冷系统的原理如图 3-52 所示。由太阳能集热器产生的高温热媒水在发生器中产生一定压力的蒸汽(0.4~0.8MPa),蒸汽通过喷射器第一级喷嘴,产生高速气流(800~1000m/s),高速气流抽吸来自蒸发器的低压制冷剂蒸汽进入喷射器混合室。混合蒸汽经扩压后压力升高进入冷凝器。经冷凝后的液态制冷剂一部分经节流后

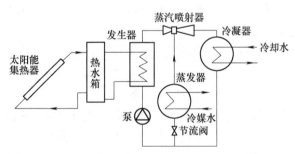

图 3-52 太阳能蒸汽喷射式制冷系统

进入蒸发器产生制冷效应,另一部分返回到发生器循环工作。

蒸汽喷射式制冷多以水作为制冷剂。制冷温度一般在 5~10℃ 之间。工作蒸汽的温度在 80~150℃ 范围内。太阳能蒸汽喷射式制冷系统的性能系数可由下式计算

$$COP = u\left(\frac{h_0 - h_{c0}}{h_1 - h_{10}}\right) \tag{3-72}$$

式中，u 是喷射系数，它表示每千克工作蒸汽所能引射的低压蒸汽量；h_0 是被引射低压蒸汽的焓；h_{10}、h_1 是发生器进出口工质的焓；h_{c0} 是冷凝器出口工质的焓。

太阳能蒸汽喷射式制冷设备简单，运行可靠，造价低。但由于喷射器的不可逆损失较大，制冷效率较低且工作蒸汽量要求较大，所以需要较大的集热器面积。系统的 COP 值一般在 0.3~0.5 左右。

近年来，一种小型无泵型太阳能蒸汽喷射式制冷系统——热管喷射式制冷系统受到了人们的关注。它利用毛细力来驱动冷凝液的回流。整个系统简单可靠，无运动部件，可以和建筑物复合成一体，可望在太阳能空调领域获得应用。该制冷系统的原理如图 3-53 所示。系统主要由热管蒸发器、毛细泵、喷射器、冷凝器、节流阀和蒸发器组成。热管蒸发器中的液体工质吸收太阳能以后产生高压蒸汽，高压蒸汽流经喷射器喷嘴形成高速气流，引射来自蒸发器的低压蒸汽。混合蒸汽经喷射器扩压部分后压力升高到冷凝压力，在冷凝器中凝结成液体。一部分液体工质在毛细力的驱动下返回到热管蒸发器重新被加热产生高压蒸汽。另一部分液体工质经节流后流向蒸发器，在蒸发器中蒸发制冷，系统循环工作。

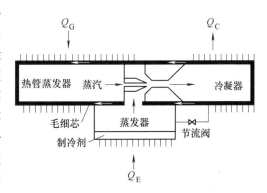

图 3-53　毛细力驱动喷射式制冷系统

与上述蒸汽喷射式制冷相类似，热管喷射式制冷系统热效率更低，COP 一般在 0.4 以下。同时受到毛细力的限制，制冷量较小，且在结构与布置上有较大的难度。

3.9　太阳能干燥

利用太阳光晒干衣服、物料和工农业产品是千百年来人们广泛采用的最简单、最经济的干燥方法。它不仅可以节省大量的燃料，而且对环境不产生任何污染。但是这种直接曝晒的干燥方式效率很低，干燥时间很长且干燥质量不能得到保证，因此一般只适合人们日常生活中对干燥的需求。为了满足大宗的工农业产品（如谷物、水果、肉类、烟叶、木材等）的干燥要求，国内外对太阳能干燥技术开展了一系列的研究，已经发展了多种成熟的太阳能干燥装置。一般来说，常用的太阳能干燥装置可以分为以下两种基本类型。

1. 集热器型太阳能干燥装置

集热器型干燥器由两部分组成，一是集热器，二是干燥室，两者分开放置，如图 3-54 所示。空气通过空气集热器被加热到 40~65℃（视产品而选择），热空气进入干燥室对物料进行干燥，携带水蒸气的排气直接排入大气或者经排湿后返回集热器循环使用。

2. 温室型太阳能干燥装置

温室型干燥装置适合干燥仓库堆放的粮食、木材、药材等大宗物料。它的结构和太阳能温室相似，如图 3-55 所示。干燥室屋顶用玻璃等透明材料制成，向南倾斜，其倾斜度一般比当地纬度大 15°~20°，以使阳光大致垂直照射屋顶。北内墙壁涂黑以加强温室效应和保温。为了调节室内的温度和湿度，可以在南墙下方开进气孔（可调节开度），在北墙上方开排气口。被干燥物料直接摊放于温室中的物料架上，受到太阳的直接照射。由于温室温度的提高，物料可以加速干燥。

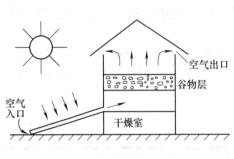

图 3-54　集热器型干燥装置

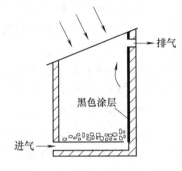

图 3-55　温室型干燥室

3.10　太阳能储存

由于地球自转和公转引起地球表面上出现昼夜和季节的变化，使太阳能成为一种随时间而周期变化的能源。因此，太阳能储存是太阳能利用中的一个突出难题。

太阳能储存有三层含义，它们是：将白天接收到的太阳能储存到夜间使用；将晴天接收到的太阳能储存到阴雨天使用；将夏天接收到的太阳能储存到冬天使用。在目前技术发展的水平上，我们所讨论的太阳能储存主要是针对第一层含义上的储存。

太阳能以热能方式储存主要有三种类型：显热储存、潜热储存和化学储存。图 3-56 给出了太阳热能储存的详细分类。

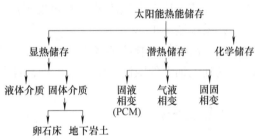

图 3-56　太阳热能储存的分类

3.10.1　显热储存

显热储存是利用蓄热材料的热容量，通过升高或降低材料的温度而实现热量的储存或释放的过程。从温度 T_1 变到 T_2，蓄热材料储存或释放出的热量为

$$Q = m\int_{T_1}^{T_2}c_p\mathrm{d}T = V\int_{T_1}^{T_2}\rho c_p\mathrm{d}T \tag{3-73}$$

式中，m、V、c_p 和 ρ 分别表示蓄热材料的质量（kg）、体积（m³）、比热容［kJ/（kg·K）］和密度（kg/m³）。

由上式可知，对一定量的蓄热材料，其比热容越大、温度变化越大，储存的热量越多。蓄热材料有液体介质和固体介质两大类。液体介质有水、油和其他各种有机溶剂，但水的比热容最大，无毒无臭且价格便宜又容易获得，所以使用得最多。固体介质有卵石、砖块、混凝土和地下岩土。表 3-6 给出了常用显热储存材料的部分热物性。

表 3-6 常用显热储存材料的热物性 (20℃)

材　　料	密度/(kg/m³)	比热容/[kJ/(kg·K)]	导热系数/[W/(m·K)]
水	998	4.18	0.55
黏土	1 460	0.88	1.28
砖块	1 700	0.80	0.84
混凝土块	2 400	1.13	0.79
卵石	2 640	0.82	1.73~3.98

图 3-57 所示是一种利用水作为蓄热材料的太阳能供暖和供热水系统。

以空气作为吸热介质的太阳能供暖系统常用卵石作为蓄热材料。图 3-26 中对流-蓄热式太阳房就是这种使用卵石蓄热的示例。

土壤是显热储存中最简单实用的一种蓄热材料。太阳热能通过土壤集热器储存在土壤中，埋地水管网将热水送到需要供暖的用户。土壤集热蓄热系统如图 3-58 所示。

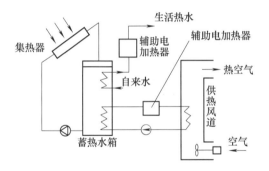

图 3-57　以水作为蓄热介质的太阳能
　　　　　供暖和供热水系统

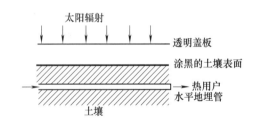

图 3-58　土壤集热蓄热器

3.10.2　潜热储存

潜热储存是利用蓄热材料在热作用下发生相变而产生的热量储存过程。由于相变潜热比由于温度变化而产生的显热变化大得多，因此潜热储存具有很高的储能密度。

一般材料的相变有三种：固-气相变、液-气相变、固-液相变。由于固-气相变和液-气相变都涉及气相，而气相将占据很大的体积，所以虽然相变潜热很大，固-气相变和液-气相变在太阳能储存中很少采用。

固-液相变是在热能储存中常用的一种物理过程，固-液相变材料常以英文缩写字母 PCM 来表示 (phase change materials)。固-液相变储能系统包括三个主要部分：具有适当相变温度范围的相变材料、装载相变材料的容器和换热器。换热器的作用是将热量从热源传给 PCM，并再将热量由 PCM 传给需要的热用户。

对 PCM 的要求是熔化热大、熔点合适、导热性能好、化学性质稳定、无腐蚀性、无毒无污染、不易燃烧和价格低廉且易于获得。表 3-7 给出了部分常用的 PCM 的热物性。

表 3-7 部分常用 PCM 的热物性

材　料	熔点/℃	熔化热/(kJ/kg)	导热系数/[W/(m·K)]	
			液　态	固　态
H_2O	0	333.4	0.55	2.22
$CaCl_2 \cdot 6H_2O$	29.7	170	0.54 (38.7℃)	2.13
$Na_2CO_3 \cdot 10H_2O$	33	251		
$Na_2SO_4 \cdot 10H_2O$	32.4	241	0.544	1.76
$Na_2S_2O_3 \cdot 5H_2O$	48.5	210	0.57 (40℃)	1.46
$MgCl_2 \cdot 6H_2O$	115.0	165	0.57 (120℃)	1.72
$Mg(NO_3)_2 \cdot 6H_2O$	89.9	167	0.49 (95℃)	1.84
$Na_2HPO_4 \cdot 12H_2O$	36	280	0.476	0.514
$Zn(NO_3)_2 \cdot 6H_2O$	36.1	147	0.464 (39.9℃)	1.34
硬脂酸 $C_{18}H_{36}O_2$	64.5	196	0.172	

图 3-59 所示是一种利用 PCM 的太阳能供暖供热水系统。整个系统由三个子系统组成：集热器回路、热水回路和 PCM 供热回路。辅助热源作为太阳能热源的补充。

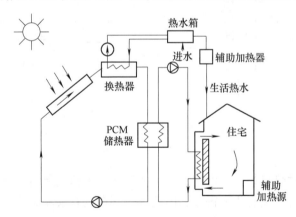

图 3-59　利用 PCM 的太阳能供暖系统

3.10.3　化学储存

化学储存是利用化学反应热的形式来储存热能。化学储能和释能由两个独立的步骤完成。第一步是通过热化学反应（一般在高温下进行）产生含能的反应产物；第二步是反应产物发生逆向化学反应又恢复到原先的物质而放出热量。由于化学能比相变潜热大得多，所以化学储能的能量密度比其他储能方式大得多。例如，用热水作显热储能的储能密度约为 $58W \cdot h/kg$，冰的溶解热储能密度约为 $93W \cdot h/kg$，而金属氢化物中氢的化学储能密度达到 $600 \sim 2\,500W \cdot h/kg$，液态氢更是达到 $33\,000W \cdot h/kg$。

　　利用太阳能聚焦后的高温进行热分解制氢（温度为 3 000K 左右），可以直接从水中分离出氢气，此时太阳热能就变成化学能储存在氢中，而氢气燃烧则可以把大量的热能再释放出来（反应热为 242kJ/mol），供人类使用。这部分内容将在第 10 章中详细介绍。

思考题与习题

1. 什么叫太阳辐射？地球表面接收到的太阳辐射由几部分组成？

2. 为什么地面上同一地点接收到的太阳辐射随时间发生变化？

3. 计算 2015 年 9 月 23 日的赤纬角。

4. 计算南京地区大暑日（7 月 23 日）正午的太阳入射角，假设集热面的倾斜角为 45°。

5. 计算一平板集热器的总热损失系数 U_L。已知该集热器朝南，倾斜角为 45°。当天环境温度为 20℃，集热器玻璃盖板和集热板的温度分别为 45℃ 和 69℃。集热器底部采用 6cm 厚的玻璃纤维绝热层，其导热系数为 0.04W/(m·K)，玻璃盖板和集热板之间的距离为 7.5cm，它们的发射率分别为 0.88 和 0.95。

6. 简述玻璃真空管集热器和热管真空集热器的工作原理。

7. 太阳房有几种类型？它们各自的工作原理是什么？

8. 28℃ 的空气通过一个平板集热器，集热板长 0.8m，宽 0.5m，空气流速为 4m/s。计算集热板传递给空气的热负荷为多少？已知集热板的温度为 40℃，空气和集热板之间的表面传热系数由下式计算：$Nu = 0.664Re^{0.5}Pr^{0.33}$。

9. 一被动式直接受益式太阳房，室内温度维持在 20℃，每天受到 4h、800W/m² 的太阳辐射。若环境温度为 12℃，太阳房的透射率为 0.9，太阳房对外的总热损失系数为 6W/(m²·℃)，试计算太阳房每天的净得热量。

10. 太阳能热发电有多少种方法？试说明每种方法的发电原理。

11. 试分别从被动式太阳房和节约能源的不同角度，分析建筑物窗户的合理布置。

12. 为什么太阳池底层的温度比表层高？

参 考 文 献

［1］　G N Tiwari. Solar Energy, Fundamentals, Design, Modelling and Applications ［M］. Alpha Science Int. Ltd, Pangbourne England, 2002.

［2］　D Y Goswami, F Kreith, J F Kreider. Principles of Solar Engineering ［M］. 2th Ed. Taylor &Francis, 2000.

［3］　Godfrey Boyle. Renewable Energy ［M］. 2th Ed. Oxford University Press, 2004.

［4］　陈学俊，袁旦庆. 能源工程 ［M］. 西安：西安交通大学出版社，2002.

［5］　黄素逸，高伟. 能源概论 ［M］，北京：高等教育出版社，2004.

［6］　罗运俊，何梓年，王长贵. 太阳能利用技术 ［M］. 北京：化学工业出版社，2005.

［7］　王荣光，沈天行. 可再生能源与建筑节能 ［M］. 北京：机械工业出版社，2004.

［8］　李申生，物理学与太阳能 ［M］. 南宁：广西教育出版社，1999.

［9］　张鹤声. 太阳能热利用的原理与计算机模拟 ［M］. 西安：西北工业大学出版社，2004.

［10］　施明恒，李鹤立，王素美. 工程热力学 ［M］. 南京：东南大学出版社，2003.

［11］　杨世铭，陶文铨. 传热学 ［M］. 北京：高等教育出版社，1998.

［12］　张寅平，胡汉平，孔祥东，等. 相变贮能 ［M］. 合肥：中国科技大学出版社，1996.

［13］　陈则韶，葛新石，顾毓沁. 量热技术和热物性测量 ［M］. 合肥：中国科技大学出版社，1990.

［14］　K G T Holland, T E Unny, L Konicek. Free Convection Heat Transfer Across Inclined Air Layer ［J］

Journal of Heat Transfer 98, 1819, 1976.

[15]　J H Watmuff, W W S Characters, D Proctor. Solar and Wind Induced External Coefficient for Solar Collectors. Complex2, 1977.

[16]　M Rommel, V Wittwer. Transparent insulation new collector developments [C]. Transparent insulation technology for solar energy conversion, 3rd Int. Workshop, Sep. 18-19, 1989, Titisee/Freiburg, FRG.

第4章
太阳电池

在第 3 章中介绍了如何将太阳能转变成热能，以及如何利用该热能来加热水、采暖、驱动热机发电等。本章将介绍将太阳辐射能直接转换成电能的方法，即利用光伏效应的太阳能电池，通常简称为太阳电池或光伏电池。

太阳电池是一种将太阳辐射能直接转换为电能的固态电子器件。其基本原理为：太阳辐射中的光子打入半导体中，产生可以自由移动的电子和空穴，即负电荷粒子和正电荷粒子。在半导体 P-N 结层附近有一内建电场，它使带一种电荷的粒子加速通过，而将另一种带电粒子排斥回去。于是，P-N 结两端的接触电极将分别带上正电荷和负电荷。当与外负载相连后，电流就将流过负载，输出电能。由于光伏效应不涉及热能，故太阳电池不受热机效率的限制。但是其他一些条件，如辐射波长和材料特性等，限制了其转换效率的提高。

太阳电池主要是由地壳中第二丰富的元素硅（第一丰富为氧）制备而成。它没有移动部件，因而无磨损和噪声；其能量输出是最方便的二次能源——电能；其所用的"燃料"——阳光，既丰富清洁，也无安全问题。太阳电池能重复利用太阳辐射这一地球上最丰富、最广泛的可再生能源（太阳辐射到地球上的功率超过目前全世界所使用的化石能和核能的一万倍）。如果不考虑转换效率和成本，太阳电池无疑是最理想的可再生能源技术。目前常用的晶体硅太阳电池，转换率低于 20%，成本仍偏高，特别是前期的晶体硅片制造过程耗能和耗材均较高。尽管太阳电池目前仍存在不足，但它是近年来发展最快，最接近实用的可再生能源技术。研究人员正在寻找更好的方法，进一步提高太阳电池的转换效率，降低生产成本，使太阳电池推广到千家万户。

本章首先简要介绍太阳电池的发展历史和现状，然后较详细地介绍作为太阳电池基础的光伏效应理论，以及限制太阳电池能量转换效率的主要因素，其后介绍单晶硅电池的制造过程、几种其他类型的太阳电池，以及太阳电池发电系统的特性，最后讨论光伏发电的经济性及未来的发展前景。

4.1 太阳电池原理、发展历史和现状

4.1.1 太阳电池的基本原理

太阳电池目前主要指利用光伏效应的电池，"光伏"英文叫 photovoltaic，来自希腊词汇 photo（光子）和 volt（伏特）。光伏电池中的伏，是为了纪念电池的发明人，意大利物理学家伏打。光伏二字说明了光子使电子移动产生电流，电能从光能中产生。

利用光伏效应可以将光能或其他电磁辐射能直接转化为电能输出，而不需任何中间步

骤。如图 4-1 所示，太阳光子携带的能量打在半导体表面，并可一直穿透至 P-N 结附近，直到被电子吸收。光子具有能量 $E = h\nu$，其中 h 为普朗克常数，ν 为频率。如果此能量大于使电子脱离原子核的电离能（即能带中的禁带宽度），则电子被光子从原子中打出，变成自由电子，同时产生一个带正电的空穴。由于 P-N 结具有由 N 指向 P 的内建电场，它使带一种电荷的粒子加速通过，而将另一种带电粒子反射回去。在此电场作用下，电子将由 P 型半导体侧穿越 P-N 结到达 N 型侧，并继续扩散至 N 型外侧的接触电极；类似地，空穴将由 N 型半导体侧穿越 P-N 结，到达 P 型外侧的接触电极。于是，N 型半导体外侧将有负电荷积累，P 型半导体外侧将有正电荷积累。当与外负载连接时，电子将从 N 型外侧流出，经过外电路返回到 P 型外侧，并与 P 侧的正电荷重新结合，同时对外输出电功。此即太阳电池的基本原理。

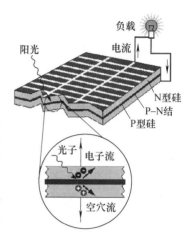

图 4-1　太阳电池工作原理示意图

4.1.2　太阳电池的发展历史

光伏效应的发现一般归于法国物理学家贝克勒尔（Edmond Becquerel），他于 1839 年发表论文，描述了他所做的湿电池实验中的发现：当光照射电解液中的银板时，电池电压突然升高。以后，人们又发现了固体中的光伏效应，但光电转换效率一般不足 1%。太阳电池的重大突破发生在 20 世纪 50 年代。1953 年，美国贝尔实验室的皮尔逊（Gerald Pearson）、查平（Darryl Chapin）、富勒（Calvin Fuller）（图 4-2）利用半导体材料如掺有杂质的硅晶片，得到比以前高得多的光电转换效率（即电池效率）。一年后，他们的单晶硅太阳电池转换效率达到 6%。到 1958 年，单晶硅电池在地面的转换效率达到 14%。在这同一年，单晶硅太阳电池被用在美国的第二颗人造卫星"先锋 I 号"上，为其小型无线电发射器供电。该发射器连续工作了 8 年，直到电池被辐射损坏才中断信号发射。从此，太阳电池被广泛用于空间飞船的电源。到 1977 年，前苏联首次将

图 4-2　硅太阳电池的三位发明人：美国贝尔实验室的皮尔逊（Pearson）、查平（Chapin）和富勒（Fuller）在测量早期太阳电池的光响应

GaAs 太阳电池用在人造卫星上。GaAs 太阳电池的转换效率超过了 Si 电池，而且更加耐辐射，但成本也高得多。

随着技术的进步，太阳电池转换效率不断提高，价格逐渐降低。太阳电池也越来越多地用于地面电源，包括偏远的山区和海岛的通信设施、照明和其他设备。作为最理想的可再生

能源，太阳能具有"取之不尽，用之不竭"的特点，利用太阳能发电又具有环保等优点，而不必考虑大型发电厂所面临的安全性问题，所以在发达国家得到了高度重视。从 2000 年前后，发达国家如美国、德国、日本等都先后启动了"光伏屋顶"计划，鼓励居民在住宅屋顶安装太阳电池，并为安装太阳电池的家庭减税，以缓解中央电网的电力紧缺，缓解环境污染和温室效应。

我国从 1958 年开始研制太阳电池，并于 1971 年将装有 20 多块单晶硅太阳电池的组合板用在我国发射的第二颗人造卫星上。这套太阳电池不断向卫星舱内的银锌蓄电池充电，在空间运行 8 年，性能良好。我国也将太阳电池应用于无人灯塔、海上浮标、无线电中继站、气象站以及无电或少电地区的照明电源。近年来，我国的光伏发电市场迅速发展，光伏并网发电系统正在规模化推进。经过十几年的发展，我国已经成为世界最大的光伏组件生产国和输出国。

4.1.3 太阳电池的现状

目前，光伏发电主要用于三个方面：一是为无电场合提供电源，如边远地区的农牧民家庭、高山或海岛的部队、微波中继站等；二是太阳能日用电子产品，如各类太阳能充电器、太阳能路灯、太阳能草坪灯等；三是并网发电，这在发达国家已经大面积推广实施。我国太阳能并网发电起步较晚，但近年来快速增长，2013 年新增装机容量达 12GW，为全球新增装机容量最多的国家。根据欧洲光伏行业协会（EPIA）公布的 2013 年全球光伏发电系统的导入情况，截至 2013 年年底，全球光伏发电累计装机容量为 140.6GW，新增装机容量超过 37GW，而中国占其中的 60%，接近欧洲 2013 年新增装机容量总和。中国超越德国，首次成为全球第一大光伏应用市场。

光伏发电系统的费用由三部分组成：①组件 70%；②辅助设施 15%；③安装 15%。得益于中国光伏制造业的大力发展，从 2007 年至 2012 年这 6 年来，光伏组件价格下降幅度达到约 86%（从 36 元/Wp 下降到 5 元/Wp），系统价格下降了 83%（从 60 元/Wp 下降到 10 元/Wp），而光伏电价下降了 76%［从 4.2 元/(kW·h) 下降到 1 元/(kW·h)］。市场装机容量的大幅提升，促使光伏价格不断下降，从 2012 年开始，光伏组件的售价已经低于 1 美元/Wp。国内外已经有越来越多的个人家庭，开始安装小型屋顶光伏发电系统，产生的电力除了自用，多余部分卖给电网，获得盈利。

普通的 6in（1in=0.0254m）单片太阳电池产生大约 1.8W（0.6V×3A）功率，欲得到更高的功率，常常把一组电池连接起来，它们被称为模块。这些模块又常常串并联在一起，形成阵列（图 4-3）。随着家庭、商用和工业建筑对能源需求的增长，太阳电池阵列的功率也越来越大，兆瓦级的太阳电池阵列已投入使用。

目前，单晶硅太阳电池在实验室中的效率最高已达到 25%，商用硅太阳电池组件的效率达到 17%。预计 10 年内太阳电池组件的效率将升为 20%。考虑太阳电池的性价比，近年来较便宜的多晶硅太阳电池占据市场的主流。多晶硅电池的效率比常用的 P 型单晶硅电池约低 1%，但价格便宜约 10%。但 N 型单晶硅电池正在异军突起，效率已超过 23%。化合物半导体太阳电池的效率远高于晶体硅电池。在实验室中，单结砷化镓太阳电池效率达到 27%，多结砷化镓电池效率达到 36%。

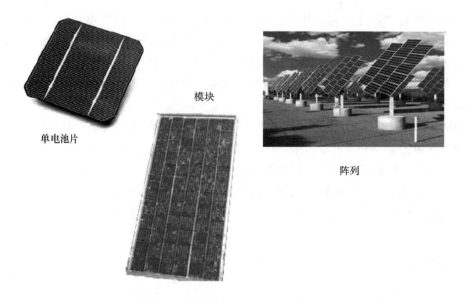

单电池片　　　模块

阵列

图 4-3　单电池片、模块、阵列

欲了解太阳电池详细的工作原理，必须有半导体的理论基础，包括半导体载流子、能带、P-N 结等，这些知识在第 2 章已经作了介绍，下节将介绍光伏效应的主要理论。

4.2　光吸收与载流子产生、光伏效应原理

4.2.1　光吸收与载流子产生

根据量子力学理论，一个光子所具有的能量 $\varepsilon(\mathrm{eV})$ 为

$$\varepsilon = h\nu = h\frac{c}{\lambda} = \frac{1.24}{\lambda} \tag{4-1}$$

式中，波长 λ 的单位取 μm。例如，波长 $\lambda = 0.62\mu m$ 的光子具有 $E = 2\mathrm{eV}$ 的能量。

每种半导体都有一种特定的禁带宽度 E_g，即形成一个电子—空穴对所需的最小能量。当 $h\nu > E_g$ 的光子打到 P-N 结附近，能产生一个而且仅仅是一个电子—空穴对（产生过程），多余的热量将转变为晶格的振动，以热的形式散发掉。产生的电子和空穴最终将重新结合（复合过程），以光、电或热的形式释放出吸收的能量。当 $h\nu < E_g$，即当波长 $\lambda > hC/E_g$ 时，光子原则上不会被半导体吸收，而将透射。如果半导体带宽为 $2\mathrm{eV}$，红光与红外光将不被吸收而透射；如果半导体带宽为 $3\mathrm{eV}$，所有可见光和红外光都不能打出电子，都将透射。因此，用禁带宽度窄的材料做的太阳电池能吸收更多的长波长的光子，从而能产生更大的电流。图 4-4 示出当光子打出电子—空穴对时所发生的现象。

光子打到半导体表面，不会立即被吸收，而是进入内部一段距离。光通量 F［光子数/$(\mathrm{s}\cdot\mathrm{cm}^2)$］随移动距离 x 呈指数减少

$$F(x) = F(0)\mathrm{e}^{-\alpha x} \tag{4-2}$$

式中，$F(0)$ 为表面（$x=0$）的光通量；α 为吸收系数（cm^{-1}），它是材料的禁带宽度和入射光能量（或波长）的函数。于是，光子进入半导体内部（与表面距离 x）的吸收率（即

单位体积载流子的产生率）为

$$g(x) = -\frac{\mathrm{d}F}{\mathrm{d}x} = \alpha F(0)\mathrm{e}^{-\alpha x} \qquad (4-3)$$

吸收系数 α 与入射能量 $h\nu$ 的关系有两种类型：当 $h\nu < E_g$ 时，$\alpha \approx 0$；当 $h\nu > E_g$ 时，$\alpha > 10^4 \mathrm{cm}^{-1}$。发生上述变化时，在 Si 中，$\alpha$ 是渐变的；在 GaAs 中，α 则出现突变。α 从 0（$h\nu < E_g$）到 $10^4 \mathrm{cm}^{-1}$（$h\nu > E_g$）的突变是某一类半导体的特征，这类半导体称为直接带隙半导体，包括 GaAs、InP、CdS 等；Si、Ge、GaP 等则属于另一类，称为间接带隙半导体。Si 和 GaAs 的光吸收系数与光能量的函数关系如图 4-5 所示。

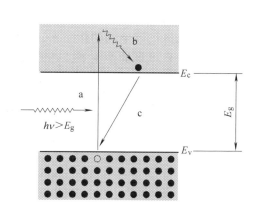

图 4-4　$h\nu > E_g$ 时光子的吸收示意图

a—吸收光子后产生电子—空穴对（产生）

b—受激发的电子通过散射将多余的能量释放给晶格

c—电子与价带中的空穴重新结合（复合）

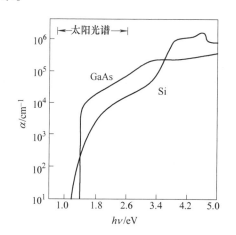

图 4-5　光吸收系数与光能量的函数关系

对于间接带隙半导体 Si，当样品厚度 $\delta < 100\mu\mathrm{m}$ 时，不能吸收 $h\nu > E_g$ 的全部光子；而对于直接带隙半导体 GaAs，样品只要 $1\mu\mathrm{m}$ 厚度就可以。显然，直接带隙比间接带隙更适合用作太阳电池。Si 和 GaAs 分别是间接带隙和直接带隙半导体的典型。简言之，制造太阳电池时，用直接带隙半导体，即使厚度很薄，也能充分吸收太阳光；而用间接带隙半导体，没有一定的厚度，就不能保证光的充分吸收。但太阳电池厚度的确定，并不仅仅由吸收系数来决定，也与少数载流子的寿命有关。

由于一部分光在半导体表面被反射掉，因此，实际进入内部的光要扣除反射部分。为了充分利用太阳光，应在半导体表面制备绒面和减反射层，以减少光在表面的反射损失。

图 4-6 示出常用的半导体材料的带隙与对应的光谱。由于只有超过带隙能量（即波长小于带隙波长）的光子才能产生电子—空穴对，长波长的光将透过半导体。由于每个光子只能打出一个电子—空穴对，超过带隙

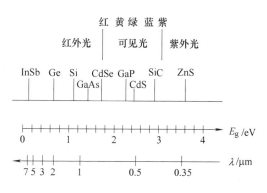

图 4-6　常用半导体材料的带隙与对应的光谱

的多余能量只是使太阳电池变热，因此并非带隙越窄越好。

4.2.2 光伏效应原理

光伏效应包括三个主要的物理步骤：①入射光子被 P-N 结附近的电子吸收，产生非平衡的电子-空穴对；②非平衡的电子和空穴从产生处向势场区运动，这种运动可以是由于多子的浓度扩散，也可以是由于 P-N 结两侧准中性区的微弱电场引起的少子漂移；③非平衡的电子和空穴在势场作用下分离，向相反方向运动。下面从 P-N 结能带的角度，来说明太阳电池的工作过程。

如图 4-7a 所示。当入射光子直接打进 P-N 结过渡区，且能量足够大时，电子将被激发进入导带，变成自由电子，同时在价带中留下一个空穴，即一个能量足够的入射光子将产生两个带相反电荷的粒子（电子-空穴对）。被激发的电子，在结区内建电场的作用下，好像是小球受到重力的吸引，流向下方的 N 区；类似地，空穴在内建电场的作用下，好像是水中的气泡，浮向上方的 P 区。结果是，在 P 区边界积累了多余的空穴，在 N 区边界积累了多余的电子。于是，产生了一个与 P-N 结内建电场方向相反的光生电场和光生电动势。若入射光子打在 P-N 结过渡区之外的 P 侧或 N 侧，距离过渡区为一个扩散长度时，P 侧被激发的电子和 N 侧被激发的空穴仍有 1/2 的概率扩散进入结区，然后在结区内建电场的作用下发生与上述同样的运动。

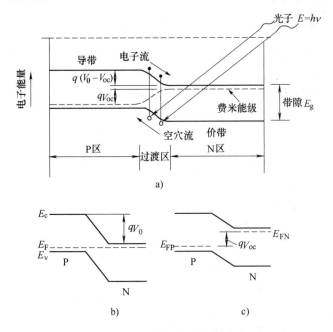

图 4-7　光伏效应的能带解释

a）光伏效应原理图　b）无光照时（平衡时）的能带　c）有光照但开路时的能带

P-N 结外边界积累的光生载流子部分地补偿了平衡时 P-N 结过渡区的空间电荷，引起 P-N 结能障高度的降低，如图 4-7b、c 所示。如果 P-N 结处于开路状态，光生载流子只能积累于 P-N 结两端，产生光生电动势。此时，在 P-N 结两端测得的电位差即太阳电池的开路电压，用 V_{oc} 表示。从能带图上看，P-N 结能障高度由平衡时的 qV_0 降低到 $q(V_0 - V_{oc})$，能障高度的降低正好是 P 区和 N 区费米能级分开的距离。在空载时，开路电压 V_{oc} 是由于在光照射下载流子的移动引起，它相当于 P-N 结加上一个正偏压（图 4-7c）。

如果把 P-N 结从外部短路，则 N 端积累的光生载流子——电子将经过外电路流回到 P 端，在 P 端与空穴复合。此时，流过外电路的电流（与电子流方向相反）就是太阳电池的短路电流，用 I_{sc} 表示。其方向从 P-N 结内部看是从 N 端指向 P 端，即沿反向饱和电流的方向。从外部看则是从 P 端流出，经外电路回到 N 端，这也是太阳电池电流输出的方向。当太阳电池从外部短路时，输出电压为零。太阳电池的开路电压 V_{oc} 和短路电流 I_{sc} 是衡量太阳电池性能的重要参数。我们将在下一节进一步讨论。

为了产生电功率，太阳电池必须同时产生电压和电流。其中电压由 P-N 结的内建电场提供，而电流是由光电子提供。一片 6in 单晶硅电池通常产生大约 0.6V 电压，同时产生最大约 3A 的电流，即峰值功率约 1.8W。而目前商业上普遍使用的 8in 单晶硅片，单片功率达 4W 以上。取决于具体的设计，有些电池产生更多或更少的功率。

4.3 太阳电池的 *I*-*V* 特性

4.3.1 光照下的电流和电压

在第 2 章 2.4 节中，定义穿过 P-N 结的少子漂移电流为产生电流。特别是当热激发产生的少子（热激发的产生速率记为 g_{th}）在距离结的任一侧不超过一个扩散长度时，即可扩散到过渡区，并在内建电场的作用下，漂移到结的另一侧，从而形成 P-N 结的反向饱和电流。如图 4-8 所示，当能量为 $h\nu > E_g$ 的光子打到 P-N 结上时，光子的能量将传递给固体中的一些电子，产生额外的电子——空穴对。这一光激发的产生速率记为 $g_{op}[\text{EHP}/(\text{cm}^3 \cdot \text{s})]$。产生电流将与原有的反向饱和电流叠加（同方向）。在距离过渡区为一个扩散长度 L_P 的 N 侧，每秒产生的空穴数为 $AL_P g_{op}$；同样，在距离过渡区为一个扩散长度 L_N 的 P 侧，每秒产生的电子数为 $AL_N g_{op}$。将这些光生载流子收集，产生的电流为

$$I_{op} = qAg_{op}(L_P + L_N) \tag{4-4}$$

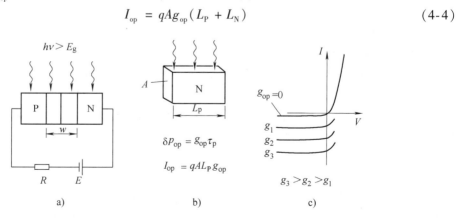

图 4-8　P-N 结在光照下的载流子产生

a）P-N 结的光吸收　b）在 N 侧距离结为一个扩散长度
内的光产生导致的空穴电流　c）光照下的 *I*-*V* 特性

由于式（4-4）所描绘的光电流在 P-N 结内部由 N 流向 P，当它与二极管方程（2-112）所描绘的电流叠加时，须从总电流中减去。于是，在光照下的二极管的 I-V 特性关系为

$$I = qA\left(\frac{L_P}{\tau_P}p_N + \frac{L_N}{\tau_N}n_P\right)(e^{qV/\gamma kT} - 1) - qAg_{op}(L_P + L_N) \tag{4-5}$$

由式（4-5）可见，I-V 曲线与载流子的产生率 g_{op} 成比例下降。式（4-5）可以看作由两部分相减组成：由通常的二极管方程所描绘的电流项，又称为暗电流 I_d，减去光生载流子所产生的电流项，又称为光电流 I_{op} 或短路电流 I_{sc}。即

$$I = I_d - I_{op} \tag{4-6}$$

其中，暗电流

$$I_d = qA\left(\frac{L_P}{\tau_P}p_N + \frac{L_N}{\tau_N}n_P\right)(e^{qV/\gamma kT} - 1) \tag{4-7}$$

光电流

$$I_{op} \equiv I_{sc} = qAg_{op}(L_P + L_N)$$

式（4-7）的 τ_P 和 τ_N 分别为电子和空穴的寿命。

当太阳电池工作时，I-V 曲线位于第Ⅳ象限。此时对 P-N 结来说，结电压为正，电流为负。电流从 P-N 结的 N 侧穿过结流到 P 侧，即沿二极管的反向饱和电流方向，与普通电池的输出方向相同。

当电池短路时，$V=0$，二极管方程（4-7）中的两项相互抵消。然而，有一个等于 I_{op} 的从 N 到 P 的短路电流，于是图 4-8 所示的 I-V 曲线在穿过 I 轴的负值方向与光产生速率 g_{op} 成正比。

当电池开路时，$I=0$。从式（4-5）中可解出开路电压 $V=V_{oc}$ 为

$$V_{oc} = \frac{kT}{q}\ln\left(\frac{L_P + L_N}{(L_P/\tau_P)p_N + (L_N/\tau_N)n_P}g_{op} + 1\right) \tag{4-8}$$

对于特殊的对称结的情况，有 $p_N = n_P$，$\tau_N = \tau_P$。式（4-8）可以简化为热产生率 $p_N/\tau_N = g_{th}$ 和光产生率 g_{op} 的表达式

$$V_{oc} = \frac{kT}{q}\ln\left(\frac{g_{op}}{g_{th}}\right) \quad 当 g_{op} \gg g_{th} \tag{4-9}$$

实际上，项 $g_{th} = p_N/\tau_N$ 代表了平衡时的热产生—复合速率。随着光产生的少子浓度的升高，电子寿命 τ_N 随之缩短，而 p_N/τ_N 加大（p_N 对于给定的 N_d 和 T 为常数）。因此，V_{oc} 不可能随着产生率的增加而持续增加。实际上，V_{oc} 由平衡接触电势 V_0 所限制（图4-7），而接触电势即为穿过 P-N 结的最大正偏压。

太阳电池的输出电压必须小于 P-N 结的接触电势，而接触电势必小于带隙电势 E_g/q。因此，对于 Si，开路电压 V_{oc} 小于 1V。产生的电流取决于光照面积的大小。对于一个面积为 $1cm^2$ 的 P-N 结，典型的光电流 I_{op} 位于 $10 \sim 100mA$ 范围。这些电能输出参数看起来很小，然而采用许多这样的装置叠加起来后，将会产生可观的功率。

4.3.2 太阳电池的 I-V 特性

太阳电池工作时存在四种不同的情况：①无光照；②有光照但正负极开路；②有光照但正负极短路；④有光照且正负极之间连接负载。显然，第四种情况才是正常工作时的情况，本节将对前三种情况作一总结，太阳电池连接负载时的情况将在下一节中讨论。

1. 无光照时的情况

此时，太阳电池的 P-N 结处于热平衡状态。电子（或空穴）的扩散电流与漂移电流平

衡，或者说，电子由 N 区向 P 区扩散的趋势被内建电场阻挡住。此时，由内建电场产生的平衡电势差为

$$V_0 = \frac{kT}{q}\ln\frac{N_d N_a}{n_i^2} \tag{4-10}$$

式中，n_i 为本征浓度；N_d 为施主浓度；N_a 为受主浓度；q 为电子电荷。

如果在 P-N 结的 P 边加上一个比 N 边为正的电压 V_d 时，则称 P-N 结为正偏压。此时，内建电场被削弱，势垒的高度不足以抵偿扩散的倾向，使电子注入 P 边，空穴注入 N 边，由于多数载流子的扩散引起电流。在正向偏压 V_d 的作用下，通过结的正向电流 I_d 为

$$I_d(V) = I_0(e^{qV_d/\gamma kT} - 1) \tag{4-11}$$

式中，V_d 是正偏压；γ 为二极管的曲线因子，反映了 P-N 结的结构完整性对性能的影响，$1 < \gamma < 2$；I_d 为正偏压时的二极管电流，即暗电流；I_0 为二极管反向饱和电流，即式（4-7）右端括号前的因子项。式（4-11）与式（4-7）等价，同为二极管方程，故同样适用于负偏压时。下面将会介绍，一个好的太阳电池要求 I_0 和 γ 都要小。

2. 有光照，但正负电极开路

此时，输出电流 $I = I_{oc} = 0$，而正负电极之间产生太阳电池的最大输出电压，即开路电压 V_{oc}

$$V_{oc} = \frac{\gamma kT}{q}\ln\left(\frac{I_{sc}}{I_0} + 1\right) \tag{4-12}$$

式中，I_{sc} 是太阳电池的短路电流。从式中可看出，降低饱和电流 I_0 可以提高开路电压 V_{oc}。

3. 有光照，但正负电极短路

此时，输出电压 $V_{oc} = 0$，而正负电极之间产生太阳电池的最大输出电流，即短路电流 I_{sc}。短路电流 I_{sc} 是太阳电池的一个重要特性，它的重要特点是其大小随入射光的波长而变化，它反映了太阳电池的光谱响应特性。

为分析短路电流，将太阳光谱划分成许多段，每一段只有很窄的波长范围，并找出每一段光谱所对应的电流。由于每一小段光谱基本上是单色的，可以看作单一的波长 λ 和吸收系数 $\alpha(\lambda)$。假如在这一光谱段中，每平方厘米每秒的入射光子数是 $F(\lambda)$，则载流子产生率 $g(\mathrm{cm}^{-3}\cdot\mathrm{s}^{-1})$ 为

$$g(x) = \alpha F(1 - R)e^{-\alpha x} \tag{4-13}$$

式中，R 为太阳电池表面的反射率，通常情况下它是 λ 的函数。

当 P-N 结受光照时，能引起光伏效应的只能是本征吸收所激发的少数载流子。因为 P 区产生的空穴和 N 区产生的电子均属多数载流子，都被势垒阻挡而不能过结。只有 P 区的光生电子、N 区的光生空穴以及结区的光生电子—空穴对扩散到结电场附近时，在内建电场作用下漂移过结，产生三种短路光电流（电流密度）：J_n、J_p、J_{dr}。于是，总的短路光电流 J_{sc} 是三者之和，即有

$$J_{sc} = J_n + J_p + J_{dr} \tag{4-14}$$

上述三种短路光电流都与载流子产生率 g 近似地成比例增加。在电池设计中，通常引进一个与短路电流有关的光谱响应系数 $SR(\lambda)$

$$SR = \frac{J_{sc}(\lambda)}{qF(1 - R)} \tag{4-15}$$

显然，太阳电池的短路电流 J_{sc} 与光谱响应系数 SR 以及入射的光子数 $F(1-R)$ 成正比。太阳电池的总短路电流是全部光谱段贡献的总和，即

$$J_{sc} = \sum_i qF(\lambda_i)[1 - R(\lambda_i)]SR(\lambda_i) \tag{4-16}$$

总收集效率为

$$\eta_{ext} = J_{sc}/q \sum_i F(\lambda_i) \tag{4-17}$$

式中，$q \sum_i F(\lambda_i)$ 为最大可利用的短路电流。一般来讲，太阳电池能收集最大可利用电流的 $60\% \sim 90\%$。

4.4 太阳电池的工作特性与功率输出

在有光照且正负极之间连接负载时，显然是太阳电池正常工作情况。理想的太阳电池正常工作时，可以用一个电流为 I_{sc} 的恒流电源与一个正向二极管（P-N结）并联的等效电路来代表，如图4-9a所示。

在有光照时，同时存在着由光照引起的短路电流 I_{sc} 和由 P-N 结两端的负载电压引起的暗电流 I_d，它们的流动方向恰恰相反（图4-9）。因此，太阳电池的输出电流（此处只考虑大小）是短路电流和暗电流之差，即

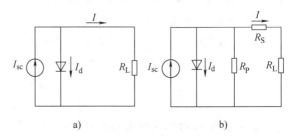

图4-9 太阳电池的等效电路
a) 理想等效电路 **b)** 实际等效电路

$$I(V) = I_{sc} - I_0(e^{qV/\gamma kT} - 1) \tag{4-18}$$

如果光强改变，I_{sc} 随之改变，I-V 曲线将整体下降或上升。在短路电流 I_{sc} 相同的情况下，降低暗电流 I_d 可以提高输出电流。P-N 结的结电压即为负载 R 上的电压降。式（4-18）就是理想太阳电池的 I-V 输出特性。图4-10示出理想太阳电池的 I-V 曲线，注意图中标出的太阳电池的暗电流、光电流、短路电流和开路电压。

太阳电池的输出功率为

$$P_{out} = IV$$

将式（4-18）代入，得

$$P_{out}(V) = I_{sc}V - I_0V(e^{qV/\gamma kT} - 1) \tag{4-19}$$

从 I-V 曲线上（图4-10）能找出一对特殊的 I_{out} 和 V_{out}，把它们记做 I_m 和 V_m，使得 P_{out} 为最大，即

$$P_{max} = I_m V_m \tag{4-20}$$

根据式（4-19），在最大输出功率，有

$$\frac{dP_{out}}{dV} = 0 = I_{sc} - I_0(e^{qV_m/\gamma kT} - 1) - \frac{qV_m}{\gamma kT}I_0 e^{qV_m/\gamma kT} \tag{4-21}$$

为找出最大功率时的 I_m 和 V_m，需解出关于 V_m 的超越方程

$$V_m = \frac{\gamma kT}{q}\ln\frac{1 + I_{sc}/I_0}{1 + qV_m/\gamma kT} \tag{4-22}$$

V_m 取决于 $qV_{oc}/\gamma kT$，一般 $V_m = (75\% \sim 90\%)V_{oc}$，$I_m = (85\% \sim 97\%)I_{sc}$。图 4-11 示出一个典型的光电二极管的 $I\text{-}V$ 曲线和负载线（实际均在第 IV 象限），图中带剖面线的矩形面积即为最大输出功率 P_{max}。

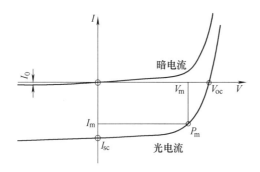

图 4-10 太阳电池的暗电流、短路
电流和光电流

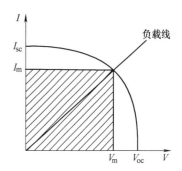

图 4-11 光电二极管的 $I\text{-}V$ 曲线
和负载线

显然，太阳电池要求输出电流尽可能接近 I_{sc}，输出电压尽可能接近 V_{oc}。乘积 $V_{oc} \times I_{sc}$ 代表了太阳电池的极限输出功率。定义一个填充因子

$$FF = \frac{I_m V_m}{I_{sc} V_{oc}} \tag{4-23}$$

即最大输出功率与极限输出功率之比，它恰好是 $I\text{-}V$ 曲线下两块矩形面积（$V_m I_m$ 与 $V_{oc} I_{sc}$）之比。于是，最大输出功率可以表示为

$$P_{max} = V_{oc} I_{sc} FF \tag{4-24}$$

FF 是 $qV_{oc}/\gamma kT$ 或 $\ln[(I_{sc}/I_0)+1]$ 的函数。

实际的太阳电池存在着自身的串联电阻 R_S 和旁路电阻 R_P，它使输出的 $I\text{-}V$ 特性发生改变。实际的太阳电池等效电路如图 4-9b 所示。其中串联电阻 R_S 是上下电极与 P-N 结之间的接触电阻和电池的体电阻的总和，旁路电阻 R_P 是由于表面漏电流引起。串联电阻增大导致太阳电池的短路电流和填充因子降低，旁路电阻减小会使填充因子和开路电压降低，但对短路电流没有影响。

考虑到串联电阻 R_S 和旁路电阻 R_P 的实际的 $I\text{-}V$ 特性公式为

$$I(V) = I_{sc} - I_0(e^{qV/\gamma kT} - 1) - \frac{V - IR_S}{R_P} \tag{4-25}$$

4.5 太阳电池的转换效率和影响因素

4.5.1 太阳电池的转换效率

太阳电池的转换效率为太阳电池的最大输出功率与照射到电池的太阳辐射功率的比值，即

$$\eta \equiv \frac{P_{max}}{P_{in}} = \frac{V_{oc} I_{sc} FF}{P_{in}} \tag{4-26}$$

式中，P_{in} 为太阳辐射功率（W/m²）。在晴朗的中午，我国大部分地区的太阳辐射功率在 800~1000（W/m²）范围。显然要有高的太阳电池转换效率，需要有大的短路电流 I_{sc} 和开路电压 V_{oc}，小的暗电流以及高的填充因子 FF，或者在 I-V 曲线上应有急剧的拐弯。目前，

Si 太阳电池在 AM1 光照下的效率为 12%~17%。在太阳光谱中，$h\nu \geq 1.1eV$ 的光子占有 74% 的能量，剩下的光子所具有的 26% 的能量都小于 1.1eV。高于 1.1eV 的剩余能量同样被浪费掉了，因为由一个 1.1eV 的光子或是由一个 2.5eV 的光子产生的电子—空穴对并没有什么不同，有 41% 的能量就是这样浪费的。因此，一个理想的硅太阳电池也只能将 $0.74 \times 0.59 = 0.44$ 或者44% 的太阳辐射能转换成电能。目前单晶硅太阳电池的效率最高为 25%，这由电池的设计和电池材料的参数决定。图 4-12 从能带的角度描述了太阳电池工作时的主要能量损失。

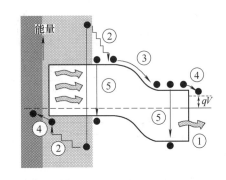

图 4-12 太阳电池工作时的能量损失
①—能量小于禁带宽度的光子不吸收
②—能量大于禁带宽度的光子通过晶格热振动损失
③、④—结电压和接触电压损失 ⑤—光子复合损失

4.5.2 影响转换效率的主要因素

1. 能带间隙 E_g

能带间隙 E_g 的增大使得能产生光生载流子的光子数减少，导致短路电流 I_{sc} 的减少。但

另一方面，开路电压 V_{oc} 随 E_g 的增大而增大。因此，带隙对转换效率的影响是双向的。对于 Si，$E_g = 1.12eV$，对应的 $V_{oc} \approx 0.55V$；对于 GaAs，$E_g = 1.43eV$，对应的 $V_{oc} \approx 0.9V$。图 4-13 给出了理论太阳电池转换效率与半导体禁带宽度和温度的关系。由图可见，在给定的温度，存在一个合适的 E_g 值，使得转换效率为最大。

2. 温度 T

从图 4-13 中可看出，随着温度 T 的增加，效率 η 下降。这是由于温度上升，载流子的寿命缩短，导致 I_{sc} 和 V_{oc} 均有所下降。对于 Si，$dV_{oc}/dT = -2mV/℃$。温度每增加 1℃，V_{oc} 下降其室温值的大约 0.4%，η 也降低约同样的百分数。例如，一个 Si 太阳电池在 20℃时效率为 20%，当温度升为 120℃时，效率仅为 12%。又如，GaAs 太阳

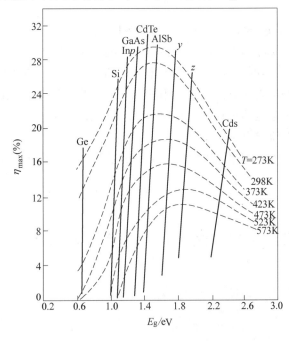

图 4-13 理论太阳电池转换效率与半导体禁带宽度和温度的关系（设理想的均质电池，无表面复合，收集效率为 1，掺杂浓度为 $10^{17}cm^{-3}$，AM1 太阳辐射）

电池温度每升高1℃，V_{oc}降低1.7mV或降低0.2%。这些计算值与测量值相当一致。如何减少温度对太阳电池转换效率的影响，仍是一个困难的问题。

3. 复合寿命 τ

光生载流子产生后，必须能够扩散到P-N结区并被内建电场扫过，从而形成电池电流。因此，希望载流子的复合寿命长，这样才能形成大的I_{sc}。在间接带隙半导体如Si中，离结100μm处也产生相当多的载流子，所以希望它们的复合寿命能大于1μs。在直接带隙材料如GaAs或Cu_2S中，只要10ns的复合寿命就已足够长了。长寿命也会减小暗电流并增大V_{oc}。达到长寿命的关键是，在材料制备和电池生产过程中，要避免形成复合中心，即尽量减少晶格缺陷和有害杂质浓度。在加工过程中，适当进行工艺处理，可以使复合中心移走，因而延长载流子寿命。

4. 光强

为了提高电池效率，可以利用太阳光在太阳电池上聚焦，它可使一个小的太阳电池产生较大的电能输出。设想光强被浓缩了X倍，单位电池面积的输入功率和I_{sc}都将增加X倍。按照前述方程，V_{oc}也要增加$[V_{oc}=(kT/q)\ln X]$，例如$X=100$，则为0.12V。而输出功率的增加将大大超过X倍。聚光的结果也使转换效率提高。但是聚光也造成电池温度升高，使载流子的复合寿命缩短。因此，聚光系统必须增加笨重的散热设备。

5. 掺杂浓度

增加基区的掺杂浓度是减小饱和电流的主要途径。此外，在一定范围内，掺杂浓度越高，V_{oc}就越高。因此，采用重掺杂有利于转换效率的提高。但由于载流子的简并效应（即由于过分掺杂使费米能级进入导带或价带产生的效应），过重的掺杂反而使开路电压降低，使载流子寿命下降，从而使短路电流降低，转换效率也降低。当掺杂浓度从电池表面向结的方向不均匀降低时，在电池内产生附加电场。这种不均匀掺杂有利于光生载流子的收集，从而提高了转换效率。

6. 表面复合速率

低的表面复合速率有助于提高I_{sc}，并由于I_0的减小而使V_{oc}改善。通常采用以下几种方法降低表面复合速率：①在减反射膜与表面N层（或P层）之间加钝化层，使表面缺陷结构钝化，从而减少载流子的复合中心，如钝化发射区和背表面电池（PERC）、钝化发射区和背面局部扩散电池（PERL）；②控制杂质浓度，从而减少复合中心；③在电池底层采用重掺杂形成背表面场（BSF），可以加速载流子的输运，减少复合损失。例如，对于N在P上的电池，沉积金属接触之前，电池的背面先扩散一层P^+附加层。在P/P^+界面存在一个电子势垒，它容易做到欧姆接触。由于改进了接触区附近的收集性能，降低了饱和电流，从而改善开路电压，增加短路电流，提高电池效率。

7. 接触电极与串联电阻

在任何一个实际的太阳电池中，都存在着串联电阻，其来源可以是引线、金属栅与半导体的接触电阻或电池的体电阻。不过，通常情况下串联电阻主要来自P-N结薄扩散层与接触电极。在图4-14中，P-N结收集的电流必须通过N层再流入最靠近的金属导线，这就是一条存在电阻的路线。显而易见，通过金属线的密布，例如，采用一种称为激光刻槽埋栅电极工艺（图4-19），可使串联电阻最小。该工艺介绍详见4.9节。

一定的串联电阻 R_s 的影响将改变 $I\text{-}V$ 曲线的位置。例如，在图 4-10 中，它使 $I\text{-}V$ 曲线左移 IR_s。粗略地讲，它使 V_m 降低了 $I_m R_s$。如果 $I_m R_s \ll V_m$，则对 η 的影响是很小的，这种情况是常见的。还有两种特殊情况：一是材料有很高的电阻，如许多无定形材料或有机半导体；二是 I_m 很大，如在浓集光系统中。

8. 金属栅和光反射

在前表面上的金属栅不能透过阳光。为了使 I_{sc} 最大，金属栅占有的面积应最小。目前常用的方法有三种：一是将金属栅做成又密又细的形状，用印制电路的方法覆盖在电池表面（图 4-14）。但是细的栅线使得电极接触电阻增加，同时也增加了工艺难度。二是采用激光刻槽埋栅工艺（图 4-19），将微细电极深入到电池体内部，既减小了遮光，又增大了电流收集，同时减小了串联电阻。三是采用全背接触电池工艺，金属栅制作在电池背面，通过穿透电池的金属化的孔洞，实现前后发射极间的电流传输。该技术基本消除了正面栅线电极的遮光损失，更加充分地利用了光照，提高了电池效率。4.9 节将对上述技术作进一步介绍。

由于表面的光反射，不是全部光线都能进入硅中。裸硅表面的反射率约为 40%。使用减反射膜可大大降低反射率。对于垂直投射到电池上的单波长的光，用一种厚为 1/4 波长、折射率等于 $\sqrt{n}$（n 为 Si 的折射率）的涂层能使反射率降为零。当使用 $0.06\mu m$ 厚的 Ta_2O_5 涂层时，太阳光谱中 90% 以上的可用光子能传送给 Si；用 $0.1\mu m$ 厚 SiO_2 涂层时则可传送 84%。采用多层涂层能取得更好的效果。当光线斜射时传输较小。

另一种减少光反射的方法是表面织构化（绒面）处理，目的是为了在硅表面造成多次反射（吸收），从而有效地降低表面的总反射。通常采用表面腐蚀技术使表面具有许多金字塔形或 V 形槽结构，从而能够强烈地吸收各种方向的入射太阳光。

表 4-1 列出了太阳电池效率损失的主要原因以及目前采用的若干补偿技术。

表 4-1 太阳电池效率损失原因及其改进技术

损 失 原 因	改 进 技 术
载流子复合	1. 在减反射膜与 N 层（或 P 层）之间加钝化膜，如 PERC 和 PERL 电池 2. 控制晶格缺陷和杂质浓度 3. 在电池底层加背表面场（BSF） 4. 合理设计电极
光反射	1. 用减反射膜 2. 表面织构化处理（绒面技术）
光透射	1. 在底电极上加金属反射层 2. 进行凹凸处理
接触电极与串联电阻	1. 合理设计电极 2. 激光刻槽埋栅电极工艺
表面金属栅	1. 合理设计电极，减小表面覆盖率 2. 采用激光刻槽埋栅电极工艺

4.6 太阳电池分类与太阳电池模块的标准测试条件

1. 太阳电池的分类

根据不同的参考对象,太阳电池有不同的分类方法。

按照所用材料的不同,太阳电池可大致分为:

1) 硅太阳电池,包括单晶硅、多晶硅和非晶硅电池。

2) 化合物半导体电池,这类电池包括Ⅲ-Ⅴ族化合物如砷化镓、磷化铟。

3) Ⅱ-Ⅵ族化合物如硫化镉,以及多元化合物如铜铟硒等为材料的电池。

4) 功能高分子材料电池。

5) 纳米晶太阳电池。

按照材料形态的不同,可分为:

1) 块体电池。

2) 薄膜电池。

单晶硅和多晶硅电池同属块体电池,非晶硅和砷化镓电池则属薄膜电池。减小晶片厚度可显著降低电池成本。

按照P-N结的特点,可分为:

1) 同质结(homojunction)电池。由同一种半导体材料构成一个或多个P-N结的太阳电池,如硅P-N结和砷化镓P-N结电池等。

2) 异质结(heterojunction)电池:由两种不同半导体材料在相界面上构成异质结太阳电池,如氧化锡-硅、硫化镉-硫化亚铜、砷化镓-硅异质结太阳电池等。若构成异质结的两种材料的晶格匹配比较好,则称为异质面太阳电池,如砷化镓-砷化铝镓异质面太阳电池等晶体硅电池,包括单晶和多晶。

3) 肖特基结太阳电池。由金属和半导体接触形成肖特基势垒的电池,简称MS电池。已发展成金属-氧化物-半导体(MOS)、金属-绝缘体-半导体(MIS)太阳电池等。

4) 复合结太阳电池。由两个或多个结形成的太阳电池。如由一个MIS太阳电池和一个P-N结硅电池叠合而形成高效MISNP复合结硅太阳电池,其效率已达22%。复合结太阳电池往往做成级联型,把宽禁带材料放在顶区,吸收阳光中的高能光子,用窄禁带材料吸收低能光子,使整个电池的光谱响应拓宽。砷化铝镓-砷化镓-硅复合结太阳电池的效率高达31%。

按照聚光与否,又可分为:

1) 平板太阳电池,即非聚光电池。指在1倍阳光下工作的太阳电池,也是目前应用最广的形态。

2) 聚光太阳电池,指在大于1倍阳光下工作的太阳电池。1~10倍为低倍聚光,10~100倍为中倍聚光,大于100倍为高倍聚光。聚光需要考虑高温散热和大电流输出等特殊设计,必须组成光电、光热综合利用的复合系统。与聚光电池相配的聚光器和跟踪器,会增加系统的复杂性。但用廉价的聚光材料代替昂贵的半导体材料来收集太阳能,可以降低太阳电池发电系统的成本。

不论以何种材料来制作太阳电池，对电池材料的一般要求有：

1）原料来源丰富，生产成本不能过高。

2）要有较高的光电转换效率，这是太阳电池最关键的技术指标。

3）材料本身对环境不造成污染。

4）材料便于工业化生产且性能稳定。

工业上太阳电池的制造还须注意下述问题：产品的平均效率、生产能力、生产成本、制造的合格率等。基于以上几方面考虑，晶体硅是较理想的太阳电池材料，这也是目前太阳电池以晶体硅电池为主的主要原因。但随着新材料的不断开发和相关技术的发展，以其他材料为基础的太阳电池也越来越显示出诱人的前景。未来几十年内，前期制造高耗能高污染的晶体硅电池势必被更便宜、更清洁的薄膜电池或其他类型电池所取代。

2. 太阳电池模块的标准测试条件

在国际上对太阳电池和模块的测试有一套标准测试条件。此条件的要素是：太阳电池或模块应置于25℃的温度下，入射到电池上的太阳辐射总功率密度为$1000W/m^2$，而光谱能量分布为大气质量 AM1.5 时的分布。

光谱能量分布是描述太阳辐射功率随光波长变化的曲线。大气质量则描述太阳辐射光谱分布随太阳光穿过大气层到达观测者的距离的变化。恰好在地球大气层之外，太阳辐射具有的功率密度大约为$1365W/m^2$。在此时的太阳辐射功率的光谱分布特性称为大气质量 0（AM0）的分布。在地球表面，组成大气的各种气体（O_2、N_2、O_3、水气、CO_2 等）在太阳辐射的不同波段不同程度地削弱了太阳辐射。这种削弱效应随着阳光穿过大气层的距离增加而增加。

当太阳位于天顶时（即在头顶上方），阳光穿越大气层到达太阳电池的距离为最小值。在此条件下观察到的太阳光谱能量分布称为大气质量 1（AM1）分布。当太阳位于与天顶角成 θ 的位置（由观察者在海平面所看到），大气质量定义为此时阳光所走距离与太阳在天顶时阳光所走距离的比值。通过简单的几何计算（参见第 3 章 3.1.5），可得到下面的定义

$$AM = \frac{1}{\cos\theta} \tag{4-27}$$

于是，标准测试条件所规定的大气质量 AM1.5，对应着太阳射线与天顶成 48°角时太阳能量的光谱。因为 $\cos48° = 0.67$，而其倒数为 1.5。

4.7 单晶硅电池的基本结构和制备工艺

到目前为止，绝大多数太阳电池由极纯的单晶硅和多晶硅制备，而目前主要的、也是效率最高的商业化太阳电池仍是由单晶硅制备，即具有整块的、连续的晶格结构的硅，缺陷和杂质的含量极少。单晶硅通常由一个很小的籽晶体生长出来，从熔融的多晶硅熔体中缓慢生长拉出。这就是由电子工业发展出来的、复杂而且昂贵的丘克拉斯基（Czochralski）方法，又称提拉法。

太阳电池的制造主要是以半导体材料为基础，其前期制造过程与集成电路（IC）的前期工艺非常相似，硅集成电路的制造工艺同样可用来制造太阳电池。但与集成电路相比，太阳电池的结构相对简单。目前的奔腾CPU中$1cm^2$内集成了几百万个P-N结，它们之间的间距只有几个微米，线路极为复杂。与之相比，太阳电池内最多只包含几个P-N结，线路也相对简单。传统的太阳电池一直由硅制造，因为它有优良的电特性，载流子的迁移率很高，没有晶粒边界，很少有促使光生电子和空穴复合的缺陷。缺陷处的复合会降低少数载流子的寿命，因而也降低了电池效率。近年来，多晶硅太阳电池产量已经超过单晶硅电池，虽然其成本较低，但由于多晶硅晶粒间的缺陷，使其效率落后于单晶硅电池至少1个百分点。

单晶硅太阳电池的基本结构如图4-14所示。它主要包括：单结的P-N结、指形电极、抗反射膜（减反层）和完全用金属覆盖的背电极等。典型的N在P上的电池是由厚度约0.2mm的硅片制作，它的底层或称基体为P型半导体，不受光照，有一薄金属涂层与P型基体接触。P-N结的N型顶层，为了使电阻率低，采用重掺杂，用N^+表示。约0.1mm宽、0.05mm厚的金属指形电极与顶层做成欧姆接触用来收集电流。N层的顶部镀了一层透明的、约$0.06\mu m$厚的抗反射膜，它比裸硅有更好的光传输性能，能最大限度地减少光反射。

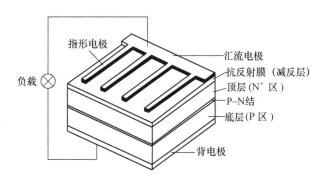

图4-14 单晶硅太阳电池的基本结构

晶体硅太阳电池制造的主要工艺流程可以归纳如下：晶体硅提炼→硅片制备→化学处理表面织构化→扩散制P-N结→沉积减反射膜和钝化膜→电极印刷及烧结→电池封装。图4-15形象地描绘了从海边的沙子（石英砂）到制成太阳电池的主要生产工艺流程。上述一系列步骤可以划分为两大部分：一是晶体硅片的制备，二是在硅片上生长太阳电池，分别称为上游和下游工艺。其中晶体硅片的制备工艺与集成电路的工艺相仿，它实际包含了若干个过程，太阳电池制造的能量消耗主要是在硅片的制备过程中。对于太阳电池制造企业来说，有些只做下游工艺，即晶体硅片是作为原料直接购买的。还有一些企业即做上游工艺，也做下游工艺，既所谓垂直一体化生产。多晶硅原料是晶体硅电池制造的基础。21世纪以来，中国的多晶硅行业快速发展，改变了多晶硅原料依赖进口的局面。但多晶硅原料的制备过程为高耗能，也存在含氯废气的污染，仍有待技术革新与改进。

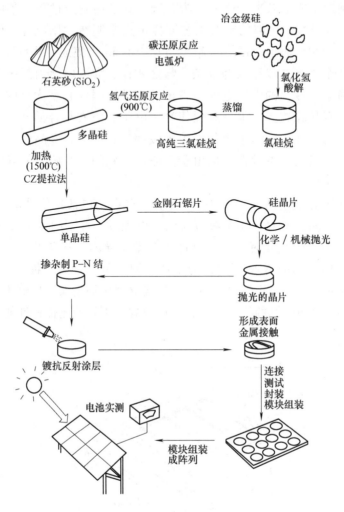

图 4-15　太阳电池制造的主要工艺流程

4.8　太阳电池制备——从石英砂到单晶硅片

图 4-16 示出了从石英砂到半导体级单晶硅制程的主要反应步骤。从最原始的材料——纯度为 1%~10% 的沙子开始，到纯度为 10 亿分之一杂质含量的半导体级单晶硅，其间经历了一系列的物理和化学过程，而且是高耗能高污染的过程。在这一阶段制程的主要步骤如下。

1）将一种含二氧化硅（SiO_2）纯度较高（<10%）的石英砂和焦炭等含碳材料混合，在高温电弧炉中将二氧化硅还原，生成相对纯的熔融硅。再把它们置于器皿中冷却，形成较纯的块体硅。这一过程提炼出来的硅纯度约为 98%，称为冶金级（MG-Si）的硅。其化学反应经过数个步骤，其总和可表示为

$$SiO_2(s) + 2C(s) \longrightarrow Si(s) + 2CO(g)$$

2）冶金级的块体硅被捣碎成粉末，和 HCl 气体发生反应，形成三氯硅烷（$SiHCl_3$）气体。因为三氯硅烷的沸点只有 32℃，在普通的室温下，它是液体。经压缩和分馏得到较纯

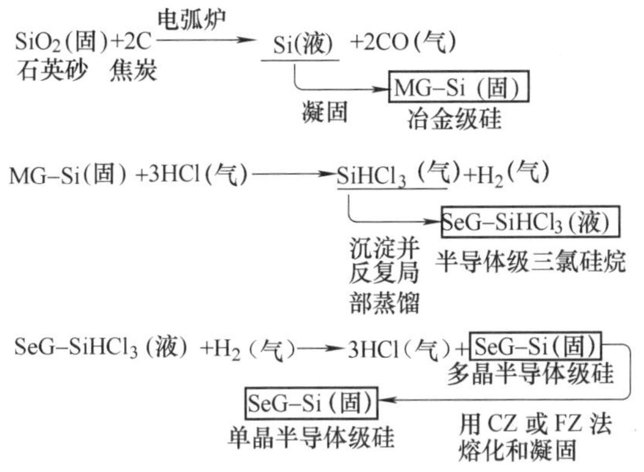

$$\text{SiO}_2(\text{固}) + 2\text{C} \xrightarrow{\text{电弧炉}} \text{Si}(\text{液}) + 2\text{CO}(\text{气})$$

石英砂　焦炭

$$\xrightarrow{\text{凝固}} \boxed{\text{MG-Si}(\text{固})}$$
　　　　　冶金级硅

$$\text{MG-Si}(\text{固}) + 3\text{HCl}(\text{气}) \longrightarrow \text{SiHCl}_3(\text{气}) + \text{H}_2(\text{气})$$

$$\xrightarrow{} \boxed{\text{SeG-SiHCl}_3(\text{液})}$$

沉淀并　　　半导体级三氯硅烷
反复局
部蒸馏

$$\text{SeG-SiHCl}_3(\text{液}) + \text{H}_2(\text{气}) \longrightarrow 3\text{HCl}(\text{气}) + \boxed{\text{SeG-Si}(\text{固})}$$
　　　　　　　　　　　　　　　　　　多晶半导体级硅

$$\boxed{\text{SeG-Si}(\text{固})} \longleftarrow$$
单晶半导体级硅　　　用 CZ 或 FZ 法
　　　　　　　　　熔化和凝固

图 4-16　从石英砂到单晶硅的主要制造步骤

的产品，如半导体级（SeG）三氯硅烷。此过程可表示为

$$\text{Si}(\text{s}) + 3\text{HCl}(\text{g}) \xrightarrow{\sim 300℃} \text{SiHCl}_3(\text{g}) + \text{H}_2(\text{g})$$

3）半导体级（SeG）三氯硅烷在放有石英或硅基片的反应室中加热至1000℃，与氢气反应，在基片上沉积所谓半导体级（SeG）的多晶硅：

$$\text{SiHCl}_3(\text{g}) + \text{H}_2(\text{g}) \xrightarrow{1000℃} \text{Si}(\text{s}) + 3\text{HCl}(\text{g})$$

4）在获得半导体级的多晶硅后，还要通过凝固的工艺方法形成单晶以及更纯的硅。常用的半导体单晶凝固工艺有以下三种：①正常凝固法，又叫布里奇曼（Bridgeman）法；②提拉法，又叫丘克拉斯基（CZ）法；③区域熔解（FZ）法。三种方法的原理示于图4-17。在单晶硅太阳电池制作中，更多采用后两种工艺。至于多晶硅的铸锭，通常则采用类似第一种的铸造方法制造。在正常凝固法中，

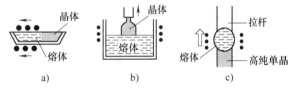

图 4-17　三种常用的凝固工艺
a）正常凝固法　b）提拉法　c）区域熔解法

承载熔体硅的坩埚与加热器相对运动，使坩埚缓慢地远离高温区，从籽晶一端凝固的晶体则逐渐长大。这种方法也用于生长定向凝固多晶硅。

在提拉法中，多晶硅在石墨坩埚中熔化，装硅的坩埚缓慢旋转，一小粒用作种子的定向单晶硅（籽晶）从上方浸入熔体中，与熔融硅表面接触，通过控制液固界面温度为凝固温度，熔融硅就会凝固在籽晶上，籽晶慢慢变大并向上提拉，最终形成 7.5～25cm 粗、约 1m 长的圆柱单晶硅锭（ingot）。在用 CZ 法生长期间，同时还有提纯作用。因为凝固过程具有使杂质排斥到熔体中，从而使固体变纯的作用。

区域熔解法通过使硅锭与加热炉体相对运动，使熔融区沿着一个较纯的硅锭缓缓移动，造成杂质的再分配（与提拉法类似）。因固体中的杂质浓度低于熔体中的，所以当薄熔区通过含有0.01%杂质的硅锭时，杂质逐渐被扫掉到锭的端部，使中间段的杂质含量只有 $1/10^{10}$ 那样小。一般区熔法可以制成比提拉法更纯，质量更好的单晶，但成本也远远高于提拉法单晶，所以目前绝大多数单晶使用提拉法制备。

以上两种单晶生长方法，典型的生长率每小时只有几厘米。因此，研究和开发太阳电池

的目标之一就是找到一种不需要锯切又能快速生长薄硅片的方法。

5）用金刚石锯或线切割将圆柱状单晶硅锭切成约 $200\mu m$ 厚的晶圆片（wafer），并进行化学和机械抛光。在锯片工艺中约有 1/3 的单晶变成了碎屑。

在每一步加工中，都会有大量的能量和原料损耗。从石英砂加工成半导体级的硅，硅的利用率仅为 20% 左右。为了节省成本，太阳电池常采用所谓太阳级（SOG）的硅，其纯度较半导体级的硅低，因为它省略了一些制造步骤。若是要制造单晶硅，接着就会使用 CZ 法或 FZ 法制造硅锭。然后，硅锭再经线切割得到晶片，其中切割浪费掉约 20% 的切屑。一般而言，虽然 FZ 芯片的品质较佳，制出的太阳电池效率也较高，但是其价格较 CZ 芯片昂贵得多。因此，工业界一般还是采用 CZ 芯片。至于多晶硅的铸锭，通常采用铸造的方法制造。

4.9 太阳电池制备——从硅片到太阳电池

在硅晶片上制造太阳电池，须在洁净无尘的环境下进行，而洁净室的级数并不需要像集成电路要求的那么高。然后，还要经过清洗、扩散、刻蚀、镀膜等一系列过程，最终才能得到成品的太阳电池。下面列出在这一制程中的主要步骤。

（1）硅片的清洗　首先要做硅片的清洗。硅片的清洗看似简单，实际上却可能相当复杂。一般采用氢氧化钠（NaOH）或氢氧化钾（KOH）溶液来清洗硅片。一般来说，硅片清洗的结果取决于溶液的浓度、溶液加热反应的温度和反应时间。而所用的容器、外加氮气泡、甚至处理安置硅片的过程，也有可能影响硅片清洗的结果。

（2）表面绒面处理　芯片清洗后，其表面要作绒面（织构化）处理，目的是为了在硅表面造成多次反射（吸收），从而有效地降低硅表面的反射。理想的绒面为倒金字塔形。研究表明尖角为 35° 的 V 形槽反射率最低。常用的绒面制备方法为化学腐蚀法。通常使用方向性蚀刻来完成。使用 NaOH 加 IPA（异丙醇）的溶液，就会对硅晶片（100）表面产生方向性蚀刻，暴露出单晶 <111> 方向的截面，产生大小不一的金字塔形状的表面。一般而言，绒面处理得好坏主要取决于芯片的洁净度、NaOH 和 IPA 的浓度及其比例、溶液的温度和反应的时间。而所用的容器、IPA 挥发的程度、残余的硅酸钠等也会影响绒面的结果。反应离子刻蚀技术也可以作为形成绒面的方法，它首先在硅表面沉积一层镍铬层，然后用光刻技术在镍铬层上印出织构模型，接着就用反应离子刻蚀方法制备出表面织构。用这种方法可以在硅表面制备出圆柱状和锥状织构，其表面发射率最低可以降低到 0.4%，而且不论是单晶硅还是多晶硅都适用，只是这种方法费用较高。

（3）扩散制 P-N 结　接下来则是使用扩散法，在硅芯片上形成 P-N 结二极管。通常使用 P 型硅芯片作为基底，所以要做 N 型磷扩散。一般是使用三氯氧磷（POCl$_3$）气体，加上氧气与氮气，在高温扩散炉进行扩散。其化学反应式可表为

$$4POCl_3 + 3O_2 = 2P_2O_5 + 6Cl_2$$

$$2P_2O_5 + 5Si = 4P + 5SiO_2$$

产生的磷原子经由高温扩散的方式进入硅晶格内，形成 N 型掺杂。而硅晶体表面也产生一层 SiO_2。磷的浓度（由氮气载气的流量决定），氧气和氮气的流量，其引入、作用与截止的时间与方式，以及炉管的温度随时间的控制，决定了最终的扩散结。而扩散结果决定了扩散界面的深度、扩散面的表层电阻和掺杂形态。理想的 P-N 结应当具有如下结构：在基

体表面附近，除了在指形电极下有一个重掺杂的
N^+ 区外，其余的部位都是一般浓度的掺杂。这是
因为指形电极下的重掺杂区不仅可以降低接触电
阻，以获得好的填充系数，也可以降低电极带来的
表面复合损失。而指形电极之间的低掺杂发射区具
有较低的界面态，可以得到较好的光谱响应和较高
的开路电压，这种结构如图 4-18 所示。

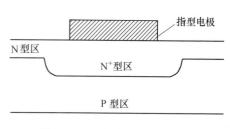

图 4-18　理想的 P-N 结的结构

　　这种发射区结构可以通过改进的两步扩散方法形成，也可以用一步扩散法制得，但需要
增加一个腐蚀过程。用快热方法制结可以大大简化上述过程，但这种工艺仍处于研究阶段。

　　（4）除去 SiO_2　硅晶体表面会和空气中的氧气或水气作用，尤其是加热造成的热氧化，
表面都会形成二氧化硅。经过磷高温扩散后，一般的工艺都使用氢氟酸除去硅晶体表面的
SiO_2，其化学反应为

$$SO_2 + 6HF = H_2SiF_6 + 2H_2O$$

其中，H_2SiF_6 是可溶于水的。

　　（5）蚀刻处理　经过扩散工艺后，整个 P 型芯片便会被一层 N 型掺杂层包裹着。所以
需要经由边缘蚀刻处理，将 N 型边缘除去，显出 P-N 结二极管的结构。这通常是使用 CF_4
加上 O_2 的等离子体蚀刻。其结果则取决于芯片置放的方式、射频的频率与功率、作用的时
间、CF_4 和 O_2 气体的流量以及二者的成分比例。如果边缘处理不完全，则太阳电池的旁路
电阻便会减小，太阳电池的效率也因此减低。

　　（6）表面减反射层　抛光的硅表面的反射率为 35%，为了减少表面反射，提高电池的
转换效率，需要沉积一层减反射层。减反射层有很多种，可以是 SiO_2、氮化硅（SiN_x）或是
它们的组合。实验室中采用氨和硅烷反应，可以在硅表面形成一层无定形的 SiN_x 层。SiN_x
减反层具有良好的绝缘性、致密性和稳定性，并且它还能阻止杂质原子，特别是 Na 原子渗
透进入电池基体。理论研究表明，理想的减反层应该是 SiN_x 减反层和 SiO_2 减反层的组合，
这种组合既具有优良的光学性能，又具有稳定的钝化性能和良好的阻止杂质原子渗透性能。

　　在太阳电池的制备中，一般使用等离子体辅助化学气相沉积（PECVD）的方法，在芯
片上镀上一层氮化硅（SiN）的抗反射膜层（ARC）。PECVD 的气体可以使用硅烷（SiH_4）
和氨气（NH_3），其化学反应可以简写成

$$SiH_4 + NH_3 \xrightarrow{300℃} SiN: H + 3H_2$$

也可以使用 SiH_4 和 N_2，则其化学反应可以简写成

$$2SiH_4 + N_2 \xrightarrow{300℃} 2SiN: H + 3H_2$$

其中，SiN: H 是指 PECVD 生长的氮化硅，实际上是一富含氢的非晶系结构。在 PECVD 的工
艺中，感应加热（RF）的频率与功率、RF 输入腔体的电极的排列与间距，作用的时间、作
用时的温度与总气压、作用气体的流量及其成分比例等因素都会决定抗反射膜层的质量，包
括镀膜的组成、硅/氮比例、氢含量、折射系数、密度、介电常数、电阻、介电强度、能隙
和应力等。

　　（7）背表面处理　为了提高电池效率，背表面也需要降低反射率和钝化。工业中背表
面钝化是利用丝网印刷技术将铝覆盖在硅片上以合金化。铝和硅在 577℃ 时可以生成共晶组

织。根据 Al-Si 二元相图，在加热过程中，会有一种液态的 Al-Si 相产生，杂质会在融化的区域中偏析，于是液相就相当于一个杂质的湮灭区。当温度降低时，硅会发生再结晶，根据溶解度曲线可知，硅中会溶有一定的铝，形成一个 P^+ 的背表面场层。为了能够形成铝硅液态相，铝层需要有足够的厚度（20μm）。但是这种背表面场的制备过程会使晶片产生很大的弯曲变形，硅片越薄弯曲越明显。另一种行之有效的方法是局部背表面场技术。在这种工艺中，不是整个背表面都被电极覆盖，而是只有 1% ~ 4% 的背表面被局部的背电极覆盖，然后在背表面沉积一层氧化物作为减反层和钝化层，PERL 电池就采用了这种工艺。

（8）电极制备　电极制备是太阳电池制备过程中一个至关重要的步骤，它不仅决定了发射区的结构，而且也决定了电池的串联电阻和电池表面被金属覆盖的面积。传统的电极是采用平面丝网刷镀银粉然后烧结而成，但是这种方法制备的电极具有高的串联电阻和大的表面覆盖率，对电池的效率影响很大。目前采用以下几种电极制备方法：

1）激光刻槽埋栅。理想的电极应具有低的串联电阻和小的表面覆盖率，为了得到这样的电极，澳大利亚新南威尔士大学研制了激光刻槽埋栅电极工艺。这种方法是在表面受到保护的轻掺杂基体上，用激光或者机械的方法刻划出电极槽，经过清洗之后对电极槽区域进行重掺杂，最后将不同合金按照不同顺序浇注到电极槽内形成电极。用这种方法制备的电极宽度很窄（20 ~ 25μm），具有很低的表面覆盖率，而且还具有高的纵深比，能够更好地吸收载流子。目前这种工艺已经在高效大面积的太阳电池上得到了大规模的应用。这种方法的主要缺点是合金中包含的 Ni 和 Cu 对环境具有破坏作用，需要额外费用来清除工业废物。图 4-19 示出澳大利亚新南威尔士大学研制的"激光刻槽—埋栅"单晶太阳电池结构。

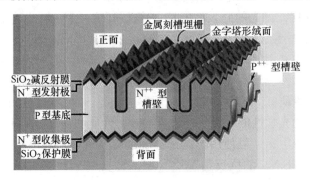

图 4-19　澳大利亚新南威尔士大学研制的埋栅法接触电极单晶太阳电池

2）丝网印刷。由于传统的丝网印刷电极制备技术已经成熟并大面积应用，完全取代它则花费太大，而且它没有化学废物需要处理。因此，如何改进现有的平面印刷技术，使得它现有的电极宽度（150 ~ 200μm）减小到埋栅电极的水平是一个有益而实际的课题。

3）透明电极。无论是采用丝网印刷技术还是埋栅电极工艺，电池表面总是有一部分被金属电极覆盖。研究指出，多晶硅电池表面如果有 10% 的面积被遮盖，它的输出功率要降低 50%，而非晶硅电池的输出功率与照射面积成正比。因此，透明电极受到了人们的关注。这种电极一般是用 ZnO_x 制成，可以避免表面被遮盖，但是由于硅电池的后续工艺都需要高温，透明电极的导电性能和透光性能在后续工艺中都会下降。

4）整体背电极。另外一种可以避免表面金属覆盖的工艺是整体背电极工艺。这种工艺完全不用表面电极，而是在电池的背表面形成相间的 P-N 区，这样就形成了一系列的 P-N

结，然后用电极将载流子引出。以后又将这种工艺发展成点接触背电极工艺，首先在电池背表面形成许多 P 型和 N 型小区域，然后用电极引出载流子。这种避免上电极的工艺特别适用于聚光型太阳电池。

（9）阵列和封装　单体电池制造完成后，还要将它们串并联后连成组件（包括电连接和机械连接），然后封装，太阳电池产品才算最后完成。电池组串并联的个数取决于负载和蓄电池组的功率和电压。通常阵列是用导线或金属条以串/并联方式将单体电池连接起来并固定到一个塑料基座上，将一块玻璃或透明塑料薄板装在电池的正面（光从这里射入），最后用硅有机树脂为主体的封装化合物使电池密封。这一过程特别要考虑防止电池在使用期内由于热、化学、物理等方面的原因引起性能下降。封装的质量往往决定了太阳电池板的工作可靠性甚至工作寿命。

太阳电池的失效往往出在封装上。失效的原因可以是由于盖板与电池分离，使光接触变坏，因而电池效率下降；或由于密封破坏，透入湿气，使电池上的金属电极与大气中的湿气、盐或活性气体接触而发生腐蚀，或由于长期照射使盖板老化变色，透光率下降。一般最好采用柔性装配，这样可调节运输和装配过程中所产生的应力，实际使用中还能适应热膨胀引起的变化。因此，常采用具有橡胶稠度的封装化合物，如室温硫（RTV）的硅酮基化合物以及能一直保持柔软的聚合树胶。玻璃是防风暴和砂子擦伤的最好的材料。推荐使用低铁含量的玻璃以防止老化变色。聚光电池的密封就更为困难，因为光强高，所以必须散掉过多的热量才能使电池正常工作。由于晶体硅 P-N 结在理论上能够在光照下至少工作 100 年，因此太阳电池的工作寿命主要取决于盖板及封装材料的寿命。

在上述太阳电池制备过程中，每一个步骤并非是完全独立，而是互相关联。若每一个步骤都是独立地正确，可以生产出一般效率的电池。只有所有步骤都是关联地正确，才能生产出高效率的电池。在工业界的制程上，这往往也是决定是否能生产高效率太阳电池的关键因素。

4.10　其他类型的太阳电池

尽管单晶硅太阳电池效率相对较高，但是价格昂贵，因为它们是由极纯的"半导体级"硅制成，制造过程缓慢，要求高技能的操作者，并且是劳动力和能量密集型。然而，太阳电池也可以由纯度较低、更便宜的"太阳级"硅制成，只是能量转换效率稍有下降。

过去 20 年里，已经发展了一些降低晶体太阳电池和模块的造价或提高它们的转换效率的方法。包括采用多晶体和非晶体替代单晶体材料，以带状或薄片状生长硅，以及采用其他晶体材料如 GaAs 等。图 4-20 形象地给出单晶体、多晶体和非晶体的结构示意图，其中单晶体和非晶体显示了微观原子排列的不同，多晶体则表示成许多单晶体的组合。

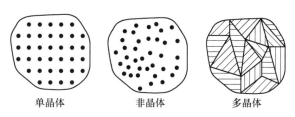

单晶体　　　　非晶体　　　　多晶体

图 4-20　单晶体、非晶体和多晶体示意图

（1）多晶体硅（mc-Si） 多晶体硅实际上是由许多小的单晶硅粒组成。太阳电池晶片可利用各种方法直接由多晶硅制造，包括将多晶硅在立方形坩埚内熔化，进行可控凝固，然后用极细的线切割切成极薄的晶片，最后制成类似于单晶的晶片。

比起单晶硅太阳电池，多晶硅太阳电池更容易制造，因此它成本较低。但其效率不高，因为在多晶硅的晶粒之间的交界面上，光生载流子（电子和空穴）容易复合在一起。不过，通过材料处理，使晶粒尺寸相对较大或较小，并且排列成自上而下的方向，从而允许光更深地打入每一个晶粒，可以显著地提高转换率。通过一系列改进，商用的 P 型多晶硅太阳电池的转换效率已经达到18%。与同样工艺条件下的 P 型单晶硅电池相比，转换效率约低1%。但是，N 型单晶硅电池可以采用高效电池工艺，将转换效率提升到25%左右。而 N 型多晶硅的电池效率相对 P 型没有明显改善。

（2）硅带（EFG） 硅材料占光伏电池模块成本约30%。但无论是用单晶硅还是多晶硅，都存在严重的切割损耗，造成硅材料的损失。在切割过程中使用砂浆还对环境造成一定的污染。硅带技术最大的优点在于它完全避免了切割过程，从而大大降低基体的生产成本。硅带工艺主要有颗粒硅带、导模法（EFG）等。颗粒硅带工艺是在保护气氛中将硅粉直接加热、熔化、退火冷却得到硅带。EFG 是唯一投入大规模生产的硅带工艺，它直接从熔融的硅液中拉制出薄的硅带。但是，一般的硅带都存在缺陷多，表面平整度不高的问题，给后续工艺和电池效率带来了负面影响，因此，如何提高硅带质量是硅带工艺面临的最大挑战。

（3）化合物半导体 可用于太阳电池的除了硅晶体材料外，还有另一大类称为化合物半导体材料，如砷化镓、磷化铟、碲化镉等。化合物太阳电池的特点是，通过能隙的调制，与太阳光有更好的匹配，理论上更接近太阳电池的最高转换效率。因为它们具有很高的光吸收系数，所以只需要很薄的一层材料。以砷化镓（GaAs）为例。GaAs 具有与 Si 相似的晶体结构，但由 Ga 原子和 As 原子交替构成。GaAs 有比 Si 更宽的带隙，对于吸收太阳辐射光谱能来说，恰好接近理论最佳值。因而 GaAs 电池比 Si 电池转换效率高得多。它们还可以在较高的温度下工作，效率却没有明显地下降，而 Si 电池在温度升高时效率明显下降。这使 GaAs 电池更加适合在聚焦型系统工作。

但是，化合物半导体电池制造工艺复杂，因此都比硅电池贵得多。此外 Ga、In、As 等元素都不是地球上丰富的材料。化合物半导体电池通常用于需要高转换效率而不考虑价格的场合，例如用在航天飞船上。

（4）非晶硅薄膜太阳电池 太阳电池可以由极薄的非晶硅（α-Si）薄膜制作。其中硅原子的排列比起单晶硅中的排列要不规则得多。在 α-Si 中，并非每个 Si 原子都与其邻居充分结合，于是留下了所谓的"悬挂链"，它可以吸收任何通过掺杂而多出来的电子，从而使任何 P-N 结失去效应。

然而，这一问题可以通过用常规方法制作 α-Si 的过程来克服。一种含有硅和氢的气体（例如 SiH_4）以及少量的掺杂物如硼电离分解并沉积在合适的基片上。气体中的 H 具有提供附加电子的作用，它们在硅的悬挂键结合，实际形成了一种硅氢合金。包含在气体中的掺杂物具有通常的提供电荷，增强材料的电导率的作用。

非晶硅太阳电池在 P 型和 N 型材料之间具有特殊的结特性，即所谓的"P-I-N"结，它的最上面是极薄的 P 型 α-Si 薄层，紧贴中间是较厚的未掺杂的 α-Si 本征层，下面是一层极薄的 N 型 α-Si 薄层。

  非晶硅太阳电池的制作成本大大低于晶体硅电池。非晶硅也是更好的光吸收器，因此可以使用更薄，因而更便宜的薄膜。制造过程温度比晶体硅低很多，从而更节约能源，也更适合连续生产。它允许在多种基片上大面积的沉积，可以是刚性基片或是柔性基片，包括钢、玻璃和塑料。不过目前 α-Si 电池的转换效率比单晶和多晶都小得多。目前实验室里单结α-Si电池的最大转换效率不超过 12%，而且目前的使用效率在阳光下曝晒几个月后即下降，从开始的 6%～10% 下降，最后稳定在 4%～8%。为了改进 α-Si 电池的效率和变质问题，研究人员尝试了许多方法，其中之一是采用多层结的 α-Si 装置。

  非晶硅电池由于价格便宜，已经广泛用于电子计算器等转换率要求不是很高的民用电子产品。图 4-21 所示是现代的单晶、多晶、非晶薄膜太阳电池与早期的贝尔实验室 1 号太阳电池的对比。注意图中的非晶薄膜太阳电池具有柔性，可以卷成一卷。卷筒前面则是 1954年研制出的早期太阳电池——贝尔实验室 1 号。

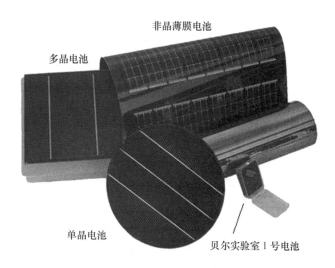

图 4-21　现代的单晶、多晶、非晶薄膜太阳电池与
早期的贝尔实验室 1 号太阳电池对比

  （5）化合物半导体薄膜电池　除了非晶硅薄膜电池以外，还有许多其他材料适用于薄膜太阳电池。其中最有希望的是基于化合物半导体的薄膜，包括铜铟二硒（$CuInSe_2$，常简写成 CIS）、铜铟镓二硒（CIGS）和锑化镉（CdTe）。基于上述技术的太阳电池模块已经进入生产阶段，但产量仍很小。CIGS 电池目前达到薄膜电池的最高转换效率，大约 21%（美国 NREL）。

  CdTe 电池的带隙接近最佳，理论转换效率为 28%，而且不会发生 α-Si 电池的初始效率下降问题。CdTe 电池模块可以用较简单和便宜的电镀方法制造。不过，这种电池中的 Cd 为剧毒，因此制造过程使用以及最终的弃置都必须极为小心。目前全球最大的薄膜电池生产商First Solar 公司 CdTe 试验室转化率已达到 21%，商业化生产的光伏组件转化率达到 14%以上。

  （6）多层结太阳电池　提高太阳电池转换效率的一个方法是"层叠式"或多层结方法，

即两个或更多的 P-N 结一层一层叠加起来，每一层吸收入射光线的一部分特定光谱。一个具有多层的太阳电池称为"级联式"电池。

例如，非晶硅可以通过熔合碳原子合金来加大带宽，从而使材料对于光谱的蓝紫端更好的响应。另一方面，熔合进锗原子将降低带宽，从而使材料对光谱的红色端有更好的响应。

多层结电池的典型用法是，将宽带隙的 α-Si 结置于电池上方，吸收光谱中紫端的高能光子，下方依次为其他 α-Si 结薄膜，每层吸收比上层波长更长的光，逐渐靠近光谱的红光端，如图 4-22 所示。还有其他类型的太阳电池也在研制中，如日本 SANYO 公司的"混合 HIT"模块，用两层非晶硅薄膜将单晶硅薄膜夹在中间，可达到很高的转换效率和较低的材料费用。采用Ⅲ-Ⅴ化合物半导体的多层结电池模块，转换效率高达 40% 以上。

（7）聚光型光伏系统（CPV） 另一种提高太阳电池能量输出的方法是，利用反射镜面或透镜等光学元件，将大面积的阳光汇聚到较小的太阳电池面积上，再通过高效率的电池直接转换为电能。这种方法类似于第 2 章介绍的太阳能热发电，可以用较小面积的太阳电池获得较大的能量输出。依照聚光比的不同，可以从 2 倍变到几百倍甚至上千倍。在聚光型光伏系统中，由于太阳电

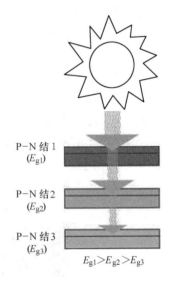

图 4-22 多层结太阳电池

池处于高倍的聚光焦点上，必须采用主动式或被动式的散热方法来冷却电池，从而不仅增加了系统的成本，而且带来了可靠性问题。

具有高聚光比的系统采用复杂的传感器、电机和控制系统以便跟踪太阳，从而使电池总是接收太阳辐射最大值。对准太阳需要两根轴的控制：水平方向和高度方向。具有低聚光比的系统常常只在一根轴上跟踪太阳，从而简化了跟踪系统。

多数聚焦系统只能利用太阳直接辐射。这在多云雾的地区（或国家）会造成问题，例如在英国，几乎一半的太阳辐射是漫射辐射。但是，某些特殊设计的聚焦系统可以同时吸收直接辐射和一部分漫射辐射。

（8）光电化学电池（Photo-electrochemical cells 或 Dye） 光电化学电池也称为染料敏化电池，这是一种与前述的单晶硅电池完全不同的光化学方法，用来产生来自阳光的便宜电流。严格来讲，光电化学电池装置不是光伏器件，光伏电池采用固体，而光电化学电池采用液体。利用光电化学效应将阳光转换成电流并非新的思想，贝克勒尔开创性的光伏实验就是基于液态装置。尽管该方法目前还处于实验室阶段，但它给了人们获得新的、便宜的光电转换方式的希望。

光电化学电池是瑞士洛桑联邦理工学院的 Gratzel 教授提出的，如图 4-23 所示。这种电池制造的关键部件是两片薄玻璃板，上面均覆盖了一层透明并且导电的氧化锡薄层。位于下方的玻璃板的氧化锡层上面又覆盖了一层 TiO_2 薄层，它是一种半导体，表面被刻蚀成高粗糙度，强化了其吸收阳光的性能。

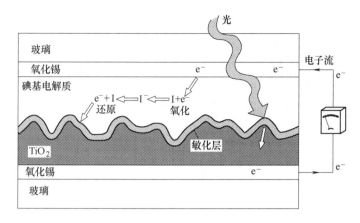

图 4-23 Gratzel 光电化学电池原理

紧邻粗糙的 TiO_2 表面有一层只有一个分子厚度的"敏化剂",由专利保护的过渡金属 Ru 和 Os 的络合物构成。在这层"敏感的" TiO_2 和另一层玻璃之间是较厚的碘基电解质层。当吸收适当波长的光子时,敏化层放出电子进入 TiO_2 的导带,电子接着移动到导电层的底部电极,流入外电路去做功。当电子重新回到上端电极时,驱动碘溶液中的氧化还原反应,这一过程能够继续提供电子给光敏的 TiO_2 层,从而使上述过程继续重复下去。

通过近二十年的研究,到 2013 年底,染料敏化太阳电池的效率已经超过 13%。这种电池的突出优点是高效率、低成本、制备简单,因此有望成为传统晶体硅太阳电池的有力竞争者。

图 4-24 列出了目前各种主要太阳电池分类,图 4-25 列出了截止到 2013 年的各种主要太阳电池的转换效率。

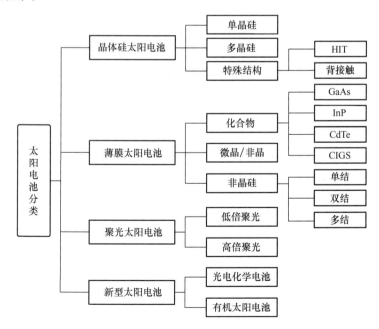

图 4-24 目前的各种主要太阳电池分类

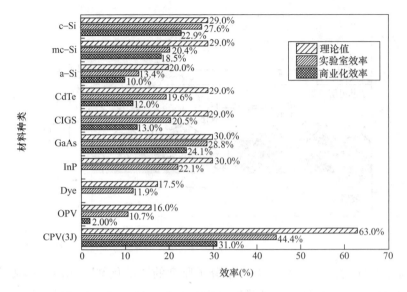

图4-25 目前各种太阳电池的效率（其中：c-Si，单晶硅；mc-Si，多晶硅；
a-Si，非晶硅；Dye，染料敏化电池；OPV，有机电池；CPV（3J），
3结聚光电池。来源：NREL报告，2013年）

4.11 太阳电池发电系统

4.11.1 光伏系统的尺寸确定

单个太阳电池输出电流和电压都很小，实际应用中大都将许多单电池串并联起来，构成太阳电池模块或太阳电池阵列。总电压取决于串联单电池的个数，而总电流取决于并联的个数。为了能够准确地确定某种应用需要多少光伏模块，以及在某些遥远地区电池能力应该要多大，一个光伏系统的设计者需要了解以下问题：

1）每日、每周、每月该地区的电力需求的变化。

2）每日、每周、每月光伏系统所在区域的太阳辐射的变化。

3）光伏系统的设定方向和倾角是多少。

4）有多少无日光的天数，需要依靠蓄电池工作。

上述系统的尺寸设计已经在许多文献中给出，也有了计算机程序来帮助工程师来确定和计算光伏系统的尺寸和制造成本，以满足给定的区域和气候条件的能量要求。

一个典型的$100cm^2$硅太阳电池产生大约0.5V电压。由于许多光伏应用需要为铅酸电池充电，而铅酸电池额定电压为12V，因此一个光伏模块通常由36块太阳电池串联在一起，从而保证即使在多云的天气，总电压也能大于13V，以便为12V的蓄电池充电。

在实际测量中，太阳电池或模块的功率峰值是通过将其暴露在特别设计的辐射灯照射下，产生等价于AM1.5光谱分布和总功率密度$1000W/m^2$，此时测量其最大输出功率。

4.11.2 太阳电池发电系统的构成

太阳电池发电系统可分为空间应用和地面应用两大类。在地面可以作为独立的电源使

用，也可以与风力发电机或柴油机等组成混合发电系统，还可以与电网连接，向电网输送电力。目前，应用比较广泛的光伏发电系统包括并网发电和作为地面独立电源使用。

如图 4-26 所示，太阳电池发电系统中的主要部件除了太阳电池方阵外，还包括蓄电池、功率调控系统和逆变器等。独立的光伏发电系统主要由太阳电池方阵、蓄电池、控制器组成，并网发电系统则还需要逆变器和交流配电设备。其作用分别简述如下。

太阳电池方阵的作用是将太阳辐射能直接转换成电能，供给负载使用。一般由若干太阳电池组件按一定方式连接，再配上适当的支架及接线盒组成。

蓄电池组是太阳电池方阵的储能装置，是独立工作的太阳电池组的关键部件。在白天阳光照射下，太阳电池组在给负载供电

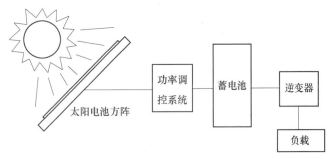

图 4-26　太阳电池发电系统构成

的同时，向蓄电池充电。到了夜晚或是在阴雨天，负载电能由蓄电池提供。此外，还需要来自化石能源的辅助能源，以保证连续的电力供应。另外，还需考虑将过多的电能取走，这可以直接利用电能消耗，或是传送给电网来完成。因此，在光伏发电系统中，蓄电池始终处于充放电状态，即白天充电，晚上放电。因此，要求蓄电池的自放电要小，而且充电效率要高，同时还要考虑价格和使用是否方便等因素。常用的蓄电池有铅酸蓄电池和硅胶蓄电池，要求较高的场合也有用价格比较昂贵的镍镉蓄电池。

功率调控系统主要由电子元器件、仪表、继电器、开关等组成。在简单的太阳电池——蓄电池系统中，调控器的作用包括保护蓄电池、避免过充电和过放电、保持电池组的输出在最大功率输出点、向负载提供合适的电压和电流等。若光伏电站并网供电，功率调控系统则需要有自动监测、控制、调节、转换等多种功能。

如果负载用的是交流电，则在负载和蓄电池之间还应配备逆变器，逆变器的作用就是将方阵和蓄电池提供的低压直流电逆变成 220V 交流电，供给负载使用。逆变器有单相和三相之分，输出波形有阶梯波、方波、正弦波等，独立和并网电站主要采用单相和三相正弦波逆变器。逆变器在电力电子技术中应用很广，但在太阳能光伏电站应用中，对逆变器有一些特殊的要求。由于民用电力都使用交流负载，因此光伏逆变器是太阳电池普及到民用住宅的关键技术之一。

如图 4-27 所示为从集中式光伏

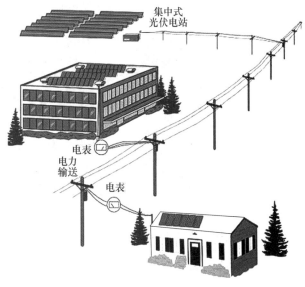

图 4-27　太阳电池并网发电系统

（资料来源：Photovoltaics in Cold Climates, Ross&Royer, eds., 1999）

电站到负载用户的太阳电池并网发电系统。

4.12 太阳电池的环境影响和发展前景展望

4.12.1 电池使用时的环境影响

在所有可再生和不可再生能源发电系统中，太阳电池对环境的负面影响可能是最小的。

正常工作时，太阳电池系统没有任何气体或液体排放，没有任何放射性物质。但是，在 CIS 和 CdTe 太阳电池模块中，包含微量的有毒物质，因此存在着一旦发生火灾释放出这些有毒的化学物质的可能性。

太阳电池无任何移动部件，因而从机械的角度绝对安全，也没有任何噪声。但是，与其他任何电力系统一样，太阳电池也存在着电击的危险，特别是在工作电压大大超过通常的 12—48V 的大型光伏系统中。但是在技术完善的太阳电池系统中，电击的危险最大也不会超过传统的电力系统。

电池阵列显然会产生某种视觉影响。屋顶的电池阵列将进入邻居视线，依个人的审美观不同，而可能被视为美观或相反。西方有些公司将电池阵列制作成屋瓦的形式，像瓦片铺在屋顶，从而与建筑物和谐地结合在一起。图4-28 所示为美国的一户节能住宅，屋顶同时装有太阳电池和太阳能热水器，还包括超级隔热外墙、空气回热、通风系统等，它们都和建筑合为一体，构成所谓"零能房屋"，即不消耗任何传统能源，完全依赖太阳能的住宅。

图4-28 美国的一户节能住宅（零能房屋）
（来源：美国可再生能源国家实验室（NREL）网站）

放置在屋顶的太阳电池不占用额外的土地，但是兆瓦级的太阳电池阵列必须占用专门的大量空地，它们将造成视觉的冲击。在瑞士，政府将太阳电池作为隔声板安装在高速公路和铁轨旁，在发电的同时吸收噪声。

4.12.2　电池制造过程的环境影响和安全问题

在硅太阳电池的制造过程中对环境并无特别的影响，除非发生生产事故。大多数太阳电池使用的原材料硅，本质上是无毒的。然而，在制造某些太阳电池的过程中使用了少量的有毒化学物质。有毒的金属镉被用来制造碲化镉，少量的镉也用来制造 CIS 和 CIGS 电池模块，尽管新的方法有可能摆脱这种金属元素。

像其他化学过程一样，工厂的设计和操作必须考虑避免万一发生事故所产生的化学物质泄漏。

尽管太阳电池的工作寿命相当长，它们最终将停止工作而被弃置或回收。显然后者更有利。一些太阳电池厂家已经开始对电池进行再生处理。欧盟宪章正在准备对太阳电池的回收和再生立法。

4.12.3　太阳电池系统的能量平衡

关于太阳电池的一个错误想法是，它们在工作寿命期所产生的能量等于它们在制造过程中消耗的能量。这在太阳电池的早期可能的确如此。在提炼多晶硅和单晶硅过程中极其耗能。制造出的电池转换率也很低，致使电池的产能寿命很短。

然而，在现代电池的制造中，引进了各种先进的技术，电池模块的转换率也更高了，因此太阳电池系统的能量输出比以前大得多。最新的研究表明，太阳电池模块的能量回收时间（包括电池基座和支撑结构）大约为 2 ~ 5 年，而未来将可能降到 1.5 ~ 2 年。

4.12.4　太阳电池前景展望

与其他能源一样，太阳电池的每千瓦小时发电成本包括两部分：投资成本和运行成本。太阳电池发电系统的投资成本不仅包括太阳电池模块自身的成本，还包括"系统平衡"成本，即将电池模块连接形成阵列、阵列安装和支撑设施、电缆、功率控制器、逆变器、电表、蓄电池组或与电网的连接设施等投资成本。

尽管太阳电池系统的初始投资目前很高，其运行成本比起其他一些可再生或不可再生能源来则低很多。太阳电池系统不需任何燃料，也没有任何移动部件（除了跟踪聚光系统外），因而比其他系统例如风力机相比，太阳电池的维护要求很少（包括蓄电池的太阳电池系统则要求一定的维护）。

到 2013 年底，单晶硅太阳电池模块的成本约为 0.7 美元/Wp，光伏发电的成本接近 0.15 美元/(kW·h)，但仍为常规发电的约 2 倍。按照美国能源部光伏发电计划的预测，光伏发电成本降低到 0.1 美元/(kW·h)，将对常规能源产生强有力的竞争。随着技术突破和发电规模的扩大，光伏发电的成本将会进一步下降，大规模的民用和商用光伏发电已经指日可待。

到目前为止，性价比最好的光伏电池是多晶硅电池，市场份额占 60% 以上。但是，基于 N 型单晶硅的高效电池转化效率远高于多晶硅电池。业内普遍预计，未来几年单晶硅电池占比将迅速提升。考虑到目前日益严峻的能源短缺和生态环境压力，清洁、可再生的太阳光伏产业必将有更大规模的发展。

为了强调太阳电池对未来世界能源的巨大影响，欧洲光伏工业协会和绿色和平组织在

2001年发展报告中预测，到2020年太阳光伏发电装置容量将超过200GW，将为10亿人口供电并提供200万份工作。到2040年，太阳电池将提供9000TW·h电力，满足全球1/4的电力需求。随着中国经济的发展，太阳电池在中国也同样将发挥越来越大的作用。

4.13 例题

【例4-1】 计算能够在Si中产生电子—空穴对的太阳辐射波长范围，Si的能带间隙为1.12eV（$1eV = 1.602 \times 10^{-19}J$）。

【解】 由 $E = h\nu = h\dfrac{c}{\lambda}$，$\lambda = \dfrac{hc}{E}$

其中 $h = 6.626 \times 10^{-34}J \cdot s$，$c = 2.998 \times 10^{8}m/s$。

于是 $\lambda = \dfrac{(6.626 \times 10^{-34})(2.998 \times 10^{8})}{(1.12)(1.602 \times 10^{-19})}m = 1.11 \times 10^{-6}m = 1.11\mu m$

因此，只有波长小于$1.11\mu m$的太阳辐射才能在Si太阳电池中产生光生电流。

【例4-2】 一片厚度为$0.46\mu m$的GaAs样品用能量为$h\nu = 2eV$的单一波长的光照射，吸收系数为$5 \times 10^{-4}cm^{-1}$，照射功率为10mW。计算：（1）样品每秒吸收的总能量；（2）电子在复合之前释放给晶格的多余的热能的速率（J/s）；（3）电子的复合速率。

【解】

（1）由式（4-2）

$$F(L) = F(0)e^{-a} = 10^{-2}\exp(-5 \times 10^{4} \times 0.46 \times 10^{-4})W$$
$$= 10^{-2}e^{-2.3}W = 10^{-3}W$$

于是，样品吸收的光能为

$$(10 - 1)mW = 9mW = 9 \times 10^{-3}J/s$$

（2）每个光子能量中转化为热能的分数为

$$\frac{2 - 1.43}{2} = 0.285$$

其中GaAs的带隙为1.43eV。于是，每秒转化为热能的量为

$$0.285 \times 9 \times 10^{-3}J/s = 2.57 \times 10^{-3}J/s$$

（3）复合辐射放出的能量为吸收的辐射能减去热能，即

$$(9 - 2.57)mW = 6.43mW$$

每个电子从导带回到价带放出1.43eV能量，于是电子的复合速率为

$$\left(\frac{6.43 \times 10^{-3}}{1.6 \times 10^{-19} \times 1.43}\right)光子/s = 2.81 \times 10^{16}光子/s$$

思考题与习题

1. 半导体的禁带宽度如何影响光伏发电效率？什么样的禁带宽度最好？

2. 何谓少数载流子？何谓多数载流子？它们在光伏发电中各自的作用是什么？

3. 什么是直接带隙半导体和间接带隙半导体？为什么直接带隙半导体更适合做光伏电池？

4. 什么是扩散电流和漂移电流？画图表示。

5. 什么是费米能级？热平衡时费米能级为何是常数？

6. 太阳电池要求少数载流子的寿命尽可能长，为什么？可以采取哪些措施来实现？

7. 影响太阳电池效率的因素包括以下参数：温度 T、少子寿命 τ、能带间隙 Eg、聚光率、掺杂浓度、电池厚度、串联电阻以及电池反射率。问当它们中的每一个增加时，短路电流 Jsc、开路电压 Voc 和效率 η 是提高了、降低了还是影响不大？

8. 聚光器可以提高太阳电池的输出功率，但阳光的集聚又使电池温度上升，从而使转换效率下降。（1）试想出一两种方法解决这一矛盾；（2）解决这一问题的根本途径是什么？

9. 目前的太阳电池主要有哪些类型？它们各自有哪些优势和劣势？试提出几种改进的方法。

10. 从光伏效应原理可知，太阳电池欲产生功率输出，有两个必要条件：一是有内建电场；二是能够产生光生载流子。能否用其他不同于半导体 P-N 结的方法构造一个类似的太阳电池？试述其原理，并论证其可行性。

11. 光伏电池效率与半导体晶体结构的哪些因素有关？什么是理想的光伏电池的晶体结构？

12. 什么是单晶硅电池、多晶硅电池、薄膜电池？它们各有何优缺点？

13. 试述从石英砂到单晶硅太阳电池的制造工艺。其中主要的能量损耗有哪些？试提出改进方案。

14. 多层结太阳电池有何好处？从效率和成本两方面考虑，什么是最优的结数？有无可能用单结电池吸收不同波长的太阳光？

参 考 文 献

［1］ G Boyle. Renewable Energy—Power for a Sustainable Future ［M］. 2th ed. Oxford University Press，2004.

［2］ B G Streetman，S Banerjee. Solid State Electronic Devices ［M］. 5th ed. Prentice Hall，2000.

［3］ B L Anderson and R L Anderson. Fundamentals of Semiconductor Devices ［M］. 半导体器件基础. 北京：清华大学出版社（影印版），2006.

［4］ （美）胡晨明，R M White. 太阳电池 ［M］. 李采华，译. 北京：北京大学出版社，1990.

［5］ A L Fahrenbruch，R H Bube. Fundamentals of Solar Cells—Photovoltaic Solar Energy Conversion ［M］. Academic Press，1983.

［6］ 孟庆巨，刘海波，孟庆辉. 半导体器件物理 ［M］. 北京：科学出版社，2005.

第 5 章
生 物 质 能

生物质能是指来源于木材、秸秆、动物粪便等生物质的能源。与化石能源不同，它们来自新近生存过的生物。这些生物质可以通过直接燃烧来获取能量，也可以转化为生物质燃料，如生物柴油等。

生物质能来源于地球的生物圈。生物圈虽然只是地球表面的一个薄层，对人类来说，却蕴藏着大量的能源。特别重要的是，由于太阳的光合作用，生物质能不断地获得补充。它是太阳能以化学能的形式储存在生物质中，以生物质为载体的能量。它直接或间接来源于绿色植物的光合作用，可转化为常规的固态、液态和气态燃料，是一种取之不尽、用之不竭的可再生能源。因为生物质能的原始能量来源于太阳，所以从广义上讲，生物质能是太阳能的一种表现形式。尽管到达地球的太阳能量只有很少部分被固定在陆地上的有机物中，但这些能量已超过全世界每年耗能的七倍多。

生物质能与太阳能、风能、水能和潮汐能相比是唯一可存储和运输的可再生能源。生物质的组成与常规的化石燃料相似，它的利用方式也与利用化石燃料的常规能源类似。但生物质的种类繁多，分别具有不同特点和属性，利用技术远比化石燃料复杂与多样。

本章讨论有关生物质能的性质、主要的利用技术、经济性以及这一世界范围的可再生能源的未来发展前景。

5.1 生物质能的形成和利用

5.1.1 生物质能的形成

储藏在生物体中碳水化合物中的能量会通过各种物理化学过程消耗。也有一部分能量会积攒下来，经过成千上万年的变化成为了化石燃料。我们可以从中间打断这个过程，把生物质能提前提取出来作为燃料。特别是，如果消耗的能量不超过自然所产生的能量，燃烧生物燃料将不会比自然过程产生更多的热和二氧化碳。这样就真正实现了可持续的能源供给，而不产生任何对地球的环境效应。当然实际上很难做到这一点，人工过程总会与自然发生的过程不同。自然界的生物质能循环如图 5-1 所示。

木柴、稻草以及其他植物和动物的残余物，很早以前就被人类用作燃料直接燃烧产生热量，在许多发展中国家，人们仍在使用这种"传统生物质能"作为主要能源。然而在近二三十年，"新的生物质能"这一词汇被用来专门定义在工业化国家中经过大规模商业化处理的生物质。这些过程的起始物可能是专门种植的能源作物，但更多的是有机废物；过程的产物可能是有用的热，或任何一种固体、液体或气体生物燃料。表 5-1 列出了有关生物质能的

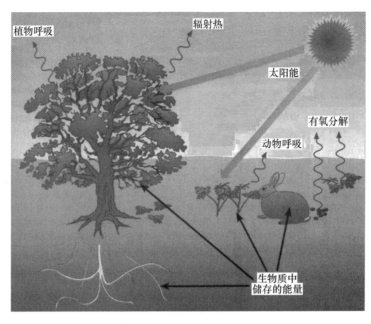

图 5-1 生物质能的循环

一些基本数据。

表 5-1 有关生物质能的一些基本数据（近似值）

世 界 总 量	世 界 能 量 对 比
世界所有生物的质量 = 2 000Mt （包括生物体中的水分）	陆地生物质储存的能量 = 25 000EJ 生物质能
所有陆地植物的质量 = 1 800Mt	陆地生物质储存能量的速率 = 3 000EJ/年
年陆地生物质净产量 = 400Mt/年	年粮食能量消耗 = 16EJ/年
世界人口（2002 年）= 62 亿	年生物质能消耗 = 56EJ/年
人均陆地植物 = 300t	总的一次能量消耗（2002 年）= 451EJ/年(14.3TW)

地球上的生物按照吸收方式的不同，可分为异养生物和自养生物两大类。异养生物只能利用现成的有机化合物为营养源，如动物、大多数微生物和少数植物；自养生物能够用无机碳化物作为营养，如绝大多数植物和少数微生物。自养生物中有的利用无机物氧化获得能量合成有机物，如硝化细菌、硫细菌等；另有一大类绿色植物（包括孢子植物和种子植物）通过光合作用将无机物合成为有机物。植物通过光合作用将太阳能转化为化学能并储存有机物，也为其他直接或间接依靠植物生存的生物提供有机物和能量。

光合作用是绿色植物通过叶绿体利用太阳能，把二氧化碳和水合成为储存能量的有机物，并且释放出氧气的过程，如图 5-2 所示。绿色植物的光合作用过程用如下的化学式表示

$$6CO_2 + 12H_2O \xrightarrow[\text{太阳能}]{\text{叶绿体}} C_6H_{12}O_6 + 6H_2O + 6O_2 \qquad (5-1)$$

光合作用的全过程可分成两个阶段。一个是有光能才能进行的化学反应，叫作光反应阶

段。光反应阶段的化学反应是在
叶绿体内基粒的囊状结构上进
行，首先将水分子分解成 O 和
H，释放出氧气；然后在光照下
将 ADP（二磷酸腺苷，最常见
的磷能量载体）和无机磷合成为
ATP（ATP 为游离核苷酸，由腺
嘌呤、核糖与三分子磷酸构成），
磷酸与磷酸间借磷酸酐键相连。
几乎是生物组织细胞能够直接利
用的唯一能源，在糖、脂类及蛋
白质等物质氧化分解中释放出的
能量，相当大的一部分能使 ADP
磷酸化成为 ATP，从而把能量保
存在 ATP 分子内。当这种高能

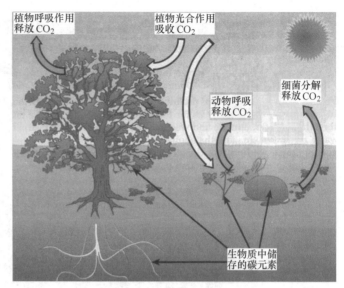

图 5-2　光合作用与碳循环

磷酸化合物水解时（磷酸酐键断裂）自由能变化为 30.5kJ/mol，而一般的磷酸酯水解时（磷
酸酯键断裂）自由能的变化只有 8 ~ 12kJ/mol，因此称磷酸酐键为高能磷酸键，光能转变成
了活泼的化学能储存在 ATP 的高能磷酸键中。

　　另一个是没有光能也可进行的化学反应，叫作暗反应阶段。暗反应阶段的化学反应是在
叶绿体内的基质中进行，首先是二氧化碳的固定，即二氧化碳与五碳化合物结合，形成三碳
化合物；其中一些三碳化合物接受 ATP 释放的能量，被氢还原，再经过一系列复杂的变化，
形成糖类，ATP 中活跃的化学能转变为糖类等有机物中稳定的化学能。这个循环过程是由美
国生物学家卡尔文（M. Calwin）等人发现的，又称卡尔文循环。

　　光合作用将太阳能转化为化学能并储存有机物，是植物赖以生长的主要物质来源和全部
能量来源，也是其他直接或间接依靠植物生存生物的有机物和能量来源。埋藏在地层中的
煤炭、石油和天然气等常规能源通常是古代植物通过光合作用形成的有机物演变而来的。
从物质转变和能量转变的过程来看，光合作用是地球生命活动中最基本的物质代谢和能
量代谢。

　　光合作用对生物的进化也起到了重要的作用。因为如果没有光合作用，地球上有氧呼吸
的生物就不可能出现。事实上，在原始大气中并没有氧气的存在。直到距今 20 ~ 30 亿年以
前，绿色植物在地球出现以后，地球的大气中才逐渐含有了氧，从而使地球上进行有氧呼吸
的生物才得以生存和进化。同时，光合作用释放氧气，维持了大气中氧气和二氧化碳之间的
平衡。

　　但实际上从太阳能转化为生物质能的效率并不高。在北欧，这一转化效率不到 1%；在
热带地区，转化效率要高一些，在 1% ~ 2% 之间。这个效率比光伏电池小很多。但光合作用
最大的优点在于能量转化的成本是极低的。

　　效率低的原因有很多。首先，太阳辐射在很多时候是无效的。有可能没有照射到植物
上；有可能没有在合适的季节照射植物；有可能照射不到阴影下的矮灌木；或者植物没有足
够的水分和二氧化碳进行光合作用。这些都可能造成太阳能的损失。对于植物来说，还要考

虑病虫害和杂草的不利影响。另外，树叶之所以看起来这么绿是因为吸收了太少的绿光，这样就损失了不少的太阳能，只有85%的太阳能被树叶有效地吸收。这其中光合作用只能用21%的能量来转化碳氢化合物。最后，这些能量的40%还要提供给植物去呼吸来维持自己的生命，植物吸收太阳光线的情况如图5-3所示。

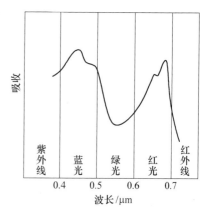

图 5-3 植物吸收太阳辐射的光线

5.1.2 生物质能的利用

生物质能通过什么方式为人们所利用呢？燃烧是最直接的一种方式。燃烧有这样几个特点：第一，需要氧气；第二，有化学反应发生；第三，有热量产生。

燃料通常是能与氧气发生化学反应，放出热量的物质。生物质能的一个重要应用是沼气，它的主要成分是甲烷，下面以它的燃烧反应为例，了解其燃烧前后的物质变化

$$CH_4 + 2O_2 \rightarrow CO_2 + 2H_2O + 热量 \tag{5-2}$$

甲烷与氧气反应后，生成了二氧化碳和水，并放出了热量。从这个反应可以看到一般燃料的燃烧反应过程：燃料里的含碳量和含氢量决定了二氧化碳和水的生成量。化石燃料经过成千上万年的演变，基本上就剩下碳氢化合物了。而生物质燃料没有经过这么长时间的演变，里面还会含有大量的氧等其他物质。但只要分析清楚各种元素的含量，可以很容易写出燃料的反应式，以葡萄糖（$C_6H_{12}O_6$）为例

$$C_6H_{12}O_6 + 6O_2 \longrightarrow 6CO_2 + 6H_2O + 热量 \tag{5-3}$$

表5-2列出了一些燃料平均发热量的对比。

表 5-2 燃料平均发热量

燃　料	含 能 量		燃　　　料	含 能 量	
	GJ/t	GJ/m³		GJ/t	GJ/m³
木材（60%含水量）	6	7	麦秆	15	1.5
木材（20%含水量）	15	9	甘蔗渣	17	10
木材（0%含水量）	18	9	城市垃圾	9	1.5
木炭	30		工业废弃物	16	
纸	17		石油	42	34
排泄物	16	4	煤炭	28	50
草	4	3	天然气	55	0.04

注：每立方米的发热量取决于燃料的密度，特别是对于固体燃料。每吨的发热量也和燃料的组成有关。

生物质能转化利用途径主要包括燃烧、热化学法、生化法、化学法和物理化学法等（图5-4），可转化为二次能源，分别为热量或电力、固体燃料（木炭或颗粒燃料）、液体燃料（生物柴油、甲醇、乙醇和植物油等）和气体燃料（氢气、生物质燃气和沼气等）。

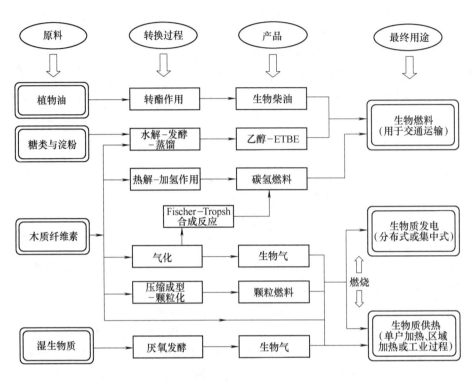

图 5-4　生物质能转化利用途径

5.2　生物质能的来源

生物质的两大主要来源：一个是为了获取生物质能而专门种植的农作物，可以称之为能源作物；另一个就是废弃物，包括农林业、工业和人们生活中的废弃物。以下对这两方面分别进行介绍。

5.2.1　能源作物

能源作物可以直接作为燃料，也可以转化为其他的生物质燃料。例如，木材可以直接燃烧，有些植物可以用来发酵制取酒精，还有些作物的种子含有大量的植物油可以提炼出来。由于人类急需要找到化石燃料的替代品并降低污染排放，而且在有些地方有剩余的耕地，所以能源作物近年来越来越受到欢迎。当然发展能源作物也要考虑当地的气候、土壤等因素的影响。能源作物包括林业作物和农作物两种。

（1）林业作物　传统的林业作物需要很长的生长周期，而专门用来获取能量的林业作物生长周期要短得多。这种作物只需 2~4 年的生长之后就可将其树干砍下作为生物质资源，而树桩还会继续生长，这个循环大约能持续 30 年。据报道，国外每公顷（1 公顷 = $10^4 \mathrm{m}^2$）林地每年可收获 30t 以上能源作物，如图 5-5 所示。

这种作物最典型的应用就是提供热量。以瑞典为例，有 18 000 万 m^2 的能源作物用来提供热量。它既可以单独作为能源来使用，也可以与煤炭等其他能源一起使用。在英国 NorthYorkshire（北约克郡），即将建成的 ARBRE（Arable Biomass Renewable Energy，耕地生物

图 5-5　林业能源作物

质可再生能源）发电厂是世界上最先进的利用能源作物的电厂之一，它将生物质气化之后进行利用。在美国、澳大利亚和新西兰，比较常见的能源作物是桉树。利用的土地都是尽量选择退化荒废的土地。

（2）农作物　用做生物质资源的农作物最常见的是甘蔗和玉米，它们通常用来转化为液体燃料。还有一类生物质能源主要是取自植物的种子，比如向日葵、油菜、黄豆等，它们通过转化后可以作为柴油的替代品，这就是一般所说的生物柴油。

5.2.2　废弃物

废弃物包括林业、农业的废弃物、动物的排泄物、城市生活垃圾以及工业废弃物等。

无论是农林业的废弃物还是工业的废弃物，都是生物质能的潜在来源。它们都含有丰富的有机物，如果直接将其燃烧便可以得到能量。当然工业废弃物里面也含有塑料等一些不容易燃烧或降解的物质，所以能否将废弃物都称为可再生能源还存在一些争议。

（1）林业废弃物　在砍伐和加工树木的同时，总会产生许多木屑或者锯屑，甚至是整块的木头被遗弃。如果不加以利用，它们也就在自然界中腐化成为其他作物的养料。随着科技的进步，许多国家都开始利用这些林业废弃物来发热、发电。例如，澳大利亚就有 6% 的电力是利用林业废弃物作为动力的。

（2）温带农作物废弃物　从世界范围来看，小麦和玉米是温带非常普遍的农作物，它们一年可以产生十多亿 t 的废弃物，也就是说含有 15～20EJ。但它们的利用率很低，通常只是用来作饲料或填充床上用品。在英国的 East Anglia，每年大约有 80% 的秸秆被弃置，以前总是直接将其燃烧。但由于空气污染，1992 年直接燃烧被禁止，导致农民处理这些秸秆的成本增加。在中国许多地方，夏秋季的秸秆焚烧经常造成严重的空气污染，有待于建立新的生物质能设施来解决这一问题。

在英国，利用秸秆产生的有用热量大概有 300MW。欧洲的其他国家在处理秸秆上也有很多经验。比如丹麦有一个项目一年能利用 1.2Mt 的秸秆来发热。英国第一个利用秸秆的发电厂于 2000 年建成。其工作流程如图 5-6 所示。

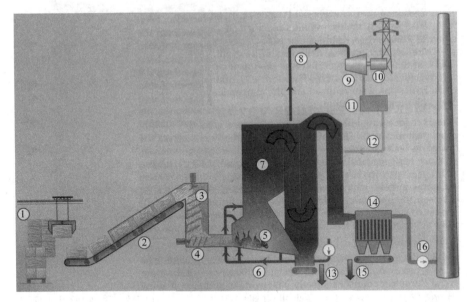

图 5-6　英国的秸秆发电厂

1—稻秆处理　2—传送带　3—切料　4—进料机　5—振动装置
6—预热空气　7—燃烧炉　8—高压蒸汽　9—涡轮机　10—发电机
11—冷凝器　12—给水装置　13—排渣　14—袋式过滤器　15—灰烬　16—鼓风机

（3）热带农作物废弃物　与温带不同是，热带最主要的农作物是蔗糖和大米。据估算它们总的能量大约有 18EJ，和温带的农作物接近。它们也是生物质能一个非常重要的来源。

甘蔗渣是甘蔗加工后剩余的纤维素，通常在糖厂被用来产生动力。其实它还可以有更广泛的应用。如果甘蔗渣充分地加以回收，并采用较高的效率将其转化为电能，它是非常有发展前景的。甘蔗渣的另外一个用途就是用来制取酒精。

稻壳也是非常常见的农业废弃物，只是相对其他生物燃料，它所含有的灰分会大一些，所以利用它们进行气化更合适，这在我国和印尼等都有成功的应用。

（4）动物排泄物　动物的排泄物发酵所释放的气体是温室气体的主要来源。据估算，美国 10% 的甲烷来自于动物排泄物。如果没有很好地处理这些排泄物，还会对水体造成污染。随着近年来对环境问题的日益重视，开始想办法利用这些能源。其中很重要的一个应用就是沼气技术，这在后面的生物质能气化技术中还会进行介绍。

如果排泄物的含水量比较低，将它们直接燃烧也是一个选择。家禽的排泄物与秆杆、木材等废弃物混合，每吨的发热量也能达到 9 ~ 15GJ，这当然还要取决于水的含量。1992 年，英国第一家利用动物排泄物的发电厂在 Suffolk 建成投产，年发电量 13MW，每年要用掉 20 万 t 来自周边农场的动物排泄物。

（5）城市固体废弃物（垃圾）　在工业发达国家，每个家庭平均一年要产生 1t 以上的垃圾，而平均这 1t 垃圾里面都含有大概 9GJ 的发热量。城市固体废弃物的处理方法一般有三种方法：填埋、燃烧和厌氧消化。无论哪一种处理方式，垃圾都要经过一定的处理，至少应该把金属和一些可能产生辐射的物质从垃圾中去除掉。因此，垃圾处理都要配套垃圾分类的设备。

　　垃圾填埋是很多国家常用的方法。垃圾中含有大量的生物质，如果被填埋到深层的地下，那里有非常好的厌氧消化的条件。厌氧消化发生后就会产生以甲烷为主的可燃气体，甲烷就可以安全使用了。

　　理论上，每吨垃圾会产生 150～300m³ 的气体，其中有 50%～60% 的甲烷，因此每吨垃圾应该产生 5～6GJ 的能量。但实际上，每吨垃圾只能产生不到 2GJ 的能量。能量的产量一般来说是变化的而且不太容易估计。

　　垃圾填埋产生的气体能够直接用到生产中去，比如各种锅炉、窑炉，特别是用来发电。燃烧气体转化为电能的效率假设为 35%，那么整个系统算起来效率会在 10% 以下。含有 100 万 t 的垃圾填埋场只能提供 2MW 的电量。尽管效率非常低，但是低廉的发电成本仍然非常吸引人。

5.3　生物质直接燃烧技术

　　相比于常规燃料，生物质能最需要解决的问题是运输和储存。石油和天然气的能量密度很高，在能量需求相同的情况下，石油和天然气的体积要小得多，也易于储存运输。而生物质的来源就比较复杂，很多情况下，含有很多的水分而且分解的速度很快，不利于长期保存。生物质的低能量密度也导致了能量运输成本的增加。近年来，有很多研究致力于将生物质转化为其他更易利用的能量形式。

　　大多数生物质的原始状态都是固体的，用于直接燃烧还是比较方便的。但如果要长距离运输，一般都要事先经过处理，如分类、破碎、成型、脱水等物理过程。也可以采用化学方法，例如液化或气化，这些方法将在后面的章节中介绍。

5.3.1　生物质燃料特性

　　生物质燃料和传统的固体燃料煤相比主要有以下差别：

　　(1) 含碳量少　生物质燃料的含碳量最高不会超过 50%，相当于褐煤的含碳量。特别是固定碳的含量明显比煤少。所以生物质燃料烧的时间短，而且能量密度比较低。

　　(2) 含挥发分多　生物质燃料中的碳，多数和氢结合成较低相对分子质量（分子量）的碳氢化合物，遇到一定温度后热分解析出挥发物，挥发分里所含能量占其所有能量的一半以上。所以生物质容易点燃，要充分利用挥发分中的能量，如果空气和温度不足会导致燃烧不充分，容易产生黑烟。

　　(3) 含氧量多　生物质燃料的含氧量明显多于煤炭，使得生物质容易点燃，且不需要太多的氧气供应。

　　(4) 密度小　生物质燃料的密度小，比较容易烧尽，灰渣中残留的碳量小，但对燃料的运输不利。

　　由于生物质燃料有以上这些特点，所以在直接燃烧时，为了提高燃烧效率，在空气供给、燃烧室容积和形状以及燃料添加等方面也相应地有所不同。

5.3.2　生物质燃料的燃烧过程

　　与煤的燃烧类似，生物质燃料的燃烧过程可以分为：预热、干燥、挥发分析出和焦炭燃烧等阶段。当生物质送入炉膛后，因为引燃生物质表面的可燃物，温度逐渐升高，生物质中水分首先吸热而蒸发干燥。干燥的生物质吸热增温发生分解，析出的挥发分与空气相混合，形成具有一定浓度的氧气与挥发分的混合物。当温度和浓度两个条件都已具备，挥发分首先着火燃烧，并为其后的焦炭燃烧准备了条件。生物质表面燃烧所放出的热能逐渐积聚，通过传导和辐射向柴草内层扩散，从而使内层挥发分析出，继续与氧混合燃烧，并放出大量的热量。此时，生物质中剩下的焦炭被挥发分包围着，炉膛中的氧不易接触到焦炭表面，焦炭难以燃烧，在挥发分减少后，氧气接触到焦炭，就要产生焦炭的燃烧。随着焦炭的燃烧，不断产生灰分，把剩余的焦炭包裹，妨碍它继续燃烧。这时人为地适当加以搅动或加强通风，都可以加强剩余焦炭的燃烧。减少灰渣中残留的炭。

以上几个阶段实际上是连续进行的。当挥发分气体着火燃烧后，气体便不断向上流动，边流动边反应形成扩散火焰。由于空气与可燃气体混合比例的不同，因而形成各层温度不同的火焰。比例恰当的，燃烧速度快，温度高；比例不恰当的，燃烧速度慢，温度低。实际应用中应控制好进风量。

可以看出，生物质的燃烧主要也是两个阶段，即挥发分的燃烧和焦炭的燃烧，前者燃烧较快，约占燃烧时间的10%，后者则占90%的时间。生物质燃烧还有其特点：

1）生物质燃料的密度小，挥发分高。在250℃时热分解开始，在325℃时就已经十分活跃了。350℃时挥发分可以析出80%。挥发分析出的时间很短，如果空气给得不合适，挥发分有可能燃烧不完全就被排出，产生黑烟，甚至是浓黄色烟。所以生物质的燃烧一定要控制好风量，采取一定的措施使含有大量能量的挥发分充分燃烧。

2）挥发分逐渐析出和燃尽后，燃料的剩余物为疏松的焦炭，气流运动会将一部分炭粒裹入烟道，形成黑絮，所以通风过强会降低燃烧效率。

3）挥发分烧完，固定碳燃烧受到灰分包裹空气较难渗透的影响，易有残炭遗留。此时，要加强空气的流动以加强其渗透能力，使固定碳尽量的燃尽。

5.3.3　燃烧过程的部分计算

1. 空气供给量计算

燃烧所需的氧气来自燃烧区周围的环境，为了使燃烧优化，空气的供给有一个最佳范围，它又和供给的方法有关。当空气流动受阻或分配不良时，会使某些可燃物逸出。适当的空气量可增加可燃气体的浓度，使化学反应减慢。

单位质量燃料的理论需要空气量可根据化学反应式求得。生物质燃料中含磷量极少，而钾常以氧化钾的形式存在，都可以忽略不计，所以单位质量燃料的理论需要空气量可按下式计算

$$V^0 = 0.889C_{ar} + 0.256H_{ar} + 0.0333(S_{ar} - O_{ar}) \tag{5-4}$$

式中，V^0 为单位质量燃料理论需要空气量（标准状态下）[m³/kg（燃料）]；C_{ar} 为燃料碳元素的收到基含量（质量分数）（%）；H_{ar} 为燃料氢元素的收到基含量（质量分数）（%）；S_{ar} 为燃料硫元素的收到基含量（质量分数）（%）；O_{ar} 为燃料氧元素的收到基含量（质量分数）（%）。

常见的生物质燃料，其理论需要空气量为 4~5m³/kg（燃料），在实际的炉膛内燃烧时，由于供给方式的限制以及空气和燃料的接触不完善，只供给理论空气量是不够的。为了保证

充分燃烧, 供给的空气量比理论的要多。实际供给空气量 (V) 和理论空气量之比称为空气过量系数 α

$$\alpha = V/V^0 \tag{5-5}$$

一般情况下 α 值在 $1.7 \sim 3.0$ 之间。最佳的 α 值约在 2.0 左右。空气过量系数可以采用烟气分析仪测定烟气中的氧、二氧化碳和一氧化碳含量, 再由下式计算获得

$$\alpha_{py} = \cfrac{21}{21 - 79 \times \cfrac{\varphi_{O_2} - 0.5\varphi_{CO}}{100 - \varphi_{CO_2} + \varphi_{O_2} + \varphi_{CO}}} \tag{5-6}$$

式中, α_{py} 为用烟气分析计算获得的 α 值; φ_{O_2} 为干烟气中氧气的体积分数 (%); φ_{CO_2} 为干烟气中二氧化碳的体积分数; φ_{CO} 为干烟气中一氧化碳的体积分数。

说明: 此式中 CO_2 严格讲应为 $CO_2 + SO_2$。由于生物质燃料中硫含量明显较少, 故忽略不计。

2. 排烟量计算

每千克燃料的烟气量除了与燃料的元素组成、水分含量有关外, 常和空气量有关。每千克燃料的实际烟气量可按下式计算

$$V_{py} = [0.1866(C_{ar} + 0.375S_{ar}) + 0.111H_{ar} + 0.0124M_{ar}$$
$$+ 0.008N_{ar} + (1.0161\alpha_{py} - 0.21)V^0] \tag{5-7}$$

式中, V_{py} 每千克燃料的实际烟气量 (标准状态下) [m^3/kg (燃料)]; C_{ar} 燃料的碳元素的收到基含量 (质量分数) (%); S_{ar} 燃料的硫元素的收到基含量 (质量分数) (%); H_{ar} 燃料的氢元素的收到基含量 (质量分数) (%); M_{ar} 燃料的水分的收到基含量 (质量分数) (%); N_{ar} 燃料的氮元素的收到基含量 (质量分数) (%)。

炉膛中的排烟热损失和排烟量温度有关, 所以排烟量大, 排烟损失也随之增大。

3. 燃烧温度计算

目前, 尚不能用计算方法来获得实际燃烧温度, 只能根据查表获得热值进行理论计算, 因为它受外界因素的影响。

为了评价燃料燃烧过程的程度, 设想使燃料在理想条件下燃烧。理想条件是, 没有散热损失和完全燃烧, 这个条件下计算出来的燃烧温度称为 "理论燃烧温度", 可以用下式进行计算, 该式是通过进入和排出燃烧系统物质的平衡来求得

$$t_{th} = \frac{Q_{dw} + Q_a + Q_f + Q_{t.d}}{V_{py}c_{py}} \tag{5-8}$$

式中, t_{th} 理论燃烧温度 (℃); Q_{dw} 燃料热值 [kJ/kg (燃料)]; Q_a 空气带入的物理热 [kJ/kg (燃料)]; Q_f 燃料带入的物理热 [kJ/kg (燃料)]; $Q_{t.d}$ 燃料热分解的吸热 [kJ/kg (燃料)]; V_{py} 每千克燃料的实际烟气量 (标准状态下) [m^3/kg (燃料)]; c_{py} 烟气的比定压热容 (标准状态下) [$kJ/(m^3 \cdot ℃)$]。

以分析玉米秸秆为例, 若 $\alpha = 2.4$ 时, 其理论燃烧温度为 940℃, 明显低于煤炭的理论燃烧温度。在实际中燃用生物质燃料的炉灶实测是这样的: 焦炭层的燃烧温度为 850 ~ 900℃, 火焰测试 500 ~ 700℃, 在 α 值减小时此值尚能提高。

综上所述, 生物质燃料直接燃烧和煤炭直接燃烧有所不同, 特别在空气供给、燃烧室形状和体积的要求方面有着显著的差别。了解上述基础知识将有助于生物质燃料直接

燃烧效率的提高。

5.3.4　农林业废弃物的燃烧

在农村地区，砍柴烧水是一种最简单的生物质能的应用，但这种应用的效率无疑是很低的。要设计一个高效的燃烧器，就要对生物质燃烧的过程有充分的了解。一开始，首先是水分的蒸发，它需要吸收一些能量，接下来就是挥发性物质的燃烧，和煤类似，可以称之为挥发分。挥发分的燃烧引燃了剩下物质的燃烧，剩下的物质是由碳和其他一些物质所组成的。它的燃烧会带来二氧化碳的生成，燃烧后还会剩下一些灰和炉渣。

生物质的燃烧与煤燃烧最大区别在于，它有 3/4 的能量在挥发分中，而煤的挥发分只含有不到一半的能量。所以设计燃烧器的时候，要使挥发分充分地燃烧以获得更多的能量。固体碳的燃烧也要尽量充分，所以将生物质破碎成细颗粒将有利于燃烧，但是这样也会带来烟尘排放的污染问题。还有对空气的控制，足够的空气会使燃烧更加充分，但过多的空气会把一部分热量带走，对提高炉子效率并没有好处。

木材等生物质的直接燃烧会带来污染，科研人员正在致力于研究高效低污染的燃烧方式。

5.3.5　木炭

在 300～500℃ 的条件下，将木材在还原条件的窑炉里处理，可以获得木炭，把这个过程称之为热解。生物质通过热解会失去挥发分而剩下木炭。木炭的成分基本上就是碳，它的能量密度是原始木材的两倍左右，这样要设计一个效率比较高的炉子也就相对要容易一些。但是要获得 1t 的木炭需要耗费 4～10t 的木材，而且如果没有收集挥发分，会有 3/4 的能量损失掉。而且制取木炭的过程也会排放大量的污染物，是温室气体的一个主要来源之一。

5.3.6　城市固体废弃物的燃烧

在许多欧洲国家，垃圾的燃烧为供暖、发电等提供了大量的能量。在西欧一些国家，垃圾焚烧占垃圾处理的 30%～60%。世界上利用垃圾发电的装机容量大概是 300 万 kW，有一半左右是在欧洲。

由于垃圾填埋的一些缺点和垃圾运输的高成本，20 世纪 90 年代，垃圾焚烧在英国发展得很好。图 5-7 所示是一个大型垃圾焚烧发电厂的例子。

但是迫于公众的压力，20 世纪 90 年代以后，垃圾焚烧发展得不到更多的支持。反对垃圾焚烧的主要理由还是空气污染问题。很多环保组织都反对将垃圾直接燃烧，而是鼓励循环利用以减少垃圾的产生。

5.3.7　燃用生物质锅炉

燃用生物质的锅炉有几种形式：人工进料的堆燃炉（荷兰烤炉）；自动进料的炉算燃烧炉（炉排炉）；原料自由燃烧的悬浮炉；还有流化床燃烧炉（空气由底向上喷射，原料流动燃烧）。

燃烧生物质锅炉与燃煤锅炉没有本质上的差别，只是在设计锅炉时需考虑到，与煤相

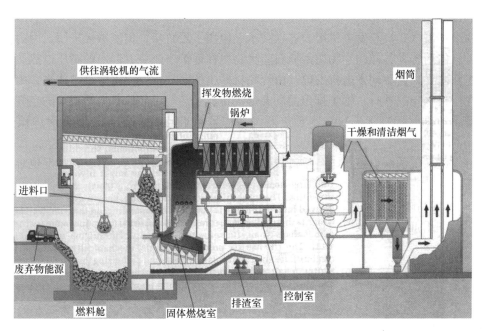

图 5-7 垃圾焚烧发电厂

比，一般生物质具有热值小、密度小，钾含量多，挥发分多的特点。所以，应对锅炉的燃烧室、受热部件以及供风系统，在结构上作些适当的调整；燃用前最好能作脱钾处理，用盐酸即可脱钾，因为氧化钾在高温下易造成锅炉受热面上结渣，影响锅炉性能。

5.3.8 燃用生物质锅炉的应用

以生物质为燃料的锅炉在国外应用较多，在我国也有应用。这些锅炉有的用来供热水和采暖，有的用来发电，还有些既用于发电同时还用于供热。下面给出几个著名的示例。

1. 奥地利 Arbesthal 集中供热系统

奥地利 Arbesthal 燃用生物质锅炉 1.5MW 集中供热系统，利用林业加工废弃物（如树皮、碎木块、锯屑）和农业生产中的秸秆为原料，在炉内直接燃烧，生产低温热水，通过管道分配给小区的居民作为生活用热水。该生物质供热系统建于 1993 年，它有 2 台热水锅炉，500kW 的锅炉为人工进料，1000kW 的锅炉为自动进料，烟气处理采用静电过滤器，装置的效率达到 85%，所生产的热水供 110 ~ 150 户居民，供热管道长度为 4.5km。整个装置运行是由计算机系统自动控制。热量的分配、计算和收费等也由计算机管理。

奥地利 Arbesthal 燃用生物质锅炉的相关参数：烧废木材锅炉功率 500kW；烧葵花籽皮锅炉功率 1000kW；燃料需要量：树皮 550t/年，葵花籽皮 350t/年。灰分产量：17t/年；热水产能：1700 ~ 2000MW·h/年；管线长度：外管网 3100m，内管网 1400m。

以废木材为锅炉燃料的供热系统，在奥地利、瑞典等国家应用比较多，仅奥地利就有近百个地区性生物质能供热系统。

2. 巴西的锅炉燃用生物质发电

巴西是世界上生物质能开发利用比较先进的国家之一。以前以甘蔗的利用为主，近期在巴西的东北部营造了大面积的薪炭林，并以薪炭林木材为原料发电，其发展前景将不亚于对甘蔗的利用。

巴西采用凝汽式汽轮发电机组，这项技术已应用了近百年，但依然被采用，因为它运行可靠，并且能用各种各样的生物质做原料。生物质在锅炉中燃烧，产出的高压过热蒸汽，通过汽轮机膨胀做功，驱动发电机发电。由汽轮机排出的蒸汽在凝汽器中凝结成水，由泵输给锅炉，在经过水预热器时，锅炉排出的高温烟气将其加热。由鼓风机送给锅炉的空气，在空气预热器中被烟气提高了温度。水预热器（省煤器）和空气预热器都属于锅炉预热回收装置。

这种发电系统的缺点是：设备投资较高，热效率较低，即便是在将来，情况也难有明显改善。

3. 美国宾夕法尼亚州 Viking 木材发电厂

美国在利用生物质能发电方面处于世界领先地位。20 世纪 90 年代初，有 1000 个左右燃木发电厂。

以宾夕法尼亚州 Viking 木材发电厂为例，该发电厂装机容量为 18.2MW，锅炉主要燃用伐木场废木、鸡猪舍垫料等，日耗燃料量 600t。与巴西的锅炉不同，美国采用的是背压式汽轮机，而不是凝汽式的。此系统除用于发出 16MW 左右的电力并入电网外，每小时还向食品厂供应 10t 蒸汽，从而提高了系统的热效率，预计 6~9 年可收回投资。

锅炉燃用生物质发电与燃煤发电相比，在生产规模上受到一定限制，因为生物质原料来源、收集范围常常是有限的，其密度又小，给原料运输造成一定的困难。

5.4　生物质压缩成型燃料技术

生物质燃料在直接燃烧时存在挥发分逸出过快、空气供给难以控制等问题。这些问题在一般的炉灶中不易解决。为了避免出现这类问题，将分布散、形体轻、储运困难、使用不便的纤维素生物质，经压缩成型和炭化工艺加工成燃料，能提高燃料的热值，改善燃烧性能，这种技术称为生物质压缩成型技术。高密度的压缩成型生物质燃料，由于它压缩密实，更接近煤炭的密度，限制了挥发分的逸出速度，加之空气流通有一定的通道而比较均匀，燃烧过程相对比较稳定，可以改善送风量难以控制的问题。生物质压缩成型燃料可广泛应用于各种类型的家庭取暖炉、小型热水锅炉、热风炉，也可用于小型发电设施，是我国充分利用秸秆等生物质资源替代煤炭的重要途径，具有良好的发展前景。

5.4.1　生物质压缩成型原理

生物质压缩成型所用的原料主要有：锯末、木屑、稻壳、秸秆等。这些纤维素生物质细胞中含有纤维素、半纤维素和木质素，占植物体成分 2/3 以上。纯纤维素呈白色，密度为 $1.50 \sim 1.56 \mathrm{g/cm^3}$，比热容为 $0.32 \sim 0.33 \mathrm{kJ/(kg \cdot K)}$。

由于植物生理方面的原因，生物质原料的结构通常都比较疏松，密度较小。这些质地松散的生物质原料在受到一定的外部压力后，原料颗粒先后经历重新排列位置关系、颗粒机械变形和塑性流变等阶段，体积大幅度减小，密度显著增大。在水分存在时，用较小的作用即可使纤维素形成一定的形状；当含水率在 10% 左右时，需施较大的压力才能使其成型，但成型后结构牢固。由于非弹性或粘弹性的纤维分子之间相互缠绕和绞合，在去除外部压力后，一般不能再恢复原来的结构形状。

对于木质素等黏弹性组分含量较高的原料，如果成型温度达到木质素的软化点，则木质素就会发生塑性变形，从而将原料纤维紧密地粘结在一起，并维持既定的形状。成型燃料块经冷却降温后，强度增大，即可得到燃烧性能类似于木材的生物质成型燃烧块。对于木质素含量较低的原料，在压缩成型过程中，加入少量的诸如黏土、淀粉、废纸浆等无机、有机和纤维类粘结剂，也可以使压缩后的成型块维持致密的结构和既定的形状。因为这些粘结剂加入后，生物质粒子表面会形成一种吸附层，使颗粒之间产生一种引力（即范德华力），同时在较小外力作用下粒子之间也可产生静电引力，致使生物质粒子间形成连锁结构。

被粉碎的生物质粒子在外压力和粘结剂作用下，重新组合成具有一定形状的生物质成型块，这种成型方法需要的压力比较小。对于某些容易成型的材料则不必加热，也不必加粘结剂，但在粉碎颗粒需要细小，成型压力需要大，滚筒挤压式小颗粒成型实际就是这种类型。

5.4.2 压缩成型工艺类型

生物质压缩成型工艺有多种。根据主要工艺特征的差别，可划分为湿压成型、热压成型和炭化成型三种基本类型。如图 5-8 所示。

（1）湿压成型 湿压成型工艺常用含水量较高的原料，可将原料水浸数日后将水挤走，或将原料喷水，加粘结剂搅拌混合均匀。一般是原料从湿压成型机进料口进入成型室，在成型室内，原料在压辊或压模的转动作用下，进入压模与压辊之间，然后被挤入成型孔，从成型孔挤出的原料已被挤压成型，用切割刀切割成一定长度的颗粒从机内排出，再进行烘干处理。

湿压成型燃料块密度通常较低。湿压成型一般设备比较简单，容易操作，但是成型部件磨损较快，烘干费用高，多数产品燃烧性能较差。尽管湿压成型有环模成型、平模成型、对转成型、刮板成型、齿轮成型等多种机具类型，但目前应用范围不广，在东南亚国家和日本等有些小规模的生产厂家。

（2）热压成型 热压成型是目前普遍采用的生物质压缩成型工艺。其工艺过程一般为：原料粉碎→干燥混合→挤压成型→冷却包装等几个环节。由于原料的种类、粒度、含水率、成型压力、成型温度、成型方式、成型模具的形状和尺寸等因素对成型工艺过程和产品的性能都有一定的影响，所以具体的生产工艺流程以及成型机结构和原理也有一定的差别。但是，在各种热压成型方式中，挤压成型环节都是关键的作业步骤。

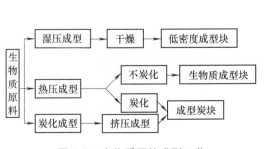

图 5-8 生物质压缩成型工艺

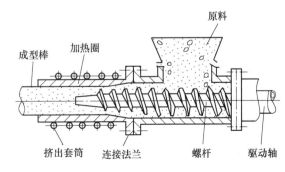

图 5-9 螺旋挤压成型机

目前，热压成型工艺中采用的成型机主要有螺旋挤压成型机（图5-9）、机械驱动活塞式成型机、液压驱动活塞式成型机等几种形式。其中螺旋挤压成型机采用连续挤压，成型温度通常调整在220~280℃。为了避免成型过程中原料水分的快速汽化造成成型块的开裂现象发生，一般要将原料含水率控制在8%~12%。在挤压过程中，原料与成型部的摩擦虽能生热，但满足不了成型温度的要求，因而需采用电热元件等对成型部位进行加热。可以采用在原料进入成型机之前，对其进行预加热（到100℃左右），以减轻成型部件的磨损。

螺旋挤压机产出的成型块通常为空心燃料棒（有利汽化气的排出），其密度一般在1.0~1.4t/m³。液压或机械驱动的活塞式成型机通常用于生产实心燃料棒或燃料块，其密度通常介于0.8~1.1t/m³，其中液压驱动的活塞式成型机对原料的含水率的要求不高，允许原料含水率高达20%左右。

（3）炭化成型　炭化成型工艺的基本特征是，首先将生物质原料炭化或部分炭化，然后再加入一定量的粘结剂挤压成型。由于原料纤维结构在炭化过程中受到破坏，高分子组分受热裂解转换成炭，并释放出挥发分（包括可燃气体、木醋液和焦油等），因而其挤压加工性能得到改善，成型部件的机械磨损和挤压加工过程中的功率消耗明显降低。但是，炭化后的原料在挤压成型后维持既定形状的能力较差，储存、运输和使用时容易开裂或破碎，所以采用炭化成型工艺时，一般都要加入一定量的粘结剂。如果成型过程中不使用粘结剂，要保护成型块的储存和使用性能，则需要较高的成型压力，这将明显提高成型机的造价。

（4）粘结剂　为了使成型块在运输储存和使用时不致破损、裂开，并具有良好的燃烧性能，理想的粘结剂必须能够保证成型炭块具有足够的强度和抗潮解性，而且在燃烧时不产生烟尘和异味，最好粘结剂本身也可以燃烧。常用的粘结剂可分为无机粘结剂、有机粘结剂和纤维类粘结剂三类。其中无机粘结剂（如水泥、粘土和水玻璃等）虽然具有一定的粘结能力，但这类粘结剂会增加燃料的灰分含量，降低燃料的热值，而且在炭块燃烧时会产生开裂的现象，所以使用效果较差。有机粘结剂（如焦油、沥青、树脂和淀粉等）也具有较强的粘结能力，淀粉粘结剂使用量一般为4%左右，虽然在燃烧时不产生烟气，但其抗潮解能力较差。以焦油、沥青和糖浆肥料作为粘结剂使用时，用量大约为30%，这类粘结剂的抗潮解能力较强，但在燃烧时会产生一定的烟气和异味。纤维类粘结剂（如废纸浆和水解木纤维等工业废弃物）价格低廉，而且具有较好的粘结能力，使用这一类粘结剂生产的成型炭可以采用自然干燥，而不必进行人工干燥。

5.4.3　生物质压缩成型工艺流程

生物质燃料压缩成型生产的一般工艺流程如图5-10所示。

（1）生物质收集　生物质收集是十分重要的工序。在工厂化加工的条件下要考虑三个问题：一是加工厂的服务半径；二是农户供给加工厂原料的形式，是整体式还是初加工包装式；三是原料的枯萎度，也就是原料在田

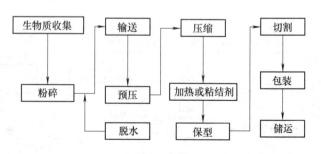

图5-10　生物质燃料压缩成型生产的一般工艺流程

间经风吹、日晒、自然状态脱水程度。如果不是机械收割、打捆，枯萎度大点好。另外，要特别注意收集过程中尽可能少夹带泥土，泥土多了，容易造成燃烧时结渣。机械化收集可解决这一问题。

（2）物料粉碎　粉碎是压缩成型前对物料的基本处理，粉碎质量好坏直接影响成型机的性能及产品质量。例如，在颗粒成型过程中，如果原料的粒度过大，则原料必须再成型及内碾碎以后才能进入成型机，这样成型机就要消耗大量功率。在颗粒成型过程中，成型机也能进行一定的粉碎作业，但不会像粉碎机那样高效率进行，因此要求粉碎作业尽可能在粉碎机上完成。不是对所有供给压缩成型的物料都需进行粉碎作业，如利用锯末、稻壳等为原料进行热压成型时，往往只从原料中清除尺寸较大的异物，不进行粉碎即可压缩成型。但是对于一般木屑、树皮及植物秸秆等尺寸较大的农林废弃物，都要进行粉碎作业，而且常常进行两次以上粉碎，并在粉碎工序中间插入干燥工序，以增加粉碎效果。

对于种类较为繁杂，尺寸较大的原料往往进行三次粉碎作业。第一次粉碎只能起到将原料尺寸匀整的作用，经过二次粉碎、干燥及三次粉碎以后才能满足成型机对原料粒度的要求。对于颗粒成型燃料，一般需要将90%左右的原料粉碎至2mm以下，而尺寸较大的树皮、木材废料等，一次粉碎只能将原料破碎至20mm以下，经过二次粉碎才能将原料粉碎到5mm以下，有时不得不进行三次粉碎。

（3）干燥　成型中水分含量很重要，国内外使用的都是经验数据，不是理论计算数据。水分含量超过经验数据上限值时，加工过程中，温度升高，体积突然膨胀，易产生爆炸，造成事故；若水分含量过低，会使范德华力降低，以致成型成问题，因此生物质原料粉碎后，要有一个脱水程序。最佳湿度在10%~15%，但活塞式成型机因其加工过程是间断式的，因此可以适当高些（16%~20%）。通过干燥作业，使原料的含水率减少到成型所要求的范围内。与热压成型机配套使用的干燥机主要有回转圆筒干燥机、立式气流干燥机等。

（4）预压缩　为了提高生产率，在推进器前先把松散的物质预压一下，然后推到成型模前，被主推进器推到"模子"中压缩成型。预压多采用螺旋推进器、液压推进器，也用手工预压的，这与要求的产量有关，生产单位可以自主选择。

（5）压缩　"成型模"是生物质成型的关键部件，它的内壁是前大后小的锥形，物料进入模具后要受三种力，即机器主推力、摩擦力、模具壁的向心反作用压力。影响主推力大小的是物料的密度、直径等，影响摩擦力大小的是夹角和模具温度。夹角越大，摩擦力越大，密度也要加大，动力也要加大，因而夹角设计是关键。因此，它随着直径和密度、材料种类有不同的要求。为了便于调整"模子"，设计有内模和外模，外模是不变的，内模是可以调换的。夹角的确定需经过试验，一般从3°开始，用插入办法调试。

（6）加热　生物质原料压缩成型过程中的加热，一方面可使原料中含有的木质素软化，起到粘结剂的作用；另一方面还可使原料本身变软，容易压缩。除此之外，加热温度对成型机的工作效率也产生影响。对于棒状燃料成型机，当机器的结构尺寸确定后，加热温度就应该调整到一个合理的范围。温度过低，不但原料不能成型，而且功耗增加；温度增高，电机功耗减小，但成型压力减小，成型物挤压不实，密度变小，容易断裂破损。该机型的加热温度一般调整在150~300℃之间，使用者需根据原料的形态进行调整。颗粒燃料成型虽然没有外热源加热，但在成型过程中，原料和机器工作部件之间的摩擦作用也可以将原料加热到100℃左右，同样可使原料所含木质素软化，起到粘结作用。

模具温度采用电阻丝来控制，应先预热后开机。也有不加热的。例如，用螺旋挤压式时，只要动力设计得足够大，锥角比较大，就可以产生较大的摩擦力，产生的摩擦热完全可以供成型使用。但这种方法会增大动力消耗，增大螺旋头和模具磨损，一般30～50h就要更换螺旋头。如果使用这种高压方式，宜先进行经济核算，然后再设计。

（7）粘结剂 加入添加剂有两种目的：一是增加压块的热值，同时增加粘结力，例如加入10%～20%的煤或炭粉，就可以达到目的，但加入时一定注意均匀度，防止因相对密度不同造成不均匀聚结；二是纯增加粘结力，减少动力输入，这要求生物质颗粒要小，便于粘结剂均匀接触。一般都在预压前输送过程中加入，便于搅拌。

（8）保型 保型是在生物质成型以后的一段套筒内进行的，其内径略大于压缩成型的最小部位直径，以便使已成型的生物质消除部分应力，随着温度的降低，使形状固定下来。保型套筒的端部有开口，用以调整保型筒的保型能力。如果保型筒大于成型筒直径过多，生物质会迅速膨胀，容易裂纹；过小了，应力得不到消除，出口后还会因温度突然下降，发生崩裂或粉碎。

5.5 厌氧消化制取气体燃料

制取气体燃料是利用生物质能的一个好方法。因为气体燃料不仅可以直接燃烧，而且还能用来驱动发动机和涡轮机。气体燃料也非常容易运输，如果将其中杂质去掉，还可以清洁燃烧。而且能量转化效率肯定要比直接燃烧生物质高。另外，如果气化的条件合适，还能产生混合气，如一氧化碳、氢气、烃类等可燃气体。利用生物质制取气体燃料有两种方法：生物化学法和热化学法。图5-11所示为生物质制取气体燃料的两种方法的流程图。本节先介绍生物化学法。

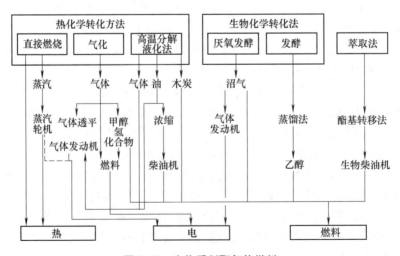

图 5-11 生物质制取气体燃料

5.5.1　固体废弃物的厌氧消化

通过厌氧发酵将使畜禽、秸秆、农业有机废弃物、农副产品加工的有机废水、工业废水、城市污水和垃圾、水生植物和藻类等有机物质转化成气体燃料如沼气，这是一种利用生物质制取清洁能源的有效途径，同时又能使废物得到有效处理，有利于农业生态建设和环境保护。

其实，垃圾填埋场就是一个厌氧消化场，只是对其消化过程的控制比较难。如果废弃物带有大量的水分，则消化的过程大不一样。由家畜粪便和污泥为主组成的废弃物一般都含有95%左右的水。它们必须被放入一个能够调节温度的厌氧消化器。厌氧消化器可大可小，小的可以有 $1m^3$，用于普通家庭；大的可以达到 $1000m^3$，用于生产。进料可以是连续的，也可以是分批的。消化的时间一般可以从几天到几个星期。

厌氧消化的过程很复杂。简单来说，就是细菌将其中的有机物转化为糖和各种各样的酸，这些酸分解就可以产生可燃气体，剩下的东西取决于一开始的进料和反应的条件。细菌在分解垃圾的时候就会放出热量，但是在比较寒冷的气候条件下，这些热量要用来维持至少35℃的反应温度。在极端情况下，厌氧消化后并没有能量释放出来，也许这些能量最后就成为化石燃料的能量了。

如果是一个运行良好的厌氧消化器，每吨干燥的物料可以产生 $200 \sim 400m^3$ 的生物质气，其中有 $50\% \sim 70\%$ 的甲烷，平均能量输出大概是8GJ/t物料。虽然这只有污泥实际所含能量的一半左右，但气化更主要的目的是获取洁净能源，去除有害物质。图5-12所示为国外的一家厌氧消化厂。

图 5-12　厌氧消化厂

相比垃圾填埋技术，厌氧消化不需要在远离城市的地方进行，这样节省了大量的运输成本，而且也不需要太大的地方来进行反应。在欧洲的许多国家，处理城市固体废弃物的厌氧消化厂已经建立起来。城市固体废弃物厌氧消化处理的过程如图5-13所示，通过处理后，生产出了甲烷，反应剩下的固体渣还可以用来燃烧发电。

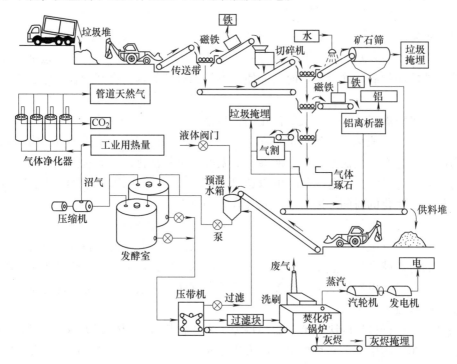

图5-13　城市固体废弃物厌氧消化处理过程示意图

5.5.2　沼气

1. 沼气发酵原理

沼气是有机物在厌氧条件下经微生物分解发酵而生成的一种可燃性气体，其主要成分是甲烷（CH_4）和二氧化碳（CO_2），此外还有少量的氢（H_2）、氮（N_2）、一氧化碳（CO）、硫化氢（H_2S）和氨（NH_3）等。通常情况下，沼气中的甲烷含量为50%~70%，二氧化碳为30%~40%，其他气体均含量很少。每立方米沼气的热值约为21520kJ，约相当于$1.45m^3$煤气或$0.69m^3$天然气的热值。

沼气发酵广泛存在于自然界，江、河、湖、海的底层，沼泽、池塘、积水的粪坑，在这些地方常可看到有气泡从水底污泥中冒出，如将这些气泡收集起来便可以点燃，所以人们叫它沼气。

由于沼气是由微生物消化分解生物有机质生成的，所以也称为生物气（biogas）。地球上每年由光合作用生成的4000亿t有机物，其中约有5%以各种不同形式在厌氧条件下被微生物分解生成沼气。人们建造设施或设备进行沼气发酵，是人类利用自然规律的一个杰作。

人类对沼气微生物的研究已有百年的历史。我国20世纪20~30年代左右出现了沼气生产利用装置。近几十年来，沼气发酵技术已广泛用于处理农业、工业以及人类生活中的各种有机废弃物并制取沼气，为人类生产和生活提供了丰富的可再生能源。

2. 沼气发酵的微生物学原理

一般认为，从各种复杂有机物的分解开始，到最后生成沼气，共有五大生理类群的细菌

参与沼气发酵过程。它们是：①发酵性细菌；②产氢产乙
酸菌；③耗氢产乙酸菌；④食氢产甲烷菌；⑤食乙酸产甲
烷菌。五群细菌构成一条食物链，根据其代谢产物的不同，
前三群细菌共同完成水解酸化阶段，后两群细菌完成产甲
烷阶段，如图5-14所示。

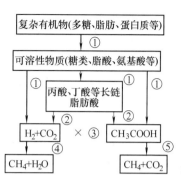

图 5-14　沼气发酵过程中
五群细菌的作用

（1）发酵性细菌　可用于沼气发酵的有机物种类繁
多，如禽畜粪便、作物秸秆、食品及酒精加工废水等，其
主要化学成分包括多糖，如纤维素、半纤维素、淀粉、果
胶质、脂类和蛋白质。这些复杂有机物大多不溶于水，必
须首先被发酵性细菌所分泌的胞外酶分解为可溶性的糖、
氨基酸和脂酸后，才能被微生物吸收利用。发酵性细菌将
上述可溶性物质吸收进入细胞后，经发酵作用将其转化为乙酸、丙酸、丁酸脂肪酸和醇类，
同时产生一定量的氢及二氧化碳。

沼气发酵时发酵液中的乙酸、丙酸、丁酸总量称为总挥发酸（TVA）。在发酵正常的情
况下，总挥发酸中以乙酸为主。蛋白类物质分解时，除生成上述产物外，还会有氨和硫化氢
产生。

参与水解发酵过程的发酵性细菌种类繁多，已知的就有几百种，包括梭状芽孢杆菌、拟
杆菌、丁酸菌、乳酸菌、双歧杆菌和螺旋体等。这些细菌多数为厌氧菌，也有兼性厌氧菌。
在厌氧活性污泥中，发酵性细菌的数量可达 $10^8 \sim 10^{10}$ 个/mL。

（2）产氢产乙酸菌　发酵性细菌将复杂有机物分解发酵所产生的有机酸和醇类，除乙
酸、甲酸和甲醇外均不能被产甲烷菌所利用，必须由产氢、产乙酸菌将其分解转化为乙酸、
氢和二氧化碳。主要反应过程如下：

丙酸：$CH_3CH_2COOH + 2H_2O \rightarrow CH_3COOH + CO_2 + 3H_2$

丁酸：$CH_3CH_2CH_2COOH + 2H_2O \rightarrow 2CH_3COOH + 2H_2$

乙醇：$CH_3CH_2OH + 2H_2O \rightarrow CH_3COOH + 2H_2$

乳酸：$CH_3CHOHCOOH + H_2O \rightarrow CH_3COOH + CO_2 + H_2$

经研究证明上述反应过程除乳酸降解外，在标准状况下由于所产氢的反馈作用，使反应
不能进行，丙酸、丁酸等长链有机酸则不能降解。只有当利用氢的产甲烷和产氢乙酸菌生活
在一起时，将所产生的氢利用掉，使环境条件维持极低
的氢分压时，上述反应才能进行。实验证明，原来认为
可以发酵乙酸产生乙酸和甲烷的一株产甲烷菌，是由产
氢产乙酸菌的 S 菌株与布氏甲烷杆菌一起联合进行的，
反应过程如图5-15 所示。

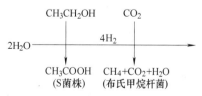

图 5-15　产氢产乙酸菌的反应过程

上述反应表明，只有当食氢的产甲烷菌等与产氢产
乙酸菌生活在一起时，产氢产乙酸菌才能顺利生长。这种产氢菌与食氢菌之间的生理代谢的
联合称为互营联合，菌种之间产氢和用氢的偶联现象称为种间氢转移。互营联合菌种之间的
种间氢转移是推动沼气发酵得以稳定而连续进行的生物力。

（3）耗氢产乙酸菌　也称同型乙酸菌，这是一类既能自养生活又能异养生活的混合营
养型细菌。它们既能利用 $H_2 + CO_2$ 生成乙酸，也能代谢糖类产生乙酸。这些菌在沼气发酵

过程中的重要性还未被广泛地研究，有人估计这些菌形成的乙酸在中温消化器中占 1% ~ 4%，在高温消化器中占 3% ~ 4%，其反应如下式

$$2CO_2 + 4H_2 \longrightarrow CH_3COOH + 2H_2O$$

$$C_6H_{12}O_6 + 2H_2O \longrightarrow 2CH_3COOH + 2CO_2 + 5H_2$$

已分离到的耗氢产乙酸菌有伍德乙酸杆菌、威林格乙酸杆菌、嗜热自养梭菌等多种。

（4）产甲烷菌　在沼气发酵过程中，甲烷的形成是由一群高度专业化的细菌——产甲烷菌所完成的。产甲烷菌包括食氢产甲烷菌和食乙酸产甲烷菌，是厌氧消化过程食物链中的最后一组成员，尽管它们具有各种各样的形态，但在食物链中的地位使其具有共同的生理特性。产甲烷菌在厌氧条件下将前三群细菌代谢的终产物，在没有外源受氢体的情况下，把乙酸和 H_2/CO_2 转化为气体产物——CH_4/CO_2，使有机物在厌氧条件下的分解得以顺利完成。产甲烷菌具有以下特性：

1）产甲烷菌的生长要求严格厌氧环境。产甲烷菌广泛存在于水底沉积物和动物消化道等极端厌氧的环境中。由于产甲烷菌对氧高度敏感，使其成为难于研究的细菌之一。例如，甲烷八叠球菌暴露于空气中时会很快死亡，其数量半衰期仅为 4min。在沼气发酵过程中，由于产甲烷菌和前述产酸菌共同生活在一起，特别是发酵性细菌的代谢活动，不仅可将氧气消耗殆尽，并且可产生大量还原性物质，为产甲烷菌的生长繁殖创造了条件。所以在厌氧消化生态中，产酸菌既为产甲烷菌制造了食物，又创造了生活条件。而产甲烷菌则将产酸菌的代谢终产物——乙酸 H_2/CO_2 加以清除，保证了产酸菌代谢路线的畅通。

2）产甲烷菌的食物简单。产甲烷菌只能代谢少数几种底物生成甲烷，其主要反应如下

H_2/CO_2：$4H_2 + CO_2 \longrightarrow CH_4 + 2H_2O$

甲酸：$4HCOOH \longrightarrow CH_4 + 3CO_2 + 2H_2O$

甲醇：$4CH_3OH \longrightarrow 3CH_4 + CO_2 + 2H_2O$

乙酸：$CH_3COOH \longrightarrow CH_4 + CO_2$

乙酸是厌氧消化器中最重要的产甲烷前体物质，无论是中温消化器或是高温消化器。在厌氧消化器中 70% 以上的甲烷是由乙酸裂解形成的，而其余的大多数来自 H_2 和 CO_2 的还原。所有产甲烷菌的生长均需要微量的镍、钴、钼和铁，实验表明这些元素是构成产甲烷菌特有辅酶的重要成分。

3）产甲烷菌适于成长的 pH 值在中性范围。大多数产甲烷菌生长的最适 pH 值在中性范围，甲酸甲烷杆菌最适生长 pH 值为 6.6 ~ 7.8，史氏甲烷短杆菌最适 pH 值为 6.9 ~ 7.4，巴氏甲烷八叠球菌最适 pH 值为 6.7 ~ 7.2，索氏甲烷丝菌最适 pH 值为 7.4 ~ 7.8，但也有个别种类可在 pH = 4.0 或 pH = 9.2 条件下生长。当 pH 值低于 5.5 时沼气发酵会完全停止。

4）产甲烷菌生成缓慢。在生物界，微生物是繁殖最快的生物，如大肠杆菌在最适条件下繁殖一代只要 17min，乳酸链球菌繁殖一代的时间为 26min。但由于产甲烷菌"吃"的是产酸菌代谢的废物，如乙酸、甲酸、H_2/CO_2 等结构简单且含能量少的物质，又生活于严格厌氧条件下，其代谢产物甲烷中仍含很高能量，所以代谢过程能量获得较少，生长繁殖缓慢。例如，利用乙酸、甲醇、H_2/CO_2 的梅氏甲烷八球菌，在以甲醇为底物时繁殖一代的时间为 8h，以乙酸为底物时为 17h。巴氏甲烷八球菌为 24.1h，最适生长温为 60℃ 的嗜热甲烷丝菌为 24 ~ 26h，索氏甲烷丝菌则为 3.4 天。由于产甲烷菌繁殖缓慢，给沼气发酵带来很多

困难和问题。

（5）食乙酸产甲烷菌　在沼气发酵系统里，无论是在自然界还是在沼气池里，产酸菌与产甲烷菌都各自按照自己的遗传特性进行着代谢活动，它们之间相互依赖又相互制约，构成一条食物链。它们之间的相互关系主要表现在以下几个方面。

1）产酸菌为产甲烷菌提供食物。产酸菌把各种复杂有机物如碳水化合物、脂肪、蛋白质进行厌氧降解，生成游离氢、二氧化碳、氨、乙酸、甲酸、丙酸、丁酸、甲醇、乙醇等产物，其中丙酸、丁酸、乙醇等又可被产氢产乙酸菌转化为氢、二氧化碳、乙酸等。这样，产酸菌通过其生命活动为产甲烷菌提供了合成细胞物质和产甲烷所需的食物。产甲烷菌充当厌氧环境有机物分解中微生物食物链的最后一组成员。

2）产酸菌为产甲烷菌创造适宜的厌氧环境。沼气发酵过程中，由于进料使空气进入发酵池，原料、水本身也携带有溶解氧，进、出料口暴露空气中，这些显然对于产甲烷细菌是有害的，去除氧需要依赖产酸菌中需氧和兼性厌氧微生物的活动。各种厌氧微生物对氧化还原电位的适应也不相同，通过它们有顺序地交替生长和代谢活动，逐步将氧消化掉，使发酵液氧化还原电位不断下降，逐步为甲烷菌生长和产甲烷创造适宜的厌氧环境，使环境的氧化还原电位降低至330mV以下，此时产甲烷细菌旺盛活动。

3）产酸菌为产甲烷菌清除有毒物质。在以工业废水或废物为发酵原料时，其中可能含有酚类、苯甲酸、氰化物、长链脂肪酸和重金属等对于产甲烷菌有毒害作用的物质。产酸菌中许多种类能裂解苯环从中获得能源和碳源；有些能以氰化物作为碳源；有些则能降解长链脂肪酸，生成乙酸和较短的脂肪酸。这些作用不仅解除了对产甲烷菌的毒害，而且给产甲烷菌提供养分。此外，产酸菌产生的硫化氢，可以与重金属离子作用，生成不溶性的金属硫化物发生沉淀，从而解除一些重金属的毒害作用。

4）产甲烷菌为产酸菌清除代谢废物解除反馈抑制。产酸菌发酵产物在环境中的积累可抑制同样产物的继续形成，这种作用叫反馈抑制。例如，氢的积累可抑制氢的继续产生，酸的积累可抑制产酸菌继续产酸，并且积累浓度越高反馈抑制作用越强。在沼气发酵过程中产酸菌最终形成的氢、乙酸、二氧化碳等，是产酸菌的代谢废物，这些物质在环境中的积累，就会产生反馈作用。

在正常的沼气发酵过程中，产甲烷菌会及时将产酸菌所产生的氢、二氧化碳等利用掉，使沼气发酵系统中不致有氢和酸的过多积累，也不会产生反馈抑制，产酸菌也就得以继续正常的生长和代谢。

5）产酸菌与产甲烷菌共同维持发酵环境的pH值。在沼气发酵初期，产酸菌首先降解原料中的糖类、淀粉等物质，产生大量有机酸，产生的二氧化碳也部分溶于水，使发酵液pH值明显下降。而此时，一方面产酸菌群中的氨化细菌迅速进行氨化作用，产生的氨中和部分酸；另一方面，产甲烷菌也利用乙酸、甲酸、氢和二氧化碳形成甲烷，消耗酸和二氧化碳。两个菌群共同作用，使pH值在沼气发酵中维持在中性的范围。

5.5.3　我国的沼气发展

1. 小沼气技术

我国小沼气的研究起始于20世纪初期，经过近20年的研究，解决了两个关键技术问题：一是沼气的储气技术，解决方法是用水压式储气法，这种方法一直沿用到今天；另一关键技术是沼气池的密封技术，主要采用水泥沙浆密封，建有一套严格的操作程序。沼气进入实用阶段是 20 世纪 30 年代，当时利用沼气的目的仅仅是点灯煮饭。采用的沼气池是由罗国瑞发明的水压式沼气池，这种结构与现有沼气池虽有所不同，但其水压储气方式今天仍然为绝大多数小型沼气池所采用。

从"六五计划"开始，国家把沼气研制列入了重大攻关内容。沼气研究内容包括了厌氧微生物、沼气发酵工艺、沼气池的建造、沼气利用及有关设备。此外，与沼气有关的其他相关领域也受到重视，例如，沼气发酵的卫生效果、沼气发酵料液的肥效和使用方法等。在不断深入探索中，形成了具有中国特色的发酵工艺、适合不同情况的水压式沼气池池型。规范了建池技术，完善了与沼气池配套的灶具、灯具和输气管路。小型沼气池采用土砖等建筑材料，采用水压式储气方式是最具有中国特色的，它们的采用使小型沼气池达到了优质与低成本的目标。技术成熟的集中体现是国家颁布了《户用沼气池标准图集》（GB/T 4750—2002）、《户用沼气池质量检查验收规范》（GB/T 4751—2002）、《家用沼气灶》（GB/T 3606—2001）等一系列国家标准。

进入 21 世纪，农村对优质燃料的需求增加，整个社会的环保意识加强。农村沼气技术也有了新的进展，特别是注重沼气技术与农业生产、环境生态、废弃物综合利用等领域的紧密结合。到 2011 年底，全国沼气用户（含集中供气户数）已达 4168 万户，占适宜农户的 35%，受益人口约 1.6 亿。多年来的实践证明，农村沼气上联养殖业，下促种植业，不仅有效防止了畜禽粪便排放和化肥农药过量施用造成的污染，有效解决了农村脏乱差问题，改善了农民生产生活条件，而且对实现农业的循环发展，提高农业综合竞争力发挥了重要作用。

2. 大中型沼气技术

大中型沼气工程，是指沼气发酵装置或是产气量具有一定规模，即单体发酵容积大于 $50m^3$，或多个单体发酵容积各大于 $50m^3$ 或日产量大于 $50m^3$，其中某一项达到规定指标的，为中型沼气工程。如果单体发酵容积之和大于 $1000m^3$，或日产气量大于 $1000m^3$ 的，其中某一项达到规定指标，即为大型沼气工程。

我国大中型沼气工程第一个实例，出现在 20 世纪的 60 年代初期，南阳酒精厂为了处理酒精废醪液，建起隧道式半地下大型沼气发酵装置，随后在四川、山东等地一些同类酒厂、酒精厂先后建起规模不等的沼气发酵装置。到了 70 年代，随着户用沼气池的发展和影响，出现了用畜禽粪污为原料的大中型沼气工程。与发达国家相比，虽然我国的大中型沼气工程起步较晚，但是近十几年的发展速度较快。随着规模化畜禽养殖场逐年增加，粮食产区为当地的粮食转化建起食品加工业的发展，所排放的这些粪便污水和食品工业废水，都为厌氧消化生产沼气的大中型沼气工程提供了极其丰富的原料。

5.5.4   国外大中型沼气工程概况

欧美等发达国家的畜禽养殖业十分发达，这些国家对环境保护工作十分重视，各国相继制定了一些相应的法律法规，以确保畜禽养殖排放的废弃物必须经过无害化处理才能还田使用，由此也促进了各国大中型沼气工程的发展。

在英国，据估计一年的畜养家畜的排泄物可产生超过 100PJ 的能量，可以转化为生物质气加以利用的能量大概可以有 10PJ，足够提供一个 100MW 的电厂的需要。虽然这项技术已经发展起来，但由于需要资金的高投入，因此限制了这项技术的应用。保持反应条件和充分混合物料也是这项技术的两个难点。

在欧洲的其他一些国家，家畜的排泄物是常见的湿垃圾。像在荷兰和丹麦，并没有太多地方来处理这些废弃物。丹麦政府投入了大量的资金来发展厌氧消化技术，并建成了大型的生物质气工厂。这些工厂可以提供丹麦 40MW 的热量，荷兰的工厂可以提供 10MW。英国也发展了大型的生物质气工厂，该工厂每年从 28 个农场获得 146000t 的垃圾，再加上一些食物垃圾，可以提供 1.43MW 的热量用来发电。

前苏联早在 20 世纪 20 年代就开始沼气技术的研究，80 年代制定并开始执行沼气发展纲要，建造了大型的沼气发生装置。90 年代初前苏联解体后，针对农村发生体制上的变化，研制出适合农户和家庭农场使用的沼气发生装置。基本上采用高温（52℃）发酵。冬季装置自耗能占全部生产能量的 30%，其余可用于生活和生产。家庭农场沼气装置生产的沼气用来发电，每立方米沼气可发电 $2kW \cdot h$。沼气发酵装置在提供沼气的同时，还为种植业提供了清洁的高效液体有机肥料。

印度主要是户用沼气池，池容较小。大中型沼气工程多数以发电为主，村级沼气发电工程为村民提供照明和提水用电，同时还有高效有机肥。村民把牛粪送到沼气发电站换取一定数量的高效沼渣肥。

尼泊尔坐落在喜马拉雅山下，全国 70% 以上的人口居住在农村，全国没有常规燃料来源，传统的能源是以沼气为主，占全国总能耗量的 93%。虽然牛粪是沼气发酵较好的原料，但是资源有限，目前正在寻找除牛粪以外的其他发酵原料。在生产实践中也充分证实厌氧消化液中氮的含量增加许多，从而提高了厌氧消化液肥料的价格。

5.6 生物质气化技术

前述的厌氧消化反应是一个生物过程，也可以利用化学方法来进行气化。这种气化并不是一种新技术，城市里广泛应用的"煤气"就是对煤进行气化的产物。与煤一样，生物质也可以通过热化学过程裂解气化为气体燃料，俗称"水煤气"，是一种常用的生物质能转换途径。生物质气化能量转换效率高，设备简单，投资少，易操作，不受地区、燃料种类和气候的限制。生物质经气化产生的可燃气，可广泛用于炊事、采暖和作物烘干，还可以用作内燃机、热气机等动力装置的燃料，输出电力或动力，提高了生物质的能源品位和利用效率。在我国，尤其是农村地区，具有广阔的应用前景。

气化器的设计各种各样，但基本原理都一样：热蒸汽、氧气与固体燃料一起反应，但反应并不很容易实现，反应温度需要几百度到上千度，压力需要 1～30 个大气压（100～3000kPa）。这个过程的一开始，挥发分释放出来，留下了木炭，这两种物质和热蒸汽、氧气互相反应，最后生成了"发生炉煤气"，里面主要包含一氧化碳和氢气，同时还有甲烷、烃类和凝缩的焦油，当然反应产物里还有二氧化碳和水。接下来将有用的、干净的气体分离出来使用。如果这个过程中使用的空气，那么最后的气体中就会含有氮气，这样最后气体的发热量就只有 $3～5MJ/m^3$，大概是天然气的 1/10。如果利用纯氧，生成气的发热量会高一些，但成本也会相应的提高。

一些小型的气化工厂（＜300kW）已经投入运行，通常这种工厂带有燃气轮机发电。从固体气化成气体的效率根据不同的情况也有很大区别，可以从简单气化装置的40%到复杂气化系统的70%以上。图5-16是生物质气化站的主要设备示意图。

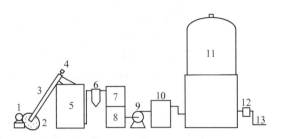

图5-16　生物质气化站的主要设备
1—切碎机　2—喂料斗　3—上料器　4—电动机
5—气化炉　6—旋风分离器　7—冷却器
8—过滤器　9—风机　10—水封器　11—储气罐
12—阻火器　13—送气主管

5.6.1　生物质气化的概念

生物质气化是生物质热化学转换的一种技术，基本原理是在不完全燃烧条件下，将生物质原料加热，使较高相对分子质量的有机碳氢化合物链裂解，变成较低相对分子质量的一氧化碳、氢气、甲烷等可燃气体。在转换过程中要加气化剂，如空气、氧气或水蒸气，其产品主要指可燃性气体与氮气等的混合气体。此种气体尚无准确命名，称燃气、可燃气、气化气的都有，以下称其为"生物质燃气"或简称"燃气"。生物质气化技术近年来在国内外被广泛应用。

对生物质进行热化学转换的技术还有干馏和快速热裂解，它们在转换过程中是加不含氧的气化剂或不加气化剂，得到的产物除燃气之外还有液体和固体物质。

（1）生物质气化所用的原料　生物质气化所用原料主要是原木生产及木材加工的残余物、薪柴、农业副产物等，包括板皮、木屑、枝杈、秸秆、稻壳、玉米芯等，原料来源广泛，价廉易取。它们挥发分高，灰分少，易裂解，是热化学转换的良好材料。按具体转换工艺的不同，在添入反应炉之前，根据需要应进行适当的干燥和机械加工处理。图5-17所示为一个以木屑为原料的小型生物质气化系统，包括气化炉、焦油转化器、热回收交换器和干燥燃气净化装置，回收的热量用来预热原料木屑。

（2）生物质气化技术应用途径　生物质气化产出的可燃气热值，

图5-17　将木屑转化为生物质气的小型气化系统

主要随气化剂的种类和气化炉的类型不同而有较大差异。我国生物质气化所用的气化剂大部分是空气，在固定床和单流化床气化炉中生成的燃气的热值通常在$4.2 \sim 7.6 MJ/m^3$之间，属低热值燃气。采用氧气或水蒸气乃至氢气作为气化剂，在不同类型的气化炉中可产出中热值（$10.9 \sim 18.9 MJ/m^3$）乃至高热值（$22.3 \sim 26.0 MJ/m^3$）的燃气。

生物质燃气的主要用途有：民用炊事和取暖、烘干谷物、木材、果品、炒茶等，发电，区域供热，工业企业用蒸汽等。如果能够脱除生物质气里的二氧化碳和硫化氢，那么生物质气的成分就与天然气的成分非常接近。这样生物质气甚至可以应用到交通工具的发动机中，一些污泥处理厂曾经做过类似的实验。还可用生物质燃气作化工原料，如合成甲醇、氨等，甚至考虑用作燃料电池的燃料。图 5-18 示出生物质区域供热系统流程。

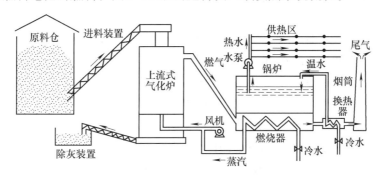

图 5-18　生物质区域供热系统流程

5.6.2　生物质气化的基本热化学反应

生物质气化都要通过气化炉完成，其反应过程很复杂，目前这方面的研究尚不够细致、充分。随着气化炉的类型、工艺流程、反应条件、气化剂的种类、原料的性质和粉碎粒度等条件的不同，其反应过程也不相同。但不同条件下生物质气化过程基本上包括下列反应

$$C + O_2 \longrightarrow CO_2$$
$$CO_2 + C \longrightarrow 2CO$$
$$2C + O_2 \longrightarrow 2CO$$
$$2CO + O_2 \longrightarrow 2CO_2$$
$$H_2O + C \longrightarrow CO + H_2$$
$$2H_2O + C \longrightarrow CO_2 + 2H_2$$
$$H_2O + CO \longrightarrow CO_2 + H_2$$
$$C + 2H_2 \longrightarrow CH_4$$

以气体在炉内自下而上流动的气化炉（上流式）为例，来说明生物质气化机理（图 5-19）。工作中，原料在气化炉内大体上分为四个区域（层）：氧化层、还原层、热分解层和干燥层。炉内温度自氧化层向上递减。原料从炉顶落入炉内，大型气化炉原料是连续加入；而户用小型气化炉原料为间歇性投入，空气由下方供给，产出的燃气经上方管道输走。其气化过程为

（1）氧化层（燃烧层）　氧气在这里烧完，生成大量二氧化碳，同时放出大量热量，温度最高可达 1200 ~ 1300℃。其反应式为

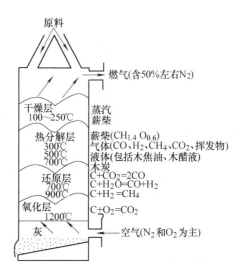

图 5-19　生物质气化机理

$$C + O_2 \rightarrow CO_2 + 408860J$$

同时，有一部分由于氧气（空气）的供应量不足，生成一氧化碳，放出一部分热量

$$2C + O_2 \rightarrow 2CO + 246447J$$

在燃烧层内主要是产生二氧化碳，一氧化碳的生成量不多，在此层内已基本没有水分。

（2）还原层 已没有氧气存在，二氧化碳及水在这里还原成一氧化碳和氢气，进行吸热反应，温度开始降低，一般在 700~900℃。

$$C + CO_2 \longrightarrow 2CO - 162297J$$

$$H_2O + C \longrightarrow CO + H_2 - 118742J$$

$$2H_2O + C \longrightarrow CO_2 + 2H_2 - 75186J$$

$$H_2O + CO \longrightarrow CO_2 + H_2 - 43555J$$

$$C + 2H_2 \longrightarrow CH_4$$

（3）热分解层（干馏层） 燃料中挥发物进行蒸馏，温度保持在 450℃ 左右。蒸馏出的挥发物混入燃气中。

（4）干燥层 燃料中的水分蒸发，吸收热量，燃气温度降到 100~300℃。

氧化层及还原层总称为气化层（或称有效层），因为气化过程主要反应在这里进行。干馏层和干燥层总称为燃料准备层。必须指出，燃料层这样清楚地划分在实际中是观察不到的。因为，层与层之间是参差不齐的，这个层的反应也可能在那个层中进行。上述燃料层的划分只是指气化过程的几个大的区段。

通常认为燃气中一氧化碳和氢气的含量越多越好（从安全角度考虑，其一氧化碳含量 ≤20%），而它们主要产生在还原层内，因此还原层是影响燃气品质和产量最重要的地区。试验表明，温度越高，则二氧化碳还原成一氧化碳的过程进行得越顺利，还原区的温度应保持在 700~900℃。另外，使二氧化碳与炽热的碳接触时间越长，则还原作用进行得越完全，得到的一氧化碳量也越多。

5.6.3 生物质气化生产中的主要问题

将生物质气化产出的可燃性气体供燃用或用其发电，是农村供能与用能的重大变革，在气化站的生产过程中，存在以下几个主要问题，只有解决好才能加速这一技术的推广应用。

1）从气化炉产出的燃气中含有焦油、灰分和水分，有待去除，否则影响燃气的使用，尤其是对焦油的去除。

2）建气化站投资较大。产出的燃气如果只供当地居民炊事用燃料，需用的生物质原料并不多；若用燃气作发电燃料和在北方冬季还要用它作采暖燃料，则耗用的生物质气化原料就较多。基于以上两点原因，在确定建站地点时，最好选在经济条件比较充裕、气化所用原料产量比较丰富的村屯。

3）在我国北方地区，冬季寒冷而漫长，这就涉及储气、输气系统的防冻问题。送气管道要埋在冻土层以下。湿式储气罐难以正常越冬运行，这就需要选用合适的干式储气设施。目前，国内的气化站绝大多数使用的是湿式储气罐，北方地区正在试验推广干式储气罐。

5.7　生物质热裂解技术

生物质能应用的一个重要方向就是利用生物质制取液体燃料以替代供应日益紧张的石油。下面将介绍三种制取液体燃料的方法，分别是：热裂解技术、发酵制乙醇技术和生物柴油技术。本节先介绍热裂解技术。

生物质热裂解与煤炭热裂解原理上相同，主要产物为固体炭、可燃气和液体油。通过控制反应条件，可以改变反应历程，进而获得不同的目标产品。所以，生物质热裂解技术又分为裂解液化、干馏和制炭等三类技术。

5.7.1　生物质热裂解的概念

生物质热裂解也称生物质热解，是指生物质在基本无氧气的情形下，通过热化学转换，生成炭、液体和气体产物的过程。虽然反应的结果也能够得到可燃性气体，但是它与生物质气化技术是不同的，主要区别是：

1）气化过程要加气化剂，而热裂解过程不加气化剂，特别是不加氧气。

2）气化的基本目标产物是可燃性气体，在目前应用技术中，多数以空气为气化剂，产出的可燃性气体含氮气较多（50% 左右），气体热值较低，一般为 $4.6 \sim 5.2 MJ/m^3$（标准状态下），而热裂解的目标产物是液、气、炭三种产品，气体的热值较高，一般为 $10 \sim 15 MJ/m^3$。

3）气化过程不另外考虑加热问题，其转换用热是靠自身氧化过程生成的热来供给；而热裂解过程要考虑加热问题，尽管这部分热量亦可用最终产物燃烧来提供。

控制热裂解的工艺条件，可以得到不同的热裂解产品：气态、固态和液态。图 5-20 示出生物质热裂解制氢的工艺过程。

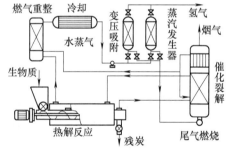

图 5-20　生物质热裂解制氢的工艺过程

5.7.2　生物质热裂解反应的基本过程

生物质热裂解（慢速）过程大致可分为四个阶段：

1）干燥阶段。靠外部供热反应釜中物料升温至 150℃ 左右，蒸发出物料中的水分，物料的化学组成几乎不变。

2）预热裂解阶段。当加热使温度上升到 150 ~ 300℃ 时，物料的热分解反应比较明显，化学组成开始发生变化，不稳定的成分分解成二氧化碳、一氧化碳和少量醋酸等物质。

3）固体分解阶段。当温度至 300 ~ 600℃ 时，物料发生了各种复杂的物理、化学反应，是热裂解的主要阶段。生成的液体产物中含有醋酸、木焦油和甲醇；气体产物中有二氧化碳、一氧化碳、甲烷、氢气等，可燃成分含量增加。这个阶段反应要放出大量的热。

4）煅烧阶段。再加热，碳氢键和碳氧键进一步裂解，排出残留在木炭中的挥发物质，提高木炭中固定碳含量。

以上几个反应阶段是连续进行的。

快速热裂解的反应过程与慢速热裂解基本相同，只是所有反应是在极短的时间里完成，比较难以区分。一般认为，生物质原料快速产生热裂解产物，迅速淬冷，使初始产物没有机会进一步降解成小分子的不冷凝气体，会增加生物质油的产量，得到黏度和凝固点较低的生物质油。

5.7.3　生物质热裂解工艺类型

从对生物质的加热速率和完成反应所用时间角度来看，生物热裂解工艺基本上可分为两种类型：一是慢速热裂解，或称干馏工艺、传统热裂解；二是快速热裂解。在快速热裂解中，当完成反应时间小于0.5s时，又称为闪速热裂解。根据工艺操作条件，生物质热裂解工艺可分为慢速、快速和反应性热裂解三种类型。在慢速热裂解工艺中又可分为炭化和常规热裂解。

与慢速热裂解相比，快速热裂解的传热反应过程发生在极短的时间内，强烈的热效应直接产生热裂解产物，再迅速淬冷，通常在0.5s内急冷至350℃以下，最大限度地增加了液态产物，此液态产物称为"生物油"，也可称"热裂解油"或"生物质油"。

生物质热裂解液化是在中温（500~600℃）、高加热速率（10^4~10^5℃/s）和极短气体滞留时间（约2s）的条件下，将生物质直接热解，产物经快速冷却，可使中间液态产物分子在进一步断裂生成气体之前冷凝，得到高产量的生物质油，液体产率可高达70%~80%。气体产率则随着温度和加热速率的升高及停留时间的延长而增加，较低的温度和加热速率会导致物料的炭化，使固体生物质炭产率增加。

5.7.4　生物质裂解油燃料

生物质热裂解液化反应产生的生物质油通过进一步分离，不仅可作锅炉和其他加热设备的燃料，再经处理和提炼可作内燃机燃料，还可用来提取化工产品。从寻求石油的替代原料角度考虑，生物质快速热裂解技术，成为生物质能转换的前沿技术。

生物质热裂解液化的一般工艺流程包括：物料的干燥、粉碎、热裂解、产物炭和灰的分离、气态生物质油的冷却和生物质油的收集。

1）干燥：为减少生物质油中的水分，需要对原料进行干燥，一般要求物料含水量在10%以下。

2）粉碎：为了提高生物质油产率，必须有很高的加热速率，要求物料有足够小的粒度。不同的反应器对生物质粒径的要求也不同，旋转锥所需生物质粒径小于200μm；流化床要小于2mm；传输床或循环流化床要小于6mm。

3）热裂解：热裂解工艺是直接液化技术的关键，要求非常高的加热速率和热传递速率、严格的温度控制。

4）固液分离：固体副产物炭会在二次裂解中起催化作用，所以应将其从生物质油中快速分离。

5）气态生物质油的冷却：热裂解挥发分的停留时间越长，二次裂解生成不可冷凝气体的可能性越大，需要快速冷却挥发产物。

5.7.5 生物质油的性质

用快速热裂解的工艺得到的生物质油，与通过慢速热裂解或气化工艺得到的焦油，其性质存在着较大的差别。前者常称为一次油；后者常称为二次油。焦油的黏度、凝固点比生物质油高得多；焦油的密度、灰分、含氮量也比生物质油大。

生物质油是有色液体，其颜色与原料种类、化学成分以及含有细炭颗粒的多少有关，从暗绿色、暗红褐色到黑色。它具有独特的气味，似含有酸的烟气味。化学组成主要是解聚的木质素、醛、酮、羧酸、糖类和水。生物质油组成的外部影响因素是原料的组成，内部影响因素是反应温度、升温速率、蒸汽在反应器中停留时间、冷凝温度、降温速率等。

生物质油不能和甲苯、苯等烃类溶剂互溶，但可溶于丙酮、甲醇、乙醇等溶剂。有较高的含氧量与含水量，以木屑为原料制取的生物质油含氧量高达 35% 以上，含水量高达 20% 以上。生物质油黏度范围很宽，动力黏度为 $5 \sim 350$ MPa·s，并与温度和含水量有关。生物质油具有酸性和腐蚀性，性质不稳定，易于聚合。以木屑为原料制取的生物质油，其密度为 $1130 \sim 1230 kg/m^3$；它是可燃性的液体，高位热值为 $17 \sim 25 MJ/kg$，属于中热值燃料。与石油相比，生物质油中硫、氮含量低，并且灰分少，对环境污染小。

5.7.6 几种生物质的热裂解

（1）热解制取生物质油 热解是一种简单和古老的处理方法。传统的热解就是将木材热解成为木炭，称之为缓慢热解，实际上这种方法的效率很低，浪费能源。现在比较常用的热解方法主要是收集挥发性物质并将其冷凝液化成生物质油。前面提到过生物质的挥发分所带的能量比热解后剩下的木炭多，所以这种热解的效率要更高。

热解的过程中对空气的控制要特别小心，不能让生物质着火，目的是要收集液体，所以也要尽量减小气化的程度。反应的过程很复杂也很难预测，生成物可能会含有油、酸、水、木炭和生物质气，这都要取决于参与反应的生物质和反应的条件。最后得到的生物质油，通常发热量只有原油的一半，而且里面还包含了很多应该被脱除的酸性污染物。但是这足以替代石油发热或发电，甚至可以用来加工成一系列的化工原料和燃料。

在热解过程中还包含溶剂分解，在 $200 \sim 300℃$ 的温度下，有机溶剂将固体溶入到生成的生物质油中。在快速热解过程中，反应温度要 $500 \sim 1300℃$，压力也要 $50 \sim 150$ 个标准大气压（atm，$1 atm = 101.325 kPa$）。

（2）垃圾热解 热解也是从垃圾中提取能量的方法。初步的研究表明，这种方法的效率比较高。无论是热解还是气化成本都要比直接焚烧高。但从环境经济综合考虑，热解和气化更有发展前景，特别是在人口密度较大的地方。

（3）合成液体燃料 从固体燃料到液体燃料一般都要经过气化过程。如果气化器通的是氧气而不是空气，生成的气体一般由氢气、一氧化碳和二氧化碳组成。如果将二氧化碳和一些杂质像甲烷、焦油、硫去除，剩下的氢气和一氧化碳的混合气就可以称为合成气。

合成法的第一步是转移反应，将氢气和一氧化碳的成分调整到所需的比例。如果要制取甲醇，那就需要一氧化碳和氢气的摩尔比为 1:2。

最后的生成物取决于碳氢的比例和反应的条件，一般来说都是气体和液体的混合物。气体可以循环利用或者用于燃烧发热。液体经过提纯升级，可以作为燃料使用。

5.7.7 生物质油的应用前景

生物质油可以作锅炉燃料使用，特别适于中小燃煤锅炉的改造，以替代煤，减少煤灰的排放。用前可加入乙醇经过缩醛化和酯化后降低酸度，增加热值 30% 左右，同时降低闪点和黏度。这种产品经过分馏可以得到香料、溶剂、树脂等。

利用生物质油，通过较为简单的工艺能制备肥料和土壤调节剂。它含有多种微量元素，能够控制土壤酸度，刺激植物生长，同时有可能解决因单独使用含氮化肥而造成的江河湖泊的污染问题。

加拿大达茂公司开发了用木材下脚料为原料生产的生物油来制取生物石灰工艺，与普通石灰相比，钙的利用率较高。中国科学院过程工程研究所用玉米秸秆生产的生物质油和固体石灰粉末为原料，在常压、适宜温度及通入空气进行鼓泡的条件下，经过一段时间的连续搅拌，获得生物石灰浆液，再经过真空干燥后，得到固体粉末状的生物石灰。这是一种混合有机钙，其主要成分是有机羧酸、钙、酚钙、过量的氢氧化钙、其他有机组分和少量的炭粒。它具有良好的脱硫、脱硝能力。生物石灰是一种很有推广前景的新型环保产品。

5.8 生物质燃料乙醇技术

生物质可以通过生物转化的方法生产乙醇，每千克乙醇完全燃烧时约能放出 30MJ 的热量，所以乙醇是一种优质的液体燃料。乙醇燃料具有很多优点，它是一种不含硫及灰分的清洁能源，可以直接代替汽油、柴油等石油燃料，作为民用燃烧或内燃机燃料。事实上，纯乙醇或与汽油混合的燃料可作车用燃料，是最具有发展潜力的石油替代燃料。

5.8.1 乙醇生产的主要方法

乙醇生产方法可分为两大类：发酵法和化学合成法，我国乙醇生产以发酵法为主。

（1）发酵法生产乙醇　按生产所用主要原料的不同，发酵法生产乙醇又分为淀粉质原料生产乙醇、糖质原料生产乙醇、纤维素原料生产乙醇以及用工厂废液生产乙醇等。用糖质原料生产乙醇要比用淀粉质原料简单而直接；用淀粉和纤维素制造乙醇需要水解糖化加工过程；而纤维素的水解又要比淀粉难得多。

（2）化学合成法生产乙醇　它是用石油裂解产出乙烯气体来合成乙醇，有乙烯直接水合法、硫酸吸附法和乙炔法等方法，其中乙烯直接水合法工艺应用较多，它是以磷酸为催化剂，在高温高压条件下，将乙烯和水蒸气直接反应成乙醇

$$CH_2 = CH_2 + H_2O \xrightarrow[\text{高温、高压}]{H_3PO_4} C_2H_5OH$$

5.8.2 用于乙醇生产的主要原料

（1）淀粉质原料　淀粉质原料是我国乙醇生产的最主要的原料，主要有甘薯、木薯、玉米、马铃薯、大麦、大米、高粱等。

（2）糖质原料　主要是甘蔗、甜菜，还有糖蜜。糖蜜是制糖工业的副产品，甜菜糖蜜的产量是加工甜菜量的 3.5%～5%，甘蔗糖蜜的产量是加工甘蔗量的 3% 左右。

（3）纤维素原料　纤维素原料，包括半纤维素是地球上最有潜力的乙醇生产原料，主要有农作物秸秆、森林采伐和木材加工剩余物、柴草、造纸厂和造糖厂含有纤维素的下脚料、城市固体垃圾的一部分等。

（4）其他原料　如造纸厂的亚硫酸盐纸浆废液、淀粉厂的甘薯淀粉渣和马铃薯淀粉渣、奶酪工业的副产物等。表 5-3 所示为几种不同原料生产的乙醇产量。

表 5-3　不同原料生产的乙醇产量

原　料	乙醇产量/（L/t）	原　料	乙醇产量/（L/t）
玉米	370	木料	160
甜土豆	125	糖蜜	280
甘蔗	70	甜高粱	86
木薯	180	鲜甘薯	80

乙醇生产还需要多种辅助原料，在不同生产方法的各工艺流程中，如糖化、发酵、水解、脱水、洗涤、消毒、浸泡等，需要相应的辅助原料。

经过发酵生成的液体一般含有 10% 的乙醇，可以将其蒸馏出来。各种作物产量和相应的乙醇产量如表 5-4 所示。乙醇的发热量大概是 30GJ/t，或 0.024GJ/L。可以看出，用发酵法来转化能量的效率不高。但这种方法相对较简单，所需要的原料也较廉价。

表 5-4　各种作物的乙醇产量（理论值）

原　料	每吨作物的乙醇产量/L	每公顷作物的乙醇年产量/L
甘蔗	70	400～12000
玉米	360	250～2000
木薯	180	500～4000
马铃薯	120	1000～4500
木材	160	160～4000

5.8.3　乙醇发酵的工艺类型

按发酵过程物料存在状态，发酵法可分为固体发酵法、半固体发酵法和液体发酵法。根据发酵醪注入发酵罐的方式不同，可以将乙醇发酵的方式分为间歇式、半连续式和连续式三种。固体发酵法和半固体发酵法主要采取间歇式发酵的方式；液体发酵则可采取间歇式发酵、半连续发酵或连续发酵的方式，乙醇发酵工艺类型如图 5-21 所示。

目前，固体发酵法和半固体发酵

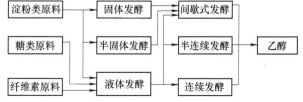

图 5-21　乙醇发酵工艺类型

法在我国主要用于生产白酒。一般产量较小，生产工艺较古老，劳动强度大。而在现代化大生产中，都采用液体发酵法生产乙醇，与固体发酵法相比，具有生产成本低、生产周期短、连续化、设备自动化等优点，能大大减轻劳动强度。

5.8.4 乙醇燃料

长期以来，内燃机的基本燃料是汽油和柴油。随着可再生能源技术的进展和应用领域的拓宽，乙醇已成为内燃机的部分代用燃料。目前，纯乙醇或乙醇占85%左右的燃料的内燃机在巴西等国家的汽车上得到广泛应用。而多数国家还是以乙醇与汽油混合或乙醇与柴油混合的方式，应用于内燃机上。

实践证明，乙醇确实是一种有前途的内燃机代用燃料，其主要原因是：

1）可用可再生的生物质制取，不存在资源枯竭的问题。

2）生产历史很久，技术比较成熟，工艺比较完善。

3）由于是液体燃料，与气体燃料相比，它的能量密度大，而且易于储存、运输，使用方便。

4）毒性较低，而且可以生物降解；燃烧后尾气排放对环境污染较小。

5）可作为内燃机燃料，单独使用，也可以与汽油、柴油混合使用。当15%左右的乙醇与汽油混合在汽油机上燃用，对汽油机的动力性、经济性均无影响。发动机也无需作较大改装，而且使汽油机的噪声变小，运转更平衡。

6）乙醇的价格与汽油、柴油的价格接近，燃料费用增加不多。

5.8.5 生物质制取乙醇的国内外现状

1. 国内发展现状

我国一直极为重视乙醇燃料的研究与发展，特别是利用非粮食原料生产燃料乙醇技术的战略储备性研究与发展，一直被科技部列为生物质能技术研究领域的重点课题。从20世纪80年代初我国就开始研究和开发高产能源作物"甜高粱"的育种和燃料乙醇生产技术；到2001年，甜高粱育种已进入实质性推广阶段，而其燃料乙醇生产技术也进入到年产5000t规模的示范工程建设阶段。同时，利用纤维素废弃物制备燃料乙醇技术连续在国家"八五"、"九五"期间列为重点科技攻关课题，在"十五"期间，年产600t规模示范工程的技术创新和集成列入国家高科技发展"863"计划。

我国的乙醇生产历史相当悠久，用淀粉和糖质生产乙醇的工艺和技术也比较成熟，1991年产量达 14×10^8 L，其中约有 0.8×10^8 L作乙烯合成原料。由于现在生产乙醇的原料为淀粉和糖类，主要用于饮食、化工、医疗等方面；再加上价格的因素，致使乙醇尚排不到作汽车燃料的位置。有关研究者已开始用糖以外的生物质制取乙醇燃料的研究。如20世纪90年代，沈阳农业大学开展用甜高粱茎秆汁液制取乙醇的研究；华东理工大学开展用纤维素生物质（木屑）通过水解工艺制取乙醇的试验研究。

随着国民经济的迅速发展，我国汽车的保有量高速增长，汽车能源的需求与日俱增。我国政府充分认识到开发使用这种"绿色能源"的重要性，大力发展乙醇燃料的计划已经被列上日程。推广使用车用乙醇汽油是我国一项重要能源战略性举措。生产燃料乙醇的项目列入国家"十五"示范工程重大项目，包括20万t南阳天冠集团公司燃料乙醇改造项目，

10 万 t 黑龙江华润金玉实业有限公司肇东燃料乙醇改造项目和 60 万 t 吉林燃料乙醇新建项目。

2. 国外发展现状

国外很早就认识到可以将生物质转换成液体燃料乙醇，用于汽车发动机上，代替或部分代替汽油的消耗。巴西是乙醇燃料开发利用最有特色的国家，早在 1931 年就开始将乙醇混入汽油中作发动机燃料试用。20 世纪 70 年代中期，为了摆脱对进口石油的依赖，实施了世界上规模最大的乙醇开发计划，经过几十年的努力，取得了显著的效果。1974 年进口石油占石油消耗总量的 78%，而到 1989 年，仅有 47% 的石油为进口石油。1991 年，巴西使用的980 万辆汽车中，有近 400 万辆的汽车为纯乙醇汽车，还有相当数量的汽车燃用乙醇与汽油混合燃料。如今在巴西，1t 甘蔗可以生产乙醇 65L（乙醇含量为 95%）。大部分新产汽车以纯乙醇为燃料。

自 1975 年起，美国也开始了规模庞大的乙醇开发计划，主要用玉米、木薯制取乙醇，与汽油混合作汽车燃料。1980 年乙醇的年产量仅 1.43×10^8 L，而到 20 世纪 90 年代中期，乙醇年产量已达 60×10^8 L 左右，占全国液体燃料总消费量的 15% 以上；21 世纪初，美国汽车用汽油总量的 70% 左右都添加乙醇。瑞典利用树汁生产乙醇，每年将 300 万 t 左右的树汁加工成乙醇，相当于年石油耗量的 50% 左右。澳大利亚利用桉树发酵工艺生产乙醇作汽车燃料，法国、德国、加拿大、俄罗斯、日本、印度、印尼、菲律宾、捷克等国家，也都非常重视生物质制取乙醇燃料的开发。目前应用中，多以 85% 乙醇（或甲醇）与15% 的汽油混合作汽车燃料，因为用纯乙醇燃料，对发动机的冷起动有些困难，尤其是在寒冷地区的冬季。糖是发酵的原料，所以甘蔗成为了发酵生产酒精最常见的原料。在巴西，就是直接利用甘蔗来发酵，但在美国，玉米更容易获得，先将玉米中大量的淀粉转化为糖，再进行发酵。其实木材如果经过处理也能够用来制取酒精，只是成本显然要比气化等技术高得多。

其实酒精的成本是不容易确定的，因为它要取决于当时糖的价格和原油的价格，在过去的 30 年内，这两种商品的价格都有大幅度的变化。在巴西，20 世纪 90 年代生物质油的产量上升且价格下降，但近几年来随着巴西国内的原油产量的增长，作物产量的下降，影响到了大型液体燃料的生产。

美国利用玉米制取生物质乙醇的历史非常悠久。和其他可再生能源面临的问题一样，生物质燃料的应用也受到石油的冲击。在 20 世纪末期，石油的紧缺和过剩的玉米使得这种情况有所改观。到 2001 年，美国的生物质燃料产量达到 500 万 t。无论是美国还是巴西，生物质燃料的价格和产量始终受到石油和作物的影响。如果玉米和甘蔗的价格上涨，会刺激这些工厂采用其他原料，如农业废弃物、城市废弃物或者能源作物。

糖类作物不仅限于玉米和甘蔗，在同样的设备上，谷类和高粱也被用来制取乙醇。高粱所需要的水分比甘蔗更少。根据欧洲的气候特点，一些杂交的植物和农作物更适合用来制取酒精。欧盟国家允许汽油中有 7% 的酒精，税制也鼓励人们使用其他的生物质燃料。目前，美国和欧洲都是采用剩余的农作物作原料，成本较低。

5.9 生物柴油技术

植物油是指利用野生或人工种植的含油植物的果实、叶、茎，经过压榨、提炼、萃取和精炼等处理得到的油料。根据油品的组分不同，有些可以作食用油，有些只能作工业原料用，有些可以直接作液体燃料。植物油的发热量一般可以达到 37 ~ 39GJ/t，只比柴油的 42GJ/t 稍小。因此，无论是单独使用还是和柴油混合，植物油都可以在柴油机里面直接燃烧。不过植物油的燃烧不能充分完全，会在气缸中留下很多没有烧完的碳。所以将植物油转化为柴油再利用更合理一些。

生物柴油则是以各种油脂，包括植物油、动物油脂、废餐饮油等为原料，经一系列加工处理过程而生产出的一种液体燃料，是优质的石油、柴油代用品。早在 1911 年，Rudolf Diesel 博士就提出，柴油机也可以用植物油来驱动，这样还可以促进农业的发展。而且他还向大家演示了如何使用植物油。只是现在在市场上看到的仍然都是比较廉价的原油。

5.9.1　生物柴油

植物油虽然可以直接作为内燃机的燃料，但是，由于它存在粘度高、挥发性差等缺点，致使在燃用中出现一些问题，在技术上不作些必要的处理，会给使用带来不便。对植物油进行酯化处理，生产生物柴油，使其在性质上更接近柴油，成为较为理想的柴油代用燃料。

植物油和生物柴油相比，不同点主要是以下两点：第一，生物柴油的分子链比植物油短，分子小，其黏度降低，接近了柴油的黏度。第二，不同植物油转化为生物柴油后，其闪点在 110 ~ 170℃，介于对应的植物油闪点（234 ~ 290℃）与柴油闪点（60℃左右）之间。

国外研究表明，生物柴油的优点主要包括：第一，不经改装，可适用于任何柴油发动机，而不影响运转性能；第二，在所有替代燃油中，生物柴油的热质最高；第三，生物柴油的闪点是柴油的两倍，使用、处理、运输和储藏都更安全；第四，在所有的燃油中，获得单位能量的生物柴油所需能耗最少。在生产生物柴油的过程中，消耗 1 个单位的矿物能量就能获得 3.2 个单位的能量；第五，在各种替代燃油中，只有生物柴油全部达到美国《清洁空气法》所规定的健康影响检测的要求。

5.9.2　生物柴油生产原理

尽管植物油是各类植物油脂的统称，但都是各种碳链长度的甘油脂肪酸三酯，化学性质基本相同。1 分子甘油三酸酯经一系列化学反应转变 3 分子脂肪酸单酯，可使相对分子质量大大减小，物理和化学性质发生根本的变化，从而提高了作为内燃机燃料的使用性能，所以称为生物柴油。生物柴油生产过程所涉及的化学反应主要包括油脂的水解反应、酯化反应和酯交换反应。

（1）油脂的水解反应　油脂在酸性溶液中，经加热可水解为甘油和脂肪酸，是一种可逆反应。理论上认为，酸性溶液为油脂的水解反应提供了氢离子，氢离子可结合于酯的羰基上，使羰基碳的正电性强化，易于发生亲核加成反应。如果没有酸的催化作用，水解速度则比较缓慢。

油脂在碱性溶液中更容易水解。由于水解生成的脂肪酸立刻与碱反应生成，离开反应相，打破了反应平衡，使反应进行到底。生成物为高级脂肪酸盐，即肥皂。

（2）脂肪酸的酯化反应　脂肪酸和醇在酸性催化剂的存在下加热，可以生成酯。在生产生物柴油的场合，植物油脂经水解后，加入甲醇，通过酯化反应，即得脂肪酸甲酯。总反应如下

$$R-COOH+CH_3-OH \xrightarrow[\triangle]{\text{酸性催化剂}} CH_3-O-CO-R+H_2O$$

酯化反应是一个可逆反应。所以，在反应平衡点时，反应相总存在一定量的产物和反应物。为了提高酯的产量，通常加过量的脂肪酸或醇，或不断地从反应相中移去生成的水。如果生成的酯沸点很低，则可以用加热的方法将酯蒸出。总之，这些都是为了破坏反应平衡，得到更高的酯产量。

（3）酯交换反应　酯交换包括了酯与醇的作用，称为醇解；酯与酸的作用，称为酸解；酯与酯的作用，称为酯交换。生物柴油生产工艺是利用了酯交换的醇解反应，即油脂与甲醇在催化剂的作用下，可直接生成脂肪酸单酯（生物柴油）和甘油，而不必将油脂水解后再酯化。此反应可用酸催化，也可以用碱催化。酸性和碱性催化剂作用的结果虽然相同，但反应历程和机制完全不同，反应速度和条件也不同。一般来说，酸性条件下，反应的温度要比碱性时要高，时间也要长。

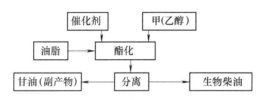

图 5-22　生物柴油生产的一般工艺流程

目前，国内外生物柴油生产技术主要以化学法为主，即采用植物油（或动物油）与甲醇或乙醇在酸、碱或生物酶等催化剂作用下进行酯交换反应，生成相应的脂肪酸甲酯或乙酯燃料油。生物柴油生产的一般工艺流程如图 5-22 所示。

5.9.3　世界各国发展生物柴油动态

从世界范围来看，有多种植物被用来制取生物柴油。在欧洲各国，从油菜籽中提取油菜甲基酯（Rape Methyl Ester，RME）是主要的生物柴油来源。在法国，所有的柴油都含有 5% 的 RME。在美国，生物柴油生产主要是利用大豆和循环再使用的食品油。英国政府对废油利用技术也比较感兴趣。利用废弃的食品油可以降低成本，但是收集废弃的食品油并不容易。

在一些气候比较温暖的国家里，在柴油中添加 30% 的植物油都可以直接使用，而不经过酯交换反应。在菲律宾，椰子油可以供拖拉机或者卡车使用，而巴西则用棕榈油，在南非用的是向日葵油。但这些地区一般来说都是柴油比较短缺，柴油价格比较贵的地方。

生物柴油突出的环保性和可再生性，引起了世界各国的高度重视。随着生物柴油标准（如德国 DINV51606、美国 ASTM6751）的建立，对生物柴油的产品质量参数予以了明确的规定，生物柴油已经得到国际社会的正式承认。欧美各发达国家都对生物柴油采取减税和价格补贴等优惠政策，鼓励发展生物柴油。21 世纪的第一个十年，全球生物柴油年均增长率达到 42%，2014 年全球生物柴油产量达到创纪录的 2910 万 t。表 5-5 所示为一些国家生物柴油的比例及现状。

由于生物柴油与粮食争夺耕地，对生物柴油的发展也存在批评声音，批评人士指责生物燃料是导致近年来国际市场粮价上涨的主要原因。

表5-5　一些国家生物柴油的比例及现状

国　　家	原　　料	生物柴油比例	现　　状
美国	大豆为主	B10-B20	推广使用中
德国	油菜籽、大豆、动物脂肪	B5-B20，B100	广泛使用中
巴西	大豆、棉籽、蓖麻等	B6	广泛使用中
奥地利	油菜籽、废油脂	B100	广泛使用中
澳大利亚	动物脂肪	B100	研究推广中
法国	油菜籽及各种植物油	B5-B30	研究推广中
意大利	油菜籽及各种植物油	B20-B100	广泛使用中
阿根廷	大豆等	B20	推广使用中
保加利亚	向日葵、大豆	B100	推广使用中
马来西亚	棕榈油	B7	研究推广中
韩国	米糠、回收食物油和豆油	B5-B20	推广使用中
加拿大	桐油、动物脂肪	B2-B100	推广使用中

注：生物柴油一般与普通标准柴油掺混使用，B10-B20是指生物柴油在整体柴油中占10%～20%，而普通柴油比例在80%～90%。

5.10　生物质能与环境

（1）生物质能是清洁能源　传统的观点认为绿色植物生长的过程中吸收CO_2，在作为能源使用过程中释放出等量CO_2，所以它的CO_2排放量为零。实际上，这是一种误解，可通过应用生命周期法进行定量分析。生命周期分析法是从产品的整个寿命周期全过程考察它对环境的影响，是对一个产品系统的生命周期中输入、输出及潜在环境影响的汇总和评价。

绿色植物的生命周期包括种植、生长、收获、运输、储存、预处理、利用和废物处理。由于绿色植物分布较为分散、种类和形式繁多及能源密度低，在种植、收集、运输、存储和预处理过程将消耗一定的常规能源；在绿色植物生长过程中需要的肥料和农药，实际上也来源化石能源。因此，在绿色植物的整个生命周期过程中CO_2排放量实际上并非为零。此外，生物质能利用过程中本身要产生一定量的废水、废气或废渣，如果不消耗额外的能源进行处理，则将污染大气、水和土壤，影响人类居住和生态环境。

下表为采用生命周期法对生物质能和化石能源排放量的对比分析，从表5-6中可以看出生物质在整个生命周期中CO_2、SO_2及NO_x排放量远低于化石能源，是一种清洁能源。

表5-6　生物质在整个生命周期中CO_2、SO_2及NO_x的排放量与化石能源的对比

能　源	CO_2排放量/[g/(kW·h)]	SO_2/[g/(kW·h)]	NO_x排放量/[g/(kW·h)]
能源作物（目前）	17～27	0.07～0.16	1.1～2.5
能源作物（未来）	15～18	0.06～0.08	0.35～0.51
煤炭（最佳）	955	11.8	4.3
石油（最佳）	818	14.2	4.0
天然气（CCGT）[①]	430	—	0.5

① CCGT——联合循环燃气机组。

世界上的生物质在保持生态平衡方面扮演一个非常重要的角色，所以我们利用生物质能时不仅要考虑有利于环境的一面，也要考虑到损害环境的一面。毕竟我们打断了从生物质到化石燃料这一自然过程。以下讨论生物质能应用对环境的几个比较重要的影响。

（2）生物质能的大气排放

1）二氧化碳。种植大量的植物可以吸收大气中的二氧化碳，如果停止对森林的破坏并且大量的种植树木对整个环境无疑是十分有好处的。但是生物质能的策略主要关心的是如何用生物质能来代替化石燃料。

表 5-7 给出了各种生物质能应用所产生的排放，包括温室气体二氧化碳和酸雨的主要成分二氧化硫以及氮氧化物。表中是生产每单位电量所排放的气体的量。

表 5-7 生产每单位电量所排放的气体量

生物质 \ 排放	排放量/[g/(kW·h)]		
	二 氧 化 碳	二 氧 化 硫	氮 氧 化 物
直接燃烧后利用蒸汽轮机做功发电			
家禽粪便	10	2.42	3.90
稻秆	13	0.88	1.55
林业废弃物	29	0.11	1.95
城市固体废弃物	364	2.54	3.30
厌氧消化气体在内燃机中燃烧做功发电			
污水生成气	4	1.13	2.01
动物排泄物生成气	31	1.12	2.38
垃圾填埋生成气	49	0.34	2.60
生物质气化后在 BIGCC[①] 里燃烧再做功发电			
能源作物	14	0.06	0.43
林业废弃物	24	0.06	0.57
利用化石燃料发电			
天然气在 CCGT 中燃烧	446	0	0.5
煤燃烧	955	11.8	4.3
煤在流化床中低氮燃烧	987	1.5	2.9

① BIGCC——生物质整体气化联合循环发电系统（数据来源：ETSU，1999）。

生物质的燃烧依然不可避免地排放二氧化碳，但就算是排放最严重的城市固体废弃物，相比化石燃料来说，还是要低的。如果生物质能可以替代化石燃料，将大大地减少二氧化碳的排放。

无论是采用何种生物质能，都能降低二氧化碳的排放。但氮氧化物的排放却是不可避免的，因为空气中总是有 4/5 是氮气。在高温燃烧的条件下更容易排放氮氧化物，生物质能的燃料与化石燃料的燃烧面临同样的问题。

2）沼气。在上述的表格中忽略了一个重要的气体——沼气，这也是温室气体的一种。生物质的厌氧消化，无论是自然的还是人为的，都会释放沼气。沼气中最主要的成分是甲烷，甲烷阻碍地球表面热量散失的本领是二氧化碳的 30 倍，因此，将沼气燃烧将其转化为二氧化碳是一个解决的办法。以英国为例，如果能将垃圾填埋场所释放的沼气都燃烧，那么仅 2002 年就能减少温室气体排放 20Mt。如果没有燃烧，温室气体排放将会增加 10%。但实际上垃圾填埋场的沼气是很难完全被收集的，所以收集气体的效率很大程度决定了温室气体的排放。

3）其他排放。生物质能的燃烧还会有其他一些排放，虽然量不大，但是也非常重要。这其中包括重金属、二恶英等会影响人类身体健康的有害物质。城市固体废弃物的燃烧还会产生许多飞灰，其中会夹带着大量的重金属等有害物质排放到大气中。污水的排放也要引起足够的重视。

然而，据估计，由于垃圾处理排放的二恶英只占到英国二恶英排放的 0.1%，瑞士的研究发现家庭的篝火排放污染比经过控制的垃圾焚烧更严重。欧盟对各种污染物的排放有严格的限制，但据历史经验表明，这些限制经常会变，可以接受的所谓"安全值"将会越来越低。

4）占用土地。生物质能的利用需要占用大量的土地，如果将这些土地用来生产其他的可再生能源，对减少二氧化碳的排放更有好处。比如要向一个一年 1000 万 kW·h 的电厂提供能源，利用太阳能需要 40ha（公顷）（1ha = $10^4 m^2$），风场的占地还要多些，大概要 100ha。考虑合理的产量和转化效率，要提供电厂运转需要 300～1000ha 来种植能源作物。而且这几种可再生能源的占地类型还不一样。太阳能可以利用房顶上的空间，而风能可以利用山地或其他不是那么肥沃的土地，但生物质能必需利用耕地。

5）能量平衡。能量平衡、能量率通常用来评价一个系统的能量输出/输入。如果要从作物的种植开始算起，包括施肥、丰收、运输、处理等过程，那么化石燃料能量的输入要比最后生物质能的输出多。

输出输入比还取决于系统的类型。如果最后能量是以电能的形式输出，那么这个比值不会太高。一般来说，能量的输出输入比值在 1:1～300:1，300:1 一般只有水力发电才能达到。而像木材产生热量，比值在 10:1～20:1，而生物柴油只有 3:1，而发酵法制取的乙醇这个比值只比 1:1 大一些。

生物质能的能量平衡从一定程度上也反映了对环境的影响。如果能量输出效率越高，就越能够代替化石燃料。如果同样输出情况下，输入越少，对环境的索取也就越少，那对环境无疑是很有好处的。

5.11　生物质能发展与展望

5.11.1　生物质等离子体气化与热解

目前对生物质燃烧技术的研究主要集中在高效燃烧、热电联产、过程控制、烟气净化、减少排放量与提高效率等技术领域；另外，对减少投资、降低运行费用等方面也进行了相关的研究。在热电联产领域，出现了热、电、冷联产，以热电厂为热源，采用溴化锂吸收式制冷技术提供冷水进行空调制冷，可以节省空调制冷的用电量；热、电、气联产则是以循环流化床分离出来的 800～900℃ 的灰分作为干馏炉中的热源，用干馏炉中的新燃料析出挥发分生产干馏气。

生物质等离子体气化是一项完全不同于常规热解气化的新工艺。因热等离子体能够提供一个高温和高能量的反应环境，可大幅度提高反应速率，同时又会出现常温下不能发生的化学反应。产生等离子的手段有很多，如聚集炉、激光束、闪光管、微波等离子以及电弧等离子等。其中电弧等离子体是一种典型的热等离子体，其特点是温度极高，可达到上万度，并且这种等离子体还含有大量各种类型的带电离子、中性离子以及电子等活性特种。生物质在氮的气氛下经电弧等离子体热解后，产品气中的主要组分就是 H_2 和 CO，且完全不含有焦油。在等离子体气化中，可通进水蒸气，以调节 H_2 和 CO 的比例，为制取生物燃料作准备。目前，等离子体热解气化技术大多数是针对煤的洁净转化和危险废物的热处理进行的研究工作。

预处理与热解结合的生物质热解是一种新工艺，即生物质通过预处理（如水洗或酸洗）脱灰后，然后依次经干燥和热解过程可得到转化率高且含酸量少的生物原油。水洗和酸洗脱灰两种热解工艺所得生物原油含酸量相近，转化率也相近。但此项工艺耗能大，增加了后续处理的复杂性，相应增加运行费用。另外，也有生物质发酵和热解合成制取乙醇的工艺。通过生物质的水解过程，脱去一部分灰分和半纤维素，使热解过程形成的脱水糖大幅度提高，然后利用脱水糖发酵制取乙醇。此项工艺过程的优点是利用酸水解和热解增加发酵糖，得到高收率的乙醇。但此工艺中需要多次使用酸水解，所需费用高，工艺复杂；而且水解后生物质黏度高，热解时进料不方便。

5.11.2　生物燃料电池

生物燃料电池（bio fuel cell）是利用酶或者微生物组织作为催化剂，将燃料的化学能转化为电能。它的工作原理与传统的燃料电池存在许多共同之处，如以葡萄糖作为原料的燃料电池为例，在阳极和阴极将发生如下反应：

阳极反应：$C_6H_{12}O_6 + 6H_2O \longrightarrow 6CO_2 + 24e^- + 24H^+$

阴极反应：$6O_2 + 24e^- + 24H^+ \longrightarrow 12H_2O$

1911 年，英国植物学家 Potter 用酵母和大肠杆菌进行实验，发现利用微生物可以产生电流，生物燃料电池研究从此开始。从 20 世纪 60 年代后期到 70 年代生物燃料电池逐渐成为研究的中心，热点是开发可植入人体、为心脏起搏器或人工心脏等人造器官提供电力的生物燃料电池，但由于另一种可植入人体的锂碘电池的研究取得了突破，生物燃料电池研究受到较大冲击。进入 20 世纪 80 年代后，对于生物燃料电池的研究又活跃起来，氧化还原媒介体的广泛应用，使生物燃料电池的输出功率密度有了较大的提高，显示了作为小功率电源的可能性。以天然食物为燃料，能够自给自足机器人的研究也于近年来取得了某些进展。

生物燃料电池是燃料电池中特殊的一类，它利用生物催化剂将化学能转变为电能，除了在理论上具有很高的能量转化率以外，还有其他燃料电池所不具备的特点：

1）原料来源广泛，能利用一般燃料电池所不能利用的多种有机物、无机物质作为燃料。

2）操作条件温和，一般是在常温、常压和接近中性的环境中工作，电池维护成本低、安全性强。

3）生物相容性，利用人体内的葡萄糖和氧为原料的生物燃料电池可以直接植入人体，作为心脏起搏器等人造器官的电源。

生物燃料电池按其工作方式可分为两类:一类是酶生物燃料电池,即先将酶从生物体系中提取出来,然后利用其活性在阳极催化燃料分子氧化、同时加速阴极氧的还原;另一类是微生物燃料电池,就是利用整个微生物细胞做燃料,依靠合适的电子传递介体在生物组分和电极之间进行有效的电子传递。虽然已经存在阴、阳两极同时使用生物催化剂的情况,但大多数生物燃料电池只在阳极使用生物催化剂。生物燃料电池同样以空气中的氧气作为氧化剂,阴极部分与一般的燃料电池没有区别,因此在生物燃料电池领域的研究工作也多是针对电池阳极区。

根据电子转移方式的不同,生物燃料电池还可分为直接生物燃料电池和间接生物燃料电池。直接生物燃料电池的燃料在电极上氧化,电子从燃料分子直接转移到电极上,生物催化剂的作用是催化在电极表面上的反应;而在间接生物燃料电池中,燃料并不在电极上反应,而是在电解液中或其他地方反应,电子则由具有氧化还原活性的介体运载到电极上去。

生物燃料电池自身潜在的优点使人们对它的发展前景看好,但由于输出功率密度远远不能满足实际要求,目前无法作为电源应用于实际生产和生活中。例如,目前质子交换膜燃料电池的功率密度可达 $3W/cm^2$,而生物燃料电池的功率密度还达不到 $1mW/cm^2$,两者差距较大。尽管生物燃料电池距离实用仍然遥远,但近 20 年来生物技术的巨大发展,为生物燃料电池研究提供了巨大的物质、知识和技术储备。生物电池领域的大量成果更可为生物燃料电池研究直接借鉴。生物燃料电池技术有望在不远的将来取得重要进展,作为一种绿色环保的新能源,应用在生物医学等各个领域。

5.11.3 生物制氢技术

生物制氢是利用微生物在常温常压下进行酶催化反应制取氢气。早在 19 世纪,人们就已经认识到细菌和藻类具有产生分子氢的特性。到目前为止,已研究报道的产氢生物类群包括了光合生物(厌氧光合细菌、蓝细菌和绿藻)、非光合生物(严格厌氧细菌、兼性厌氧菌和好氧细菌)和古细菌类群。

根据微生物生长的能源来源和产生氢气微生物的种类,生物制氢可分为两大类,一类是光合菌,利用有机酸通过光产生 H_2 和 CO_2。利用光合菌和有机酸制氢的研究在 20 世纪70 ~ 80 年代就已经相当成熟。但由于其原料来源于有机酸,限制了此项技术的工业化应用。另一类是厌氧菌,利用碳水化合物及蛋白质等,产生 H_2、CO_2 和有机酸。目前,利用厌氧菌进行微生物制氢的研究大体上可分为三种类型:第一种是采用纯菌种和固定技术进行微生物制氢,但因其发酵条件要求严格,目前还处于实验室研究阶段;第二种是利用厌氧活性污泥进行有机废水发酵法生物制氢;第三种是利用连续非固定化高效产氢细菌使含有碳水化合和蛋白质等物质分解产氢,其氢气转化率可达30% 左右。

许多科学家认为,氢能在 21 世纪有可能在世界能源舞台上成为一种举足轻重的二次能源。国际上氢能研究从 20 世纪 90 年代以来受到特别重视。美国早在 1990 年就通过了氢能研究与发展示范法案,启动了一系列氢能研究项目。日本通产省于 1993 年启动了 WE- NET 项目,到 2020 年计划投入上亿美元开发氢能系统的关键技术。

5.11.4 生物质能展望

在经过 21 世纪初期的快速增长后,到 2008 年金融危机后,全球生物质能发展急剧下降。受粮食消耗争议的影响，全球燃料乙醇产量经过 2005～2010 年的较快增长后，2011～2013 年全球燃料乙醇增速放缓，维持在每年 830～857.6 亿 L 的水平。截至 2013 年，国际上生物质能发电的累计装机容量，欧洲为最高，达到 25.4GW。美国为 13.6GW，世界排名第二。中国为 9.8GW，世界排名第三。生物质能未来的发展，很可能将转向以不消耗粮食的能源作物、生物垃圾、沼气发酵等为主要发展方向。

目前，我国约有 8 亿人口生活在农村。自 1980 年以来，经济改革使农村经济得到了迅速发展，农村地区能源消费的数量、品种和结构发生了巨大的变化。农村能源消费总量由 1980 年的 328 百万吨标准煤增长至 2002 年的 783 百万吨标准煤，增加了 1 倍多。从消费结构上分析，非商品能源消费总量下降，商品能源消费比重稳步上升，生物质能源已不再占据农村能源消费的主导地位。在农村的生产用能中，92.7% 是商品能源，其中煤炭占主导地位，为 54.9%；生物质能仅占 7.3%。农村生活用能仍以传统生物质能为主，但商品能源持续增长，生物质能虽然在总量上基本不变，但在生活用能所占的份额却逐年下降，由 73.7% 下降至 56.3%，表明我国农村生活用能向清洁能源转化已经成为必然的发展趋势。虽然生物质能在农村能源消费结构仍占有重要的地位，但随着农村经济的发展，传统的生物质能利用方式将越来越少，而现代化的利用方式将逐渐增加。

我国具有丰富的生物质能资源，在开发利用方面也取得了可喜的成绩。但是，从总体看，无论是科研水平、开发利用层次、转换制备规模，还是产业发展、市场营销等方面，与发达国家相比还有很大的差距。我国的经济在快速发展，人们对优质燃料的需求日益迫切，迫切需要加速新的生物质能利用的步伐，包括提高其转换效率，降低生产成本，在新技术、新工艺上有大的突破；成熟的技术尽快实现大规模、现代化生产，形成比较完善的生产体系和服务体系。增大新的生物质能在能源结构中所占比例。具体应考虑以下内容：

（1）农村能源　进一步推广实用技术，充分发挥生物质能作为农村补充能源的作用，为农村提供清洁的能源，改善农村生活环境及提高人民生活条件。

（2）产业化应用　促进成熟技术的产业化，提高生物质能利用的比重，提高生物质能在能源领域的地位，为生物质能今后的大规模应用奠定工业基础。

（3）技术前沿与新技术　提高生物质能的利用价值，实现生物质能多途径利用，大力开发高品位生物质能转化的新技术，建立工业性试验示范工程，为未来大规模利用生物质能提供技术支撑和技术储备。

（4）基础理论研究　对于生物质能技术研究中存在且必须加以解决的重大科学理论问题，应予以足够的重视，加大研究力度，为生物质能新技术或新工艺的开发与研究提供理论依据。

（5）资源发展　研究、培育、开发速生、高产的能源植物品种，利用山地、荒地、沙漠、湖泊和近海地区发展能源农场、林场或养殖场，建立生物质能资源发展基地，提供可工业化利用的糖类、淀粉、木质或油类等生物质能资源。

思考题与习题

1. 什么是生物质能？生物质能是几次能源？为什么？

2. 生物质能转化和利用有哪些途径？试总结利用城市固体废弃物（城市垃圾）的各种方法，并概括出它们的优点与缺点。

3. 已知某生物质的成分分析如下表。求单位质量生物质燃烧所需的理论空气量与烟气量。

生物质	工 业 分 析（质量分数）				元素组成（质量分数）						低位发热量 Q_{dw}/（kJ/kg）
	水分（%）	灰分（%）	挥发分（%）	固定碳（%）	H	C	S	N	P	K_2O	
杂草	5.43	9.40	68.27	16.40	5.24	41.0	0.22	1.59	1.68	13.60	16203
稻草	4.97	13.86	65.11	16.06	5.06	38.32	0.11	0.63	0.15	11.28	13980

4. 已知木材密度为 $600kg/m^3$，木材的发热量为 $15MJ/kg$，如果在常温环境下，将 $1L$ 水烧开大约需要两根 $20cm$ 长的细木棍（截面积约为 $4cm^2$），试计算这个过程能量转化的效率。

5. 英国一个利用垃圾填埋气发电的电厂，发电能力为 $2MW$，总投资 1.5×10^6 英镑，为了按时还贷款，每 1000 英镑每一年应回收 117 英镑。假设这个电厂一年不停产地运转，运行成本会导致每千瓦时电增加 1 便士的成本，试计算每千瓦时电至少应定价为多少，才能按时还贷。（1 英镑 = 100 便士）

6. 生物质能与常规矿物能源有哪些不同？与其他新能源有什么区别？它的主要优势是什么？为什么生物质能源是最主要的可再生能源？

7. 分析几种主要的利用生物质能的方法（制取气体燃料、液体燃料、固体燃料）的利弊，包括经济分析和环境效益。

8. 根据上题所作分析，提出你对现有的生物质能利用方法的建议和改进方案。

9. 为什么说生物质能是清洁能源（用具体数据说明）？举例说明目前你了解到的最新生物质能技术有哪些？

10. 试设计一沼气池，能够满足农村一户 6 口之家的日常做饭和冬季供暖（假设为江南地区）。给出设计方案、设计指标、设计依据和工作特点。

参 考 文 献

[1] Godfrey Boyle. Renewable Energy New York：Oxford University Press，2004.

[2] 袁振宏，吴创之，马隆龙，等. 生物质能利用原理与技术［M］. 北京：化学工业出版社，2005.

[3] 黄素逸，高伟. 能源概论［M］. 北京：高等教育出版社，2004.

[4] 李传统. 新能源与可再生能源技术［M］. 南京：东南大学出版社，2005.

[5] 翟秀静，刘奎仁，韩庆. 新能源技术［M］. 北京：化学工业出版社，2005.

第6章
风　　能

　　风能是人类社会开发出的第一种非动物源的能源。几千年来，风能一直被用来作为碾磨谷物、抽水、船舶等机械设施的动力。现今，世界上有上百万台风力机在运作，其中有十几万台用来发电。但是现代风能利用最吸引人的地方是，风能可以在大范围内无污染地发电，提供给独立用户或输送到中央电网。

　　自从19世纪末，人们就开始尝试用风能来发电，并且取得了不同程度的成功。从1930年代开始，就有了给蓄电池充电的小型风力机械（图6-1）。但直到20世纪80年代，这种技术才发展得较为成熟，可以在工业上大批量地制造用来发电的大型风力机。从20世纪80年代到21世纪初，风力机制造的费用在持续稳定地下降。相对于较低成本的化石燃料发电，这种技术还处在继续发展中，期望能够变得更便宜、更可靠，在未来变得更具有经济竞争力。

图6-1　小型风力机械

　　风能也是世界范围内发展最快的可再生能源技术。到2013年底，全球风电累计装机容量达到318GW，与10年前相比增加了10倍，可以满足约4%的全球电力需求。现在这一数字仍在继续增加。

　　从风能中提取能量的机械和系统涉及知识领域很广，包括气象学、空气动力学、电学、自动控制学、机械学和土木学等。本章首先描述风的形成，接下来讨论风能的计算与风机的选址，然后讨论风力机的基本原理及风能系统的建造，风能的环境影响和经济效益，最后给出风能利用发展的预测。

6.1　风的形成

6.1.1　地球表面的风

　　风能是太阳能的一种形式。太阳光对地球表面不均衡地加热，造成了大气层中温度和压力的差别，风的运动起着减小这种差别的作用。当太阳加热地球一面的空气、水面和大地时，地球的另一面通过向宇宙空间的热辐射而冷却。地球每天在转动，使其整个表面都轮流经历这种加热和冷却的周期变化。地球轴线相对于绕太阳公转轴的倾斜角度，造成了地球表面加热能量的区域性和季节性的变化。

　　如图 6-2 所示，在赤道附近，吸收的太阳能要比两极附近多得多。较轻的热空气在赤道附近上升，并向两极运动；而较重的冷空气作为替代，从两极沿地面移向赤道。由于地球自西向东自转，在赤道上升的气流将获得比从极地下降的气流更大的惯性旋转速度。因此在北半球，向北运动的空气折而朝东，向南运动的空气折而朝西。当向北运动的空气到达北纬 30°时，它几乎已经折向正东方了。因为这种风从西边吹来，故称之为"西风"。

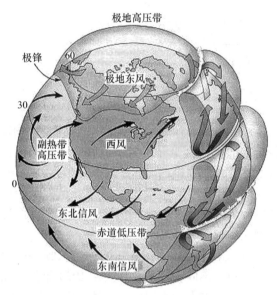

图 6-2　地球表面风的运行

　　空气倾向于在北纬 30°的偏北一点的位置上积累起来，造成了在这一带地区的高压带和温和的气候，一些空气从这个高压地区向南运动，并由于地球的自转而被偏折向西，形成海员们所称的"信风"。类似的效应导致了在纬度高于 50°地区的"极地东风"。在赤道的南方，地球的自转将向南运动的空气折向朝东，而向北运动的空气折向朝西，故在南半球也有类似的西风、信风和极地东风的情况。

　　地球的各部分表面对太阳热量的响应并不都一样。例如，由于水具有较大的热容，故海洋的加热要比附近大地的加热慢得多。类似地，海洋温度的下降也要比邻近的陆地慢得多。这种不同的加热和冷却的速率，造成了覆盖海洋或大地的温度与湿度特性不同的气团，这些气团依照全球风向流动的模式，在地球表面上空浮动。设想一个大的球，由许多大的气泡覆盖着，这些大气泡漂来漂去并相互撞击，当它们撞击时，空气就被挤压，暖气团与冷气团相遇时的前锋活动造成了较大范围的气流运动，这就形成了区域风。

　　由于陆地的热容较小，所以陆地在太阳照射时温度的升高和在晚上因向夜空辐射引起的温度下降都要比海洋快得多。因此，在白天，海水温度比海岸陆地温度低，而在晚上则正好相反。这种温度的差别，造成了相应的空气流动，称之为"海岸风"，如图 6-3 所示。在海边可以感觉到这种吹向海岸或者吹离海岸的微风。在白天，尤其是在下午，地面上的温暖空气上升，而海面上的冷空气流动过来补充，这就产生了向岸风。在晚上，相反的过程造成了离岸风。白天的海风可以有足够的强度，从而成为风能的来源。在典型情况下，风速可达 13～26km/h。而晚上，离岸风通常都比较弱，风速一般低于 8km/h。

　　在山坡和山谷之间也有类似的现象。如图 6-4 所示，靠近山坡的冷湿空气团，在白天的太阳照射下，比起山谷的空气团被加热得更快。当山坡上的空气变热之后，它就上升，在山谷中的冷空气就沿着山坡被抽上去。为了补充山谷中的空气缺失，在山谷上方的空气就向着山谷下沉，然后沿着山坡上升。这就是由这种坡谷之间的温差引起的"山谷风"。在晚上则发生相反的过程，由于向黑夜天空迅速地辐射热量，山坡附近的空气向山谷下沉，并在它因逐渐冷却而变得较重的同时，获得了一定的速度。一般认为，山谷风太弱，不能作为风能的来源，但在某些地区，这种风经常可以达到破坏性的风速。

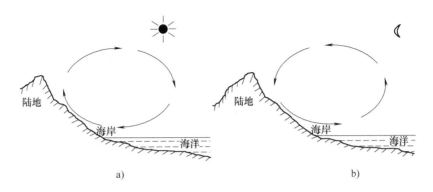

图 6-3　海岸风的形成

a）白天　b）晚上

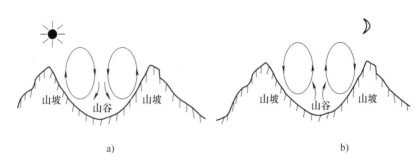

图 6-4　山谷风的形成

a）白天　b）晚上

6.1.2　风的形成机制

1. 气压梯度

风就是运动着的空气，通常在气象站所测量的是它的水平分量，风的垂直分量数值很小。对于天气尺度运动来说，水平速度的特征尺度为 $10^3 \mathrm{cm/s}$，垂直速度的特征尺度为 $1\mathrm{cm/s}$。一般来说，在风能利用中，不考虑风的垂直分量。

空气为什么会产生水平运动呢？这主要是由于气压在水平方向分布不均匀，造成了水平气压梯度力。这个力推动空气，使空气产生了水平运动。空气的流动速度与水平气压差有关，在气压的作用下将使空气以最直接的路径从高压向低压运动。所谓气压梯度就是沿垂直于等压线方向的法线 n 上度量得到的单位距离内气压的降低。它的大小可用 $-\dfrac{\Delta p}{\Delta n}$ 来表示，也就是指垂直于等压线，从高值到低值，并在单位距离上的气压差。在考虑单位质量上所受的力时，气压梯度力的大小可用下式表示

$$F_{\mathrm{G}} = -\frac{1}{\rho}\frac{\Delta p}{\Delta n} \tag{6-1}$$

式中，ρ 是空气密度。

由式（6-1）可见，F_{G} 与 ρ 成反比。当空气受力后，若该处空气密度大，则单位质量空

气受力小；反之，若该处空气密度小，则单位质量空气受力大。一般来说，地面上各处空气密度差异比较小，因此，空气的水平运动主要取决于气压梯度。当等压线越密（即气压梯度越大）时，风速也越大；反之，等压线越稀（即气压梯度越小），风速也越小。

2. 地球自转

地球上气压水平分布不均匀，造成了空气的水平运动。既然空气受水平气压梯度力的作用，风应沿水平气压梯度方向吹，即垂直于等压线从高压向低压吹。实际上，风不是沿着水平气压梯度力的方向吹，而是发生偏转。这是由于地球并非静止不动，而是一个不停旋转的球体。由于地球自转而使空气水平运动发生偏向的力，称为水平地转偏向力，简称地转偏向力。由于是以自转地球上的参考系来观察物体的运动，所以看到的这个力和加速度仅仅是一个"视"力和"视"加速度。所说的空气水平运动都是相对于地面而言，因此空气在运动过程中，除受气压梯度力影响外，还受地转偏向力的影响。

地转偏向力只是在空气相对于地面运动时才产生，空气相对于地面静止时，没有地转偏向力。地转偏向力的方向始终和空气运动的方向垂直，在北半球它指向空气运动方向的右方，使空气的运动向右偏转，但它并不能改变空气运动的速度大小。地转偏向力的大小与风速和纬度有关。在风速相同的情况下，纬度越高，地转偏向力越大，在北极最大，在赤道为零。在同一纬度，风速越大，地转偏向力越大。作用在单位质量空气上的水平地转偏向力的大小可以表示如下

$$F_A = 2v\omega\sin\Phi \qquad (6\text{-}2)$$

式中，F_A 为水平地转偏向力，v 为风速，ω 为地球自转角速度，Φ 为纬度。

如果空气在水平面上作无摩擦的直线运动，气压梯度力和地转偏向力处于平衡状态。即

$$-\frac{1}{\rho}\frac{\Delta p}{\Delta n} = 2v\omega\sin\Phi \qquad (6\text{-}3)$$

用 v_g 代表 v，有

$$v_g = -\frac{1}{2\omega\rho\sin\Phi}\frac{\Delta p}{\Delta n} \qquad (6\text{-}4)$$

这时 v_g 也称为地转风。

根据气压梯度力与地转偏向力平衡的条件，地转风方向与水平气压场之间相应存在一定的关系。地转风平行于等压线吹，在北半球，背风而立，高压在右，低压在左。在南半球正好相反，即背风而立，高压在左，低压在右（图6-5）。

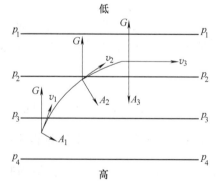

图6-5 北半球地转风
方向形成示意图

3. 惯性离心力

当空气做曲线运动时，作用于空气的力，除了气压梯度力和地转偏向力以外，还有惯性离心力。

离心力也是一种"视"力，它是在转动坐标系中描述物体运动的一种力。它与空气运动速度的平方成正比，与曲率半径成反比。其大小为

$$F_C = \frac{v^2}{r} \qquad (6\text{-}5)$$

当曲率中心在气压低的一边（即 n 的正向，称为气旋性曲率）时，离心力 F_C 和地转偏向力 F_A 同向（图 6-6a）；当曲率中心在气压高的一边（即 n 的反向，称为反气旋性曲率）时，离心力 F_C 与地转偏向力 F_A 反向（图 6-6b）。水平气压梯度力 F_S，离心力和水平地转偏向力三力达成平衡时的流动，称为梯度风（图 6-6）。即

$$\pm \frac{v^2}{r} + 2\omega v \sin\Phi = -\frac{1}{\rho}\frac{\Delta p}{\Delta n} \tag{6-6}$$

第一项的正负号视流动而定，气旋性取正号，反气旋性取负号。求解上式，由于 v 必须是非负实数，便有下面的梯度风公式，并以 v_C 代替 v：

在高压区，反气旋为

$$v_C = \omega r \sin\Phi - \sqrt{\omega^2 r^2 \sin^2\Phi + \frac{r}{\rho}\frac{\Delta p}{\Delta n}} \tag{6-7}$$

在低压区，气旋为

$$v_C = -\omega r \sin\Phi + \sqrt{\omega^2 r^2 \sin^2\Phi - \frac{r}{\rho}\frac{\Delta p}{\Delta n}} \tag{6-8}$$

4. 惯性运动和旋衡运动

大气中的无摩擦平衡运动，上面提到的地转风和梯度风是最重要的两种情况。除此之外，还有惯性运动和旋衡运动。所谓惯性运动，是指气压梯度力是零，地转偏向力与离心力平衡情况下的运动。它只能产生于反气旋圆形路径运动中。它的曲率半径和速度都是常数，关系式为

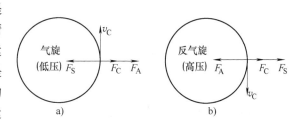

图 6-6　梯度风

$$v = -2\omega r \sin\Phi \tag{6-9}$$

这种惯性运动对地球大气是不重要的，它的量很小。

如果运动的水平尺度很小，这时地转偏向力比起气压梯度力和离心力来，可以忽略不计。这时气压梯度力和离心力平衡，便称为旋衡运动，这时有

$$v = \sqrt{-\frac{r}{\rho}\frac{\Delta p}{\Delta n}} \tag{6-10}$$

显然，对旋转风而言，只发生在低压区，但旋衡流动可以是反时针旋转（气旋性），也可是顺时针旋转（反气旋性）。例如，在炎热季节里出现的龙卷风就是这样的涡旋。旋转风在低纬度的热带气旋（如台风）中心附近很重要，因为那里的离心力可以大到地转偏向力的 25 倍。

5. 摩擦层中的风

在近地面 1～2km 的摩擦层中，空气的运动除了受气压梯度力，地转偏向力和离心力的作用外，还受到地面摩擦力的影响。它和风速的大小、地面粗糙度有关。由于摩擦力的作用，所以必须考虑地转偏向力、气压梯度力、离心力，还有摩擦力诸力平衡关系。可以得出以下的结论：风速比气压场所应有的梯度风速小，风向要偏向低压一方。因此，在摩擦层

中，不论等压线是直线还是曲线，风与等压线总是有交角的。在低气压中的空气，总的来说是逆时针方向流动（北半球），气流向气压中心汇集；在高压中的空气，则是顺时针方向流动，气流向外发散（图6-7）。

此外，由于空气运动所受到的地面摩擦力随高度增高而减小。所以在气压梯度力不随高度变化的情况下，离开地面越远，风速越大，风与等压线的交角也越小。当气压梯度力随高度不变时，随着高度的升高，风速逐渐增大，风向向右偏转。再向上到达某一高度。在这个高度上自由大气摩擦力和其他力相比已经很小，风速接近

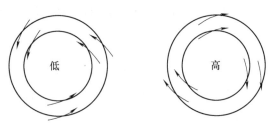

图6-7 北半球摩擦层中低压与高压的气流

于与气压场相应的地转风风速值，风向也基本上平行于等压线。这个高度称为梯度风高度。目前风能的利用都还限于摩擦层中，因此摩擦层中风的特性对风力的利用有着重要的意义。

6.2 风能利用简介

6.2.1 人类开发风能的历史

风能利用已有数千年的历史，在蒸汽机发明以前，风能曾经作为重要的动力，用于船舶航行、提水饮用和灌溉、排水造田、磨面和锯木等。

风能最早的利用方式是"风帆行舟"。埃及被认为是最先利用风能的国家，约在几千年前，他们的风帆船就在尼罗河上航行。在公元前几个世纪，波斯人也开始利用风能。到公元700年时，他们建造了竖起转轴的风车，即"方格形风车"（Panemone）来带动磨谷的石磨。后来风车的概念和设计传到了欧洲，荷兰人发展了水平转轴、螺旋桨式的风车。风力和水力很快就在中世纪的英格兰成了机械能的主要来源。在这一时期，荷兰人依靠风力来抽水、磨谷以及带动锯木机。

许多早期的风车都属于垂直轴的风力机，水平轴风车则出现在12世纪的欧洲。在北欧，"塔形风车（tower mill）"（图6-8）较为普遍。翼板的转动很慢，可以提供机械动力。一些面包师使用风车来碾磨谷物，有专门卖用风车磨的细粉做的面包和蛋糕。

在整个中世纪，在诸如叶片空气动力学、齿轮设计和风车的整体设计领域中，新的技术改进不断产生。使得磨坊工人可以用"帽式风车"来人工将风

图6-8 塔形风车

车对准风力最强的方向。直到1750年，在发明了扇形尾——一种靠风力本身来操纵的自动调向机构后，才可以不必靠人工去调准风车的方向了。

我国是最早使用帆船和风车的国家之一，至少在 3000 年前的商代，就出现了帆船。唐代有"乘风破浪会有时，直挂云帆济沧海"的诗句，可见那时风帆船已广泛用于江河航运。最辉煌的风帆时代是在明代，14 世纪初叶我国航海家郑和七下西洋，庞大的风帆船队功不可没。明代以后，风车得到了广泛的使用，宋应星的《天工开物》一书中记载有："扬郡以风帆数扇，俟风转车，风息则止"，这是对风车的一个比较完整的描述。我国沿海沿江地区的风帆船和风力提水灌溉或制盐的做法，一直延续到 20 世纪 50 年代，在江苏沿海利用风力提水的设备曾多达 20 万台。

在蒸汽机出现之前，风力机械曾是主要的动力机械。但随着煤、石油、天然气的大规模开采和廉价电力的获得，各种被广泛使用的风力机械，由于成本高、效率低、使用不方便等，无法与蒸汽机、内燃机和电动机等相竞争，渐渐被淘汰。

在 19 世纪末，丹麦人首先研制了风力发电机。1891 年，丹麦建成了世界第一座风力发电站。到 20 世纪 30 年代，约有十多个美国公司生产和出售风力发电机。第一次世界大战后，丹麦依照飞机桨叶研制出了由两个或三个叶片组成的高速风力发电机，装机容量为 5kW 以下，1945 年丹麦还保存有这类发电机 2 万台。美国在 1941 年制造的双叶片 1.25MW 风力发电机，安装在佛蒙特州的格兰德帕圆顶山上。山高 610m，风轮直径为 53.3m，塔架高 45m。从 1941 年 10 月～1945 年 3 月运行了近 4 年，后被大风吹断叶片而停止运转。到第二次世界大战后，工业复苏，能源短缺，一些工业国开始研究大中型风力发电机。丹麦研制了 12kW、45kW 和 200kW 三座风力发电机，投入运行并且并入公用电网。1955 年原联邦德国制造了 100kW 风力发电机。法国于 1950 年制造了 130kW，1958 年又制造了 800kW 的风力发电机，采用的都是高速水平轴螺旋桨型。

风力发电在解决发展中国家无电农牧区居民的用电方面起到了重要的作用，特别是 1973 年发生石油危机以来，风能又重新受到了重视。不论是已在普遍利用风能的欧美各国，还是在中国、印度等发展中国家，都在进行风能方面的研发。从 20 世纪 90 年代开始风力发电进入了一个蓬勃发展的阶段，风力发电机的研制进入了大型的 10MW 级，在世界不同地区建立了许多大中型的风电场。预计到 21 世纪中叶，风能将与太阳能一起成为世界能源供应的主要支柱之一，为人类社会可持续发展提供主要的动力。

6.2.2 风能的用途

从风力中获得原始能量，一般是用旋转、直线或摆动等方式的机械运动。这种机械运动可以用来抽取液体，也可以转换为电力、热能或燃料。其用途大致如下：

（1）提水 利用风能提水饮用或灌溉，大多数情况下，只要把风力机转轴的圆周运动转换成垂直方向的线性运动，不用发电机就可以抽水。

灌溉是农业生产中耗能较多的一项作业。在美国，34% 的农业能源用于灌溉，而在美国大平原南部，灌溉提水用能约占所灌溉农田耗能量的 50%。目前美国、澳大利亚、荷兰、丹麦、印度、日本、新西兰等国都在使用风力提水，解决农业、牧场灌溉和生活用水。

我国利用风力机提水灌溉有很好的经济效益。我国研制的风力提水机有适合南方的低扬程大流量和适合于北方的高扬程小流量两种。风力提水在我国农田灌溉、提海水制盐、提海水养殖，灌溉草原以及人畜的饮水等方面发挥了积极作用。

（2）风力发电 现有的大多数风能装置都是与发电机结合，相当数目的风力发电机是和公共电网连接在一起。而连接在同一电网系统上的燃料发电机则在风能发电机电力不足时起着补偿和替代作用。例如，20世纪80年代以来在美国和欧洲相继建成了大型风力发电系统，其中一部分已和原有的电力系统并网运行。

发展大型风力机与风力资源和社会情况有关。在大型风力机发展快的国家，风能资源都十分丰富，风能密度一般都在 $300 \sim 500 \mathrm{W/m^2}$，有的还在 $600 \sim 700 \mathrm{W/m^2}$ 以上。由于石油价格的持续上涨和矿物燃料对环境的污染，风能被认为是和矿物燃料及核能相竞争的一种清洁的新能源，受到人们的欢迎。

另一些风能发电机是自成系统的。风力充足时，对蓄电池之类的装置充电；风力不足时，则由蓄电池放电。在澳大利亚、丹麦、美国等国，为分散的农场和住户提供电力的中小型风力发电机迅速发展。独立运行的中小型风力机在弱风下就可起动，额定风速较低，能在比较宽的风速范围内发电。这种风力机虽然年发电量要小一些，但在一年中可运行小时数多一些。因地制宜发展小型风力发电机，解决缺电问题，是一条比较现实可行的途径。

（3）风力发电并网系统　由于风能是一种不稳定的能源，所以风力发电输出电能也是不稳定的。为了达到不间歇供电，就必须有兆瓦级以上风力发电机或有相当数目的中型风力发电机和电网并联运行，为中央电网供电。这导致在1979年出现了风力田。风力田的兴起主要是由于巨型风力机叶轮直径很大，如美国 Mod-5B 为128m，瑞典的 WTS 为78.2m。它的设计、制造、检测都有一些困难，若用中小型以多代大，则是一个既方便又经济的办法。所谓"风力田"，就是在一个场地上，安装几十台到几百台中型风力发电机群，联合向电网供电的系统。美国加利福尼亚州建有几十个风力田。此外，美国在落基山中建有大型风力机的风力田，它由三台巨型涡轮风机组成，排列成三角形，以便利用从太平洋吹来的西风并使之转变成电力。英国在北海沿岸建立了20个风力田，共装有50kW风力机512台。荷兰、意大利、德国也都建立了风力田。近年来，我国也正在大力发展风力田的建设。

（4）风帆助航　风能在航行史上起过很大作用。5000年前埃及就有风帆船的记载，大型帆船曾在17世纪时的世界海洋上称霸。随后由于蒸汽机的发展而绝迹。篷帆借助风能作为动力推进船舶航行，所以可以节约燃油。对现代风帆推进收益研究表明，每平方米帆面积可获得功率约为 $221 \sim 294 \mathrm{W}$。根据计算，风帆在运输时间上要增加20%，但燃料却可以节约50%。

现代风帆是金属制作的，通过计算机控制，以便使风帆的转动角度尽量保持利用风力的最佳状态。风帆货船仍然要用柴油机作为辅助推动力，而风帆的转动也要依靠燃油的柴油机，风帆与燃油柴油机相辅而用。

日本在1980年9月建成世界上第一艘现代商用风帆船"新爱德丸"，在沿海水域航行。这艘船载重1600t、排水量2400t，安装有两面卷折式纤维增强塑料巨帆，帆面积 $194 \mathrm{m^2}$，船速13n mile/h，同时装有一台带动大直径螺旋桨的1 176 798W低速柴油机。它比载重相同的普通机动船可节省50%的燃料。风帆也给人以美的享受，图6-9所示为瑞典仿古帆船"歌德堡号"。

（5）利用风能加热　风能直接转换为热能是新的能量利用形式。如通过使用固体材料摩擦或搅动水和流体或应用离心泵来产生热量。日本、美国和西欧一些国家都开展了这方面的研制工作，并已经进入实用阶段。

日本最早利用风能进行热转换，从1981年开始已在北海道养殖鳗鱼，在京都、岛根用于温室供热。丹麦、荷兰将风力制热器用于家庭采暖。美国、新西兰也用于家庭和温室的供热。这是一项很有前景的研究。

图 6-9　瑞典仿古帆船"歌德堡号"

6.3　风能资源及分布

风能资源潜力的多少，是风能利用的关键。收集能量的成本是由风力机设备的成本、安装费用和维修费等与实际的产能量所确定的。因此，选择一种风力机，不但要着重考虑节省基本投资，而且要根据当地风能资源选择适当的风力机。使风力机与风能资源二者相匹配，才能获得最大的经济效益。

6.3.1　风的全球资源及分布

1981 年，世界气象组织（WMO）主持绘制了一幅世界范围的风能资源图。该图给出了不同区域的平均风速和平均风能密度。但由于风速会随季节、高度、地形等因素的不同而变化，因此各地区风的资源量只是一个近似评估。

根据风能资源图的估计，地球陆地表面 $1.07 \times 10^8 km^2$ 中 27% 的面积平均风速高于 5m/s（距地面 10m 处）。这部分面积总共约为 $3 \times 10^7 km^2$。表 6-1 给出了地面平均风速高于 5m/s 的陆地面积。

表 6-1　世界范围的风能资源

地　区	陆地面积/ （$\times 10^3 km^2$）	风力为 3~7 级所占的比例和面积	
		比例（%）	面积/（$\times 10^3 km^2$）
北美	19339	41	7876
拉丁美洲和加勒比海湾	18482	18	3310
西欧	4742	42	1968
东欧	23047	29	6783

（续）

地　　区	陆地面积/（×10³km²）	风力为3~7级所占的比例和面积	
		比例（%）	面积/（×10³km²）
中东和北非	8142	32	2566
撒哈拉以南非洲	7255	30	2209
太平洋地区	21354	20	4188
中国	9597	11	1056
中亚和南亚	4299	6	243
总计	106660	27	29143

注：根据地面风力情况将全球分为8个区域（中国不算作一个独立区域），面积单位为10³km²，比例以百分数表示。3级风力代表离地面10m处的年平均风速在5~5.4m/s；4级代表风速在5.6~6.0m/s；5~7级代表风速6.0~8.8m/s。

6.3.2　我国的风能资源

我国地域辽阔，风能资源丰富。特别是东南沿海及其附近岛屿，不仅风能密度大，年平均风速也高，发展风能利用的潜力很大。在内陆地区，从东北、内蒙古，到甘肃河西走廊及新疆一带的广阔地区，风能资源也很好。华北和青藏高原有些地方也能利用风能。

一般认为，可将风电场分为三类：年平均风速达6m/s时为较好；7m/s为好；8m/s以上为很好。我国现有风电场场址的年平均风速均达到6m/s以上。在全国范围内相当于6m/s以上的地区，仅限于较少数几个地带。就内陆而言，大约占全国总面积的1/100。这些地区是我国最大的风能资源区，包括山东、辽东半岛、黄海之滨，南澳岛以西的南海沿海、海南岛和南海诸岛，内蒙古从阴山山脉以北到大兴安岭以北，新疆达坂城、阿拉山口，河西走廊，松花江下游，张家口北部等地区，以及分布各地的高山山口和山顶。

中国沿海水深在2~10m的海域面积很大，而且风能资源好，靠近我国东部主要用电负荷区域，适宜建设海上风电场。

由于我国风能丰富的地区主要分布在东南沿海和岛屿，以及西北、华北和东北的平原山谷或戈壁。在时间上，冬春季风大、降雨量少，夏季风小、降雨量少，夏季风小、降雨量大，与水电的枯水期和丰水期有较好的互补性。表6-2列出我国风能资源比较丰富的省区。

表6-2　我国风能资源比较丰富的省区（10m高度风能）

省　　区	风力资源/万 kW	省　　区	风力资源/万 kW
内蒙古	6178	山东	394
新疆	3433	江西	293
黑龙江	1723	江苏	238
甘肃	1143	广东	195
吉林	638	浙江	164
河北	612	福建	137
辽宁	606	海南	64

6.3.3 我国风能资源的区划

风能分布具有明显的地域性的规律,这种规律反映了大型天气系统的活动和地形作用的综合影响。而划分风能区划的目的,是为了了解各地风能资源的差异,以便合理地开发利用。

根据年有效风能密度和年风速大于等于3m/s风的年累积小时数的多少,将全国的风能资源分为4个不同区域,如表6-3所示。

表6-3 中国风能资源的区划

	丰富区	较丰富区	可利用区	贫乏区
年有效风能密度/(W/m²)	≥200	200～150	150～50	≤50
风速≥3m/s的年小时数/h	≥5000	5000～4000	4000～2000	≤2000
占全国面积(%)	8	18	50	24

1. 风能丰富区

1)东南沿海、山东半岛和辽东半岛沿海区。该区是我国风能资源最丰富的区域。这一地区由于面临海洋,风力较大,越向内陆,风速越小。在我国,除了高山气象站外,全国气象站风速≥7m/s的地方,都集中在东南沿海。平潭年平均风速为8.7m/s,是全国平地上最大的。该区有效风能密度在200W/m²以上,海岛上可达300W/m²以上。风速≥3m/s的时间全年有6000h以上,风速≥6m/s的时间在3500h以上。

该区风能大的原因,主要是由于海面比起伏不平的陆地表面摩擦阻力小。在气压梯度力相同的条件下,海面上风速比陆地要大。风能的季节分配,山东、辽东半岛春季最大,冬季次之。而东南沿海、台湾及南海诸岛都是秋季风能最大,冬季次之,这与秋季台风活动频繁有关。

2)三北地区。该区是内陆风能资源最好的区域,年平均风能密度在200W/m²以上,个别地区可达300W/m²。风速≥3m/s的时间全年有5000～6000h,风速≥6m/s的时间全年在3000h以上,个别地区在4000h以上。该区地面受蒙古高压控制,每次冷空气南下都可造成较强风力,而且地面平坦,风速梯度较小,春季风能最大,冬季次之。

3)松花江下游区。该区风能密度在200W/m²以上,风速≥3m/s的时间有5000h,每年风速≥6～20m/s的时间在3000h以上。该区的大风多数是由东北低压造成的。东北低压春季最易发展,秋季次之,所以春季风力最大,秋季次之。同时,这一地区又处于峡谷中,北为小兴安岭,南有长白山,正好在喇叭口处,风速加大。

2. 风能较丰富区

1)东南沿海内陆区和渤海沿海区。从汕头沿海岸向北,沿东南沿海经江苏、山东、辽宁沿海到东北丹东。实际上是丰富区向内陆的扩展。这一区的风能密度为150～200W/m²,风速≥3m/s的时间有4000～5000h,风速≥6m/s的有2000～3500h。长江口以南,大致秋季风能大,冬季次之;长江口以北,大致春季风能大,冬季次之。

2)三北的南部区。从东北图们江口向西,沿燕山北麓经河套穿河西走廊,过天山到新疆阿拉山口南,横穿三北中北部。这一区的风能密度为150～200W/m²,风速≥3m/s的时间有4000～4500h。这一区的东部也是丰富区向南向东扩展的地区。在西部北疆是冷空气的通道,风速较大也形成了风能较丰富区。

3)青藏高原区。该区的风能密度在150W/m²以上,个别地区可达180W/m²。而3～20m/s

的风速出现时间却比较多,一般在5000h以上。若不考虑风能密度,仅以风速≥3m/s出现时间来进行区划,那么该地区应为风能丰富区。但是,由于这里海拔在3000~5000m以上,空气密度较小。在风速相同的情况下,这里风能较海拔低的地区为小,若风速同样是8m/s,上海的风能密度为313.3W/m²,而呼和浩特为286.0W/m²,两地高度相差1000m,风能密度相差10%。因此,计算青藏高原的风能时,必须考虑空气密度的影响,否则计算值会大大偏高。青藏高原海拔较高,离高空西风带较近,春季随着地面增热,对流加强,上下冷热空气交换,使西风急流动量下传,风力变大,故这一地区春季风能最大,夏季次之。这是由于此区里夏季转为东风急流控制,西南季风爆发,雨季来临,但由于热力作用强大,对流活动频繁且旺盛,所以风力比较大。

3. 风能可利用区

1)两广沿海区。这一区在南岭以南,包括福建沿岸向内陆50~100km的地带。风能密度为50~100W/m²,每年风速≥3m/s的时间为2000~4000h,基本上从东向西逐渐减小。该区位于大陆的南端,但冬季仍有强大冷空气南下,其冷风可越过该区到达南海,使该区风力增大。所以,该区的冬季风力最大;秋季受台风的影响,风力次之。由广东沿海的阳江以西沿海,包括雷州半岛,春季风能最大。这是由于冷空气在春季被南岭山地阻挡,一股股冷空气沿漓江河谷南下,使这一地区的春季风力变大。秋季,台风对这里虽有影响,但不如冬季冷空气影响的次数多,故本区的冬季风能较秋季为大。

2)大、小兴安岭山地区。大小兴安岭山地的风能密度在100W/m²左右,每年风速≥3m/s的时间为3000~4000h。冷空气只有偏北时才能影响到这里,该区的风力主要受东北低压影响较大,故春、秋季风能大。

3)中部地区。从东北长白山向西过华北平原,经西北到我国最西端,贯穿我国东西的广大地区。该区有风能欠缺区(即以四川为中心)在中间隔开,其形状与希腊字母"π"相像,约占全国面积50%。在"π"字形的左半部,包括西北各省的一部分、川西和青藏高原的东部和南部,风能密度为100~150W/m²,一年风速≥3m/s的时间有4000h左右。这一区春季风能最大,夏季次之。"π"字形的右半部分布在黄河和长江中下游。这一地区风力主要是冷空气南下造成的,每当冷空气过境,风速明显加大,所以这一地区的春、冬季风能大。由于冷空气南移的过程中,地面气温较高,冷空气很快衰减,很少有明显的冷空气到达长江以南。但这里台风活跃,所以秋季风能相对较大,春季次之。

4. 风能贫乏区

1)云贵川和南岭山地区。该区以四川为中心,西为青藏高原,北为秦岭,南为大娄山,东面为巫山和武陵山等。这一地区冬半年处于高空西风带"死水区"内,四周的高山,使冷空气很难入侵。夏季台风也很难影响到这里,所以,这一地区为全国最小风能区,风能密度在50W/m²以下。风速≥3m/s的时间在2000h以下,成都仅有400h。

2)雅鲁藏布江和昌都区。雅鲁藏布江河谷两侧为高山。昌都地区,也在横断山脉河谷中。这两地区由于山脉屏障,冷暖空气都很难侵入,所以风力很小。有效风能密度在50W/m²以下,风速≥3m/s的时间在2000h以下。

3)塔里木盆地西部区。该区四面亦为高山环抱,冷空气偶尔越过天山,但为数不多,所以风力较小。塔里木盆地东部由于是一马蹄形"C"的开口,冷空气可以从东灌入,风力较大,所以盆地东部属风能可利用区。

6.4　风的基本特征

各地风能资源的多少，主要取决于该地每年刮风的时间长短和风的强度如何。所以本节将介绍一些关于风的基本知识，了解风的某些特性，例如风向、风速、风级、风能密度等。

6.4.1　风向

理论上风从高压区吹向低压区，但在中纬度和高纬度地区，风向还受地球自转的影响，结果风向与等压线平行而不是垂直。在北半球，风以逆时针方向环绕气旋（低压）区，而以顺时针方向环绕反气旋（高压）区。在南半球则方向相反。

风向即风吹来的方向。如果气流从西方吹来就称为西风。这个风向可由风向标（一种围绕立轴旋转的金属片）指示出来，从风向与固定主方位指示杆之间的相对位置就可以很容易测出风向。

观测资料表明风向总是沿一条中间轴线波动。利用各个地方每日的记录，可画出一幅极线图（图 6-10），显示出各种风向发生时间的百分比（数字沿半径线标注）。径向矢量的长度要与该方向的平均风速成正比。

这种图称为风玫瑰，既可画成一天中按小时的，又可画成逐月的。分析比较一系列这样的图，就可以掌握一天或一年中风向的变化。

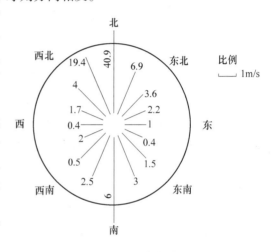

图 6-10　风向极线图

6.4.2　风速

风的大小用风速来衡量，风速是单位时间内空气在水平方向上移动的距离。测量风速的仪器，有旋转式风速计、散热式风速计和声学风速计等。风速经常变化，甚至瞬息万变。风速是风速仪在一个极短时间内测到的瞬时风速。若在指定的一段时间内测得多次瞬时风速，将它平均计算起来，就得到平均风速。例如日平均风速、月平均风速或年平均风速等。当然，风速仪设置的高度不同，所得风速结果也不同，它是随着高度升高而增强的。通常测风高度为 10m。根据风的气候特点，一般选取 10 年风速资料中年平均风速最大、最小和中间的三个年份为代表年份，分别计算该三个年份的风功率密度然后加以平均，其结果可以作为当地常年平均值。

风速是一个随机性很大的量，必须通过一定长度时间的观测计算出平均风功率密度。对于风能转换装置而言，可利用的风能是在"起动风速"到"停机风速"之间的风速段，这个范围的风能即"有效风能"，该风速范围内的平均风功率密度称为"有效风功率密度"。

风速随高度的增加而变大。在巴黎的埃菲尔铁塔，离地面 20m 高处的风速为 2m/s，而在 300m 处则变为 7~8m/s。风速在接近地面处减小是由于植物、建筑或其他障碍物引起的摩擦。

气象观测表明，风速沿高度的相对增加量因地而异。关于风速随高度而变化的经验公式很多，通常采用指数公式。即

$$v = v_1 \left(\frac{h}{h_1} \right)^n \tag{6-11}$$

式中，v 距地面高度为 h 处的风速（m/s）；v_1 高度为 h_1 处的风速（m/s）；n 经验指数，它取决于大气稳定度和地面粗糙度，其值约为 1/2 ~ 1/8。

对于离地面100m以下的区域，风速随高度的变化主要取决于地面粗糙度，在用指数公式计算时可用地面粗糙度 α（表6-4）代替指数 n。

表6-4 不同地表面粗糙度的 α 值

地 面 类 型	α	地 面 类 型	α
光滑地面、硬地面、海洋	0.1	城市平地、有较高草地、树木极少	0.16
草地	0.14	高的农作物、篱笆、树木少	0.2
树木多、建筑物极少	0.22 ~ 0.24	城市有高层建筑	0.40
森林、村庄	0.28 ~ 0.30		

要获得最大功率，风力发电机必须装得尽可能高。例如，一台小风力机至少要装在比周围植物和障碍物高 8 ~ 10m 的塔架顶上，以避开大的湍流。

6.4.3 风级

风级是根据风对地面或海面物体影响而引起的各种现象，按风力的强度等级来估计风力的大小。早在1805年，英国人蒲福（Francis Beaufort，1774—1859年）就拟定了风速的等级，国际上称为"蒲福风级"。自1946年以来风力等级又作了一些修订，由13个等级改为18个等级，实际应用的还是 0 ~ 12 级的风速，所以最大的风速人们常说刮 12 级台风。表6-5所示为蒲福风级的定义。

表6-5 蒲福风级的定义

风 级	名 称	相应风速/(m/s)	表 现
0	无风	0 ~ 0.2	零级无风炊烟上
1	软风	0.3 ~ 1.5	一级软风烟稍斜
2	轻风	1.6 ~ 3.5	二级轻风树叶响
3	微风	3.4 ~ 5.4	三级微风树枝晃
4	和风	5.5 ~ 7.9	四级和风灰尘起
5	清劲风	8 ~ 10.7	五级清风水起波
6	强风	10.8 ~ 13.8	六级强风大树摇
7	疾风	13.9 ~ 17.1	七级疾风步难行
8	大风	17.2 ~ 20.7	八级大风树枝折
9	烈风	20.8 ~ 24.4	九级烈风烟囱毁
10	狂风	24.5 ~ 28.4	十级狂风树根拔
11	暴风	28.5 ~ 32.6	十一级暴风陆罕见
12	飓风	>32.6	十二级飓风浪滔天

6.5 风能的计算

在了解了地球上风的形成和分布规律后，需要估算某一地区或更大范围内风能资源的潜力。这是风能利用的基础。因为任何风能利用装置，从设计、制造，到安装使用以及使用效果，都必须考虑风能资源状况。否则，工艺制造再好的风力机，也不可能达到预期的效果。如果根据某一地区风能特点设计制造出来的风力机，盲目地拿到另一地区来安装，有可能与原设计的结果相差很远，以至造成大量的经济损失和带来难以弥补后果。因此，在风能利用的工作中，掌握风能资源的状况是很重要的。

6.5.1 风能储量的估计

根据世界气象组织的估计，太阳辐射到地球的热能，约有2%被转变为风能。其中蕴藏的可开发利用的风能约为20TW（2×10^{13}W），约为地球上可利用的水能的20倍。可见，风能是一个巨大的潜在能源库，是一种非常可观的、有前途的可再生能源。

风能资源储量估算值是指离地10m高度层上的风能资源量，而非整层大气或整个近地层内的风能量。估算的方法是先在该地区年平均风功率密度分布图上划出10W/m^2、25W/m^2、50W/m^2、100W/m^2、200W/m^2各条等值线，根据各区域的平均风功率密度和面积，再假设风能转换装置的风轮扫掠面积，便能计算出该区域内的风能资源储量。假设风能转换装置的风轮扫掠面积为1m^2，风吹过后必须前后左右各10m距离后才能恢复到原来的速度。因此，在1km^2范围内可以安装1m^2风轮扫掠面积的风能转换装置1万台，即有1万m^2截面积的风能可以利用。全国的储量是使用求积仪逐省量取<10W/m^2、10~25W/m^2、25~50W/m^2、50~100W/m^2、100~200W/m^2、>200W/m^2各等级风功率密度区域的面积后，乘以各等级风能功率密度，然后求其各区间之和，计算出我国10m高度层的风能总储量为322.6×10^{10}W，即32.26亿kW，这个储量称作"理论可开发总量"。实际可供开发的量按上述总量的1/10估计，并考虑风能转换装置风轮的实际扫掠面积，再乘以面积系数0.785（即1m直径的圆面积是边长1m的正方形面积的0.785），得到我国10m高度层可开发利用的风能储量为2.53亿kW。这个值不包括海面上的风能资源量。

6.5.2 风能大小的估算

对于某一地点所具备的风能潜力，通常是通过这一地点的风速观测资料来进行估算。这就要了解在风能利用中，风能的大小与哪些量有关。以下给出几个计算风能的重要公式。

1. 风能公式

风能的利用主要就是将它的动能转化为其他形式的能，因此计算风能的大小也就是计算气流所具有的动能。假定气流是不可压缩的（这在风能利用的风速范围内，是相当精确地成立），那么整个能源就可看成是纯动能。根据力学原理，气流的动能E_k（J）为

$$E_k = \frac{1}{2}mv^2 \tag{6-12}$$

式中，m为气体的质量（kg）；v为气流速度（m/s）；

考虑气流速度为v，垂直流过截面积为A的假想面，在时间t（s）内流过该截面气流的

体积为

$$V = Avt \qquad (6-13)$$

流过截面的质量便是

$$m = \rho V = \rho Avt \qquad (6-14)$$

式中，ρ 为空气密度（kg/m^3）。

因此，在时间 t 内流过该截面的风具有的能量

$$E_k = \frac{1}{2}\rho v^3 At \qquad (6-15)$$

这就是在 t 时间内，风所具有的能量公式。

在单位时间内流过该截面的风能（图6-11）即为风功率

$$P = \frac{1}{2}\rho v^3 A \qquad (6-16)$$

这是常用的计算风功率的公式，又称风能公式。

可见，风能大小与气流通过的面积、空气密度和气流速度的立方成正比。因此，在风能计算中，最重要的因素是风速，风速取值准确与否对风能潜力的估计有决定性作用。

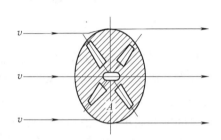

图6-11 单位时间流过截面的风能

实际上，风力机真正获得的功率要比这个最大功率小得多。例如，风力机叶轮本身只能获得最大功率的70%，轴承因摩擦而损失另外的百分之几，发电机、齿轮和其他转动机械又可能损失剩下部分的一半。风力机的整体系统效率，就等于真正提供给负载或储能器件的功率在风所具有的功率中所占的比例

$$效率 = \frac{输出的功率}{风所具有的功率} \qquad (6-17)$$

这样，由系统效率等于 E 的特定的风力机所获得的功率，由下式给出

$$获得的功率 = \frac{1}{2}\rho v^3 AE \qquad (6-18)$$

风力机的最终输出的功率与风所真正具有的功率相比较，是大大减小了。在实践中，效率 E 的数值通常在 $0.10 \sim 0.50$。

在上述公式运用到计算中之前，还需要一个变换因子 K，在 SI 单位中，$K = 1.36$。故风力机的最终输出功率为

$$P = \frac{1}{2}\rho v^3 AEK \qquad (6-19)$$

2. 风能密度

为了衡量一个地方风能的大小，评价其风能潜力，风能密度是方便而重要的参量。风能密度是气流在单位时间内垂直通过单位截面积的风能。风能密度和空气的密度有直接关系，而空气的密度取决于气压和温度。因此，不同地方、不同条件的风能密度是不同的。一般地说，海边地势低，气压高，空气密度大，风能密度也就大。在这种情况下，若有适当的风速，风能潜力自然大。高山气压低，空气稀薄，风能密度就小些。但是如果高山风速大，气温低，仍然会有相当的风能潜力。风能密度大，风速又大，则风能潜力最好。

（1）平均风能密度　通过单位截面积的风所含的能量称为风能密度（W/m²）。将式（6-16）除以相应的面积 A，便得到风能功率密度公式

$$w = \frac{1}{2}\rho v^3 \tag{6-20}$$

由于风速是一个随机性很大的量，必须通过一定时间的观测来了解它的平均状况。因此，求一段时间内的平均风能密度，可以将上式对时间积分后取平均，有

$$\bar{w} = \frac{1}{T}\int_0^T \frac{1}{2}\rho v^3 \mathrm{d}t \tag{6-21}$$

式中，$\bar{w}$ 为该时段的平均风能密度；v 为对应 t 时刻的风速；T 为总的时间长度；ρ 为空气密度，在一般情况下，ρ 的变化可以忽略不计，因此上式可写为

$$\bar{w} = \frac{\rho}{2T}\int_0^T v^3 \mathrm{d}t \tag{6-22}$$

事实上，由于风速 v 随时间的变化是随机的，通常无法用函数形式给出 $v(t)$ 的表达式，因此，很难用上式求出平均风能密度 $\bar{w}$。这时，我们只能用观测的离散值近似地求出 $\bar{w}$ 的值。即

$$\bar{w}' = \frac{\rho}{2N}\sum v_i^3 \tag{6-23}$$

式中，N 为 T 时间内共进行的观测次数，v_i 为每次的观测值。观测次数越多，也就是观测时间间隔越小，$\bar{w}'$ 越逼近真实值 $\bar{w}$。对于计算一年的平均风能密度来说，无疑是个非常繁重的统计工作，因为年平均风能密度并不能仅用一年的观测记录来获得，而需要多年的平均才能正确反映该地点的风能资源状况。而当知道了在 T 时间长度内风速 v 的概率分布 $p(v)$ 后，平均风能密度便可根据下式求得

$$\bar{w} = \int_0^\infty \frac{1}{2}\rho v^3 p(v)\mathrm{d}v \tag{6-24}$$

在研究了风速的统计特性后，风速分布 $p(v)$ 可以用一定的概率分布形式来拟合，这样就大大简化了计算。

（2）有效风能密度　由于风力机需要根据一个确定的风速来设计，这个风速称为"设计风速"。在这种风速下，风力机功率最为理想。把风力机开始运行做功时的风速称为"起动风速"。当风速达到某一风速时，风机限速装置将限制风轮转速不再改变，以使风力机出力稳定，称这个风速为"额定风速"。但若再大到某一极限风速时，风力机就有损坏的危险，必须停止运行，这一风速称为"停机风速"或"截止风速"。因此，在统计风速资料，计算风能潜力时，必须考虑这两种因素。通常将"起动风速"到"停机风速"之间的风力称"有效风力"。这个范围内的风能称为"有效风能"。因此，还引入"有效风能密度"这一概念，它是有效风力范围内的风力平均密度。

根据有效风能密度定义，它的计算式为

$$\bar{w}_e' = \int_{v_1}^{v_2} \frac{1}{2}\rho v^3 p'(v)\mathrm{d}v \tag{6-25}$$

式中，$\bar{w}_e'$ 为有效风能密度；v_1 为起动风速，v_2 为停机风速；$p'(v)$ 为有效风速范围内的条件概率分布密度函数

$$p'(v) = \frac{p(v)}{p(v_1 \leqslant v \leqslant v_2)} = \frac{p(v)}{p(v \leqslant v_2) - p(v \leqslant v_1)} \tag{6-26}$$

从上述公式可见，计算一个地点的风能密度，需要掌握的量仅仅是所计算时间区间内的空气密度和风速。在近地层中，空气密度 ρ 的量级为 10^0，而风速立方（v^3）的量级为 $10^2 \sim 10^3$。因此，在风能计算中，风速具有决定性的意义。另一方面，由于我国地形复杂，空气密度的影响必须要加以考虑。

6.6 风力机的空气动力学基础

6.6.1 阻力和升力

风力机是在不受控制的流体中运行的，在这里流体是空气。为了了解风力机是如何工作的，需要介绍两个空气动力学中的概念：阻力和升力。

一个物体在气流中受到的力来自于空气对它的作用（图 6-12），可以把这个力等价地分解到两个互相垂直的方向上，也就是阻力和升力。阻力和升力的大小依赖于物体的形状、气流的方向和气流的速度。

阻力是与气流在同一条线上的分量。举例来说，气流中有一个平板，当气流方向与平板边的方向垂直时，平板受到的阻力最大；当气流方向与平板边的方向平行时，平板受到的阻力最小。传统的垂直轴风力机和冲击式水轮机都是由阻力驱动的。

流线型是使物体在气流中所受到的阻力减小的设计，因为它们周围的边界好像是流线一样的平滑线条。流线型的例子有泪状（椭圆形）、鱼状、飞机机翼状（机翼形）等（图 6-13）。

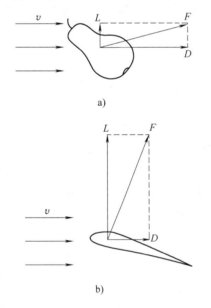

图 6-12 物体和机翼在气流中受到的力
a）物体在气流中受到的力
b）机翼在气流中受到的力

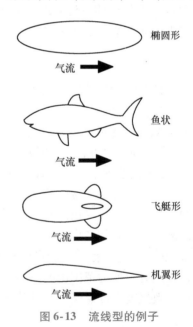

图 6-13 流线型的例子

升力是与气流方向垂直的分量。它被称为升力是因为它是使飞机飞离地面的力，虽然在其他设备中它引起的可能是侧向力（例如在帆船上）或者是向下的力（例如在赛车的阻流板上）。当平板面与气流的方向的夹角为 0° 的时候，升力最小。当与气流的方向形成小角度时（就是所谓的小攻角），由于气流的速度变化，在下游或下风的方向会形成一个低压区（图6-14示出了翼型部分的这种效应）。在这种情况下，空气的速度和压力有一个直接的关系，流速越快，压力越低。这种现象即伯努利效应。升力在气流的垂直方向上，对物体起到了"吸气"或"向上推进"的作用。

就像飞行的鸟、飞机、滑翔机一样，升力也是现代游艇的推动力，是支持和推进直升机的动力。它也是现代风力机产生动力的作用力。

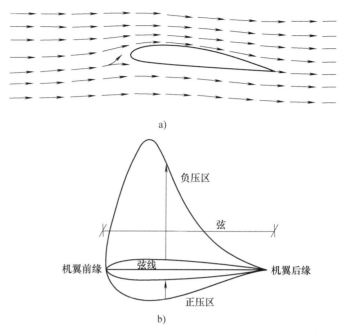

图 6-14　翼型升力效应
a）来流　b）翼型上下两侧的压强分布

6.6.2　翼型

对某一给定的攻角，拱形的平板会引起更大的升力。带有拱形剖面的叶片在高容积比、多叶片风力机条件下工作良好。但对于低容积比风力机，使用翼型断面更为有效。一个物体与气流方向的夹角，沿物体的准线测量，被称为攻角 α。翼型上测量用的准线通常采用翼弦线。翼型部分使上表面凸起部分的气流加速。因此，在高速气流中引起了上表面的压力相对下表面有大幅度的降低。这就是引起翼型机翼产生"吸入"作用的原因。由翼型部分所引起的升力的强度可以生动地证明为什么它可以在空气中支撑巨大的喷气机。

翼型有两种主要类型：不对称和对称，如图6-15所示。这两种类型都有明显的凸起上表面、被称为机翼前缘（面对来流的方向）的圆形的头部以及被称为机翼后缘的尖形或锋利的尾部。下表面是可以区分两种类型的部分。当翼型的下缘接近来流时，不对称翼型（图6-15a、图b、图c）可以增加升力。当气流从侧面来的时候，对称翼型（图6-15d）同样可以很好地产生升力（虽然是在相反的方向上。特技飞行表演的飞机的机翼是对称翼型，这使得它可以在从上向下的过程中保持良好的飞行）。当来流朝着翼型的下侧时，攻角是正的。

在一定的攻角范围内，不同形状翼型的升力阻力特性是由风洞试验测量出来，并编成了表。每一攻角下升力阻力的特性可以使用升力阻力系数（C_L 和 C_D）或者是升阻比（C_L/C_D）来描绘。翼型可以用特殊的软件来设计，而且新的翼型可以根据风力机的空气动力学条件来进行优化。图6-16是某一翼型的典型升力、阻力系数和升阻比。在风力机叶片设计中，欲选择合适的翼型，升力阻力系数的知识是必需的。升力和阻力都正比于风能强度。

6.6.3　相对风速

当风力机被固定时，从风力机叶片上所"看到"的风向与未受到干扰的风向是一致的。但是，一旦叶片移动，从叶片上"看到"的风的方向与叶片速度成比例地改变。在垂直轴

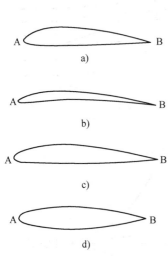

图 6-15　对称与不对称翼型

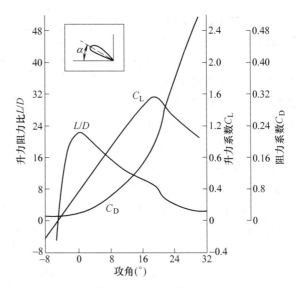

图 6-16　翼型的升力阻力系数与升力阻力比

风力机的移动叶片上，叶片"看到"的风的方向也受到其在旋转周期中的位置的影响，如图 6-17 所示。可以使用二维的矢量合成图来表示这种作用。一个二维的矢量是一个可以同时表示数值和方向的量。速度矢量可以用一组箭头绘成图表来表示，长度正比于它的速度值，角度的位置表示它的方向。

从移动的叶片上的一点观察风，就是相对风，其风速就是相对风速（通常用符号 W 来表示）。这个矢量是未受干扰的风速矢量 v_0 和叶片上一点的切向速度矢量 u 之合矢量。从移动叶片上的一点观察相对风的角度就是相对风角（通常用符号 ϕ 表示），它是从切线速度矢量 u 开始度量的。

作用在垂直轴风力机叶片上的升力和阻力可以被分解成两个分量：法向力 N（即沿着半径方向）和切向力 T（即垂直于半径方向）。两个力的大小都随攻角的变化而改变。如图 6-17a 所示，作用在垂直轴风力机叶片上的力和相对速度，图中示出了不同位置处的不同攻角。图 6-17b 为作用在垂直轴风机单一叶片上的力的放大图；图 6-17c 示出了作用在垂直轴风力机叶片上的法向力和切向力分量（注意：$v_{I(U)}$ 是在垂直轴风力机叶片上游的风速；$v_{I(D)}$ 是在垂直轴风力机叶片下游的风速）。

6.6.4　利用翼型力的方法

现代水平轴和垂直轴风力机都利用了由翼型产生的空气动力学力从风中提取能量。但是每一种风力机利用的方法不同。

对于带有固定倾角叶片（假设转子轴始终与未受干扰的风向在同一条线上）的水平轴风力机，在固定风速和恒定转速的情况下，在转子叶片上某一位置的攻角在整个旋转周期始终保持不变。

与水平轴风力机相比，对于带有固定倾角叶片的垂直轴风力机，在同样的条件下，在转子叶片上某一位置的攻角在整个旋转周期始终在变化。

在水平轴转子的正常工作中，从叶片上向来风的方向"看去"，攻角始终为正。但对于垂直轴转子，攻角在每一个旋转周期从正变到负，然后再回到正。这就意味着叶片的"吸

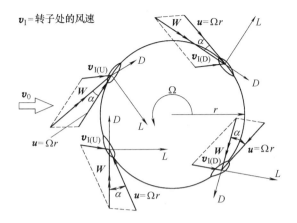

v_1=转子处的风速

a)

注意: 矢量u的方向沿叶片相反运动方向

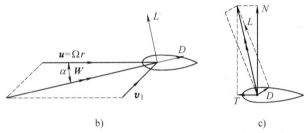

b)   c)

图 6-17 作用在垂直轴风力机叶片上的力和相对风速

a）作用在垂直轴风力机叶片上的力和相对速度 **b**）作用在垂直轴风力机单一叶片上的力
c）作用在垂直轴风力机叶片上的法向力和切向力分量

入侧"随着每一次循环而反向。因此,必须采用对称翼型,以保证无论是攻角为正还是负,都可以产生功率输出。

6.6.5 风力机理想能量输出公式

风力机的第一个气动理论是由德国的贝兹（Betz）于 1926 年建立的。贝兹假定风轮是理想的,即它没有轮毂,具有无限多的叶片,气流通过风轮时也没有阻力;此外,假定气流经过整个扫掠面时是均匀的;并且,气流通过风轮前后的速度为轴向方向。

考虑一个理想风轮在流动的大气中的情况（图 6-18）,并规定:v_1 为距离风力机一定距离的上游风速;v 为通过风轮时的实际风速;v_2 为离风轮远处的下游风速。

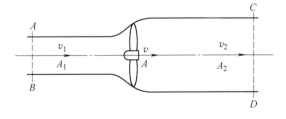

图 6-18 流动大气中的理想风轮

假设通过风轮的气流其上游截面为 A_1,下游截面为 A_2。由于风轮所获得的机械能仅由空气的动能降低所致,因而 v_2 必然低于 v_1,所以通过风轮的气流截面积从上游至下游应是增加的,即 A_2 大于 A_1。

假定空气不可压缩,由连续性条件可得

$$A_1 v_1 = A v = A_2 v_2 \qquad (6\text{-}27)$$

风作用在风轮上的力可由动量定理写为

$$F = \rho A v (V_1 - V_2) \tag{6-28}$$

故风轮吸收的功率为

$$P = Fv = \rho A v^2 (v_1 - v_2) \tag{6-29}$$

此功率是由动能转换而来的。从上游至下游动能的变化率为

$$\frac{1}{2} \rho A v (v_1^2 - v_2^2)$$

令上述两式相等可以得到

$$v = \frac{v_1 + v_2}{2}$$

作用在风轮上的力和提供的功率分别为

$$F = \frac{1}{2} \rho A (v_1^2 - v_2^2) \tag{6-30}$$

$$P = \frac{1}{4} \rho A (v_1^2 - v_2^2)(v_1 + v_2) \tag{6-31}$$

对于给定的上游速度 v_1，可写出以 v_2 为函数的功率变化关系，将上式微分得

$$\frac{\mathrm{d}P}{\mathrm{d}v_2} = \frac{1}{4} \rho A (v_1^2 - 2v_1 v_2 - 3v_2^2)$$

等式 $\frac{\mathrm{d}P}{\mathrm{d}v_2} = 0$ 有两个解：①$v_2 = -v_1$，没有物理意义；②$v_2 = v_1/3$，对应于最大功率。

以 $v_2 = v_1/3$ 代入 P 的表达式，得到最大功率为

$$P_{\max} = \frac{8}{27} A \rho v_1^3 \tag{6-32}$$

将上式除以气流通过扫掠面 S 时风所具有的动能，可推得风力机的理论最大效率

$$\eta_{\max} = \frac{P_{\max}}{\frac{1}{2} A \rho v_1^3} = \frac{\frac{8}{27} A \rho v_1^3}{\frac{1}{2} A \rho v_1^3} = \frac{16}{27} \approx 0.593 \tag{6-33}$$

上式即为贝兹理论的极限值。它说明，风力机从自然风中索取的能量是有限的，其功率损失部分可以解释为留在尾流中的旋转动能。

能量的转换将导致功率的下降，它随所采用的风力机和发电机的形式而异，其能量损失一般约为最大输出功率的 1/3，也就是说，实际风力机的功率利用系数 $C_p < 0.593$。因此，风力机实际能得到的有用功率输出是

$$P_s = \frac{1}{2} \rho v_1^3 A C_p \tag{6-34}$$

对于每 m^2 扫掠面积则有

$$P = \frac{1}{2} \rho v_1^3 C_p \tag{6-35}$$

6.6.6 叶片数量的影响

风力机的旋转速度通常以每分钟的转数（r/min）或每秒钟的弧度（rad/s）来度量，分别记为转速 N（r/min）和角速度 Ω（rad/s）。两者的关系为

$$\Omega = \frac{2\pi N}{60} \qquad (6\text{-}36)$$

风力机的转速的另一个度量是叶尖速 U，它是转子在叶片尖端的切向速度（m/s），它是转子的角速度 Ω 与叶尖半径 $R(\mathrm{m})$ 的乘积，$U = \Omega R$。U 可以定义为

$$U = \frac{2\pi R N}{60} \qquad (6\text{-}37)$$

定义叶尖速比 λ 为叶尖速 U 除以转子上游未受干扰的风速

$$\lambda = \frac{U}{v_0} = \frac{\Omega R}{v_0} \qquad (6\text{-}38)$$

这一比值反映了在一定风速下风轮转速的高低，因而提供了对比不同的风力机特性的有用的参量。

一种特定设计的风力机能够工作在广泛的叶尖速比范围。但只有当叶尖速比处于特定的数值，即叶片尖端速度为风速的某个倍数时，风力机工作在最大效率下。对于某一给定的风力机转子，最佳叶尖速比取决于叶片的数目和每片叶片的宽度。

"容积比"（Solidity）代表扫掠面积中"实体"所占的百分数。多叶片的风力机具有很高的容积比，因而被称为高容积比风力机；具有少量的窄叶片的风力机则被称为低容积比风力机。多叶片的风泵具有高容积比的转子；而现代的发电用风力机（具有一、二或三个叶片），具有低容积比的转子。

为了有效地吸收能量，叶片必须尽可能地与穿过转子扫掠面积的风相互作用。高容积比、多叶片的风力机叶片以很低的叶尖速比与几乎所有的风作用；而低容积比的风力机叶片为了与所有穿过的风相互作用，必须以很高的速度"填满"扫掠面积。如果叶尖速比太低，有些风直接吹过转子的扫掠面积而不与叶片作用；如果叶尖速比太高，风力机对风产生过大的阻力，则一些风将绕开风力机流过。具有与三叶片转子相同叶片宽度的二叶片风力机转子，具有的最佳叶尖速比比三叶片的转子要高 1/3。具有与二叶片转子相同叶片宽度的单叶片转子，具有的最佳叶尖速比将是二叶片转子的 2 倍。对于现代低容积比的风力机，最佳叶尖速比介于 6～20。

在理论上，风力机转子具有的叶片数越多，其转换效率越大。但是，多量的叶片会互相干扰，因此总体上高容积比的风力机比低容积比的风力机效率低。在低容积比的风力机中，三叶片的转子效率最高，其次是双叶片的转子，最后是单叶片的转子。多叶片的风力机一般比少叶片的风力机产生更少的空气动力学噪声。

风力机从风中吸收的机械能，等于风力机的角速度与风所产生的力矩之积。此处的力矩是风作用在转子叶片上对于转动中心的矩。力矩单位通常为 N·m。对于一定的风能，角速度减小，则力矩增大；反之，角速度增大，则力矩减小。在风力提水中，与风力机连接的水泵工作时要求高的起动力矩，因此往往采用多叶片风力机，由于它们的低叶尖速比和由此产生的高的力矩特性。

传统的发电机的转速比大多数风力机高许多倍，因此当它们与风力机连接时，需要某种类型的变速。低容积比的风力机由于叶尖速比大，从而不需要很大的变速比使其转子与发电机转子相配，因此更适用于发电。

6.7　各种类型的风力机

作为风能转换装置的风力机，自古以来就有多种形式。目前，各种类型的风能转换装置

已得到很大的发展。根据其形状特征以及风与风轮回转轴之间的不同方向关系，可将风力机分为两大类：水平轴型和垂直轴型。

6.7.1 水平轴型风力机

绝大多数水平轴型风力机拥有两个或三个叶片，少数拥有多个叶片。后者通常有一个固体轮盘，上面布满叶片（通常为略微侧倾的薄金属板结构），这种多叶片结构即为高容积比装置。农场中用于泵水的多为多叶片风力机。与之相反，拥有两个或三个叶片的风力机的扫掠面积大部分是空的，只有很小的面积被"充填"，这些风力机为低容积比装置。

现代低容积比水平轴型风力机是从传统的风车演化而来，它们是目前用得最广的风力机类型（图6-19）。水平轴风力机的转子类似飞机的螺旋桨，叶片具有流线型的形状，转子通常带有二至三个翼型的叶片。目前也有单叶片的试验装置。这种风力机的设计大量地借鉴了飞机机翼和推进技术。它们几乎全部用来发电。

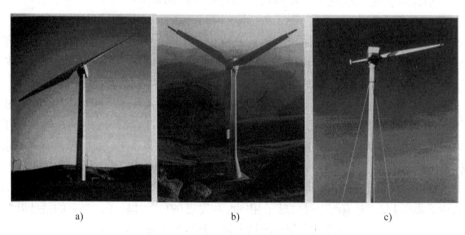

a)　　　　　　　　　　b)　　　　　　　　　　c)

图 6-19　水平轴风力机

a）双叶片　b）三叶片　c）单叶片

6.7.2 垂直轴型风力机

现代垂直轴型风力机来源于法国工程师达里厄（G. Darrieus）的构思，他的名字被用在他于1925年发明的一种垂直轴型风力机上。这种风力机看起来像一个巨大的打蛋机（图6-20a），两只叶片弯曲成弓形，两端分别与垂直轴的顶部和底部相连，叶片的断面形状为对称翼型。达里厄型风力机是现代垂直轴型风力机中最先进的，美国在20世纪80年代制造出几百台，安装在加利福尼亚的风力田，加拿大也有一些这类风力机。

达里厄型风力机的形状像甩动的跳绳，这一形状在结构上能有效地吸收作用在风力机叶片上的较高的向心力。不过，这种不同寻常形状的叶片制造、运输和安装都较困难。为了避免这些问题，又有了直叶片的垂直轴型风力机，包括H形和V形（图6-20b和图6-20c）。

垂直轴型风力机比起水平轴型的好处是，它们能够利用来自各个方向的风，而不需要随着风向的变化而改变转子的方向。由于结构的对称性，这类风力机一般不需要对风装置，加之传动系统等接近地面，因而结构简单，便于维护。

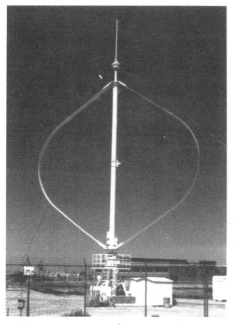
a)

b)

c)

图 6-20　垂直轴风力机
a) 达里厄型　b) H 形　c) V 形

　　除了根据结构特征进行分类以外，还可按风力机的输出功率大小分类。其划分方法各个国家不尽相同。我国的习惯划分方法是：小于 1kW 为微型，1~10kW 为小型，10~100kW 为中型，大于 100kW 为大型。

6.8 风力发电机的结构

下面以水平风力发电机为例，介绍风力发电机的基本结构。

风力发电机一般由风轮（转子）、齿轮箱、发电机、调向器（偏航系统）、机舱、塔架、限速安全机构和储能装置等构件组成。现代水平式三叶片风力发电机的构造如图 6-21 所示。图 6-22 所示为风轮机的内部结构。

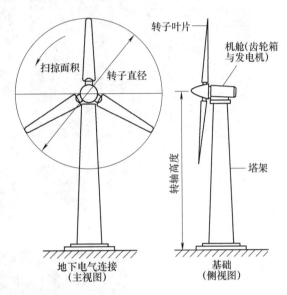

图 6-21　现代水平式风力发电机的构造

风轮是集风装置，它的作用是把流动空气具有的动能转变为风轮旋转的机械能。

近代的风轮采用了 20 世纪迅速发展的空气动力学的成果，从而取得了良好的效果。从螺旋桨风轮的名称就可以知道，它是随着飞机螺旋桨的进步而发展的。美国的费尔在 1927 年就制作了用于风力发电的螺旋桨式风车，它的空气动力学性能比传统的荷兰风车有了很大提高。直到现在，在风力发电中仍旧采用这种专用的螺旋桨叶片。

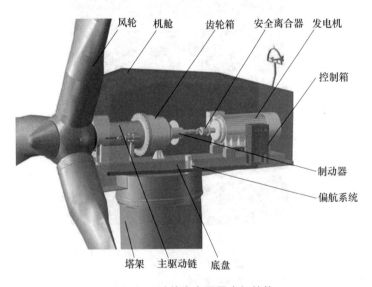

图 6-22　三叶片发电用风力机结构

一般水平风力发电机的风轮由 2 个或 3 个叶片构成。叶片在风的作用下，产生升力和阻力，设计优良的叶片可获得大的升力和小的阻力。风轮叶片的材料因风力发电机的型号和功率大小不同而定，如有玻璃钢、尼龙等。如图 6-23 所示为风轮安装的过程。

在风力发电机中，已采用的发电机有三种，即直流发电机、同步交流发电机和异步交流发电机。小功率风力发电多采用同步或异步交流发电机，发出的交流电通过整流装置转换成直流电。与直流发电机相比，同步交流发电机的优点是效率高，而且在低风速下比直流发电机发出的电能多，能适应比较宽的风速范围。同步交流发电机能自行提供磁场的电流，但成本较高。

图 6-23　风轮安装过程

风力发电机中调向器的功能是尽量使风力发电机的风轮随时都迎着风向，从而能最大限度地获取风能。除了下风式风力发电机外，一般风力发电机几乎全部是利用尾翼来控制风轮的迎风方向的。尾翼一般都设在风轮的尾端，处在风轮的尾流区里。只有个别风力发电机的尾翼安装在比较高的位置上，这样可以避开风轮尾流对它的影响。尾翼的材料通常采用镀锌薄钢板。

限速安全机构是用来保证风力发电机运行安全的。风力发电机风轮的转速和功率与风的大小密切相关。风轮转速和功率随着风速的提高而增加，风速过高会导致风轮转速过高和发电机超负荷。风轮转速过高和发电机超负荷都会危及风力发电机的运行安全。限速安全机构的设置可以使风力发电机风轮的转速在一定的风速范围内保持基本不变。除了限速装置外，风力发电机一般还设有专门的制动装置，当风速过高时，可以使风轮停转，以保证风力发电机在特大风速下的安全。

塔架是风力发电机的支撑机构，也是风力发电机的一个重要部件（图6-24）。考虑到便于搬迁、降低成本等因素，百瓦级风力发电机通常采用管式塔架。管式塔架以钢管为主体，在四个方向上安置张紧索。稍大的风力发电机塔架一般采用由角钢或圆钢组成的桁架结构。

图 6-24　管式塔架

6.9 风力机的控制

6.9.1 风力机系统的负载条件

（1）有负载时的运转 首先，考虑在某一风速下风力机带动发电机或水泵等负载时的运转情况。这时，作用在风力机上的负载主要是风力机的阻力和离心力，这些负载的情况如图 6-25 所示。从图中可以看出，离心力使叶片受到拉力，阻力使叶片发生弯曲变形。叶片只要稍微发生弯曲形变，离心力产生的拉力就会偏离叶片的旋转面。所谓旋转面，是指叶片旋转时形成的一个假想的圆盘面。离心力引起的拉力使叶片回复到原来的旋转面，这样，离心力就与叶片的阻力相抵消。从这一点可以看出，对叶片设计来说，风力机在有负载条件下运转时，离心力是主要负载。

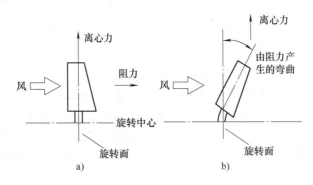

图 6-25 作用在风力机叶片上的负载

a）叶片没有弯曲 b）叶片弯曲

（2）无负载时的运转 当风力机在某一风速下无负载运转时，此时离心力仍然是主要负载。但与上述带负载运转的情况相比，其数值非常大。在无负载运转时，用叶尖速比 λ_0 计算出的离心力，比有负载时增加 50%。所以，有负载时叶尖速比 $\lambda_0 = 6$ 的叶片，在计算无负载条件下就必须是 $\lambda_0 = 1.5 \times 6 = 9$。

一般来说，这种场合下的负载应该以设置地点最大风速计算出的离心力为依据。当最大风速产生的离心力超过了风力机叶片强度的时候，就必须安装抗强风装置和调速机构，将转速控制在允许范围内。

由于在无负载情况下，风力机的离心力非常大，所以调速装置是必不可少的。

（3）风力机静止时的情况 最后，考虑当出现强风时，风力机停转时的情况，这种场合主要的力是阻力。在出现台风等强风时，力图使风力机塔架倾倒的阻力对于叶片的作用，是使叶片向后弯曲，如图 6-25b 所示。因此，在设计时应该考虑风轮被固定时的弯曲负载。一般来说，能够在无负载下经受住高转速产生的离心力的风力机，在不转动的时候，也会有足够的强度对付弯曲负载。这种场合叶片的弯曲负载，可以用静止时叶片上的阻力来复核。

6.9.2 风力机的安全措施

在风力机装置中，有螺旋桨式等类型的水平轴风力机和 D 式等类型的垂直轴风力机，但下面仅考虑水平轴风力机。

从过去小型风力机事故调查来看，有很多风力机是被台风或早春的狂风连同塔架一起毁坏的；也有不少受到自然风变动的影响，陷入共振状态后被毁坏；或者是由于运转条件的变化，使叶片发生振动以致被毁坏。解决风力机振动的抗振措施是安全措施中最大的课题。关于这一点，日本车大宇航研究所的东昭教授认为：必要的对策有：①风力机的设置地点选在风力较强，但是风向和风速的变化较小的地方；②风力机对风向有良好的敏感性，并且尽可能避开侧向风；③塔架要做得高些，将风力机建在空气湍流较少的地方；④提高叶片制作精度，使叶片的质量均匀一致。

作为防振措施，首先必须避免叶片的共振。为此，必须考虑使叶片弯曲（平面方向和棱边方向）和扭转的固有振动频率和振动波形、使叶片弯曲的一次波的固有振动频率以及运离额定转速时风轮的旋转频率及其高次频率。但是自然风的速度经常在变动，风车不可能永远在避开共振区的状态下运转，因此，最好能在风力机的风轮和塔架之间安装吸振支撑装置。

如果叶片扭曲的刚性较低，则叶片的拍动和顺桨运动会相互干涉，使叶片出现激烈的振动现象。所以必须提高叶片扭曲的刚度，并使扭曲中心线保持在顺桨轴上。

为了不使风力机发生失速振动现象，可损失一部分效率，使叶片的输出功率系数 C_p 避开失速区域。另外，还要避免选用容易失速及输出功率系数急剧下降的叶形。

出于性能和经济性等方面的考虑，往往不得不将风力机的塔架设计成有一定"柔性"。但是如果塔架缺乏足够的刚度，则会由于整个风轮的共振或在悬臂旋转轴上作圆周运动的风轮产生摇晃的脉振现象而导致大事故。

针对上述情况的防振措施有：提高塔架的刚性，架高拉索，并使塔架上部的重物集中。为了防止圆筒形塔架产生周期性的卡门旋涡，应使圆筒表面粗糙化，使之能抑制有规律的大的涡流。

6.9.3　风力机保养措施

为了能使设置在野外遥远地方的风力机长期安全地工作，而且保养维修也尽量少，必须采取下述措施：

1）防止疲劳。小型风力机正常运转时的转速为 300r/min。当风力机连续以这样的转速运转时，以每转一圈振动 1 次计算，每年也要重复 10^7 次往返振动。增加叶片的数量虽然能减小振动峰值，但是同时也增加了峰值的出现频率。因此，风力机在采用抗疲劳强度较高的材料的同时，还应降低应力，避免风轮与轮毂的结合部等处出现应力集中。

2）防磨损，防腐蚀。由于小型风力机塔架的高度并不太高，所以叶片容易受到砂尘等异物的损伤。因此，应用复合材料保护叶片表面，特别是其前缘部大多采用浸渍处理。当风力机设置在海岸附近的时候，必须避免使用镁等容易受盐害腐蚀的材料。为了防止电解腐蚀，应该注意不同金属的接合状况。

3）防止冰雪措施。积在风力机叶片上的冰雪会引起叶片的不平衡，这样不仅会产生叶片的振动，还有可能发生叶片破裂飞散的事故，因此，风力机必须具有防冰雪灾害的结构，或者装有防冰的装置。但对于小型风力机，因其发出的输出功率较小，所以一般来说防冰较为困难。

4）抗强风措施。出现台风等强风风速超过某一限度的时候或转速过高时，可通过顺桨控制转速，使风力机避开强风袭击。如果条件允许，还可以利用倾倒式塔架将风力机连同塔架一起放倒，以避强风。

另外，为了防止意外，还应考虑在风力机周围划出适当范围作为禁区。

6.9.4 控制风力机转速

风力机是把自然风的动能转变为机械能的装置。但是风速和风向是在不断变化的，所以风力机的转速和输出功率也会随风速、风向的变化而变化。当风力机用于驱动水泵和压缩机等装置时，即使风力机的转速发生变化，问题也不大。但当用大型风力机驱动交流同步发电机的时候，就要采用倾角可变机构，使风力机的转速保持稳定。

当风速超过额定风速的时候，过高的风轮转速会威胁风力机的强度，所以必须使用安全装置。一般对相同叶形的风力机来说，风轮的转速大致与风速成正比，与直径成反比。对于小型风力机，由于强风使转速过高，会产生极大的离心力，所以要特别防止超速旋转。

对小型风力机来说，控制转速和安全装置，在机构上是相互关联的，有不少小型风力机的设计，使调速装置同时兼有抗强风安全装置的功能。典型的转速控制方式有：侧叶式、偏向式、阻抗翼式、圆锥式、百叶窗式、悬锤式、可变倾角式、阻流板式等。当然也还有其他许多方法。但不管采用何种调速机构，都必须确认风轮上各个叶片以及叶片控制装置连接的安全性，使所有叶片能同时动作。在风力机高速运转时，万一有某个叶片不发生调速动作或者变形，就会出现剧烈的振动，使风力机寿命显著缩短，严重时甚至会毁坏风力机。

6.9.5 控制风力机方位

自然风不仅风速经常变化，而且风向也经常变化。垂直轴式风力机能利用来自各个方向的风，它不受风向的影响。但是对于使用最广泛的水平轴螺旋桨式或多叶式风力机来说，为了能有效地利用风能，应该经常使其旋转面正对风向，因此，几乎所有的水平轴风力机都装有转向机构。图6-26所示是几种典型的风力机转向机构。图6-26a是最普通的尾舵转向机

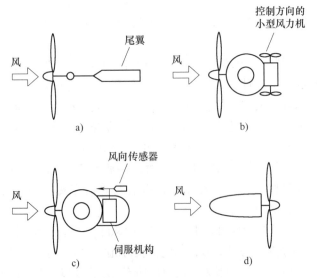

图 6-26 几种典型的风力机转向机构

构，小型风力机大多数采用这种转向机构。图 6-26b 是利用装在风力机两侧的小型风力机的旋转力矩差进行转向的方法，中型风力机大多数采用这种转向机构。图 6-26c 是独立设置，它是把风向传感器和伺服电动机结合起来的转向方法，这种方法可用于大型风力机的转向。图 6-26d 是利用作用在顺风式风力机上的阻力来转向的方法，因为这是一种很简单的转向方法，所以可用于大小各种形式的风力机。

6.10　风力机的选址和输出功率

6.10.1　风力机的选址

如果场地选择不合理，即使性能很好的风力发电机也不能很好地工作；相反，如果场地选择得合理，性能稍差的风力发电机也会很好地工作。因此，为了获得更多的发电量，风力发电机安装场址的选择十分重要。

在进行风力发电机安装场址选择时，首先应该考虑当地的能源市场的供求、负荷的性质和每昼夜负荷的动态变化；在此基础上，再根据风资源的情况选择有利的场地，以获得尽可能多的发电量。另外，也应考虑到风力发电机安装和运输方面的情况，以尽可能地降低风力发电成本。理想的风力发电场址一般具备以下几方面的条件：

1）风能资源丰富。评价风能资源丰富与否的三个最主要的指标是年平均风速、年平均有效风能密度和年有效风速时数。这三个指标越大，当地的风能资源就越丰富。根据我国气象部门的有关规定，当某地域的年有效风速时数在 $2000 \sim 4000 \text{h}$、年 $6 \sim 20 \text{m/s}$ 风速时数在 $500 \sim 1500 \text{h}$ 时，该地域即具备安装风力发电机的资源条件。

2）具有较稳定的风向。

3）风力发电机尽可能安装在风向风速比较稳定，季节变化比较小的地方。风向稳定不仅可以增大风能利用率，而且还可以提高风轮的寿命。风速的年、月、日变化小，连续无有效风速时数少，场地风速变化小、有效风速持续时间长，会降低对风力发电机蓄能装置的要求，从而减少蓄电池投资。

4）湍流小。当风吹过极其粗糙的表面或绕过建筑物时，风速的大小和方向都会很快的发生变化，这种变化就叫做湍流。湍流不仅会减少风力发电机的功率输出，而且会使整个风力发电机发生机械振动。当湍流严重时，机械振动能导致风力发电机毁坏。

5）自然灾害小。风力发电机安装场址应尽量避开强风、冰雪、盐雾等严重的地域。强风对风力发电机的破坏力很大，要求风力发电机有很好的抗强风性能和牢固基础。风力发电机叶片结冰或着雪后，其质量分布和翼型会发生显著的变化，致使风轮和风力机产生振动，甚至发生破坏。气流中含有大量盐分，会使金属腐蚀，引起风力发电机内部绝缘破坏和塔架腐蚀。

此外，离用户近、运输及维护管理方便以降低成本，也是一个应考虑的方面。

世界各国对风力资源的要求依本国风能的情况不同而异。美国、俄罗斯和北欧一带国家风能密度高。同一纬度，我国一级风能区的风能密度为 200W/m^2，美国为 600W/m^2。日本的风力资源情况和我国类似，该国对所选位置的风力资源的要求是按照气象厅发表的记录，规定年平均风速在 3.5m/s 以上，并且一年中 4m/s 以上风速吹刮时间在 2000h 以上。我国气象部门规定，3～20m/s 风速的吹刮时间 2000～4000h；6～20m/s 风速的吹刮时间 500～1500h，即可作为风能利用的可行地点。

6.10.2 风力机械选址的一般原则

风力机合理位置选择的一般原则归纳如下，供选择时参考：

1）以风力机安装位置为中心，1km 为半径的范围内，不应有障碍物，特别是最多风向的上风侧不应有障碍物出现。

2）如果在设置场所的范围内有障碍物出现，则风力机塔架的高度应在障碍物高度的三倍以上（图6-27）。对于小型风力机，图中的影响范围可在 400m 以内考虑。

3）开阔的平原和海岸线是很好的安装位置，例如，海滩和沙漠上具有不占良田和风力大的优点。

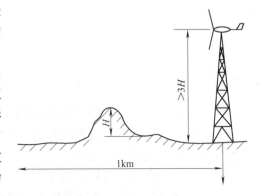

图 6-27 风力机塔架的高度要求

4）如果选择在坡度平滑的小山上，周围是低地，或者选择在湖泊或海中的小岛上，则风速会大大增加。

5）如果打算把风力机装在完全没有山的平原上，为了提高已知尺寸的风力机输出功率，应增加塔架的高度。

6）将安装位置选择在海岸边的坡度平滑的小山上，特别是当风由海上吹来时，可获得满意的效果。

7）当气流遇到独立的山峰时，在某些情况下，气流往往绕过山峰而不从山顶上吹过，因此，风力机装在独立的山峰顶上效果并不好。

8）把风力机装在能形成渐缩形通道的山口或峡谷口，可使风速大大增加，是较理想的地方。

9）如果把位置选择在内陆的小山上，而在它周围很近的距离内环绕着相同高度的山或高地，得到的将是低的名义风速和湍流气流。

10）大面积的高地或非常峻峭的悬崖上面，通常会形成速度不大的旋涡气流，对风力机的安装不利（图6-28）。

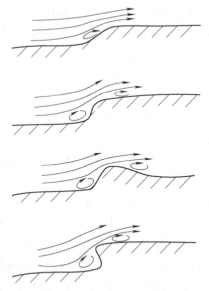

图 6-28 气流吹过高地或悬崖上面

6.10.3 风力机的输出功率

风力机的输出功率与风速的大小有关。由于自然界的风速不稳定，风力发电机的输出功率也不稳定。这样一来，风力发电机发出的电能一般不能直接用在电器上，先要储存在蓄电池内，然后通过蓄电池向直流电器供电，或通过逆变器把蓄电池的直流转变为交流后再向交流电器供电。考虑到成本问题，目前风力发电机用的蓄电池多为铅酸蓄电池。

风力发电机的性能特性是由风力发电机的输出功率曲线来反映。风力发电机的输出功率曲线是风力发电机的输出功率与场地风速之间的关系曲线，用计算公式表示为

$$P = \frac{1}{8}\pi\rho D^2 v^3 C_p \eta_t \eta_g \tag{6-39}$$

式中，P 为风力发电机的输出功率（kW）；ρ 为空气密度（kg/m^3）；D 为风力发电机风轮直径（m）；v 为场地风速（m/s）；C_p 为风轮的功率系数，一般在 0.2 ~ 0.5 之间，最大为 0.593；η_t 为风力发电机传动装置的机械效率；η_g 为发电机的机械效率。

风力发电机的制造厂家在出售风力发电机时都会提供其产品的输出功率曲线，如图 6-29 所示。

根据场地的风能资料和风力发电机的功率输出曲线，可以对风力发电机的年发电量进行估算。估算方法是：

1）根据安装场地的风速资料，计算出从风力发电机的起动风速至停机风速，全年各级风速的累计小时数。

2）根据风力发电机的功率输出曲线，计算出不同风速下风力发电机的输出功率。

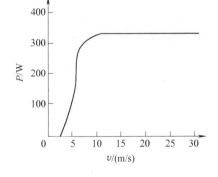

图 6-29 风力发电机输出功率曲线

3）利用下面的公式进行估算

$$Q = \sum_{v_0}^{v_1} P_v T_v \tag{6-40}$$

式中，Q 为风力发电机的发电量（kW·h）；P_v 为在风速 v 下，风力发电机的输出功率（kW）；T_v 为场地风速 v 的年累计小时数（h）；v_0 为风力发电机的起动风速（m/s）；v_1 为风力发电机的停机风速（m/s）。

6.11 各种风力系统

对一个风能系统，远不只是一些叶片与传动轴，它需要传动机构，将能量从风力机传送到实际使用地点。在大多数系统中，都需要有储能系统，它们在无风时提供能量。最后，通常还需要某种形式的后备能源，并需要一定的控制机构来确保风能系统的所有零部件互相配合正常运转。

风力系统的基本构成示于图 6-30。方框代表系统的组成部分，箭头代表功率或能量的传递方向。在一个具体系统的方框图

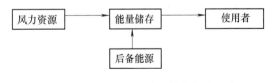

图 6-30 风力系统的基本构成

中，各个组成部分的最终设计与选择，主要取决于该系统的使用场合。用来抽水的系统具有与为蓄电池充电的系统不同的设计问题和解决办法。而如果是使用电力水泵来抽水，那就必须同时考虑抽水和发电两个方面的问题。

6.11.1 风电系统

电是一种高品位的能量形式，它可以很方便地为用户所直接利用。因此，各式各样的系

统都可利用风电作为能源，包括给蓄电池充电以供室内照明、带动水泵、为无人卫星转播站供电等。

　　风力发电的形式主要有两种：离网风力发电系统和并网风力发电系统。

　　风力发电机的离网应用有多种多样，主要可以分为以下几类：①为蓄电池充电：这种应用大多是指供单一家庭住宅使用的小型风力发电机。②为边远地区提供可靠的电力，包括小型、无人值守的风力发电机。风力发电机通常与蓄电池相连，而且也可以与光电池或柴油发电机等其他电源联机，为海上导航和远距离通信设备供电。③给水加热：这种系统多用于私人住宅。典型的用法是将风力发电机直接与浸没式加热器或电辐射加热器相连。④边远地区的其他使用：包括为乡村供电、为小型电网系统供电，以及为商业性冷藏系统和海水淡化设备供电。在离网风力发电系统的应用中，占主导地位的是利用风力发电机为蓄电池充电。这类风力发电机的转子直径通常小于 5m，而且其额定功率低于 1000W。独立的风电系统主要建造在电网不易到达的边远地区。图 6-31 所示为一种为蓄电池充电的风力直流充电系统。

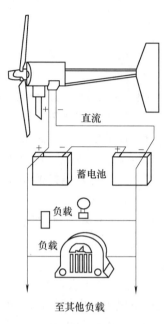

图 6-31　风力直流充电系统

　　由于风力发电输出功率的不稳定性和随机性，需要配置充电装置，在涡轮风电机组不能提供足够的电力时，为照明、广播通信、医疗设施等提供应急动力。蓄电池是风电系统中常用的储能装置。有各种不同的蓄电池，根据所使用的极板或者电解液的种类而命名。最常见的是铅酸蓄电池和镍镉蓄电池。铅酸蓄电池广泛使用在汽车和其他的一些场合。当要求重量较轻和对过度充电的容限性能有较高的要求，而又不太计较成本时，可以采用镍镉电池。民航飞机中就使用镍镉电池。现在还有镍氢电池，相比镍镉电池，它没有记忆特性，有更好的应用前景。

　　当风力发电机运转时，它将过剩的电力通过逆变器转换成直流电，向蓄电池充电。在风力发电机不能提供足够电力时，蓄电池再向逆变器提供直流电，逆变器将直流电转换成交流电，向用电负荷提供电力。因此，独立的风电系统是包括由风力发电机、逆变器和蓄电池组成的系统。另一类独立风电系统是混合型风电系统，除了风力发电装置之外，还带有一套备用的发电系统，经常采用风力发电机和柴油发电机构成的混合系统。在风力发电不能提供足够的电力时，柴油发电机投入运行，提供备用的电力。

　　并网风力发电系统应用主要是两种：①单个的风力发电机：这些发电机可为居民、商业、工业或农业提供电能。其电负荷接近风机的能力，并且也可以与电网连接。多数情况下风力机安装在一个农场或一组住宅房舍附近。这些风力发电机的功率一般为 10 ～ 100kW。②风力田：它是将多个风力发电机集中安装、均匀分布并由控制中心集中管理，所发出的电力主要是通过电网输送，而不是专门服务于一个地区性电负荷。这些风力发电机的功率一般为 50 ～ 500kW。并网的风电系统的风电机组直接与电网相连接。由于涡轮风力机的转速随着外来的风速而改变，不能保持一个恒定的发电频率，因此需要有一套交流变频系统相配套。由涡轮风力机产生的电力进入交流变频系统，通过交流变频系统转换成交流电网频率的交流电，再进入电网。由于风电的输出功率是不稳定的，为了防止风电对电网造成的冲击，风电场装机容量占所接入电网的比例为 5% ~ 10%，这是限制风电场向大型化发展的一个重要的制约因素。而且由于风电输出功率的不稳定性，电网系统内还需配置一定的备用负荷。

6.11.2　风力提水系统

现在已经有很多种用于抽水的风力机，例如多叶片的农场风力机。这种风力机在美国的农村和澳大利亚、阿根廷的部分地区是很常见的。

这种风力机提水的原理是：传动轴的旋转运动，通过减速齿轮箱传递给曲轴，并转换成活塞杆的直线上下往复运动。这一活塞杆是一个竖直的轴，直接沿着塔架延伸至下方的水泵。许多深井活塞式水泵仅仅在活塞杆向上运动时才能提水，这种水泵称为单作用程活塞杆。而双作用程水泵在活塞向上和向下的两个冲程中都能提水。在向上的冲程中的拉力使活塞杆受到拉伸负荷，而在向下的冲程中泵水使活塞杆受到压缩负荷，这一负荷很容易使得又长又细的活塞杆弯曲。双作用程的水泵系统所需的多数维修工作就是更换活塞杆和水泵密封圈。

近代的一种以风作为动力的泵水方法使用了压缩空气将风的能量传递到使用地点。此时，使压缩空气在管道中输送并用它将水泵出地面，而不使用沿着塔架伸下来的活塞杆。当风力机的叶轮旋转时，就将空气压缩并通过管道送到储气罐中，然后这一压缩空气用来驱动浸没在水面下的活塞式、叶片式或旋转叶轮式的水泵，这些水泵有的是为此种用途改制的，有的则是专门设计制造的。

由于风不是每时每刻总有，所以，抽出来的水除了直接用于灌溉外，一般总需要先储存一些时间，以备随用随取。早期都用木头或金属的储水罐，现在多采用电镀的金属、玻璃纤维以及塑料的储水罐。

6.11.3　风热系统

可以用好几种方法将风能转化成热能。如用一个风力机带动桨叶，在一个绝热很好的封闭储水罐中搅水，那么水的温度就会逐渐升高，几乎所有的由桨叶给出的机械能都转变为热能。也可使用一个水泵来冲击储水罐壁。同样，风力机也可以带动一个空气压缩机，当空气被压缩时，空气的温度会上升。这样使用的风力机必须要能在较低转速下给出较高的转矩，所以风力机叶轮的容积比应该较高。

风力机也可以直接带动热泵。热泵可以被设计成产生低温，也可以被设计成产生高温。因此，某些冷藏需求，以及加温要求都可以用热泵来满足。已经有现成的使用常规能源或者太阳能的这种热泵系统。它们也可以很方便地改装或者专门设计成利用风能来运转。

也许最通用的产生热的方法是利用风力充电机给电阻式加热器通电。落地式电加热炉或者储水罐的电加热器是很常见的。将这些东西与风力充电机连接起来也是一件简单的事情。仅仅需要一个负荷监视器在风大时避免使风力充电机过载就可以了。这种通用灵活的系统，亦可以在不需要热能的时候，将发出的电力用于其他用途。

6.12 风能利用的发展

6.12.1 世界风电发展概况

随着全球经济的不断发展和对清洁能源的巨大需求，近10年来国际风电市场迅猛发展。到2013年年底，全球风电累计装机容量达到318GW，与10年前相比增长了10倍，年平均增长率接近30%。全球风力发电总量已接近250GW，占全球发电量的4%。到2013年底，我国风电装机容量已排名世界第一，全国风电装机超过90GW，发电量约1350亿 kW·h，占全国发电量的2%。风电占据我国继火电、水电后第三大电力能源位置。

图6-32所示为截至2013年底全球风电累计装机区域分布图。按国家划分，风力发电装机容量中国居首位，其后是美国、德国、西班牙、印度、法国等。欧洲一直是世界风力发电市场的领导者。2013年，风力发电提供了欧盟近4%的电力消费量。丹麦风电发电量占该国总发电量的比例为20%，而德国为7%，西班牙为6%。在世界风电装机容量前10名的国家中，欧盟成员国占了7个，按照目前趋势，到2020年，欧洲许多国家的风力发电将占本国总发电能力的10%以上。

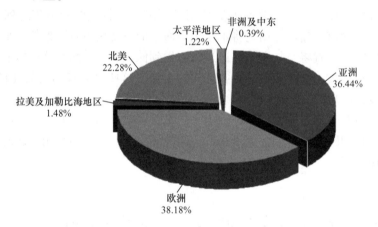

图6-32 全球风电累计装机分布图（至2013年底）

6.12.2 我国的风能利用与存在的问题

我国现代风电技术的开发利用始于20世纪70年代，80年代初开始大容量风电技术的应用，90年代初开始风电技术的商业化发展。近20多年来，在政府的大力支持下，并网风电场的建设发展迅速，目前全国已经出现了几十个十兆瓦级的大型风电场。自2012年以来，我国风电并网容量已经超过美国，成为世界第一风电大国。但由于我国电力市场尚未完全市场化，不能完全由市场配置资源，部分地区弃风限电问题仍比较严重，解决弃风限电成为风电项目的一个新的挑战。

目前我国风电场造价约8000元/kW左右，其中机组占总投资的75%~80%。与造价约4000元/kW的常规能源电厂相比，风电场的造价大约高出1倍。我国大型风电机组依赖进口，设备价格高，只有逐步实现国产化，才能把风电场造价降下来。我国风电场年利用小时数一般为 2700h，一些地方可达到 3200h，因而风电成本为 0.45 ~ 0.70元/（kW·h），比常规能源发电约高出 1 倍。在现阶段仍需国家给予政策扶持。随着对能源需求的增加和环保执法力度的加大，以及风电设备的国产化和规模化，风电可望比燃煤发电更具成本和价格优势。

我国具有世界级的风力资源，总技术潜力资源估计为 2.5×10^5 MW。表 6-6 所示为 2013 年我国各省、直辖市、自治区、特别行政区风力发电装机情况对比。沿海发达地区和西北地区都是我国风能资源分布的丰富区。如果能够充分开发地区的风能优势，东南沿海经济发达地区风力发电正好可以弥补电力短缺的难题，在西北经济欠发达地区则既可以提高当地人民生活水平，又可以增加就业并向经济发达地区卖电，提高地方经济发展速度。风电技术作为一门不断发展和完善中的高新技术，通过技术创新，提高单机容量，改进结构设计和制造工艺，以及减轻部件质量，降低造价，它的环保优势和经济性必将日益显现。

表 6-6　2013 年中国各省、直辖市、自治区、特别行政区新增及累计风电装机情况

序　号	名　　称	2012 年累计/MW	2013 年新增/MW	2013 年累计/MW
1	新疆	3306.06	3146	6452.06
2	内蒙古	18623.81	1646.5	20270.31
3	山西	2907.1	1308.95	4216.05
4	山东	5690.95	1289.55	6980.5
5	宁夏	3565.7	884.7	4450.4
6	贵州	507.1	683	1190.1
7	辽宁	6118.31	639.7	6758.01
8	黑龙江	4264.35	623	4887.35
9	甘肃	6478.95	617	7095.95
10	陕西	709.5	583	1292.5
11	江苏	2372.05	543.6	2915.65
12	广东	1691.28	527.6	2218.88
13	湖南	249.25	522	771.25
14	河北	7978.8	521.1	8499.9
15	云南	1964	520	2484
16	湖北	193.9	453.6	647.5
17	吉林	3997.36	382.5	4379.86
18	福建	1290.7	265.5	1556.2
19	青海	181.5	204.5	386
20	广西	203.5	157	360.5
21	河南	492.55	154.6	647.15
22	浙江	481.67	128.6	610.27
23	安徽	494	97.5	591.5
24	四川	79.5	77.5	157
25	江西	287.5	38	325.5
26	天津	278	27	305
27	重庆	104.35	19.7	124.05
28	上海	351.95	18	369.95
29	西藏	0	7.5	7.5
30	北京	155	1.5	156.5
31	海南	304.7	0	304.7
32	香港	0.8	0	0.8
汇总		75324.19	16088.7	91412.89
33	台湾	621	4.6	625.6
总计		75945.19	16093.3	92038.49

注：1. 本表来源于中国可再生能源学会风能专业委员会。
　　2. 本表不含澳门特别行政区的数据。

6. 13　环境影响和风能利用展望

6. 13. 1　风能发电的环境影响

风能的发展对环境有正面影响和负面影响。未来的发展将依赖于如何使正面影响达到最大，而同时负面影响保持在最低。

风能发电不会释放二氧化碳，不会带来酸雨、大雾和放射性等污染，也不会造成对陆地、海水和水资源的污染。风能的大规模使用可能是减少二氧化碳排放的最经济快速的方法。一台风力机的使用寿命中，所产生的能量大约是它所消耗的能量的 80 倍。另外，风力机不需要消耗水，不像很多传统能源和一些可再生能源。这个优点对于目前严峻的水资源短缺来说极其重要。

风力机可能造成的环境污染有噪声、电磁干扰和视觉影响，可能还包括晴天由于旋转叶片间的相互作用而引起的"闪光"。这些影响的物理构成（例如可见度、声级和闪光区）可以被量化，但是否把它们考虑为负面影响，在一定程度上只是主观的看法。

还有一些关于近海风能发展所引起的可能的环境因素。对鱼类、海洋哺乳动物和迁徙鸟类可能造成的影响的担心是目前正在进行研究的课题。以下列出目前风能发电可能造成的环境影响。

（1）风力机的噪声　噪声是一个非常敏感的问题，是反对风能发展的人们主要担心之一。风力机产生一定的噪声。但比较其他类似的机械等级来说，风力机不是特别的嘈杂。目前可利用的风力机大体上比以前的风力机要安静得多，而且符合噪声排放的标准。

风力机的噪声主要有两个来源。一是由机械或电动机例如变速箱和发动机引起，被称为机械噪声；另一则是因为叶片与空气的相互作用，归类于空气动力学噪声。

机械噪声通常是主要问题，但是可以通过使用特别安静的传动装置、安装弹性的装配、使用声学附件或者通过选用直接传动的低速发动机而除去变速箱的方法很容易得到改善。

（2）空气动力学噪声　风力机发出的空气动力学噪声用"嗖嗖声"来形容是最接近的。它受到下列因素的影响：叶片的形状；气流与叶片和塔架间的相互作用；叶片尾缘的形状；尖端的形状；风力机是否运行在安装条件下；可能引起叶片上非稳态力的湍流条件，这些力会引起放射噪声。

空气动力学噪声随着转速的增大而增大。因为这个原因，风力机被设计为在低风速下低转速运行。噪声损害通常在微风中更有潜伏的风险。因为在高风速下，背景风的噪声可能就掩饰了风力机的噪声。低转速运行有助于在低风速条件下将空气动力学噪声减到最小。增加叶片的数量也可能降低空气动力学噪声。

（3）噪声的规律、控制和降低　大多数商业风力机根据国际能源组织（Ljunggren，1994 和 1997）开发的推荐程序或者一种符合丹麦噪声规则的程序来进行噪声测量。这些测量信息可以帮助将风力机置于离住宅区足够远的地方以避免噪声损害。这个标准程序也给制造者提供了识别噪声的方法，以便在起动机械前采取补救措施。

现在已经有制造商研制了低速发电机的风力机，可以和转子直接联合工作而不需要变速箱。这样的风力机非常安静，对建筑物也更为适合。目前降低风力机噪声的研究仍在进行中。

（4）风力机引起的电磁干扰　当风力机被放置在一台收音机、电视机或微波收发器之间时，它有时会反射一些电磁射线，其反射波与原信号会混合在一起到达接收器。这可能造成原信号很大的扭曲。

由风力机引起的电磁干扰的区域主要取决于用来制造叶片和制造塔架表面形状的材料。如果风力机是金属叶片（或者是包含金属的玻璃加固弹性叶片），而且风力机的位置接近无线通信装置，电磁干扰就有可能会发生。有些风力机使用薄木板做的叶片就可以避免这样的问题，因为薄木板可以吸收的无线电波大于反射的电波。多面体的塔架反射的电波要多于圆形的塔架，因为多面体都是平面。

电磁波干扰最可能的情况是影响电视接收。这个问题非常容易处理，只需要安装接力发射机或者是连接有线电视服务。

微波中继器，VHF全方向搜索器（VOR）和仪表着陆系统（ILS）也会受到风力机的影响。现在已有一种根据天线的特性而发展出的无线电发射器周围避免电磁干扰的简化方法。

风力机也有可能对军用雷达造成干扰，目前国外基本确认二者可以和谐共存。

（5）视觉影响　对风力机或者风农场的视觉感觉依赖于很多因素。包括像风力机尺寸、风力机设计、叶片数量、颜色、风场中风力机数量、风场规划和转子叶片移动的范围等这样的物理参量。西方公众对风能发展大部分的争论都是因为反对改变风景的视觉外观。对风力机的视觉外观的感受包含许多个人的喜好。但是，对新建筑和不寻常建筑视觉外观的抵制不是一个新现象，而且当建筑被熟悉以后，想法就会改变。

（6）风力机和鸟　风力机对鸟类潜在的最大危害是鸟类与旋转叶片致命的碰撞。鸟类由于碰撞致死的事件是相当少的。据统计每台风力机平均最多会造成1～2只鸟的死亡，而更多的风力机都少于这个数字。

然而，在美国，每年估计有上亿只鸟类死于与交通工具、高层建筑物以及无线通信塔发生的冲撞中。考虑到近海风力机对鸟类造成的危险，丹麦国家环境研究会对Tuno Knob的近海风农场进行了一次最彻底的研究。这个风农场的位置故意选在了大量哺乳鸟类的栖息地，以便监控鸟类与风力机之间的相互作用。研究表明鸟类会保持与风力机的安全距离，近海风力机对水上鸟类没有显著的影响。

（7）其他的环境因素　在评估风力机对环境影响时候，还需要考虑一些其他的环境因素，包括安全性、遮蔽闪光和对植物、动物可能造成的影响。

6.13.2　风能利用展望

1. 单机容量增大
在过去20年中，涡轮风力机的典型装机容量从50kW增加到750kW。随着技术逐渐成熟，多样化的设计概念也逐渐走向统一。由于风力场中所采用的大的涡轮风力机比小的更加经济，因而风力机的容量不断增加。涡轮风力机的容量将继续增大。一些制造商已经开发出了1～2MW级别的涡轮风力机。而且，随着风力机容量的增大，其中必然要采用一些新的复合材料和新的技术。

大型风力机更适合海上风力场，在人口密度较高的国家，随着陆地风力场利用殆尽，海上风力场在未来的风能开发中将占有越来越重要的份额。

2. 风力机桨叶加长

单机容量不断增大，桨叶的长度也不断增长，目前 2MW 风力机叶轮扫风直径已达 72m。目前最长的叶片已做到 50m。现有的大部分涡轮风力机大都具有 3 个叶片，只有极少数涡轮风力机还是只有 2 个叶片的类型。涡轮风力机技术现已足够成熟，机器的可靠性极高，可利用率通常在 98% ~ 99% 之间。桨叶材料由玻璃纤维增强树脂发展为强度高、质量轻的碳纤维。桨叶也向柔性方向发展。

早期的一些风力机桨叶是根据直升机的机翼设计的，但风力机的桨叶是运动在与直升机很不同的空气动力环境中。对叶型的进一步改进，增加了风力机捕捉风能的效率。例如，在美国国家再生能源实验室开发了一种新型叶片，比早期的一些风力机桨叶捕捉风能的能力要大 20%。在丹麦、美国、德国等风电技术发达国家，研究人员正在利用先进的设备和技术条件致力于新叶型的开发研究。

3. 塔架高度上升

在中、小型风电机的设计中，采用了更高的塔架，以捕获更多的风能。在地处平坦地带的风力机，在 50m 高度捕捉的风能要比 30m 高处多 20%。

4. 控制技术的发展

随着电力电子技术的发展，近年来发展了一种变速风力发电机。其取消了沉重的增速齿轮箱，发电机轴直接连接到风力机轴上，转子的转速随风速而改变，其交流电的频率也随之变化，经过置于地面的大功率电力电子变换器，将频率不定的交流电整流成直流电，再逆变成与电网同频率的交流电输出。由于它被设计成在几乎所有的风况下都能获得较大的空气动力效率，从而大大地提高了捕捉风能的效率。试验表明，在平均风速 6.7m/s 时，变速风力发电机要比恒速风力机多捕获 15% 的风能。同时，由于机舱质量减轻和改善了传动系统各部件的受力状况，可使风力机的支撑结构减轻，基础等费用也可降低，运行维护费用也较低。这是一种很有发展前途的技术。

5. 海上风力发电

海上风电场作为新的大型风力机应用领域而受到重视。丹麦、德国、西班牙、瑞典等国都在计划较大的海上风电场项目。由于海上风速较陆上大且稳定，一般陆上风电场平均设备利用小时数为 2000h，好的为 2600h，在海上则可达 3000h 以上。为便于浮吊的施工，海上风电场一般建在水深为 3 ~ 8m 处。同容量装机，海上比陆上成本增加 60%（海上基础占 23%、线路占 20%；陆上仅各占 5% 左右），电量增加 50% 以上。图 6-33、图 6-34 所示分别为国外的陆上和海上风电场。

图 6-33　陆上风电场（西班牙 40MW）　　图 6-34　海上风电场（丹麦 40MW）

思考题与习题

1. 简述风的形成原因和不同级别风的特点。

2. 简述风能利用的方式和特点。

3. 通过调研，列举风能利用的最新技术及其发展前景。

4. 已知某森林中，距森林地面50m处的风速为9.8m/s，求距地面380m处的风能密度。

5. 已知某地的年平均风速为6m/s，风轮机桨叶直径为10m，风能利用系数 $C_p = 0.4$，机械效率 $\eta = 0.7$。计算风能密度和风轮机输出功率。

6. 某风力机在带有负载的正常情况下，尖端周速比 $\lambda_0 = 6$，重心距旋转中心50cm，质量为2kg的叶片，在风速为20m/s的无负载情况下，求作用在叶片上的离心力。（周速比：叶尖端线速度与风速之比）

7. 风轮机的叶片数与输出功率有何关系？是否越多越好？为何目前的风轮机以三叶片居多？

8. 影响风轮机输出功率的主要因素有哪些？如何提高风力发电机的效率？

9. 简述风力发电对环境造成的好的影响和不好的影响。对不好的影响如何克服之？

10. 应用本章所学到的知识，尝试设计一种新的风轮机或改进现有的风轮机，指出其优缺点，并论述其可行性。

参 考 文 献

[1] Godfrey Boyle. Renewable Energy[M]. New York，Oxford University Press，2004.

[2] 张希良. 风能开发利用 [M]. 北京：化学工业出版社，2005.

[3] 陈听宽，张燕谋，温龙. 新能源发电 [M]. 北京：机械工业出版社，1982.

[4] 黄素逸，高伟. 能源概论 [M]. 北京：高等教育出版社，2004.

[5] 李传统. 新能源与可再生能源技术 [M]. 南京：东南大学出版社，2005.

[6] D. F. 沃恩. 风能设备 [M]. 林景尧，译. 北京：机械工业出版社，1990.

[7] 朱瑞兆，祝昌汉. 中国太阳能风能资源及其利用 [M]. 北京：气象出版社，1988.

[8] D. 勒古里雷斯. 风力机的理论与设计 [M]. 施鹏飞，译. 北京：机械工业出版社，1987.

[9] 牛山泉，三野正洋. 小型风车手册 [M]. 汪淑贞，等译. 北京：机械工业出版社，1987.

[10] 李庆宜. 小型风力机设计 [M]. 北京：机械工业出版社，1986.

[11] 杰克 派克. 风能及其利用 [M]. 孙云龙，译. 北京：能源出版社，1984.

第 7 章

小水电和潮汐能

水力发电是一种最经济的能源，也是一种永不枯竭的能源。地球上江河纵横、海洋辽阔，蕴藏着丰富的水力资源。在太阳的帮助下，地球上的水蒸发成水蒸气升上天空，在天空中水蒸气又冷凝成雨雪降至大地，通过江河又流入海洋，如此循环不已，生生不息。

水电作为一种可再生、无污染的清洁能源，早已受到人们的重视。早在 3000 多年前我国就开始利用河水或溪流流动的动能，或是从堤坝、瀑布上落下的水流的势能，通过水车、水磨、水碓等机械来提水、磨面和舂米。从 19 世纪末开始，人类开始在大江大河上建设水坝，利用水位的落差推动水轮机发电。到现在，大中型水电站已经是世界范围内广泛应用、较为成熟的可再生能源技术。

尽管大中型水电站为国民经济提供了巨大的电力来源，并且不消耗传统能源，减少了温室气体排放，但人们也逐渐意识到大中型水电站对环境的很多负面影响。例如，大坝阻挡天然河道的畅通，阻隔泥沙的下泄，改变陆地和水生生态系统，淹没土地，造成大量移民，以及工程施工造成水土流失、植被破坏和空气污染等。而小水电作为同样一种经济而可再生的能源，对生态环境的影响则要小得多，因而日益受到人们的重视。

我国拥有的水力资源居世界首位，全国水力资源蕴藏量约 6.8 亿 kW，其中小水电为 1.52 亿 kW。总的可开发水力资源约为 4 亿 kW，小水电为 0.75 亿 kW。目前，全国已建成的小水电站有 5 万多座（通常将装机容量小于 2.5 万 kW 的水电站称为小水电站），总装机容量超过 2300 万 kW。全国有 1/3 以上的县主要依靠小水电供电。我国目前已开发的水力资源占可开发资源量已超过 30%，水资源开发利用已逼近红线，但小水电仍然大有发展余地。

小水电站大多是高水头、小流量，而海洋能中的潮汐能电站的特点则是低水头、大流量，它们都属于对环境比较友好、新的可再生能源。抽水蓄能电站是利用水能发电的一个重要组成部分，它具有储存能量、调节电力峰谷差的环保节能作用。上述三种电站其原理都是利用天然水位落差的势能这一可再生能源，而且都有利于保护和改善环境。因此，本章将一并介绍这三种与水力发电有关的基础知识。

7.1 水力发电基本原理

根据物体从高处落下可以做功，产生一定的能量这个道理，河水从高处落下，同样产生能量。自然界的河流都具有一定的落差，水流在重力作用下沿着河床向下游流动，在高处的水蕴藏着丰富的位能。这种能量在未利用以前，主要分散消耗在水流对河床的淘刷、挟带泥沙和相互的撞击（如旋涡等）中。水位越高、水量越多、产生的能量也越大。

水力发电是最经济的电能转换方式，它与火力发电、核能发电相比有许多优点。例如成

本低、运行管理简单、消耗少、污染少，适用
于在电力系统中担任调峰和调频。为把水能转
化为电能，需修建一系列水工建筑物，安装水
轮机、发电机和附属机电设备。水流通过水轮
机把水的能量转化为机械能，带动发电机把机
械能转化为电能，这就是水力发电。水工建筑
物和机电设备的总体，即称为水力发电站，简
称水电站，如图 7-1 所示。

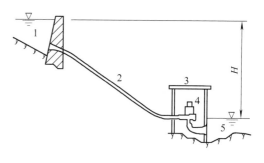

图 7-1　水电站示意图
1—水库　2—压力水管　3—水电站厂房
4—水轮发电机组　5—尾水渠道

　　图 7-1 中位于水电站上游高处的水体具有
较高的位能，由压力管道将其引入水电站厂房
内的水轮发电机组，水力能转化为电能。

　　水轮机是一种能将河流中的水能转换成机械能的装置。水轮机通过主轴带动发电机将旋
转的机械能转换成电能。水轮机与发电机连接成的整体称为水轮发电机组，它是水电站的主
要设备。

　　水力发电机组在某一时刻输出的电功率，称为出力，它取决于所利用的水头和流量。出
力的计算，通常以千瓦（kW）表示。实际出力的计算公式为

$$P = 9.81 \eta Q(H - \Delta H)$$

在初步估算时，可应用简化公式

$$P = KQH_w$$

式中，P 为水力发电机组的实际出力（kW）；Q 为水电站水轮机组的过水流量（m^3/s）；H 为
水电站上、下游的水位差，称为水电站的水头（m）；ΔH 为水头损失（m）；H_w 为作用于水
轮机的静水头（m），$H_w = H - \Delta H$；η 为机组总效率，包括水轮机、发电机和传动设备的效
率等；K 为出力系数，一般大型水电站可选用 $K = 8.0 \sim 8.5$，中型水电站 $K = 7.0 \sim 7.5$，小
型水电站 $K = 6.0 \sim 6.5$。

　　水电站的发电量是指在一定时段（如日、月、季、年）内水电站发出的电能总量，单
位 kW·h。

7.2　小型水电站类型和建站型式

7.2.1　小型水电站类型

　　为了利用河流的水力来发电，就要将天然落差集中起来，并对流量加以控制和调节（如
建水库），形成发电所需的水头和流量。以便于水轮机能够将水能转换为机械能，再由发电
机转换为电能。水电站的水头是通过适当的工程措施，将分散在一定河段的天然落差集中起来
构成的。小型水电站按河段水力资源的开发方式，分成三种类型，即堤坝式、引水式和混合
式。三种方式各适用于不同的河道地形、地质、水文等自然条件，其水电站的枢纽布置、建筑
物组成也迥然不同。

　　1. 堤坝式水电站
　　在河道上修建拦河坝（或闸），抬高上游水位以集中落差，并形成水库调节流量。用输

水管或隧洞把水库里的水引至厂房，通过水轮发电机组发电，这种水电站称为堤坝式水电站。根据水电站厂房的位置，又分为河床式与坝后式两种。如图7-2和图7-3所示。

河床式水电站一般修建在河流中、下游坡度平缓的河段上。在这些河段上，由于地形限制，为避免造成大量淹没，只能建造高度不大的坝（或闸）来适当抬高上游水位。在有落差的引水渠道或灌溉渠道上，也常采用这种型式。其适用的水头范围约在8~10m以下。另一方面，由于河床式水电站多建造在中、下游河段上，其引用的流量一般较大，故河床式水电站通常是一种低水头大流量的水电站。

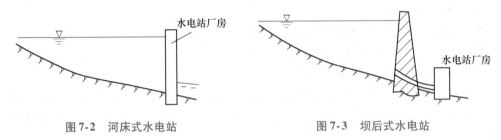

图7-2 河床式水电站　　　　图7-3 坝后式水电站

由于水头不大，河床式水电站的厂房就直接和坝（或闸）并排建造在河床中，厂房本身承受上游水压力而成为挡水建筑物的一部分。

坝后式水电站一般修建在河流的中、上游，适用于水头较大的情况。由于在这种河段上允许一定程度的淹没，所以拦河坝可集中较大水头。因此，将厂房移至坝的下游，厂房建筑与坝体分开，使上游水压力完全由拦河坝承担，这样布置的水电站称为坝后式水电站。坝后式水电站与河床式水电站相比，它的坝可以建得较高，这不但使电站获得较大的水头，更重要的是，在坝的上游形成了可以调节天然径流的水库，给水电站的运行创造了十分有利的条件。

2. 引水式水电站

在山区河道上修建水电站时，由于河流陡峻、水流湍急，有些地方还有较大的跌水和河湾，往往经济地建一引水低坝或闸，采用引水渠道来集中河段的自然落差，形成电站水头，这样修建的水电站称为引水式水电站（图7-1、图7-4）。

河道中低坝或闸的作用主要是引导水流进入引水渠道，而不是以集中水头为目的。引水渠道包括明渠、隧洞和管道。当电站水头较低时（6~10m以下），由渠道将水直接引至厂房；当水头较高时，在渠道末端修建压力前池，使水流经过压力管道至水轮发电机组发电，然后由尾水渠排出。

在小型水电站中，引水式水电站比堤坝式水电站更为普遍。它与堤坝式水电站相比，由于不存在淹没和筑坝技术的限制，故水头可达到很高的数值。但是，由于受当地天然径流的限制或引水建筑物截面尺寸的限制，引水式水电站引用的流量都比较小。故引水式水电站通常是一种高水头小流量的水电站。显然，引水式水电站对环境影响很小。

3. 混合式水电站

混合式水电站其落差是由拦河坝抬高水头和引水集中落差两方面获得，因而具有堤坝式水电站和引水式水电站的特点。当上游河段地形平缓，下游河段坡降较陡时，宜在上游筑坝，形成水库，调节水量，在下游修建引水渠道（管道），以集中较大落差，如图7-5所示。

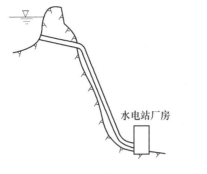

图 7-4 引水式水电站

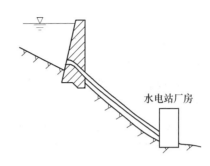

图 7-5 混合式水电站

混合式水电站和引水式水电站之间没有明确的界限。严格来说，混合式水电站的水头是由坝和引水渠道共同形成的，且坝一般构成水库。而引水式水电站的水头，只由引水建筑物形成，坝只起抬高一些上游水位的作用。在实际工程中，常将具有一定长度引水渠道的水电站统称为引水式水电站，而较少采用混合式水电站这个名称。

水电站除按开发方式进行分类外，还可以按其是否有调节天然径流的能力而分为无调节水电站和有调节水电站两种类型。

多数水电站与防洪、灌溉、通航、水产等方面相结合，以发挥其综合效益。

7.2.2 常见的几种建站型式

1）利用天然瀑布。一般在瀑布上游筑坝引水，在较短距离内即可获得较大水头。这种水电站的工程量一般较小，投资少。

2）利用灌溉渠道上下游水位的落差修建水电站。可利用渠道上原有建筑物，只需修建一个厂房，工程比较简单。

3）利用河流急滩或天然跌水修建水电站。在山溪河流上，常有急滩或天然跌水，可用来修建水电站。如进水条件好，在引水处可以不建坝，或只建低堰，但需考虑防洪安全措施。

4）利用河流的弯道修建水电站。一些山区溪流的弯道较长，且坡度较陡，可以截弯取直，以较短的引水渠道或隧洞获得较大水头，引水修建水电站。

5）跨河引水发电。两条相邻河道的局部河段接近、距离较短、且水位差较大时，可以考虑从水位高的河道向水位低的河道引水发电。但由于发电尾水进入低河道，高水位河道下游流量减少。规划时，应考虑下游防洪、灌溉、供水等综合利用的要求和对下游生态的影响。

6）利用高山湖泊发电。高山湖泊的水面海拔较高，若附近海拔较低的河流或湖泊时，即可利用高山湖泊水引向低处，修建水电站。

7.3 水电站水工建筑物

水电站的水工建筑物包括拦河坝、闸、引水渠道、压力前池、压力水管及厂房、尾水渠道等。

7.3.1 厂房

厂房是水电站的关键，需考虑水电站枢纽布置、水头、流量、进水方式、机组型号、台数和传动方式、地形、地质和水文条件等。厂房内装设水轮机、发电机、配电盘和其他辅助设备，应按运行要求将这些设备合理布置，达到操作方便，采光充足，通风良好，检修容易，工作方便，节约投资。

根据水轮机型号，小水电站厂房布置分为：

1）卧轴冲击式水轮机厂房。适用于高水头、小流量的引水式或混合式水电站。水流经过压力水管进入水轮机。水轮机和发电机安装在同一层。两者转速相同，则同轴传动；如转速不同，则用带或齿轮传动，如图 7-6 所示。

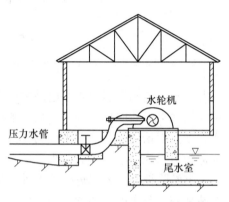

图 7-6　水斗式（或冲击式）
水轮机的厂房布置

2）卧轴混流式水轮机厂房。适用于中水头引水式、坝后式或混合式水电站。具有金属蜗壳，发电机多为横轴，与水轮机置于同一层。

3）轴流定桨式水轮机厂房。适用于低水头引水式电站。水流由引水渠直接流入导水槽，再进入水轮机室，无压力水管。

4）立轮混流式水轮机厂房。适用于中水头水电站。水轮机、发电机均为立轴，同轴传动。厂房分发电机层和水轮机层，多为金属蜗壳。

5）贯流式水轮发电机厂房。适用于低水头、大流量河床式水电站。

7.3.2 厂房外的建筑物

（1）拦河坝　拦河坝用于截断河流，集中落差，形成水库，是坝式水电站拦蓄水量并集中水头的主要建筑物。拦河坝型式很多，按过水情况分，有挡水坝及溢流坝，也有在挡水坝中间或一侧有一段溢流坝或溢流闸。按建筑材料分有土坝、堆石坝、砌石坝、混凝土坝、土石混合坝等。按建筑型式分，有重力坝、拱坝、连拱坝、支墩坝等。

（2）引水口及进水闸　引水口是将河道或水库中的水引入渠道的建筑物。进水闸要保证将所需流量引入渠道，使水流通畅，并设置拦污栅以防止河道中泥沙、污物、冰块等进入压力水管和水轮机。开敞式进水闸用于低水头水电站，深式进水闸用于中、高水头水电站。

（3）引水渠道（隧洞、渠道、管道）　用于将发电用水由水库或河道输送给水轮发电机组，引水渠道的作用是集中落差，形成水头，并将水流输送到压力管道引入机组，然后将发电后的水流由尾水水渠道排入下游。从工作条件和水力特性分为无压引水渠道和有压引水渠道，前者常用无压隧道和明渠，而后者常用有压隧洞和管道。

（4）前池　引水式水电站在引水渠道末端设有一个扩大的水池，称为压力前池或前池。它位于引水渠道的末端，是水电站引水建筑物与水轮机压力水管的连接建筑，其作用是将渠道来水分配给压力水管，并有闸门控制。前池有一定的容积，当水电站负荷变化时，可进行短时间的调节，使水流平稳。

（5）压力水管　引水式水电站水头超过 6～10m 时，应设置压力水管，将水流从压力前池送至水轮机。压力水管承受较大水压力，应确保安全。压力水管的材料有钢管、钢筋混凝土管、预应力钢筋混凝土管、铸铁管等。

（6）其他建筑物　水电站的其他建筑物有：安装变压器的变压器场及安装高压开关的开关站等，过船、过木、过鱼、拦沙、冲沙建筑物等。

7.4　水轮机的工作参数及类型

7.4.1　水轮机的基本工作参数

水轮机的工作参数是表明水轮机的性能和特点的一些数据，主要有水头、流量、出力、效率、转速等。

（1）水头　工作水头 H_w（m）是指水轮机进口与出口断面处的水流总水头差。在水电站运行过程中，上下游水位是经常变化的，因而水头也在变化。

常遇到的水轮机工作水头有：

最大水头 H_{max}——由水轮机转轮性能所决定的，允许水轮机运行的最高工作水头。

最小水头 H_{min}——由水轮机转轮性能所决定的，能保证水轮机安全、稳定运行的最小工作水头。

设计水头 H_d——水轮机按额定转速运行时，保证水轮机发出额定出力所必需的最低水头。

工作水头是水轮机重要的基本工作参数，其大小直接影响着水电站的开发方式、机组类型以及经济效益等技术经济指标。

（2）流量　单位时间内通过水轮机的水量称为流量 Q（m³/s），它从水量的角度反映了水轮机利用水流能量的能力。水轮机的设计流量 Q_d 是在设计水头 H_d 下，发额定出力时所需的流量，是水轮机仅次于工作水头的第二个重要的基本工作参数。当水电站的水头、出力一定时，则流量也是一定值，若水头、出力变化时，流量也随着变化。

工作水头 H_w 和流量 Q 是水力发电的两要素，没有水头 H 和流量 Q，就没有水力发电。

（3）出力　在单位时间内，水轮机主轴输出的功称为出力（功率），一般用 P（kW）表示。水轮机的额定出力，即铭牌出力，是在设计水头 H_d、设计流量 Q_d 和额定转速 n_d 下，水轮机主轴所输出的功率 P（kW）。计算公式为

$$P = 9.81 \eta Q_d H_d$$

式中，η 为水轮机的效率。

（4）效率　水轮机轴输出的功率与输入水轮机的水流功率之比，用 η 表示

$$\eta = \frac{P}{9.81 Q H_w}(\%)$$

水轮机将水能转换为机械能的过程中有三种损失：

1）容积损失。进入水轮机的流量有一小部分从旋转与固定部件之间的间隙漏掉了。

2）水力损失。水流在水轮机内流动过程中因沿程摩擦、旋涡、脱流等引起的损失。

3）机械损失。在轴承、轴封上的机械摩擦引起的损失。

水轮机效率的高低，反映出水轮机性能的好坏，同时也是水轮机的设计水平与制造质量的重要指标之一。水轮机的效率 η 一般在80%，最高效率可达到94%。

（5）转速 额定转速 n_d(r/min)：水轮机在一定水头下，其转轮直径有一个效率最高的转速，通常以这个转速来选配发电机的转速。大中型水轮发电机组中发电机的转速与水轮机转速相同，而小型机组中一般采用齿轮或带传动使发电机转速高于水轮机转速。

在相同水头和出力条件下，如果能提高转速，则可缩小机组尺寸，降低机组造价。

飞逸转速 n_r(r/min)：指当水轮机丢弃全部负荷，而调速系统又失灵时，机组所能达到的最大转速。水轮机不允许在飞逸转速下长期运行，制造厂规定飞逸时间不超过 2min。混流式或冲击式水轮机的飞逸转速一般为 1.6 ~ 2.2 倍额定转速，轴流式水轮机的飞逸转速一般为 2 ~ 2.6 倍额定转速。

7.4.2 水轮机的类型

按水流对水轮机转轮作用方式的不同，水轮机可分为反击式水轮机和冲击式水轮机两大类，如表 7-1 所示。前者利用水流流经转轮时，在转轮上产生的反作用力转动，后者利用喷射水流的冲击力使水轮机转动。

表 7-1 各类型水轮机的型式和适用情况

类 型 名 称		适 用 情 况
反击式水轮机	混流式	应用普遍，性能稳定，效率较高（最高达 94%），适用水头范围从十几米到六七百米，单机容量从几个千瓦到几十万千瓦，适用于大、中、小型水电站
	轴流式	轴流转桨式：适用于低水头、大流量，大中型水电站，单机容量最大可达 20 多万 kW，性能稳定，高效区宽广 轴流定桨式：适用于低水头、大流量、中小型水电站，单机容量从几个千瓦到数百千瓦
	斜流式	适用水头宽，最高达 200m，性能稳定，高效区宽广，亦可适用于抽水蓄能电站
	贯流式	过水能力大，效率较高，结构紧凑，适用水头可达二十多米，单机容量从几个千瓦到几万千瓦，适用于低水头电站和潮汐电站
冲击式水轮机	水斗式	适用于高水头（最高 1767m）电站，单机容量 10 ~ 200 000kW，性能稳定
	斜击式	水头适用范围 20 ~ 300m，转轮结构较水斗式简单，制造容易，过水能力较水斗式大些

根据在转轮区域内水流方向的特征，反击式水轮机可分为混流式、轴流式、斜流式和贯流式等不同形式。根据射流的冲击特征，冲击式又可分为水斗式、双击式和斜击式三种。

7.4.3 水轮机的型号

国家对水轮机产品型号进行了统一的规定，它有利于各种型式的水轮机产品标准化、系列化和通用化。水轮机型式及装置形式的代号如表 7-2 所示。

水轮机产品型号由三部分代号组成，各部分之间用短横线相连。

型号的第一部分，由水轮机型式及转轮型号组成。水轮机型式用两个汉语拼音字母表示。转轮型号用阿拉伯数字表示，采用统一规定的比转速代号。该比转速计算时均假定效率为 88%，水头以米（m）计，出力以千瓦（kW）计，并取整数值。

型号的第二部分，由水轮机主轴的布置形式和引水室特征的代号组成。水轮机主轴的布置形式、水轮机引水室特征各用一个汉语拼音字母表示。

表 7-2　水轮机型式及装置型式的代号

第一部分符号		第二部分符号			
水轮机型式		主轴布置方式		引水室特征	
代号	意义	代号	意义	代号	意义
HL	混流式	L	竖轴（立轴）	J	金属蜗壳
ZZ	轴流转桨式	W	卧轴（横轴）	H	混凝土蜗壳
ZD	轴流定桨式			P	灯泡式
XL	斜流式			M	明槽
GZ	贯流转桨式			G	罐式
GD	贯流定桨式			MY	压力槽式
CJ	冲击（水斗）式			S	竖井式
SJ	双击式			X	虹吸式
XJ	斜击式			Z	轴伸式

型号的第三部分，由水轮机转轮标称直径 D_1［以厘米（cm）表示］或其他必要的指标组成，用阿拉伯数字表示。

对水斗式水轮机，型号的第三部分规定用下法表示

$$\frac{水轮机转轮的标称直径}{作用在每一转轮上的喷嘴数目 \times 设计射流直径}$$

型号示例：

1）HL200—LJ—550，表示混流式水轮机，转轮型号为 200，立轴，金属蜗壳，转轮标称直径为 550cm。

2）ZZ440—LH—850，表示轴流转桨式水轮机，转轮型号为 440，立轴，混凝土蜗壳，转轮标称直径为 850cm。

3）ZD510—LH—180，表示轴流定桨式水轮机，转轮型号为 510，立轴，混凝土蜗壳，转轮标称直径为 180cm。

4）XLN195—LJ—250，表示斜流可逆式水轮机，转轮型号为 195，立轴，金属蜗壳，转轮标称直径为 250cm。

5）2CJ44.5—W $\dfrac{146}{2 \times 15}$，表示一根轴上装有两个转轮的水斗式水轮机，转轮型号为 44.5，卧轴，转轮标称直径为 146cm，每个转轮用两个喷嘴，设计射流直径为 15cm。

7.5　水轮机的工作原理

7.5.1　反击式水轮机

反击式水轮机在水电站中应用最广泛，适用于多种水头和流量的水电站。其使用范围是：水头 $H = 2 \sim 300\text{m}$，出力 $P = 4 \sim 10000\text{kW}$。

反击式水轮机主要是利用水流的压能（一小部分为水流动能）做功。水流通过转轮叶

片时，因叶片的作用，水流改变了压力、流速，从而对叶片产生了反作用力，形成旋转力矩，使转轮旋转。

反击式水轮机按水流经过转轮的方向不同，分为轴流式、混流式和贯流式三种。

轴流式水轮机的特点是：水流经过转轮，始终沿着轴的方向，如图 7-7 所示。

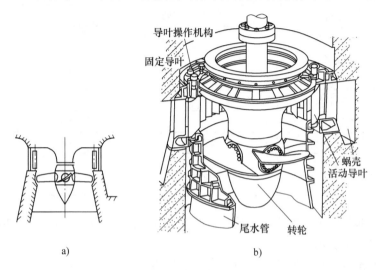

图 7-7 轴流式水轮机

a) 外形示意 b) 内部结构

混流式水轮机的特点是：水流先径向进入转轮，然后近似以轴向流出转轮，如图 7-8 所示。

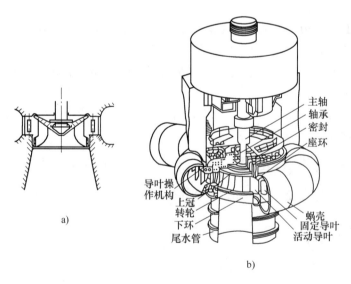

图 7-8 混流式水轮机

a) 外形示意 b) 内部结构

贯流式水轮机的特点是：水流从进口到尾水管出口都是轴向的，如图 7-15 所示。

轴流式水轮机和混流式水轮机的构造基本相同，两者的主要区别在于转轮。而贯流式水轮机则与轴流式水轮机转轮相同。

1. 轴流式水轮机和混流式水轮机

轴流式水轮机：水流进入水轮机后在导叶至转轮之间转为轴向，然后进入转轮，转轮区域内水流是沿轴向流动的，故称为轴流式水轮机。根据叶片运行是否可以转动，轴流式水轮机又分为定桨式和转桨式两种。

轴流定桨式水轮机在运行时叶片固定，不转动，它制造简单。但是处于高效区域的范围比较窄，当离开高效区域运行时效率便急剧下降。因此，这种水轮机多用于功率不大、水头和流量变化较小的中小型水电站，其应用的水头范围一般为 3~50m。

轴流转桨式水轮机在运行时转轮的叶片可以转动，通过叶片与导叶的协联进行双重调节，以适应水头和流量的变化，使高效区域显著扩大，并提高了它的运行稳定性。轴流转桨式水轮机一般用在大中型电站，使用水头为 3~80m。

混流式水轮机又称弗朗西斯式水轮机，水流径向流入转轮，然后近似于轴向流出转轮。中小型混流式水轮机一般使用在水头为 10~235m 的电站。混流式水轮机由于应用水头适合多数场合的需要，并且有结构简单、运行可靠和效率高等优点，因此是应用最广泛的一种水轮机。

轴流式和混流式水轮机主要由四部分组成：引水机构（引水室或蜗壳）、导水机构（导叶）、工作机构（转轮）、泄水机构（尾水管）。

1）引水机构（引水室或蜗壳）。引水室是把来自压力水管的水流，均匀地引入水轮机的导水机构，并使之进入叶轮，以减少水力损失而提高水轮机的效率。

引水室有：明槽引水室、罐式引水室、蜗壳引水室等。前两种仅用于小型水轮机。

明槽引水室（图 7-9）是一个包围水轮机引水机构的矩形混凝土引水槽。罐式引水室与明槽引水室相似，但采用了金属制造的"罐"，使引水室体积减小，结构紧凑。蜗壳引水室（图 7-10）水流情况好，水头损失小。有金属蜗壳和混凝土蜗壳两种。

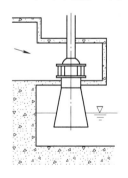 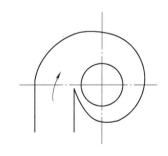 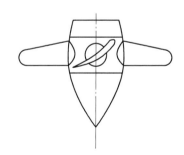

图 7-9 有压明槽引水室　　　　图 7-10 金属蜗壳　　　　图 7-11 轴流式转轮

2）导水机构（导叶）。导水机构（导叶）主要作用是当机组出力发生变化时，用来调节流量。正常与事故停机时，用来截断水流。

3）工作机构（转轮）。转轮是水轮机的核心部件，转轮对水轮机的性能起着决定性的作用。图 7-11 和图 7-12 绘出了轴流式和混流式水轮机的两种转轮示意图。

4）泄水机构（尾水管）。轴流式和混流式水轮机均装有尾水管（图 7-13），其作用是把流经水轮机的水流平稳地引至下游，同时使水轮机多利用一部分水头和水流动能。

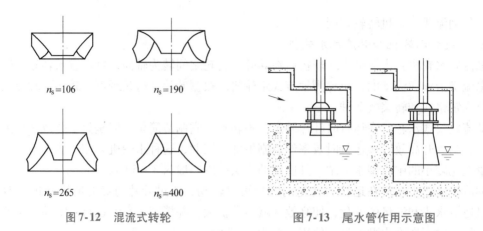

图7-12 混流式转轮　　　　　　　　　图7-13 尾水管作用示意图

2. 斜流式水轮机

这种水轮机的转轮区域的水流是沿斜向流动的，故称为斜流式水轮机（图7-14）。由于转轮叶片可以转动，也能实现双向调节，像轴流转桨式水轮机那样，高效率区域的出力范围较大，又因叶片与水轮机轴线斜交，能像混流式水轮机那样运行较稳定，因而兼有两者的优点，适用水头范围为40～200m。但在中小型机组中很少采用，因为转轮结构复杂。

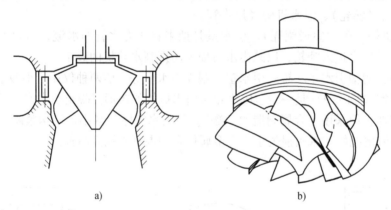

　　a)　　　　　　　　　　　　　　b)

图7-14 斜流式水轮机

a）示意　b）结构

3. 贯流式水轮机

当轴流式水轮机的主轴装置成水平或倾斜，而且不设置蜗壳，使水流直贯转轮，其引水室及尾水管沿水轮机轴向布置，这种水轮机称为贯流式水轮机。

贯流式水轮机的主要优点是：水流基本沿轴向，不转弯，因而有较高的水力效率和过水能力。由于流道外形像管子且主轴卧置，可缩短机组高度和机组间的距离，简化厂房水工结构，减少土建工作量。

贯流式水轮机适用于低水头电站，特别是潮汐电站，适用水头范围一般为3～20m，上限可达25m。

根据水轮机与发电机连接和传动方式的不同，贯流式水轮机又分为半贯流式和全贯流式两大类。

（1）半贯流式水轮机　半贯流式水轮机体积小，土建简单，运行可靠，近年来已被广泛应用。半贯流式水轮机从结构上又分为灯泡式、轴伸式和竖井式水轮机三种。

1）灯泡贯流式水轮机。在这种水轮机中，灯泡式的发电机装在呈灯泡形的机壳内，水流从灯泡体四周流入水轮机转轮，从尾水管流出（图7-15）。当发电机装在转轮前时称为前置灯泡式，发电机装在转轮后时称为后置灯泡式。

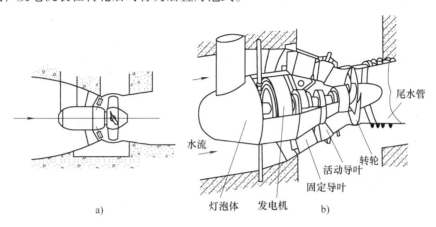

图 7-15　灯泡贯流式水轮机

a）外形示意　b）内部结构

灯泡贯流式水轮机根据转轮叶片能否转动而分为贯流转桨式和贯流定桨式，灯泡贯流转桨式水轮机应用最广，其主要部件包括引水室、尾水管、管形座（也称管形柱）、导水机构、转轮等。其工作原理与轴流转桨式水轮机相似，但流道简单、水力损失小、平均效率高、过流能力大，在相同水头与出力条件下转轮尺寸较小，厂房及机组段土建工程也相对较为简单，与轴流转桨式比较，经济性能较好；但由于它是在水下运行，维修不便，发电机密封较为困难。

2）轴伸贯流式水轮机。轴伸贯流式机组的结构特点是水轮机主轴穿过弯管（进水管或尾水管）延伸到管外面与发电机主轴连接（图7-16）。其主要优点是节省灯泡体的钢材，发电机布置在厂房的水上部分，易于通风、防潮和维修等；缺点是流道弯曲，水流受旋转长轴的干扰，降低了水轮机的效率，而且机组段和厂房的尺寸增大。

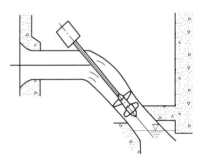

图 7-16　轴伸贯流式水轮机

3）竖井贯流式水轮机。竖井贯流式的特点是发电机置于竖井内，竖井上部通厂房，将过流截面分为两半，水流在竖井后面又重新汇合成封闭截面。竖井贯流式机组结构较简单，发电机可整体装拆，便于维护、检修和通风冷却，但水力损失比灯泡式机组大。

（2）全贯流式水轮机　全贯流式水轮机是将发电机转子直接装在水轮机叶片外缘上，随转轮转动，流通平直，结构较紧凑，水力损失小，但发电机密封较复杂，目前很少使用。

7.5.2 冲击式水轮机

冲击式水轮机是利用水流的动能,推动水轮机转轮旋转做功的。它不用尾水管、蜗壳和复杂的导水机构,因此,构造较反击式水轮机简单,便于维护管理。

冲击式水轮机按射流冲击转轮的方式不同分为水斗式、斜击式和双击式三种机型。水斗式是目前应用最广泛的一种冲击式水轮机,适用于高水头、小流量的电站。小型水斗式水轮机水头范围在 100~300m,出力在 2000kW 以下,大型水斗式水轮机可用于水头高达 700m以上的水电站。水斗式水轮机习惯又称冲击式水轮机。斜击式和双击式水轮机结构简单便于制造,但效率较低,多用在出力很小的乡村小电站。

与反击式水轮机相比,冲击式水轮机中的水流是以射流的形式冲击作用转轮的,从而使转轮输出机械转矩。冲击式水轮机的轴承、主轴和飞轮的结构形式与反击式水轮机基本相同。

中小型冲击式水轮机的转轮一般都位于下游水位以上的空气中,转轮到下游水位这段位置水头无法利用。

1. 水斗式水轮机

水斗式水轮机应用最为广泛,是冲击式水轮机中最具代表性的机型(图7-17)。

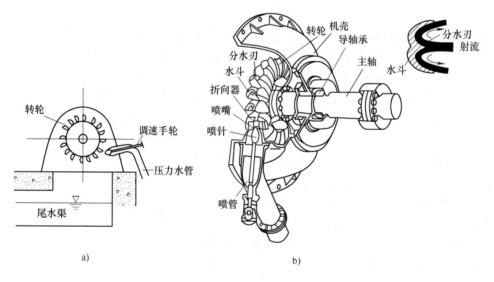

图 7-17 水斗式水轮机

a)原理 b)构造

水斗式水轮机与混流式水轮机有重叠的水头适用范围,虽然混流式水轮机的最高效率要比水斗式水轮机高,但是在水头大于200m的场合还是常采用水斗式水轮机。这是因为高水头混流式水轮机汽蚀、振动和泥沙磨损变得更加严重,对材料要求也更高,制造、安装、检修技术要求也比水斗式水轮机要高。水斗式水轮机的最高效率虽比混流式水轮机低,但高效区宽,这一点对出力变化范围较大的山区小电站是很重要的;而且水斗式水轮机工作时转轮露出水面,因此安装时不受汽蚀限制,检修维护简单。

水斗式水轮机的工作特点是:来自压力水管的水流,通过喷嘴,以高速喷射在转轮的斗叶上，推动转轮旋转做功，然后跌落在机壳下面的尾水渠中。尾水渠的水面为自由水面（大气压力）。由于水斗式水轮机喷嘴与转轮在同一平面上，射流方向为转轮圆周的切线方向，所以又称切击式水轮机。

水斗式水轮机有单喷嘴、多喷嘴（最多达六个）及单转轮、双转轮等多种形式，喷嘴多于两个时，常采用立式布置。

中小型电站应用最多的是单喷嘴、单转轮的卧式水轮机。它主要由喷嘴、折向器、转轮、机壳、协联操作机构和轴承、主轴、飞轮等组成。

2. 斜击式水轮机

斜击式水轮机适用水头在 $30 \sim 120\mathrm{m}$、出力在 $600\mathrm{kW}$ 以下。它的水头适用范围一部分和混流式水轮机相接，另一部分与水斗式水轮机相接。斜击式水轮机最高效率比混流式和水斗式都低，但是在合适的水头和出力范围内，有较好的技术经济指标。

斜击式水轮机除转轮和射流冲击转轮的方向与水斗式水轮机不一样外，其他结构与水斗式一样（图7-18）。

斜击式水轮机的工作特点是喷嘴与转轮不在同一平面，而是与转轮的回转平面成 α 角，α 角一般为 $22.5°$。从压力钢管来的高速水流通过喷嘴斜向冲击转轮，做

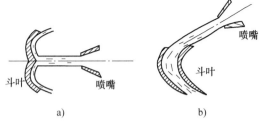

图 7-18　斜击式与水斗式水轮机斗叶对比
a）水斗式　b）斜击式

功后的水流从转轮的背面流出落入尾水渠中。转轮的斗叶为呈半径方向布置的勺状，因此它的过流能力比水斗式转轮大，比转速也高。转轮由外轮环、斗叶和内轮环组成。外轮环主要是加强转轮的强度，并能减少转轮在空中转动时的风阻力损失。喷嘴中喷针由操作手轮手动控制，运行时，操作人员可根据负荷控制手轮，调节进入转轮的射流流量。

3. 双击式水轮机

双击式水轮机工作时，喷嘴将压力水管的高速水流喷射到转轮上部叶片，对叶片进行第一次冲击，大约 $70\% \sim 80\%$ 的水能转换为机械能。然后，水流穿过转轮中心，进入转轮下部，再对下部叶片进行第二次冲击，剩下的水流能量再转化为机械能，最后水流从转轮下部叶片流出外圆柱面落入尾水渠中。"双击"表示水流二次流经叶片，因此，这种水轮机叫双击式水轮机（图7-19）。其适用于水头 $5 \sim 80\mathrm{m}$，出力较小的场合。

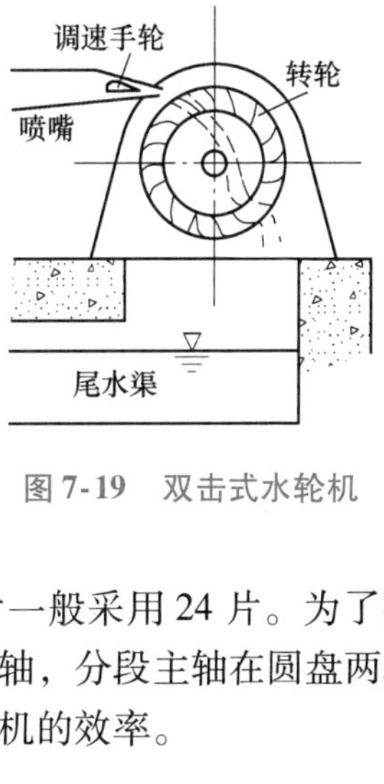

双击式水轮机效率很低，但制造容易，转轮叶片叶型简单，一般只用在小型机组中。双击式水轮机的转轮由两个圆盘和一定数量的叶片组成。叶片形状为圆弧形或渐开线形，后者效率较高，但制造工艺复杂。水轮机的效率与叶片数量有关，在一定范

图 7-19　双击式水轮机

围内，叶片越多效率越高，负荷变化时影响效率变化也越小，叶片一般采用 24 片。为了减少水轮机主轴穿过转轮中心所造成的水能损失，目前常采用分段主轴，分段主轴在圆盘两端通过法兰与主轴连接，从而避免了主轴穿过转轮中心，提高了水轮机的效率。

双击式水轮机的过流量，主要与转轮宽度有关，可按照流量的变化选定相应的转轮宽度。因此，转轮的直径和转速，可在较大的范围内进行选择，这样就能制造直径小、转速高、成本低的双击式水轮机。

7.6　潮汐电站

海洋潮汐是海面受太阳和月亮吸引所引发的周期性流动所产生的水面升降现象。

潮汐中蕴藏着巨大的能量，利用海洋中的潮汐来发电是海洋能利用的一种形式。潮汐电站一般需要有地形和地质优良的海湾，在海湾入口处建堤坝、厂房和水闸，与海隔开，形成水库，利用涨落潮时库内水位和海水之间的水位差，引水经厂房内的水轮发电机组发电。利用潮汐涨落形成的潮汐能发电的水电站工作原理如图7-20所示。

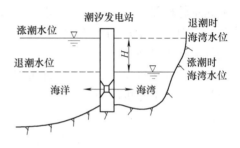

图7-20　潮汐电站工作原理示意图

潮汐电站的优点是：①潮汐能为清洁、可再生能源，可以经久不息地利用；②虽然有周期性间歇，但具有准确的规律，可用计算机预报，有计划地纳入电网运行；③一般离用电中心近，不必远距离送电；④无淹没损失、移民等问题；⑤水库内可发展水产养殖、围垦和旅游综合效益。

潮汐电站也有以下缺点：①发电有间歇性，这种间歇性周期变化又和日夜周期不一致；②潮汐属于低水头，故发电效率不高；③由于涉及大量海工建筑，单位千瓦的造价较常规水电站高。

7.6.1　我国的潮汐和潮汐资源开发概况

全世界潮汐电站可开发的总容量达 10～11 亿 kW，年发电量约12400 亿 kW·h。我国沿海潮汐资源可开发的装机容量约 2100 万 kW，年发电量约 600 亿 kW·h。

我国海域辽阔，海岸线漫长，渤海、黄海、东海、南海诸海的海岸线从辽宁的鸭绿江口延伸到广西的北仑河口，全长 18000 余 km。而且海岸线迂回曲折，港湾栉比，潮汐河流众多，潮汐资源的蕴藏量较丰富。其中华东地区浙江、福建两省和上海市的资源最为丰富，约占全国总资源的90%以上。

如浙江省的乐清湾，海湾呈袋形，口小肚大，含沙量小，平均潮差近 5m，据初步估算可建造容量约 60 万 kW 的潮汐电站。福建省的三都澳、福清湾、兴化湾、湄州湾等，平均潮差均在 4m 以上，均可建造装机容量在 100 万 kW 以上的潮汐电站。此外，还有容量在几十万到 100 万 kW 的适于建造潮汐电站的地点多处。在河口潮汐电站中，钱塘江口的资源最为丰富，著名的钱塘江潮不仅蔚为壮观，而且蕴藏着巨大的能量。据普查估算，可建造约500 万 kW 的大型潮汐电站。长江口地处我国沿海的中部，南支航道是长江通航的咽喉，而北支江面上口逐渐淤窄，围堵后可建容量约 70 万 kW 的潮汐电站。因此，我国潮汐能利用的前景是十分广阔的。

7.6.2　潮汐能利用的特点

潮汐能是一种可再生能源，潮汐电站和常规的河川水电站比较，有相同的地方，也有它不同的特点。其主要表现在以下几个方面。

（1）潮汐能的循环性　与常规水能一样，是可再生的一次能源，取之不尽，用之不竭。

潮汐电站不消耗燃料，不污染环境，运行费用低廉。由于潮汐主要受天文因素的影响，具有明显的涨落潮周期性。但潮汐电站的出力在年内和年际之间变化比较均匀，并且可以准确地预测，不像河川水电站那样，随着年内和年际间洪枯水位变化而有较大的变化。给电站运行带来方便。

（2）发电的间歇性　潮汐电站的出力虽然在年内和年际之间变化比较均匀，但由于电站是利用潮汐在一日内的涨落形成的水头来发电的，因此电站在一日内的出力变化就很不均匀，而且不能调节。在上下游落差小时，电站出力还发生中断。一般单向潮汐电站每昼夜发电约 10h，其中停电两次，双向潮汐电站每昼夜发电约 15h，其中停电四次。潮汐的日周期变化为 24h 50min，即每天推迟 50min，与系统日负荷变化也不相一致。因此，电力系统使用潮汐电站的出力很不方便，潮汐电站的这个缺点也影响了它的开发利用。但在沿海地区兴建小型潮汐电站，可以节约昂贵的燃料，仍有其经济意义。在大的电力系统中，可考虑潮汐电站与常规水电站和抽水蓄能水电站联合运行，发挥潮汐电站发电容量的作用。

（3）电站的经济性　潮汐发电是一种低水头大流量发电形式。我国沿海平均潮差约 2~5m，电站平均使用水头仅约 1~3m。潮差小的地区，发电平均水头不到 1m。机组具有单位千瓦出力的尺寸大、耗钢量多、投资大，整个电站的造价也较高的特点。另外，潮汐电站海工建筑物施工复杂，电站投资大、造价高，影响了潮汐电站的经济性。但由于潮汐电站没有水库淹没问题，当它的开发与综合利用结合得较好时，其建设的经济性可望提高。

（4）综合利用　潮汐电站建于沿海的海湾或河口，没有河川水电站的水库淹没及迁移人口等问题，且可结合海涂围垦，增加农田。潮汐电站的水库还为水产养殖改善了条件。堤坝可结合运输修建，以改善交通情况。潮汐电站美化了环境，有利于发展旅游事业。

7.6.3　潮汐电站的几种类型

潮汐能利用一般可分为两种形式。一是利用潮汐的动能，直接利用潮流前进的力量来推动水车、水泵或水轮发电机。二是利用潮汐的位能，在电站上下游有落差时引水发电。由于利用潮汐的动能比较困难，效率又低，所以潮汐发电多采用后一种形式，即利用潮汐的位能。按照不同情况，利用潮汐位能发电的电站可分如下几种类型。

（1）单库单向电站　在海湾出口或河口处，建造堤坝、发电厂房和水闸，将海湾（河口）与外海分隔，形成水库。在涨潮时开启闸门将潮水充满水库。落潮时当外海潮位下降，控制水库水位与潮位保持一定落差，利用该落差水流流经厂房时推动机组发电。这种电站只建造一个水库，而且只在落潮时发电，称为单库单向发电（图 7-21）。

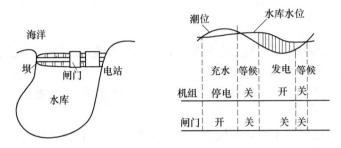

图 7-21 单库单向发电

单库单向电站采用单向水轮发电机组，电站运行由以下四种工况组成一个循环。

1）充水工况：开启水闸，机组停电，上涨的潮水经水闸进入水库，至库内外水位齐平为止。

2）等候工况：水闸关闭，机组停电，水库内水位保持不变，库外水位因落潮逐步下降。待库内外水位差达到一定水头时，起动水轮机发电。

3）发电工况：机组发电，库内水流外泄，库水位下降，直至与外海潮位的水位差小于机组发电需要的最小水头为止。

4）等候工况：机组停电，库水位保持不变，待库内外水位齐平后，转入下一循环。

单库单向的潮汐电站，也可采用在涨潮时发电充水，落潮时泄水的形式。电站的工况也由等候工况、发电工况、等候工况、泄水工况等四种工况组成一个循环。由于涨潮发电电站利用的库容在水库的较下部，库容量没有落潮发电利用的库容量大，因而大多数情况下单库单向采用落潮发电形式。

单库单向电站每昼夜发电两次，停电两次，平均日发电约 9～11h。由于采用单向机组，机组结构比较简单，发电水头较大，机组效率较高。我国多数小型潮汐电站采用单向发电型式。大中型电站有时也宜采用单向发电型式。

（2）单库双向电站 单库单向潮汐电站只能在落潮（或涨潮）时发电，不能在涨落潮时都发电。为了使涨落潮都能发电，须建造单库双向潮汐电站。这种电站一般有两种方式。一种是设置双向发电的水轮发电机组；一种是仍采用单向发电机组，但从水工建筑物布置上使流道在涨潮或落潮时，都能使水流按同一方向进入和流出水轮机，从而使涨落潮两向均能发电。

目前，常采用双向发电的贯流式机组，水轮机转轮可以正反向运转。机组过流量大，效率高，运转灵活，适宜双向发电的潮汐电站采用。

在水工建筑物布置上满足双向发电。当采用立式轴流式机组时，每台机组设置两个进口和尾水管，开启或关闭上下进水口和尾水管的闸门控制水流进出的方向，保证双向发电。我国广东东莞镇口潮汐电站的布置属于这种形式。当采用单向贯流式机组时，将发电厂房布置在进水池与尾水池之间，进水池和尾水池各设一对闸门控制水流方向，实现涨、落潮双向发电。

图 7-22 所示，为单向机组在水工建筑物布置上满足双向发电的示意图。其中 A、B 为进水室的两道闸门，C、D 为尾水闸门。涨潮时，关 B、C 闸，开 A、D 闸，正向发电；落潮时，关 A、D 闸，开 B、C 闸，反向发电。

单库双向潮汐电站每昼夜发电四次，停电四次，平均日发电约 14～16h。与单库单向电站比较，发电小时数约增长 1/3，发电量约增加 1/5。由于兼顾正反两向发电，所以发电平均水头较单向发电为小，相应机组单位千瓦造价比单向发电为高。单库双向潮汐电站适宜建造于涨、落潮历时基本相近的半日潮和潮差较大的海湾、河口。由于双向机组结构复杂，设备制造和操作运行技术上要求较高，宜在大中型电站中采用。

（3）双库连续发电电站　上述单库单向和单库双向潮汐电站都出现停电情况，给用户或系统带来很大不便。为了保证连续供电，可建造双库连续发电的潮汐电站。其工作原理是，在海湾或河口处建造相邻的两个水库，各与外海用一个水闸相通，一个水库专门进潮（称高水库），一个水库专门出潮（称低水库），在两个水库之间设置发电厂房并相连通，在潮汐涨落中，控制进水闸和出水闸，使高水库与低水库间始终保持一定落差，从而在水流由高水库流向低水库时连续不断地发电。图 7-23 所示，为双库连续发电电站枢纽布置。

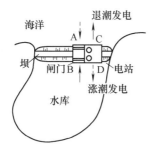 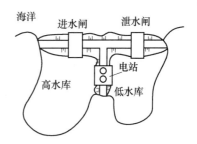

图 7-22　单库双向发电电站枢纽布置　　　图 7-23　双库连续发电电站枢纽布置

双库连续发电电站的优点是十分明显的。但缺点是工程建筑物多、分散，工程投资高。由于把海湾或河口分隔成两个水库，使原来一个大水库与外海交换的水量变成两个水库之间的水量交换，因此发电利用的水量约减少了一半，发电量也相应减少较多。双库连续发电潮汐电站宜建设在地形条件十分优越的地方，例如可利用天然地形不增建中间堤坝，布置厂房、水闸均较方便等。一般情况下这种电站单位造价较昂贵。

7.6.4　潮汐电站实例——江厦潮汐电站

江厦潮汐电站位于浙江省温岭县乐清湾的东北角。乐清湾是我国东南沿海一个封闭性较好的海湾，总面积达 250km^2。据初步估算，整个乐清湾的潮汐资源约有 60 万 kW，而江厦电站水库只是乐清湾的一小部分。

江厦电站坝址处的潮差条件很好，平均潮差 5.08m，最大潮差 8.39m，与著名的钱塘江最大潮差相当，潮汐基本上属于半日潮。电站采用单库双向的开发方式，电站水库面积约 5km^2。枢纽建筑物由堤坝、厂房、水闸等组成（图 7-24）。电站装机容量设计为 3000kW，安装六台 500kW 双向贯流灯泡式机组。年发电量为 1000 万 kW·h。

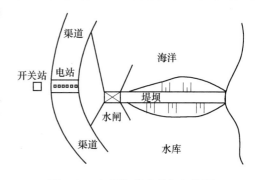

图 7-24　江厦潮汐电站枢纽简图

江厦电站是科学试验电站，主要研究潮汐能的特点，海工建筑物的技术问题，潮汐发电机组的研制以及综合利用等问题。通过电站的建设，在电站规划设计、建筑物施工、机组制造及防腐防污、电站运行等方面积累了宝贵的经验，推动潮汐能科研工作的开展。

7.7 抽水蓄能电站

作为现代化的电力系统，应该有相当规模的水力发电容量来承担电网的负荷调节。我国几个大电力系统，如华北、东北、华东电网的水电装机容量比例均在 17% 以下，其中华北系统只有 4.3%。有的电力系统虽然水电比例高一些，如华中系统（37.6%），但某些大型水电站需要担负基荷发电，而且受季节性径流的影响，没有很多调节能力，有时则需大量弃水以使水电站参与调峰。因此，发展提高供电质量以及提高电力系统本身经济性的技术非常必要，其中抽水蓄能是最经济和运用方便的手段。

目前能够担任调峰的设备有调峰火电机组、燃气轮机组、内燃机组和抽水蓄能机组等，其中抽水蓄能机组具有独特的工作方式，是一种行之有效的蓄能装置。抽水蓄能机组具有水电设备起停快速和调节灵活的优点，能很有效地应付负荷的变化。在电力有剩余时把能量储存起来，在电力不足时把能量释放出来。抽水蓄能电站在国外已广泛应用多年，我国现在已开始大力建设。

7.7.1 抽水蓄能电站的工作原理

抽水蓄能电站利用可以兼具水泵和水轮机两种工作方式的蓄能机组，在电力负荷出现低谷时（夜间）作水泵运行，用基荷火电机组发出的多余电能将下水库的水抽到上水库储存起来，在电力负荷出现高峰时让水轮机运行，将水流发电，如图 7-25 所示。

抽水蓄级机组可以和常规水电机组安装在一座电站内，这样的电站既有电网调节作用又有径流发电作用，称为常蓄结合或混合式电站。有的蓄能电站是专为电网调节修建的，与径流发电无关，则称为纯抽水蓄级电站。抽水蓄能电站可以按照计划发电，在电网中承担峰荷或腰荷，而其更大的作用是在电网中担负不定时的调峰和调频任务。另外，抽水蓄能机组也可以担负调相任务，在事故备用（包括旋转备用）方面更具有优势。

图 7-26 表示一个电力系统在 24h 内电力负荷的实际变化规律，这种图形称为日负荷图。从图上可以看出，每天夜间是负荷的低谷阶段，上午负荷上升，到午后达到顶点，到晚间又逐渐下降，回到最低处。

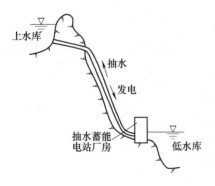

图 7-25　抽水蓄能电站工作示意图

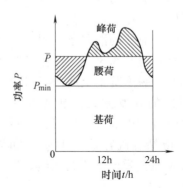

图 7-26　电力系统负荷变化

目前，我国以热力机组为主的发电系统的组成是：使用单机容量很大、经济性很高的燃煤机组来承担负荷中不变的部分（基荷），使用调节性能较好的燃煤或燃油调峰机组和某些水电机组来承担负荷中有规律变化的部分（腰荷），使用水电机组或燃气轮机来承担负荷中变化频繁的部分（峰荷）。电力系统如装有抽水蓄能机组，则可以用来替代承担腰荷及峰荷的热力机组。

7.7.2 抽水蓄能电站的类型

按建设类型分：装有常规水轮机发电和抽水蓄能两种机组的水电站称为混合式抽水蓄能电站，或称常蓄结合水电站。电站的电能构成一部分为天然径流发电，一部分为抽水蓄能发电。

利用现有水库为上水库，或利用现有水库为下水库，人工新建另一水库及引水系统和厂房。就抽水蓄组的功能而言和径流发电无关，故属于纯抽水蓄能电站类型。另一种纯抽水蓄能电站不利用现有水库，完全依靠人工修造上下两个水库和引水系统，电站系统内的水体往复循环，只为抵消蒸发和渗漏需要补充少量水源，厂内安装的完全是抽水蓄能机组。

按调节规律划分，如抽水蓄能电站在夜间和午间系统负荷低谷时抽水，白天负荷高峰发电，每天都按此规律操作，则称为日调节电站。

有的电力系统不呈现日循环规律而为周循环规律，在一周的五个工作日中，蓄能机组每天都有一定次数的发电和抽水，但是每天的发电量多于抽水量。故上水库的蓄水量逐天减少，到了周末水库已接近于放空，但因周末工业负荷小，这两天不发电只抽水，到星期一早上水库又蓄满了水。按周调节规律运行的电站所需的水库库容要比日调节的大些。

如利用径流式水电站丰水期的季节性电能将水抽到另一个水库中存蓄起来，到枯水季节再放下来发电，则称为季调节抽水蓄能电站。

混合式蓄能电站受自然落差的限制，水头一般不超过 150～200m，如我国在常规水电站增装蓄能机组的岗南、密云、潘家口、响洪甸等都是水头 100m 以下的电站。

纯蓄能电站则趋向于使用高水头，因为在容量和蓄能量相同的条件下，有效水头越高，所需要的流量和库容越小，单位造价就可减少，故抽水蓄能电站的造价随水头增大而降低。我国的高水头蓄能电站如广州、十三陵、天荒坪等的利用水头已到 400～600m，国外使用单级水泵水轮机的蓄级电站水头已用到 700m 以上，使用多级水泵水轮机的蓄能电站水头已用到 1300m。

7.7.3 抽水蓄能电站的机组型式

国外早期的抽水蓄能电站使用的是单独的水泵机组和水轮机组，即水泵配以电动机，水轮机配以发电机，形成四机式机组。由于抽水和发电使用不同的电机，投资显然要大。随着技术的进步，一台电机可以兼做电动机及发电机使用，四机式机组应用得就很少了。近代有少数水电站因装机容量有裕度，加装大型水泵在负荷低谷时将水抽回水库以增加总的调峰发电量，也是四机式装置的一种方式，如我国白山水电站的 5 台 300MW 的水轮发电机组已运行多年后，又增装 2 台 150MW 的大型离心泵。

随后出现的是将水泵、水轮机与电机连接在一起的三机式机组，又称组合式机组。机组的水泵和水轮机都可以按电站的具体要求设计，故能保证在各自的条件下高效率运行。同时，水泵和水轮机都向同一方向旋转，在切换工况时不需停机，增加了机组的调节灵活性。到了近年，组合式机组逐渐被可逆式所取代。但在高水头范围，如 600～800m 或更高，组合式机组仍是很具有竞争力的。组合式机组的缺点是主机投资高，整体尺寸大。

从 20 世纪 50 年代起，出现了将水泵和水轮机合并成一个机器的可逆式水泵水轮机，或称二机式机组。它向一个方向旋转为水轮机工况，向另一个方向旋转为水泵工况。可逆式机组的主要优点是结构简单，造价低。除低水头范围内使用一些斜流式机组外，大多数蓄能电站均使用混流式机组。

水头更高时，单级水泵水轮机的比转速将变得很小，很难保持高效率，故需要采用多级的可逆式水泵水轮机。多级机组可使用较高的比转速因而提高效率。在欧洲有的蓄能电站使用 4～6 级的高水头水泵水轮机。

7.7.4 抽水蓄能电站的组成

抽水蓄能电站由上下水库、引水系统（高压部分）、引水系统（低压部分）、电站厂房等组成。

上下水库：混合式蓄能电站的上水库为已建成的水库，下水库可能是下一级电站的水库，或用堤坝修建起来的新水库。纯抽水蓄能电站多数是利用现有水库为下库，而在高地上或山间筑坝建成上水库。

引水系统（高压部分）：与常规水电站一样，蓄能电站引水系统的高压部分包括上库的进水口、引水隧洞、压力管道和调压室。上库的进水口在发电时是进水口，但在抽水时是出水口。

引水系统（低压部分）：地下电站的尾水部分（低压部分）是有压的，通常也做成圆断面的隧洞。

电站厂房：中低水头抽水蓄能电站采用坝后式或引水式，都可以使用地面厂房。水轮机工况的排水和水泵工况的吸水都直接连通到尾水渠。由于水泵的空化性能比水轮机要差，机组中心必须安放在比常规水轮机更低的高程。高水头蓄能电站几乎没有例外都采用地下厂房，不少中低水头的蓄能电站也可以使用地下厂房。

7.7.5 抽水蓄能电站在电力系统中的作用

抽水蓄能机组是水电机组，起动快速，适用负荷范围广，在电力系统中能很好地替代火电机组担任调峰作用。作为水电机组，抽水蓄能机组有很强的负荷跟随能力，在电网中可起调频作用。抽水蓄能机组的利用时数不很高，随时可以作为系统的备用机组。

抽水蓄能电站在电力系统中担任调峰、调频、调相、事故备用和吸收多余电能等作用，已成为现代电力系统构成中不可缺少的一个组成部分。

7.8 环境问题与未来展望

水电作为一种可再生、无污染的环保型能源，一直受到人们的重视。但由于大中型水电站对生态环境的不利影响，发展对环境相对友好的小水电则尤为重要。

在小水电开发建设中，也应清醒地认识到，如果只注重社会经济用水，忽略首先需要保证的河流生态与环境需水，会引发以下环境问题：

1）河道脱减水。小水电大多为引水式开发，一些小水电站在规划建设中，未考虑下泄生态流量，缺乏相应的泄水建筑和调度方案，导致坝下河槽裸露，河床干涸，山区河流水生生态系统受到毁灭性破坏。四川省石棉县小水河，全长34km 的河道两岸，已建和在建的水电站达17 座之多，平均2km 一座。这些小水电站基本都是引水式发电，水被大量引走后，地表水基本断流，河床大面积干涸，部分河段相连的山体开始出现滑坡。岷江右岸一级支流古脑河，已建和在建的5 个电站中，除一个电站是混合式开发外，其他梯级电站都是引水式开发。大量引水后，这条河目前已有60km 长的河道成为时段性脱减水河段。在西部一些干旱、半干旱地区、生态脆弱地区，不合理地开发利用水资源，加剧了区域水资源失衡，导致河道断流、河口湖口萎缩、草场退化、沙漠化加剧，引发河道沿岸生活用水和工农业用水矛盾。

2）植被遭破坏、水土流失加剧。由于小水电大多建设在边远山区，山坡路陡交通不便，工程施工、道路修建以及工程弃渣等活动，常常引起地表植被的破坏和侵蚀，并引发严重的水土流失问题。

3）移民安置的环境影响。由于小水电工程占地和水库淹没面积较小，移民人数少，使得移民问题往往得不到重视。

4）改变流域河道生态系统。一些小水电项目修建永久性拦河大坝阻隔河道，在大坝上下游形成不同的水生生态系统，阻断洄游性水生动物通道，淹没产卵场。但却没有同时修建过鱼设施等补救工程，使水生珍稀濒危物种及土著特有物种快速消亡。

在不同的历史时期，我国水电发展先后经历了技术制约、投资制约、市场制约和生态制约四个发展阶段。在国家"十一五"规划建议中，关于水电开发的提法，已经从"积极发展水电"调整为"在保护生态基础上有序开发水电"。这标志着国家已经开始重视水电开发的生态、适度问题，在利用能源的同时，实现经济和生态的协调发展。随着我国经济、社会的不断发展，在加大能源需求的同时，也伴随着国民环保意识的觉醒。如何在开发建设水电站的同时，保护和改善我国的生态环境是今后长时期面临的重要任务。

思考题与习题

1. 简述水力发电的基本原理。
2. 简述小水电的分类及相应特点。
3. 简述冲击式水轮机的特点及水流规律。
4. 简述反击式水轮机的特点及水流规律。
5. 潮汐能利用有哪些特点？与普通的水力发电有何异同？
6. 潮汐电站有哪几种类型？各有什么特点？
7. 潮汐电站常采用双向发电的贯流式机组，为什么？
8. 潮汐电站目前存在哪些问题（从技术、经济、环境等方面分析）？如何解决这些问题？
9. 小水电站的开发建设，有哪些不利的环境影响？提出几条改进措施。
10. 除了利用潮汐位能的传统潮汐电站，国外近年来开发了一种直接利用潮汐动能发电的涡轮机，称为 Gorlov Turbine。请查找资料，介绍这种新发电方式的特点及其与传统潮汐电站的优劣对比。

参 考 文 献

[1] 周萃初. 怎样管好小水电 [M]. 上海：上海科学技术出版社，1984.

[2] 程钢，龙燕，杨海平. 小型水电站及其运行和维护 [M]. 重庆：重庆大学出版社，2000.

[3] 陆德超，陈亚飞. 潮汐电站 [M]. 北京：水利电力出版社. 1985.

[4] 梅祖彦. 抽水蓄能发电技术 [M]. 北京：机械工业出版社. 2000.

[5] 郑源，张强. 水电站动力设备 [M]. 北京：中国水利水电出版社. 2003.

[6] 马跃光，马希金，阎振真. 小型水电站优化运行与管理 [M]. 郑州：黄河水利出版社. 2000.

[7] 马善定，汪如泽. 水电站建筑物 [M]. 2 版. 北京：中国水利水电出版社. 1996.

第8章
波　浪　能

　　当我们在海边漫步，总会不自觉地被那奔腾而来、无休无止的海浪所吸引（图 8-1）。人们把波浪比喻成大海的呼吸，殊不知在这起伏的波浪中蕴藏着巨大的能量资源。据世界能源署（IEA）估计，全世界的波浪能功率资源为 2TW（2×10^{12} W），对应于年可利用能源 17 500TW·h（1.75×10^{13} kW·h）电，几乎相当于全世界每年的用电量。对于某些波浪能资源丰富的国家如英国，波浪能提供了巨大的潜在能源。

图 8-1　海滩上的波浪

　　人们很久以来就试图从海洋波浪中吸取能量。早在 18 世纪末，法国就批准了世界上第一个波浪转换装置的专利。从那以来，世界上有关波浪转换装置的专利已经超过1000项。但实际的波浪能转换装置，直到 20 世纪 70 年代才付诸实施。尽管目前波浪能仍处于小规模开发阶段，从长远角度看，它们必将在能源领域占有一席之地。事实上，在世界上某些波浪资源丰富，而传统能源缺乏的地方，如远离大陆的海岛，一些波浪能的发电装置已经比柴油发电更具有竞争力。

　　在可再生能源领域，比起太阳能、风能等技术来，波浪能技术相对还不成熟，在经济上也无法与风能等技术竞争。但是，波浪能的一个重要特征是其能量密度在可再生能源中几乎是最高的。近几十年，国际上已经尝试了多种近岸或离岸式波浪发电装置。通过对上述试验装置的改进，为以后波浪能的商业化提供了重要的数据。

　　我国有 18 000 多 km 大陆海岸线，有 7 000 多个大小岛屿。尽管在国际上我国属于波浪能资源不太丰富的国家，但这些能量累积起来仍然相当可观。据调查，我国沿岸和海岛附近的波浪能理论年平均功率约为 12.85GW。这些资源的 90% 以上分布在经济发达而常规能源严重缺乏的东南沿海，主要是浙江、福建和广东沿海，以及台湾省沿岸。因此，开发波浪能资源，对于我国东南沿海地区的经济发展具有极为重要的意义。

　　本章首先介绍波浪的起因和波浪能的资源分布，然后介绍波浪能的物理原理、基本转换装置的构成以及国际上一些著名的波浪能利用的装置和范例，最后讨论波浪能的发展前景以及环境影响因素。

8.1 波浪的起因和定义

波浪是由于风吹过海面引起。由于风与海面的相互作用，一部分风的能量传给了海水，变成波浪的动能和势能。动能由海水粒子的运动速度来描述，势能是偏离于平均海平面的海水质量的函数。风传给海水的能量取决于风的速度、风与海水作用的路程长度和时间长度。波浪的速度取决于它们的波长——波长越长，波浪运动越快。这一现象可以在飓风时看到，此时风暴引起的长波长的波浪传播得比风暴更快，因此风暴前首先到来的是巨大的浪涌。

涉及风与海面相互作用的机理非常复杂，至今尚未完全清楚。波浪发生的三种主要的过程是：

1）开始时，空气吹过海水表面，由于黏性作用，对海水施加一个切向力。而水的表面张力提供一个类似弹簧的恢复力，使水面上产生一层微小的涟漪，它是波浪形成的前奏。此时的波称为表面张力波。

2）靠近水表面的湍动的空气流引起剪切力和压强的波动。当这些波动与已有的波浪同相位时，波浪进一步加强。

3）波浪继续受风的剪切力作用，与风共振，从风中吸取能量。波高逐渐加高，波长逐渐加长，最后到达波澜壮阔的情况。此时，迫使水面复原的恢复力为重力，故称为重力波。

在不同的风速、风向和地形条件下，海浪的尺寸变化很大，通常周期为 0.5~25s，波长为几十厘米至几百米，波高为几厘米至 20 余米。在罕见的情形下，波高可达 30m 以上。

广义波浪的定义，按其运动尺度及恢复力，可分为表面波、重力波、惯性重力波以及海啸等。通常能够利用的海洋波浪为重力波，此即一般在海边看到的波浪，其周期从数秒至十数秒，波长由数米至数百米，波高亦可达十数米。此类波浪的恢复力是重力，故称重力波。

引起波浪的外力是风，在刮风区的浪称为风浪，波浪传递远离刮风区后称之为涌浪。涌浪较平滑但周期和波长均较长。

有三种类型的重力波：

1）风浪。波浪在靠近其形成的区域时被称为风浪，它们形成复杂的、不规则的波浪。在任何风场产生的波浪的尺寸取决于三个因素：风速、风作用于海水的持续时间、风作用于海水的路程长度（风距）。

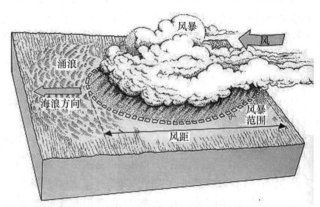

图 8-2 风浪与涌浪分布示意图

2）涌浪。波浪可以以最小的能量损失从其形成区传播开去，在很远的距离产生涌浪。

3）近岸浪。风能和涌浪传到海岸的浅水地区，变成近岸浪，近岸浪由于岸底对波浪的阻力，使得波浪向岸边倒卷。风浪与涌浪的分布如图 8-2 所示。

8.2 波浪的特征和波浪能的功率

波浪的特征包括：波长 λ，即两个邻接的波峰或波谷的长度（m）；波高 H，即波峰与波谷之间的距离（m）（1/2 的波高即为振幅，$h = H/2$）；周期 T，即一个全波长的波浪经过某一固定点所用的时间（s）；以及波峰宽度 W 和海水深度 d。波高越高，每米波峰宽度的能量越大。波浪的能量密度用每米波峰宽度的功率即功率密度（kW/m）表示。典型的波浪的特征可以用图 8-3 所示的简谐波来描述。

假设波浪以速度 v 在海面传播，波的周期为 T。波的频率 ν 代表由固定的观察者所看到的每秒波峰（或波谷）之间变换的次数，它恰好是周期的倒数，即 $\nu = 1/T$。如果以速度 v 传播的波通过一固定点，它在时间 T 的间隔内将走过距离 λ，于是速度 v 等于波长 λ 除以周期 T，即 $v = \lambda/T$。

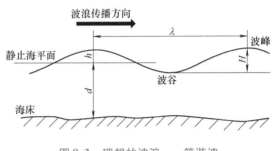

图 8-3 理想的波浪——简谐波

波浪的能量由垂直于波浪方向的每米宽度所通过的能量速率（功率）来表征，单位为 kW/m，也称为波浪能密度。由于风起源于太阳辐射，可以将波浪中心的能量视为一种储存起来的、中高能流密度的太阳能。太阳能的能量密度量级大约为 $1 kW/m^2$，它最终转化为波浪能的量级为每米波峰宽度 $10 \sim 100 kW$，这在可再生能源领域几乎是最大的能量资源。

理想的波浪功率密度 P 近似等于波高 H(m) 的平方乘以波周期 T(s)，单位为 kW/m，即

$$P = H^2 T \tag{8-1}$$

严格的表达式为

$$P = \frac{\rho g^2 H^2 T}{32\pi} \tag{8-2}$$

式中，P 为功率密度（W/m）；ρ 为水的密度（kg/m^3），g 为重力加速度（$9.8 \ m/s^2$）。

在深水中，波浪运动不受海底的影响，只有极少量的由于水的黏性以及水与空气的摩擦（或湍流）引起的损失，因此波列的能量基本保持不变。长而平滑的浪涌（能量密度大）可以持续几百公里远，但短促而陡峭的波浪（能量密度小）则很快地衰落。在深度 d 小于 1/2 波长的海水中，靠近海底的水粒子的运动明显受阻，由于海底摩擦而损失掉。能量损失的机理由多种因素造成。波浪一旦形成，它们就沿着形成的方向传播，甚至当风停止以后波浪仍不停止。这一现象解释了为什么有时在平静的海面上会观察到长长的浪涌，它可能是几天前发生在远方的风暴的残留影响。

海浪的随机性

实际的海浪和理想的流体波动不同，它的特点之一是有随机性。因为海面的风速和风向都随时随地变化，并具有随机性。海浪既然由风产生，势必反映出这种特点。故外观通常是杂乱无章的，其波高、波长和周期等物理量都可视为随机量。同样，海浪的内部结构也是复杂的。按照广泛应用的线性海浪理论的基本概念（即假定海浪为振幅、频率、波向和相位

不同的许多正弦波叠加的结果，各组成波都具有独立的随机相位和振幅），海浪的内部结构可由海浪谱即海浪随波长的分布来描述。从海浪谱可以计算波高和周期等。如果已知海浪谱，就可以说明海浪的内外结构和统计特征。

典型的波浪状态

一个实际的波浪状态由许多单独的波分量叠加组成，其中每一种呈现前面所述的理想波浪（谐波）。每个波分量有自己的性质，即周期、波高和方向。当我们观察海面时，看到的是所有波的叠加，这一不规则的波浪的每米宽的波前所具有的总能量，显然是所有单独波分量的功率之和。分别测出所有分量的波高和周期显然是不可能的。因此，波浪的总功率可由一个求平均值的过程来估计，如下所述：

1）通过在海上布置一种骑浪浮子，可以记录在一定时间内水面高度的变化。平均水面高度总是零。因为平均值也定义了零点值，通过计算"显著波高" H_s，得到一个有用的数据。H_s 被定义为 $4\sqrt{\overline{H^2}}$，即各瞬时高度先被平方，从而使所有数据为正，然后取平均值，最后用 4 乘以平均值的平方根，得到"显著波高"。"显著波高"近似于 1/3 的最高波分量的平均值（大致相当于肉眼所观察到的波高的估计值，因为较小的波高不容易被观察到）。

2）定义零上穿过周期 T_e 为，在波浪连续 10 次（或更多次）向上穿过平均海平面的时间中，取波浪连续 2 次向上穿过平均海平面的时间间隔的平均值。

3）对于典型的不规则波浪，可以证明每米宽波峰的平均能量 $P(\mathrm{kW/m})$ 为

$$P = \frac{H_s^2 T_e}{2} \tag{8-3}$$

式（8-3）恰好为式（8-1）的 1/2。图 8-4 示出一个典型的波浪记录及其平均能量的计算。

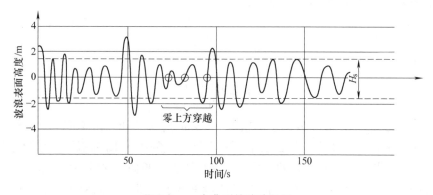

图 8-4　一个典型的波浪记录

图 8-4 中，显著波高 $H_s = 3\mathrm{m}$，表面的连续向上运动用小圆圈示出。在此例中，在 150s 内有 15 次零上方穿越，因此 $T_e = 10\mathrm{s}$。由此，$P = (3^2 \times 10)/2 = 45\mathrm{kW/m}$。

8.3　波浪在深水和浅水中的传播

8.3.1　波浪的类型

一般将波浪的运动分为三种类型：当水深大于 1/2 波长时，波速仅与波长有关，此时的

波浪称为深水波；当水深小于1/4波长时，波速仅与水深有关，此时为浅水波；介于两者之间则为中等深度波。

（1）深水波 如果水深 d 大于波长 λ 的1/2，可以证明长的海洋波浪的速度与周期成正比，而与深度无关。有如下关系式

$$v = \frac{gT}{2\pi} \qquad (8\text{-}4)$$

从上式可得出有用的近似式：速度 $v(\text{m/s})$ 大约是波长 $\lambda(\text{m})$ 的 1.5 倍。这一结果的一个有趣的推论是，在深水中，长波浪比短波浪运动得更快。

由于深水波可近似为简谐波，因此对于给定的波周期，深水中的波长为

$$\lambda = \frac{gT^2}{2\pi} \qquad (8\text{-}5)$$

（2）中等深度波 随着水深的减少，波的性质愈来愈取决于水的深度。当波浪传到浅水处，它们的性质完全取决于水深。但在介于深水与浅水之间的深度，即 $\lambda/4 < d < \lambda/2$，波的性质将同时受到水深 d 和波周期 T 的影响。

（3）浅水波 当波浪接近海岸时，岸底开始影响波浪的速度。可以证明，如果水深 d 小于波长的1/4，即 $d < \lambda/4$，速度可表示为

$$v = \sqrt{gd} \qquad (8\text{-}6)$$

换句话说，在此条件下的波浪速度大约等于水深 d 的平方根的三倍，而不再取决于波的周期。

综上所述，当水域的深度大于半个波长时（通常视为深水），波速几乎只决定于波长；水深小于半个波长时，波速同时决定于波长和深度；当水深小于 1/4 波长时（通常视为浅水），波速几乎只决定于水深。表 8-1 给出北大西洋近岸波浪条件，使读者对波浪有些定量的了解。

表 8-1 北大西洋近岸波浪条件

	周期/s	幅值/m	功率密度/(kW/m)	速度/(m/s)	波长/m
风暴浪	14	14	1700	23	320
平均浪	9	3.5	60	15	150
平静浪	5.5	0.5	1	9	50

8.3.2 水面下的波浪

海洋表面的形态显然反映了波浪的存在。但还需要了解表面下方的波浪的存在形态，以便更好地收集其能量。

波浪由旋转的水粒子组成。靠近表面时，这些粒子的旋转半径与波高相等。到表面下方更深一些时，轨道尺寸将减小。水粒子的旋转半径随着水深呈指数下降。图 8-5 示出在波浪作用下，水分子在不同水深的运动轨迹。深水波的水分子轨迹呈圆形，浅水波则为椭圆形。

利用流体动力学原理可导出种种形式的流体波动，其中振幅 h 对波长 λ 之比为小量的称为小振幅波，例如，$h/\lambda < 1/20$；否则称为有限振幅波。这些波动理论能说明一部分较简单的海浪现象，可作为进一步研究海浪的基础。

在深水中的波浪可以用小振幅波理论来解释，它具有正弦形式的波面，故又称正弦波。

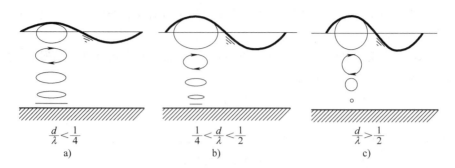

图 8-5　海面下水粒子的运动

a）浅水波　b）中等深度波　c）深水波

在深水的情形下，水质点的轨迹为圆，半径随至水面的距离按指数律减小。对于中间深度的水域，质点轨迹为椭圆，其长、短半轴随深度的增大而减小，但是两焦点间的距离不变。正弦波中的水质点速度远小于波速，波动的动能和势能相等，单位切面积的垂直水柱内的平均波动能量与振幅的平方成正比。波动能量沿波向传播，在深水中的传播速度等于 1/2 波速，在浅水中可增大到等于波速。这种波动的特征和外形与规则而平缓的涌浪相近。利用正弦波的叠加，还可解释一部分海浪在传播过程中发生的变化。

为了收集最大的波能，可以构造一种拦截所有波浪的运动轨道的装置，但这样既不经济也不实用，因为最小的轨道只包含很小的能量。要确定一个装置应该多深来吸收足够的波能，一个有用的知识就是大约 95% 的波能包含在介于表面与相当于 1/4 波长（即 $d = \lambda/4$）的水层里。

8.3.3　浅水波的运动

世界上有少数地区的海岸线由陡峭的岩石构成，岩石下方是很深的海水。这些区域最适合安装系岸式波浪能转换装置，因为入射的波浪有较高的能量。然而，对于世界上大多数海岸线，近岸海水较浅。由于最下方的水粒子与海床的摩擦耦合，随着波浪向岸边运动，深水波逐渐释放能量，最终波浪冲向了海滩。当水深小于 1/4 波长时，摩擦作用变得非常显著，能量损失可达到每米几瓦。对于冲向海岸的浪来说，这一能量损失是很重要的，因为它明显地降低了波能源。例如，在深水区可能具有功率密度为 50kW/m 的波，当靠近浅水岸边时，可能降为 20kW/m，取决于在浅水中传播的距离和海床的粗糙度。类似地，即便是风暴波，在岸边也会减弱并减小摧毁岸边设施的几率。

当波浪冲上海滩时，存在另一个能量损失的机制：它们形成湍动和耗能的浪，游泳和冲浪等娱乐项目欢迎这种浪，但这种浪对岸边设施和能量转换装置极具破坏力。因此，当选择场址时应该避开它。

波浪转换装置的设计不仅要考虑实现能量转换的任务和经济性，还要考虑能够承受最恶劣的波浪载荷，因为修复被损毁的装置极其昂贵。

8.3.4　波浪的折射

在水深朝着海岸线逐渐变浅的倾斜海床，当波浪靠近岸边，最终将进入浅水区。此时波速将由水深决定，较浅的水深意味着较低的波速。如果波前与海床斜交，这又导致了波浪的折射或方向的变化。波前的一端将首先到达浅滩，这部分波的速度将变慢，波的方向也将发生改变，此效应称为波的折射。随着其余部分波进入浅滩后波速逐渐减小和深度的减小，波的方向将逐渐调整到新的方向，即波前方向逐渐变化成大致平行于海岸线（图8-6）。

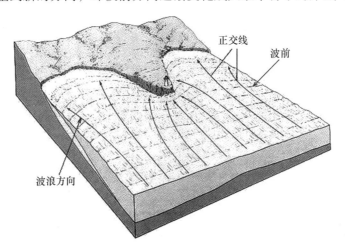

图 8-6　海岸线附近波浪的折射

　　波浪的折射是一种在自然界常有的现象，它使波浪的波前逐渐减慢，最终平行于海岸线。如果海底地貌轮廓不规则，由于波浪沿不同的方向分解成许多分量，将发生波浪的聚焦和发散。此外，在特别的海岸带波能可能被阻碍波浪的陆地地域岩石所减弱。

　　考虑图中所示的海岸线凸出部分，随着水深的减小，波浪发生折射。折射使波浪集中到凸出部分，使其余区域波浪强度减小。对水底地貌的了解使人们能够应用"射线跟踪"的方法，从而确定波浪最集中的区域。显然这样的区域最适合于建立波浪能电站。

8.4　波浪能资源

　　图8-7显示了全世界波浪能分布的年平均功率密度。这些数值仅代表波浪能在离岸深水处的平均值，但显然无法代表波浪能功率在各地区随不同季节变化的巨大差异。据国际能源署估计，全球波浪能资源总量为2TW，即 2×10^{6} MW 或等价于 1.75×10^{13} kW·h 电/年，这仍是一个保守的估计。

　　波浪能密度最大的区域分别发生在南、北半球的纬度为 40°~60° 之间，在该区域风速极为猛烈。但在纬度为 30° 的地区，由于信风盛行，此区域也适合利用波浪能。在大西洋和太平洋长距离洋面上吹过的风能够产生几十米高的大浪，波长可达 100m 以上，每片浪可以排开几十吨重的海水。欧洲和美国的西部海岸、新西兰和日本的海岸均为利用波浪能有利地区。英国的西北部沿海是世界上波浪能最充分的区域之一。据估计，沿着英国北部和西部的海岸线的波浪能密度，大约从深海处的 60~70kW/m（700TW·h/年）减少到岸边的 15~20kW/m（260TW·h/年），这一海浪能量的减少是由于海底的摩擦和海浪对岸边造成的损失引起。而英国在 2002 年全年的电力需求大约为 350TW·h。因此，这一巨大的能量总是存在着，问题是人类如何去获取。

　　波浪能功率随气候变化很大，通常冬季远大于夏季。在苏格兰岛的西海岸，冬季的波浪

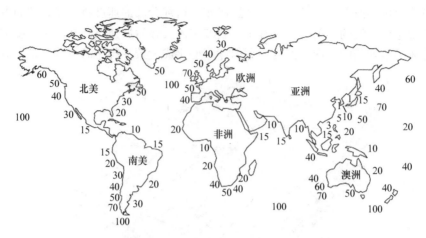

图 8-7　全世界波浪能分布的年平均功率密度（kW/m）
（数值代表波浪能在离岸深水处的平均值）

能功率几乎四倍于夏季。而该地区冬季所需的能量供应也远远大于夏季。

　　根据波浪观测资料计算统计，我国沿岸波浪能资源理论平均功率为 1285.22 万 kW，这些资源在沿岸的分布很不均匀。以台湾省沿岸为最多，为 429 万 kW，占全国总量的 1/3。其次是浙江、广东、福建和山东沿岸，在 160～205 万 kW 之间，合计约为 706 万 kW，约占全国总量的 55%，其他省市沿岸则很少，仅在 56～143 万 kW 之间。广西沿岸最少，仅 8.1 万 kW。

　　中国沿岸波浪能密度（波浪在单位时间单位宽度波峰的能量，单位 kW/m）分布，以浙江中部、台湾、福建省海坛岛以北、渤海海峡为最高，达 5.11～7.73kW/m。这些海区平均波高大于 1m，周期多大于 5s，是我国沿岸波浪能能流密度最高，资源蕴藏量最丰富的海域。其次是西沙、浙江的北部和南部，福建南部和山东半岛南岸等能源密度也较高，资源也较丰富，其他地区波浪能能流密度较低，资源蕴藏也较少。中国沿海波浪能资源区划如表 8-2 所示。

表 8-2　中国沿海波浪能资源区划

分区 省区	一类区 $H_{1/10} \geqslant 1.3m$	二类区 $1.3 > H_{1/10} \geqslant 0.7m$	三类区 $0.7 > H_{1/10} \geqslant 0.4m$	四类区 $0.4m > H_{1/10}$	理论平均 功率/MW
辽宁			大鹿岛、芷锚湾、老虎滩区段	小长山、鲅鱼围区段	255.03
河北			秦皇岛、塘沽区段		143.64
山东		*北隍城、*千里岩区段	龙口、小麦岛、石臼所区段	成山头、石岛区段	1609.79
江苏			连云港（东西连岛）附近	吕泗区段	291.25
上海市 长江口		佘山、*引水船区段			164.83
浙江	大陈区段	*嵊山、*南几区段			2053.40

续表

分区 省区	一类区 $H_{1/10} \geqslant 1.3m$	二类区 $1.3 > H_{1/10} \geqslant 0.7m$	三类区 $0.7 > H_{1/10} \geqslant 0.4m$	四类区 $0.4m > H_{1/10}$	理论平均 功率/MW
福建	台北、＊北礵、海坛区段	流会、崇武、平海、围头区段	东山区段		1659.67
台湾	周围各段				4291.22
广东	遮浪区段	＊云沃、＊表角、荷包、博贺、硇州区段	下川岛（南沃湾）附近雷州半岛西岸		1739.50
广西			涠州、白龙尾区段	北海区段	80.90
海南	＊西沙（永兴岛）附近	铜鼓咀、＊莺歌海、东方区段	玉苞、榆林区段		562.77
全国					12852.00

注：表中地名前有＊者为开发条件较好的区段。

据波浪能能流密度和开发利用的自然环境条件，首选浙江、福建沿岸，应为重点开发利用地区，其次是广东东部、长江口和山东半岛南岸中段。也可以选择条件较好的地区，如嵊山岛、南麂岛、大戢山、云澳、表角、遮浪等处，这些地区具有能量密度高、季节变化小、平均潮差小、近岸水较深、均为基岩海岸；具有岸滩较窄，坡度较大等优越条件，是波浪能开发利用的理想地点，应作为优先开发的地区。

8.5　波浪能转换技术

8.5.1　基本结构

为了从海洋波浪中捕获能量，必须用一种合适的结构和方式拦截波浪并与波浪相互作用。由于波浪能是一种运动的机械能，而且是周期较长的间歇式运动（平均周期大约 10s），目前国际上应用的各种装置都需要多级转换，还不能像太阳电池那样直接转换为电能。一般是先将其转换成某种工质如空气或水的压力能，或者水的重力势能，再将其转换成机械装置的旋转动能，带动发电机发电。

图 8-8 示出从海洋波浪能到用户电能的转换步骤和主要部件。除了传统的利用流体工质的多级转换系统外，其中也显示了两种不用流体工质的更直接的转换过程：一种是将低频率的波浪能通过某种增速机构转换为旋转机械的高频运动，然后带动发电机发电；另一种则不需经过任何机械转换，直接利用压电晶体材料或利用海水离子穿过磁场的运动，将海浪的动能转换为电能输出。后两种能量转换过程减少了中间步骤，从原理上看显然更有优势。但由于技术上的原因，目前距离实用还较远，有待于新的压电或超导材料的突破。从图中也可看出，海浪能装置即使得到了电能输出，往往还需要复杂的海底电缆和电能调节控制装置，才能完成最终到用户的输送。国际上已经有大量的采用流体工质做中间转换的海浪能试验和示

范装置，但由于多级转换造成结构的复杂，从而带来许多问题，限制了海浪能装置的推广应用。大量问题仍有待去解决。

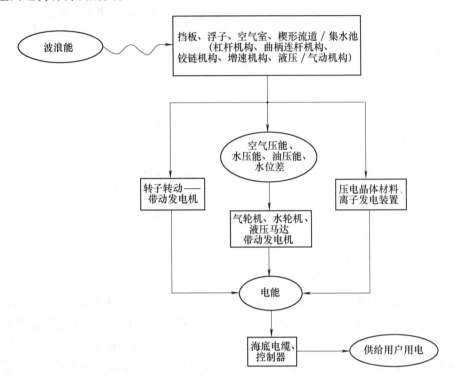

图 8-8　从波浪能到用户电能的转换步骤和主要部件

在波浪能的多级转换装置中，为了将低频率的波浪的起伏和摇摆运动转换为高频率的发电机转子旋转，需要利用各种类型的机械结构，包括杠杆机构、齿轮机构、铰链机构、曲柄连杆机构、增速机构、液压和气动机构等。无论哪种结构，都需要有一个主梁，即一种居中的、稳定的结构，系锚或固定在海床或海滩。若干运动部件，包括挡板、浮子、空气室或楔形流道系于其上，并在波浪的作用下与主梁做相对运动。主梁也可以是浮动结构，但仍需建立一个稳定的框架，从而使活动部件能相对于主体运动。这可以通过利用惯性或使主体结构很大，横跨若干个波峰，从而使其在大多数波浪状态下保持相对稳定。

8.5.2　波能转换器的三种模式

根据波能转换器的主梁与波浪方向的几何关系，波能转换器可分为三种不同的模式：终结型模式、减缓型模式和点吸收型模式(图 8-9)。

（1）终结型模式　波能转换器的主梁平行于入射波前。就物理意义上讲，终结性装置直接拦截波浪，最大的理论能量被该装置拦截。例如，20 世纪 80 年代英国的点头鸭式装置，即属于终结型装置。这种模式被称为"终结型"，是因为波能的吸收是依靠终结波浪的传播来实现。当波浪能被波前宽度相等的装置吸收时，最大的收集率为 1。

（2）减缓型模式　波能转换器的主梁垂直于入射波前。当"终结型"装置工作在汹涌的波浪中时，将承受很大的力。若是将这种装置的方向调整到与波浪的传播方向平行，则波浪对装置的作用力将减弱。这就变成了"减缓型"模式。这种模式对入射波前的拦截宽度较小，装置就像船一样骑在波浪上。

　　显然这种模式只能收集一部分入射的波浪能，在装置的后面，波浪的能量被减缓了。尽管这种模式减少了对波能的捕获，但主梁前端的波能和从波前折射到主梁侧面的波能都可以被吸收。此外，转换装置可以安装在主梁的两侧，从理论上可以使能量输出加倍。不过，"减缓型"装置的能量收集率只有同样长度的"终结型"装置的62%。

　　（3）点吸收型模式　其主轴垂直于海面，其线形尺度远小于波浪的长度。它们相对于入射波长具有较小的尺寸，但它们能够吸收

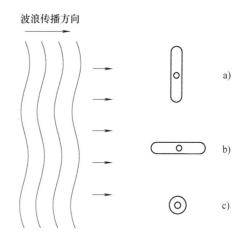

图 8-9　波能转换器与海浪作用的三种模式
a）终结型模式　b）减缓型模式　c）点吸收型模式

超过其物理尺寸的波能。点吸收式的特点是可以同等地吸收来自各个方向的波浪能，但由于它们有限的尺寸，不能捕获长波浪的能量。

　　点吸收型在原理上可能是极细的垂直圆柱体，对于入射波发生很大的垂直震荡。在应用中，装置可能有几米的直径，吸收的能量可以是其宽度的两倍。国际上用得最多的所谓 OWC 装置，即浮子系统，类似一个倒扣在海面上的浮筒，锚接在海底，即为一种点吸收型装置。

8.5.3　波能转换装置的分类

　　波能装置从波浪中吸取能量，将其变成机械运动的动能或流体的压力能，然后再将机械能转换成电能。因此波能利用涉及多级转换。由于波浪运动为低频（大约 0.1Hz），这一低频的周期运动必须通过某种转换装置放大到常规的发电机转速（约 1500r/min）。根据波能装置采用的不同物理原理，可以将各种波能装置归结为几大类型（参见图 8-9）：

　　（1）压缩空气型　这类装置利用波浪能的起伏势能或冲击作用，与封闭在容器或管道中的空气相互作用，造成空气的压缩和抽吸，再推动空气涡轮机，带动发电机发电。这类装置结构较简单，采用空气为工质，因而无液压油泄漏的问题。但由于空气的可压缩性，这种装置获得的压强较小，因而效率较低。属于这类装置的有：各种振荡水柱（OWC）型装置、柔性气袋装置等。

　　（2）压缩流体型　这类装置原理上类似于压缩空气型，只是采用液压油或压力水来吸收波浪的能量，转换成较高压强的液体压力能，然后再推动液压马达旋转，带动发电机发电。这类装置结构比压缩空气型复杂，成本也较高。但由于液体的不可压缩性，当与波浪相互作用时，液压机构能获得很高的压强，而不是只有一个大气压，从而转换效率也明显高于压缩空气型。为了实现较好的能量传递，目前的液压系统大都利用液压油，因而存在泄漏问题，对密封提出了很高的要求。利用海水做工质显然是最好的选择，但由于海水黏度小，目前还较难利用。属于这类装置的有：英国的点头鸭式、海蛇式、日本的摆板式、瑞典的柔性管道泵等。

　　（3）水位差型　这类装置原理上类似于潮汐发电，通常是利用楔形流道使波浪逐渐汇

聚和爬升，最后收集到高水位的泻湖（集水池）中。再利用泻湖与外海面的水位差，推动传统的水轮机发电。这类装置显然获得的水位不高，只能是低水头，效率也不高。但好处是结构相对简单，主要是一些水工建筑，然后是传统的水轮机房。特别是这类装置自然地能够储存能量，较长时间地发电。而大多数波浪发电装置都不具备这一优点。这类装置中最著名的是挪威的楔形流道TAPCHAN装置和浮动波能船（Float Wave Power Vessel）。

（4）直接转换型　即不需流体工质直接将低频率的波浪能通过某种增速机构转换为旋转机械的高频运动，然后带动发电机发电；或不需经过任何机械转换，直接利用压电晶体材料或利用海水离子穿过磁场的运动，将海浪的动能转换为电能输出。后两种能量转换过程减少了中间步骤，从原理上看显然更有优势。但由于技术上的原因，目前距离实用还较远。

8.5.4　波能转换装置的尺寸、装置阵列和装置实施

（1）装置尺寸　波能转换装置的几何尺寸是决定其工作性能和输出功率大小的关键因素，波能转换装置的最佳尺寸取决于该装置预定工作的波浪和海洋的特性。例如，系统必须调整到使其自然振动与最强且最频繁的波浪的振动相一致。具体的波能转换器的几何尺寸和形状将取决于其具体的工作原理，但作为大致的准则，扫掠体积必须在每米装置宽度约几十立方米的量级。扫掠体积比这小得多的装置所能够捕获的能量将受到局限：尽管小装置能捕获小波浪中大多数的能量，但对于大波浪的响应将受到限制，从而降低总的转换效率。简单的计算考虑在一个典型的波浪中的运动的水的体积，为获得最大的能量吸收，装置必须扫过或排出同等大小的体积，以便吸收波浪中所含有的最多能量。对于具有3m波高，100m波长的波浪，根据排出体积的计算，装置的线性长度大约为10m。

对于带有若干个装置的一个刚体主梁，最小尺寸要求主梁至少横跨两个波峰，以便减少摇摆运动。最大长度决定于主梁的强度，并且要不小于两倍的波长。一个单一的主梁可能有200m长，上面可容纳多达10个转换装置。因为实际应用的转换装置尺寸一般很大，以便捕获相似尺寸的波能。大多数波能实验装置都缩小为模型尺寸，例如，与室内造波池相结合的波能转换装置。

（2）装置阵列　欲产生大量的电力，需要很多波浪能转换装置联合工作。理论上，欲减小电能收集和传输的成本，波能转换器应尽量靠近在一起。然而如果装置成排地布置且过于靠近，会产生一系列水力学问题。首先，前排装置的投影可能会阻挡大多数能量到达后排装置，除非各排之间有足够大的间距。其次，一个装置可能反射入射波，从而减弱到达相邻装置的波浪能。最后，当波浪由于相邻装置效应而改变方向时，转换效率将降低。每个装置对波浪的响应取决于波浪的入射方向，而即使每排转换器之间的间距很大，使足够多的能量到达后排，仍有可能有效率损失。由此得出结论，单排波能转换器可能是最有效的。此外，如果装置之间的距离布置得当，那么每台装置将通过一种被称为"相干干涉"的过程比原来单独布置吸收更多能量。

（3）装置实施　任何波能转换装置的实施必须包括以下组成：安装装置、波能拦截装置、功率转换装置、系锚装置、电能输出和控制系统、接近和维护装置、回收和取缔装置。下面将讨论各种形式的波能转换方案。

8.5.5　波能转换装置的主要结构

在国际上，波能转换装置的划分还常常按照它们在海上的运动状态，划分为随波浪上下起伏运动的垂荡机构、随波浪前后摆动的摇摆机构、垂荡机构与摇摆机构的结合、柔性气袋机构、振荡水柱装置以及聚焦型装置。

（1）垂荡机构（图 8-10）　它的基本结构是，浮子与通过液压机构相连，锚接在海床上。原则上垂荡机构只有一维运动，属于减缓型模式。主要在垂直于海面的方向以点吸收的模式吸收波能。

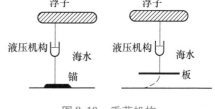

图 8-10　垂荡机构

（2）摇摆机构（图 8-11）　常称作表面跟随器，它能够跟随波浪的轨迹运动。显然摇摆机构随着水粒子作二维平面运动，它可能属于终结型或减缓型模式。前者能够高效率地吸收波能，后者则能够较好地抵御风暴浪。英国的点头鸭式即属于终结型的摇摆机构。

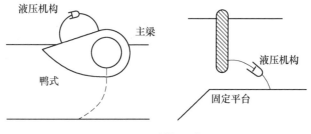

图 8-11　摇摆机构

（3）垂荡与摇摆机构（图 8-12）　它是在垂荡机构的基础上，增加了摇摆运动，好像是上述两种的结合。能够吸收更多的波能，但装置也更加复杂。

（4）柔性气袋装置（图 8-13）　它随着波浪的涌起和下沉而使气体膨胀或压缩，属于终结型模式。英国的海蚌式即属于这一类型。

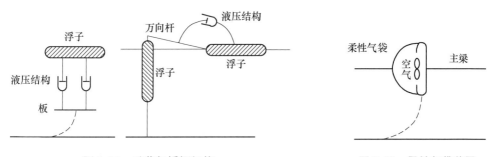

图 8-12　垂荡与摇摆机构　　　　　图 8-13　柔性气袋装置

（5）振荡水柱装置（图 8-14）　也称为 OWC 装置。它通常属于点吸收型模式。它将空气和部分海水封在容器内，利用海水的上升和下降来压缩或抽吸空气，容器内部的海水如同活塞一样。这种装置可以浮在海面，也可以固定在海床。这种装置结构相对简单耐用，造价较低。但获得的空气压强，最大不超过 1 大气压，故效率不高。这种装置是目前国际上应用最多的实验装置。

（6）聚焦型装置（图8-15） 它利用渐缩的流道使波浪逐渐汇聚和爬升，来放大波浪幅度，然后或是利用前述的楔形流道充填岸边的水库，利用水库的高度差来发电；或是充填OWC装置的空气流道，进而驱动汽轮机发电。它属于终结型模式。

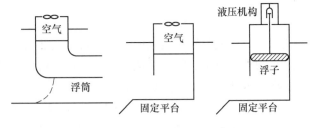

图8-14 振荡水柱装置

图8-15 聚焦型装置

上述所有结构都需要某种约束来抵御波浪力，并且构建一种参考构架，使与之产生相互作用。获得装置的约束可以有三种方式：

1）将装置固定或锚接在海岸或海床上。

2）将若干个装置连接在一个共同的主构架上，利用它们之间的相对运动来抵御波浪力。

3）利用飞轮的转动惯量来获得约束。

8.5.6 固定式装置和浮动式装置

所有的波浪能装置都可根据系留状态分为两大类：固定式装置和浮动式装置。

固定式装置又有岸边固定式和海底固定式两种。固定式装置属于最常用的波能转换装置，它们通常为终结型模式。已经有许多固定式原型机在海上试验，例如挪威的楔形流道TAPCHAN装置属于岸边固定式。由于固定式装置具有固定的主梁，容易接近与维护，显然比浮子式装置更容易建造。但缺点是它们一般在浅水岸工作，因而获得的波能较小。此外，未来可以安装这类装置的天然区域是有限的。

浮动式波能转换器包括英国的点头鸭式、海蚌式和海蛇式，日本的浮动OWC型如巨鲸式和后弯管浮子式（BBDB），以及瑞典的浮动流道（FWPV），丹麦同时具有BBDB和FWPV类型的装置。这些装置比岸边固定式可收集更多的能量，因为海洋中的波能密度比岸边大的多，并且对安置大量上述装置阵列限制很小。浮动式波能转换器的结构可以分属于各种不同的类型。

岸边固定式装置通常位于浅水岸边，它们的长处是更靠近电网，更容易维护。另外，海岸能够减弱风暴浪的强度，因而岸式装置对风暴浪的承受能力更强。而缺点是比起位于海洋中的浮动式来得到的波能密度较低。岸式装置的另一个缺点是受地理位置的限制。为了优化功率输出，它们应安装在潮汐涨落小的地方，否则它们的工作性能可能大大下降。另一个需注意的事项是，大规模的海浪能应用技术难以应用到岸式装置，因为根据具体的海岸地理条件，可能会提出具体的装置要求，从而增加了成本。

用于国家电网供电的大型波能发电装置设计必须采用离岸式装置。与之相反，岸式装置由于受到可用于安装的岸区的限制和它们较低的能量势头，不大可能向远方的城镇提供大量的电力。但它们可向当地提供兆瓦级电力以满足需要，并向海岛提供可与柴油竞争的电力。这种小型波浪发电装置包括挪威的 TAPCHAN，这种技术适用于低潮差的区域。

离岸式比起岸式来，建造和维护都比较困难，但它们能收集更多的能量，因为波浪在深水中比近海的浅水中能量更大。通过使用距离海岸几千米、深度为 10 ~ 25m 的海水床作为"波浪场"，可以布置一排离岸式波浪能转换阵列，从而捕获大量的能量，然后将能量通过海底电缆传输到岸上。不仅因为那里的入射波能比岸边更大，而且离岸的位置对环境和建造限制更少。但是，建造、运行和维修费用更高，需要将船员和装置从岸边拖拽到装置点，并且装置对风暴的抵抗更加脆弱。作为这种装置的一个成功的例子，与 OWC 结合的沉箱型防波堤，已经在日本建成试验装置，在发电的同时也起到海岸防护的作用。

目前，岸式装置主要采用振荡水柱型。不同类型的用于近岸的 OWC 和 Wells 透平装置是目前研究的主要内容，它们或者与天然的或人工的水道结合，或者与安装在峭壁上的竖筒结合，或者与沉箱式防波堤（其主要的功能不一定是发电）结合。由于 OWC 装置和 Wells 涡轮机的可靠性，在遥远的海岸地区波浪能对柴油所具有的竞争力，其与防波堤沉箱项目结合的可能性，以及基于岸边的结构的建设和操作的方便，使得该项目的研发极具吸引力。这种装置建好后容易接近，操作和维修费用近似于水电和柴油发电。尽管岸式的波浪能比离岸式小一个数量级，在某些区域由于岸线和海床的地貌特点，波浪被集中，从而增强了能量输出。不过，具有大的潮差和强潮流的区域不适合这种装置，因为这些因素降低了转换效率。

由于岸式波浪能发电站总是受环境和基础设施的限制，如果需要波浪能提供可观的电力，必须利用离岸和近岸式波能装置。但是，解决离岸和近岸的技术难题，就要获得可靠的数据和操作经验，这样，就必须对这类装置工作的耐久性进行长期的观察和研究。尽管存在困难，发达国家一直在支持波能的研究。

8.5.7 威尔士空气涡轮机（Wells Turbine）

目前，波浪能转换装置最成熟的技术，就是在天然或人造水槽或容器中引入波浪，产生振荡水柱，进而造成空气的压缩和抽吸，推动威尔士空气涡轮机旋转。威尔士涡轮机具有独特的性质：不管气流来自何方，涡轮机都始终朝一个方向旋转，从而特别适合于方向反复变化的气流运动（图 8-16）。

Wells 涡轮机是 20 世纪 70 年代由英国女王大学（Queen's University）的 Alan Wells 教授发明，它由若干个安装角为零，均布于轮毂的对称翼型叶片组成。其最大优势是自整流特性，即它可以在往复交变的双向气流中高速单向旋转做功。由于波浪运动的周期性变化，气动式波能装置若采用双向作用的 Wells 涡轮机则无需整流阀，从而可以大为简化装置的结构。

Wells 涡轮机的工作原理近似于一个具有对称、平直的叶片和零攻角的水平轴风力机。该机翼形状的叶片必须相对旋转平面对称，无扭曲，并具有零攻角，即弦线必须与旋转平面共线。图 8-17 示出实现此特性的矢量图。当叶片向前方移动时，攻角（相对气流速度和叶片速度的夹角）很小，从而产生大的升力 F_L。升力 F_L 向前方的分量提供了驱动叶片向前运动的动力。

图 8-17a 所示的是最靠近向上的气流速度的叶片，如果以该叶片为参考系，即假定叶片速度矢量与叶片的实际运动方向相反，从而叶片相对于我们处于静止态（尽管它实际在运动），于是得到图 8-17b。注意由于叶片弦线与旋转平面共线，攻角与相对的来风角 Φ 等同，与风力机的叶片相似。现在将这些矢量分解，得到图 8-17c。从图中可以看出，如果 $(F_L\sin\alpha) - (F_D\cos\alpha) > 0$，则存在一个净的向前的作用力，作用在叶片的旋转方向。反作用力分量对于旋转不起作用，但转子轴承必须能够承载这些力。如果净的向前的推力大于零，叶片将被推向前方，并且能够从气流中吸收能量。叶片形状在这里极其重要，因为它决定着升力系数 C_L 和阻力系数 C_D，因而决定了向前的推力的大小。

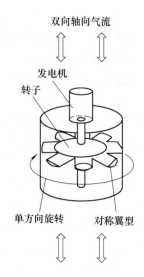

图 8-16 Wells 空气涡轮机

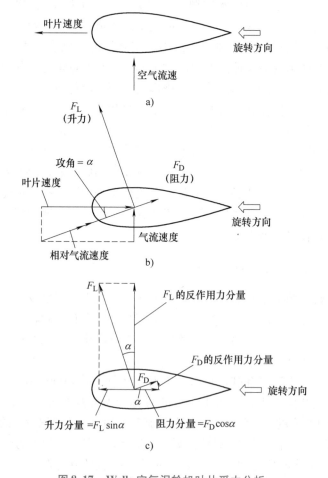

图 8-17 Wells 空气涡轮机叶片受力分析

a) 气流方向和叶片方向 b) 相对空气速度及升力和阻力 c) 作用在转动平面上的力

当 Wells 涡轮机以定常速度旋转时，在气流与压强差之间存在一个线性关系。这说明 Wells 涡轮机对气流具有一个恒定的阻力。精心地选择设计参数保证了这一阻力与所处的波浪气候条件相匹配。像这样的阻力匹配使能量从波浪到发电机的传递最大化。Wells 涡轮机由于具有恒定的阻力，特别适合波浪能的应用，而传统的空气涡轮机的阻力随气流而变。一台传统的涡轮机可能具有最优峰值效率，而 Wells 涡轮机可以在一定气流范围均能良好工作，使其具有更好的波周期效率。Wells 涡轮机还具有的优点是，在典型应用的尺寸下，它可以变速旋转（1500 ~ 3000r/min），从而发电机可以直接连接到涡轮机转轴，省去了增速齿轮箱。

8.6　世界主要波浪能装置的范例

目前在国际上应用的波浪能装置中，楔形流道装置由于具有储能的功能，因而具有特别的价值。而振荡水柱型（OWC）则是应用最广的波浪能转换装置，因为其结构简单，坚固耐用。

本节将从固定式装置和浮动式装置两大类型，介绍国际上波浪能利用的主要装置，由此使读者了解驯服波浪的主要方法。

8.6.1　固定式装置

（1）楔形流道装置（TAPCHAN）　1985 年，Norwave 公司在挪威的贝尔根（Bergen）附近的一个小岛上建成了 350kW 试验型楔形流道波浪能转换装置，起名为 TAPCHAN，即楔形流道（图 8-18）。流道入口为一个 40m 宽的喇叭形收集口。波浪经过一个倾斜的流道从而发生会聚，波高不断增大。然后，它们向狭窄并逐渐升高的楔形流道的末端传播。当水流在上端流出时，进入一个水库，然后经过水轮机返回大海。试验的流道高度为 10m 高（7m 低于海面，3m 高于海面），170m 长。由于波浪被迫流进逐渐狭窄的流道，波浪的高度被抬高，直到波峰击打壁面超过流道高度，进入高于海面 3m 的水库。于是，波浪的动能转换成势能，进而通过使水库中的水流经 Kaplan 涡轮机，将其转换为电能。这一过程驱动 350kW 的发电机组，进入挪威电网。

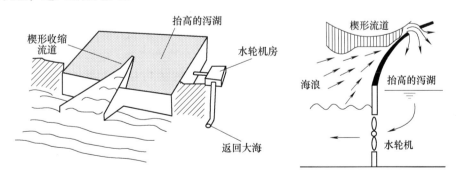

图 8-18　TAPCHAN 楔形流道示意图

TAPCHAN 设计简单，由于移动部件很少，其维护费用低，可靠性高。储水库还能帮助电力输出平稳。由于海洋波浪具有随机的性质，大多数波浪能转换器产生振荡的电力输出。相比其他方法，TAPCHAN 将波浪收集在水库中，从而使 Kaplan 涡轮机的输出取决于水库水面与海面之间相对稳定的水位差。TAPCHAN 因此具有一种能量储存的能力，这在其他的波浪能转换器里是不具备的。目前正在计划将这种系统应用于印度尼西亚等地区和国家。

20 世纪 90 年代，Norwave 公司考虑采用减少造价的楔形流道装置（TAPCHAN）。其中一种方法是通过预测波浪，使 Kaplan 水轮机在一系列大波浪到来之前在短期内快速运行，以输出更多的功率，从而降低了水库的水位，为大浪到来留下了空间。这一技术使得设计者可以设计较小的库容，从而降低了造价。另一种减少造价的方法是缩短流道长度。这一方法已经用在贝尔根的楔形流道装置的原型上。

TAPCHAN 也存在一些技术上的难点。它不能在世界上普遍推广，因为要使这种系统有效工作，建造地点必须同时具备若干特点，包括：①良好的波浪气候，即平均波能高，有持续波浪；②有深水港湾；③有小的潮差（小于1m），否则低水头水轮机系统不能每天 24h 正常工作；④容易并低成本地建造水库，通常要求海岸有自然构造。

（2）"设计者引渠"振荡水柱装置（LIMPET） 目前已经试验和设计的大多数装置是振荡水柱型（OWC），如图 8-19 所示，在这类装置中，一个空气腔体穿过水表面，内部的空气被进入的海浪的波峰和波谷推挤、吸引，流出和流进腔体。在空气流进和流出容腔的路径上，空气穿过一个空气涡轮机，发出电能。在许多 OWC 装置中采用威尔士（Wells）空气涡轮机，

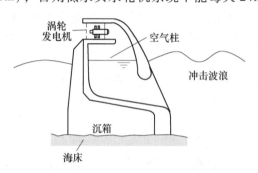

图 8-19　固定式振荡水柱装置

这种新颖的轴流式空气涡轮机，无论气体流进还是流出容腔，总是朝一个方向旋转。并具有空气动力学的特性，特别适合用于波能转换。固定的振荡水柱装置已经在英国、挪威、日本、印度、阿绍尔群岛等地建造，中国目前研制的几座试验波力电站也都是这一类型。下面主要介绍英国的海岸引渠振荡水柱装置，即 LIMPET 装置。

从 1985 年开始，北爱尔兰的女王大学（Queen's University）的研究人员在苏格兰群岛试制海岸引渠振荡水柱装置。在对周边地区进行勘探后，爱雷（Islay）岛被选为第一个引渠 OWC 装置地，其目的是研究小型波浪能装置在海岛上或遥远的地方，替代通常的柴油发电机所用能源的可行性。于 1989 年建成 75kW 的振荡水柱型（OWC）波浪能试验电站。该装置利用现有的技术，以低成本建造而成。它包括一个楔形容器，由加强混凝土构建，底部开口，允许海水流入，从而带动 OWC 装置发电。该装置从 1991—1999 年，以间歇的形式为当地电网供电。到 1999 年停止工作。

在从第一个装置获得经验后，女王大学又与 Wavegen of Inverness 公司合作，开始了称为"设计者引渠（LIMPET）"的第二个 OWC 项目，以克服一期装置的一些局限。第二个 OWC 装置的主要改变包括建造方法和振荡水柱的形状。LIMPET 是在天然的岩石后面挖掘，利用岩石屏蔽，只是在最后阶段打通。与一期装置一样，海水涌进容器形成水柱，随着波浪上升和下降。水柱如同一个活塞，随着水柱的上升和下降，空气被吸进容器上端，通过圆形管道排出。运动的空气驱动威尔士涡轮机，带动发电机发电。LIMPET 的施工步骤如图 8-20 所示。

最初的 OWC 装置的振荡容器采用与背壁成直角的水平底面，因而造成湍流以及随之而来的能量损失。为了改进进出振荡容器的水流状态，LIMPET 将流道建成倾斜的，从而更有

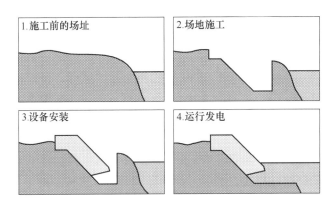

图 8-20 LIMPET 的施工步骤

效地将水流运动从水平变为垂直，或者相反。LIMPET 装置于 2000 年 9 月完工（图 8-21）。它包括一个矩形倾斜腔室，将空气流导入 2 台相反方向旋转的威尔士涡轮机中。每台涡轮机连接一台 250kW 的感应发电机，使该装置产生最大功率为 500kW 的电能输出。这一波浪能转换装置为计划中的三个装置之一。

a)

b)

图 8-21 完工后的"设计者引渠"装置

a）迎浪面 b）背浪面

（3）摆板式装置 非振荡水柱装置的典型代表为摆板式装置，它由日本室兰工业大学研制，从 20 世纪 80 年代开始在日本北海道附近的内浦湾进行试验。波能电站通过一个能在波浪中前后摇摆的摆板吸收波浪能（图 8-22）。摆板是一个活动闸门，铰接在顶部，内部是一个长为 1/4 波长的容腔。这一长度对应一个波长内的第一个峰值，于是摆板受到最大的力推动。实际

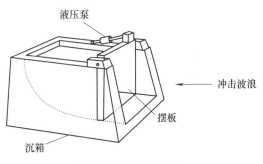

图 8-22 摆板式装置

上摆板只是在特别的波长下位于波长的峰值。一个推拉作用的液压系统将摆板的运动的机械能转变成电能。摆板的运行很适合波浪大推力和低频率的特性，它的阻尼是液压装

置。利用两台单向作用的液压马达驱动发电机便可吸取全周期的波浪能。试验电站的摆宽为 2m，最大摆角为 ±30°。波高 1.5m，周期 4s 时的正常输出约为 5kW，总效率约为 40%，是日本电站中效率较高的一座。

两个额定功率 5kW 的样机从 20 世纪 80 年代初期开始运行，目前正在研制更大功率的摆式波力电站（300~600kW）。装置有 4 块 5m 宽的摆板，建于一个 50m 长的防波堤上。

8.6.2 浮动式装置

（1）巨鲸装置 巨鲸（The Mighty Whale）是由日本海洋科学技术中心研制的浮动 OWC 装置（图 8-23），属于终结性模式，吸收波能的原理为振荡水柱。波浪从类似鲸鱼的嘴里进入空气腔，压缩或抽吸空气。内部装有三台排成一排的 OWC 装置。分别对模型尺寸和实物原型两方面进行了试验。为了保持相对稳定的参数框架，需要相当沉重的框架结构（长度 50m，质量 1000t，功率 120kW）。但这一设计考虑了结合防浪堤和提供休闲的功能，设计者相信巨鲸装置成本是合算的。试验于 1998 年 9 月在日本的东京湾开始，水深为 40m。那里典型的波浪条件是 $H_s = 1m$，$T_e = 5~8s$，平均功率密度为 4kW/m。在 6~7s 的能量周期，平均功率输出为 6~7kW，给出总转换效率约 15%。

图 8-23 巨鲸—浮动型 OWC 装置

（2）浮动式波能船（FWPV） 这是英国研制的一种离岸的浮动式倾斜流道装置（图 8-24），为结合船的构造所设计。FWPV 装置于 2002 年下锚在离苏格兰的西兰得海岸 500m 的深度为 50~80m 的海底。其设计最大功率输出为 1.5MW，产电每年 520 万 kW·h，成本为 7 便士/kW·h。该装置的原理是，让海水在波浪带动下冲上倾斜的前甲板，流过一台标准的 Kaplan 水轮机回到海中。在许多方面，该装置可比作浮动形式的倾斜流道 TAPCHAN。

（3）海蚌式装置（CLAM） 该装置是由英国考文垂大学（Coventry University）在 20 世纪 80 年代研制的，它由 12 个相互连接的空气室组成，构成一个圆环（图 8-25），每个空气室带动一个 Wells 涡轮机。实际大小为大约 60m 的直径。它放置于深水（40~100m）中。每个空气室用柔性增强橡胶膜与海水隔离。波浪使空气室之间的空气运动。入射的波浪推动一个空气室的空气流经 12 个空气涡轮机中的某一个，去填充另一个空气室。由于空气系统是密封的，随着作用在环上的波峰和波谷的变换，空气的流动方向来回变换。

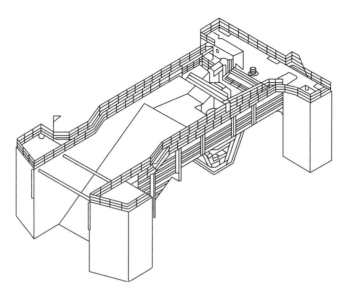

图 8-24 浮动式波能船（FWPV）

（4）点头鸭式装置（DUCK） 由英国爱丁堡大学索尔特教授（Stephen Salter）于 20 世纪 70 年代末设计的"点头鸭"式装置（图 8-26），属于终结型装置，吸收波能的原理为摇摆机构带动内部的凸轮/铰链机构，产生压力水或油。可以设想为许多凸轮装置机构连接在狭长的柔性的浮动主梁骨架上，在海面上可以延伸几千米长。主梁的方向将调整为沿着波前的方向，使此"点头鸭"主要作为终结型装置。"点头鸭"的运动设计为与水粒子的运动轨迹相耦合，这种耦合可以在一种波浪频率时达到几乎完全一致，而在长波中的效率可以通过改变节点控制脊骨的弯曲度来实现。这种设计可以同时将波浪能的动能和势能转换为机械能，在理论上为所有波能转换器中最有效的一种，效率达到 90% 以上。但其应用还需要解决许多工程上的问题，其中一个困难就是难以随机地从摇动的机构中吸取能量。

图 8-25 海蚌式装置（CLAM）

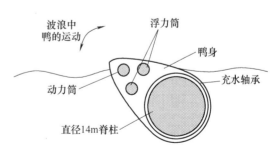

图 8-26 点头鸭式装置

（5）海蛇装置（Pelamis or Sea Snake） 这种装置由英国海洋能源输出公司（Ocean Power Delivery Ltd，OPD）设计，用于离岸式的波浪能转换。

海蛇起源于爱丁堡大学的点头鸭，由一系列圆柱体铰接在一起（图 8-27），但在这里它们是减缓型装置，从而作为主动式部件。波浪引起的圆柱体运动被液压缸吸收，产生的高压油通过减振蓄能器驱动液压马达，带动发动机发电。

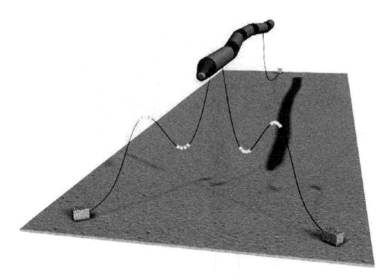

图 8-27　海蛇

波浪能装置在海洋中的生存能力是装置研制的关键。海蛇本身具有"卸载"能力，即其骨架不受全部冲击作用，而通常的装置将全部经受风暴的作用。"海蛇"作为一种减浪装置，它"骑在"波上面而不是横过波浪。于是长波风暴的波浪中它解调，不随波浪同步运动。一台 750kW 装置将有 150m 长，3.5m 直径，由 5 个模件组成。电力输出通过海底电缆连接到电网。海蛇技术于 2006 年被葡萄牙引进，在葡萄牙西北海岸外安装，2008 年首次发电，但其后该项目因经费问题而终止。

（6）管道泵波能转换器　如图 8-28 所示，这种装置属于点吸收型，主要由丹麦和瑞典研制。其原理是，用一组固定在海底的管道泵将海水泵出。管道泵为一增强的垂直橡胶圆管，锚在海底，上部连接海面上的主要浮体。增强缆绳被仔细地呈螺旋形缠绕在管道上，当管道被浮子上拉，以响应波峰的到来时，管道内的海水被压缩，并被泵出管道，传送到陆地上方的储水库中，管道通过单向阀重新注满水。当水库中的水流回到大海时，利用冲击式水轮机吸收能量发电。

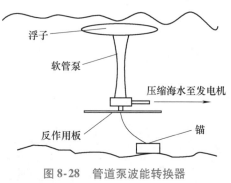

图 8-28　管道泵波能转换器

8.6.3　国内装置

中国科学院广州能源研究所从 1990 年代开始研制岸式 OWC 型波力示范电站。第一座电站装机容量为 3kW，建于珠海市大万山岛的一块巨大的岩石上，采用人造水道和 Wells 涡轮机。电站的设计波况为 $H_{1/10} = 1.5m$，平均周期为 6.5s。设计来波平均功率为 4.4kW/m。气室宽 4m、长 3m，与开口宽 6m，长 6m 的喇叭口相连。Wells 涡轮机的直径为 0.8m，叶片数为 10。电机转速为 1500r/min。在气室与 Wells 涡轮机之间装有一个安全控制蝶阀。

在该电站试运行的基础上，又建造了第二座 20kW 波力电站。该电站于 1996 年 2 月安装并开始试发电。初步试验的结果表明，20kW 波力发电机组在 $H_{1/10} = 1.2 \sim 1.5\mathrm{m}$，平均周期 $T = 5 \sim 6\mathrm{s}$ 时，电力平均输出为 $3.5 \sim 5\mathrm{kW}$，峰值功率可达 14.5kW，总能量平均俘获宽度比为 $20\% \sim 40\%$。第三座波能电站是与电网并网运行的 100kW 岸式 OWC 型装置，于 2001 年 2 月在广东省汕尾市遮浪镇完成建造，并开始试发电和实海况试验。中国也在进行波浪驱动的航标灯以及结合波浪发电的防波堤的研究，但与国际先进水平相比，还有很大的差距。

8.7 波浪发电的经济性、环境影响和技术展望

8.7.1 经济性

大型离岸式波浪发电站一旦开始建造、安装以及与必要的场地设施连接，意味着超过上千万美元的投资。但是如果以模块设计的方式，这样一台波浪发电站可以分阶段建造，于是在全部装置机组完工前即获得电力输出。近岸式波能电站可以小规模建造，然后由驳船拖曳到工作位置进行海底安装或锚接。岸式和防浪沉箱式波浪发电站已经在英国、挪威、日本和印度建造，尽管电站有时位置很偏僻，但它们的建造与小型港口或防波堤的建造相比，不存在任何更多的技术困难。

在估算波浪能发电成本时，由于不同的波浪气候条件、不同的波浪电站地点和不同的转换装置，导致很大的差别。英国对 11 种波能装置进行了一项经济评估，根据对实际装置在造波池和在自然波浪中的试验结果，以及根据商业电站的设计，发电成本 [COE，单位：美分/(kW·h)] 可计算如下

$$COE = 112.9/(波功率)^{0.64}$$

对于北大西洋，当波浪功率为 50kW/m 时，发电成本为 9.23 美分/(kW·h)。这一数据基于标准状况得出，假设有 12.5% 的优惠率并忽略海底电缆价格。

许多波浪发电装置需要安装在海上，以产生大量的能量输出。波浪能电站的总投资成本取决于电站的总的平均效率，安装地址以及当地的波浪气候。前面提到的许多装置具有约 30% 的平均效率。典型的投资成本大约在 1000 英镑/kW 左右，尽管根据具体情况数据会有较大的变动。据估计，随着电站规模成倍增大，投资成本将降低 $15\% \sim 25\%$。

8.7.2 环境影响

由于波浪能可以部分地取代化石能源，该技术将减少温室气体排放和大气污染。但波浪电站如选址不当，可能会对当地局部环境产生影响。带来的好处包括，一片得到庇护的海面可以吸引鱼类、海鸟、海豹和海草等。对环境可能的影响，包括在发电装置上采用的防锈油漆，油压装置可能会产生漏油，岸式装置的空气涡轮机产生噪声等。

波浪发电站对局部波浪的削弱可能会影响海岸环境。尽管离岸式自由浮子板装置对海岸影响很小，海底固定式装置将削弱到达岸边的波能并使潮滩变浅，从而在理论上影响海洋有机物的密度和种类分布。

波能装置可能产生对船只的潜在威胁。由于它们在海面的高度较低，波能装置无论对于视线还是雷达都较难发现。尽管可以通过灯光标志、脉冲发射机或通过建立航道来避开波能装置，某些装置可能会由于锚接损坏而漂走，这样，不仅对于船只，也对海岸和港口可能造

成事故。这种事故一旦发生，应迅速派出维修船只赶在浮子到达岸边前进行回收。

8.7.3 技术展望

在过去30多年里，波能转换技术得到快速发展，建造技术趋于成熟，能量转换效率成倍增加，特别是多共振振荡水柱，对称翼透平和相位控制技术的发展以及后弯管装置和聚波水库等技术的应用起到关键作用。

多共振振荡水柱首先在挪威的500kW波浪电站得到应用。其方法是在波能装置的气室前部增加一引浪港口，前港与气室内水柱以及来波之间在不同频率下产生谐振，使得波能在装置的周围被放大，增加装置吸收波能的宽度范围和对波浪频率变化的适应范围。通过利用前港，可以使一个窄的波能装置吸收到其迎波宽度之外的能量，从而提高效率，降低成本。一个设计良好的多共振振荡水柱装置的一级能量捕获宽度比在谐振频率附近可以达200%以上。

相位控制也是挪威科学家提出的一种提高波能装置效率的有效手段。其方法是通过控制一级能量转换机构的运动相位，使其运动速度的相位（浮体、水柱或摆板等）与入射波浪作用力的相位相适应，从而使波浪在装置周围被放大，以便有效地吸收波浪能。一般说来，参数设计只能使装置适应某个频率，而相位控制则可以使装置适应大范围的频率。通过简单地对装置的运动进行锁定和释放，可以减小装置的响应频率，也就可以使一个小的波能装置适应大周期的波浪，从而达到节约成本提高效率的目的。但如果要增加装置的响应频率，则需要能量对装置进行加速，一般不予采用。理论和实验结果均表明，相位控制技术可以减小装置尺寸，提高效率。不过由于在不规则波中的相位控制方法以及实施设备还有一些问题尚未解决，目前还未得到实际应用。但相位控制是波能实用化的希望之一。

海洋波浪能是相当可观的可再生能源，对环境的影响很小。然而波浪能利用技术仍停留在试验阶段。许多小型实验装置已经在造波槽和海上进行了试验，也有一些实用型装置正在试运行发电。这些装置或是建在岸边，或是作为防波堤，它们给出了最好的中期的应用波能技术的商业前景。岸式波能技术的长期发展，取决于它们与柴油动力的价格竞争以及波能技术与海港保护的防波堤技术的结合。

近岸和离岸波能技术的发展受到这些装置在恶劣风暴条件下的工作寿命、操作和维护要求的局限。因此，大型离岸式波能发电装置从经济的角度在短期内尚不可行。但是，如果岸式和近岸式波能技术能够成功地应用和运行，那么下一步开发的必将是离岸式大型波浪发电装置。

随着波浪能技术的发展，在不远的将来，波浪发电装置将能够为沿海地区和岛屿提供便宜的电力。除了发电以外，波浪能装置还可用于海岸防护、海水淡化、海水制氢以及海滨休闲等项目。在不远的将来，波浪能电站将与潮汐电站、海上风力田等一起，构成沿海地区的主要能量来源，成为沿海地区的一道独特的风景线。

思考题与习题

1. 什么是波浪能？波浪能的起因是什么？
2. 与其他可再生能源相比，波浪能有哪些主要特点？有哪些优点和缺点？
3. 波浪能有哪些主要的转换方式？你认为哪一种或哪几种更接近实际应用？分析它们的效率和经

济性。

4. 目前波浪能应用仍滞后于其他大多数可再生能源，停留在实验室和小规模实验阶段，是什么原因阻碍了波浪能的大规模利用？

5. 在岸式、近岸式、离岸式三种波浪能转换装置中，分别指出它们的优势和劣势，以及应用的前景。

6. 波浪能有三种转换模式：点吸收型，终结型、减缓型，它们各有什么优缺点？都适用于何种波浪场合？有没有第四种模式？

7. 简述多共振振荡水柱、相位控制、对称翼透平这三种新的波能技术原理，指出它们的优势和问题。

8. 利用你学到的知识，设计一二种新的波浪能转换装置，并分析它们的优缺点、经济性和可行性。

参 考 文 献

［1］ G Boyle. Renewable Energy-Power for a Sustainable Future［M］. 2th ed. Oxford University Press，2004.

［2］ A Clement，P McCullen，etc.. Wave energy in Europe：current status and perspectives［J］. Renewable and Sustainable Energy Reviews，2002(6) 405-431.

［3］ T W Thorpe，A Brief Review of Wave Energy，A report produced for the UK Department of Trade and Industry，网络资源.

［4］ 王传昆，陆德超，等. 中国沿海农村海洋能资源区划［R］. 国家海洋局科技司、水电部科技司. 1989.

［5］ M E 麦考密克. 海洋波浪能转换［M］. 北京：海洋出版社，1985.

［6］ H V Thurman. Essentials of Oceanography［M］. 4th ed. New York；Macmillan Publishing，1993.

第 9 章

地　热　能

　　地热能是地球内部蕴藏的各类热能的总称。在可再生能源家族中，地热能是典型的与太阳无关的能源，是目前可再生能源家族中非常现实、极具开发前景的分支。我国地热能资源丰富，分布广泛，但目前仍未大规模开发利用。随着人类文明的进步和科学技术的发展，地热能将成为人类未来重要的能源之一。

　　目前地热能的利用，主要是利用地热水和地热蒸汽。一般来说，不同温度的地热流体有不同的利用领域，可大致分为：200～400℃，发电及综合利用；100～200℃，供暖、工业热加工、干燥、制冷、发电；50～100℃，温室、供暖和供热水、医疗；20～50℃，温室、浴室、供暖、水产养殖、农业、医疗。

　　本章介绍地热能的基本概念、我国的地热资源情况、各种类型地热能的利用技术，以及地热能的开发前景和展望。

9.1　地热能概述

9.1.1　地热能起因

　　地热能来自地球内部。在地球核心地带，温度高达7000℃。在地质因素的控制下，这些热能会以热蒸汽、热水、干热岩等形式向地壳的某一范围聚集，如果达到可开发利用的条件，便成了具有开发意义的地热资源。

　　地热主要是由地球内部长寿命的微量放射性元素，主要是铀（U）238、钍（Th）232和钾（K）40衰变而放出的热量。地热能的蕴藏量很大，相当于地球煤炭资源的1.7亿倍。

　　地球是一个平均直径为12742km的巨大实心椭圆球体。它的主要部分是厚度约为2900km的地幔，它的体积占地球总体积的83%，质量为地球总质量的68%。地幔由铁、镍和镁硅酸盐构成，是地球的中间层。地幔以上是一层平均厚度为30km的硅铝和硅镁盐层，称为地壳。地幔以下是液态铁-镍物质构成的地核，其内还有一个呈固态的内核。地球的构造如图9-1所示。

　　地壳表层的温度为0～50℃；地壳下层的温度约为500～1000℃。在距地壳1000m处温度为40～45℃，2000m处为65～75℃，3000m处为90～105℃。温度梯度约为2.5～3℃/100m。地幔的温度在1200～3700℃之间。地核的温度在4300～4500℃之间。因此，地球储存了巨大的热能。据估计，在地壳表面3km以内可利用的热能就有8.37×10^{20}J，接近世界储煤的总发热量。

9.1.2　地热能利用

　　人类有计划地开发地热能始于20世纪初。1904年，意大利拉德瑞罗（Lardarello）建成了世界上第一台3/4马力（1马力=746W）的小型地热发电机组。1913年又建成功率为

250kW 的地热商业电站。1958 年新西兰怀拉基（Wairakei）地热田首次建成了直接利用地热湿蒸汽发电的地热电站。1960 年，美国著名的盖塞斯（Geysers）地热田建成了较大型的地热电站。经过几十年的发展后，盖塞斯地热电站是当前世界上最大的地热电站，发电量为 2080MW。在干热岩地热利用方面，美国洛斯阿拉莫斯国家实验室从 1973 年开始进行干热岩的地热开发试验，1984 年建成了世界上第一座 10MW 的干热岩地热发电站。日本于 1984 年开始在肘折地区钻井试验，1990 年建成了干热岩发电厂。英国也于 1977 年开始在

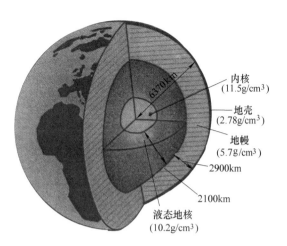

图 9-1　地球的构造

Comwall 火山区进行干热岩地热开发研究。法国于 1992 年开始在 Soultz 地区进行干热岩开发试验。到 2013 年底，全世界已有 300 多座地热电站，总装机容量约 104MW。主要分布在美国、菲律宾、意大利、墨西哥、印度尼西亚、日本和新西兰等国。我国西藏羊八井从 1977 年第一口地热井供汽发电到 2001 年，地热电站的总装机容量已达 25MW。

利用中低温地热水（150℃以下）进行发电的研究和试验大约从 20 世纪 70 年代开始。日本曾建造过两座利用 150℃地热水发电的试验电站，功率为 1000kW。我国天津大学等单位也开展过低温地热水的发电研究，但由于发电效率较低而无法大规模推广。

地热直接利用是当前国内外地热能开发最主要的形式。由于要求的地热温度较低，所以所有中低温的地热资源均可以利用。利用的方式包括供暖、温室、热加工过程和医疗、旅游等。据统计，全世界各类地热资源直接利用的比例为供暖 33%，洗浴、游泳和医疗 19%，温室 14%，制冷和热泵 12%，养殖 11%，工业 10%。国际上冰岛是开发利用地热能取暖最好的国家，总用热量达到 1200MW。在首都雷克亚维克（Reykjavik）已建成世界上第一个地热供暖系统。每小时从地下抽取 7000~8000t 热水，供全市 11 万居民使用。表 9-1 给出了截至 2005 年全世界地热资源的利用状况。

我国地热能直接利用也取得了巨大的进展。截至 2013 年，我国直接使用地热资源的设备能力约为 9GW，排名世界第二。常规地热能供暖面积达到 5000 万 m^2，浅层地热能供暖和制冷面积达到 1.4 亿 m^2。但地热发电装机容量仍较低，约为 25MW。其他利用已推广到育种育苗、花卉栽培，作物与蔬菜种植，水产养殖、洗浴、医疗、游泳、食品加工、物料干燥、洗染、发酵、矿泉水饮料和旅游观光等二十余项。例如，天津市已建成国内最大的地热供暖系统，其中静海县团泊村建起了地热综合利用多种经营的生产基地，有地热越冬鱼池、地热温室、地热食用菌生产车间、浴室及一大批地热供暖建筑物、宝坻县办起了一座地热孵化育雏的养鸡场。

随着地热利用规模和应用的扩大，地热资源的勘探评估和管理水平也得到了相应的发展。我国于 1989 年颁布了国家标准《地热资源地质勘查规范》（GB 11615—1989），2010 年 11 月颁布了 GB 11615—2010 替代了 GB 11615—1989。1993 年中国科学院推出了《地热资源数据库系统》。2001 年天津市研制了"地热资源开发利用评价设计系统"，为地热工程提

供了数据管理、工程分析和设计平台。北京市研制了一套地热井远程监控系统，可对地热井水温、流量和水位等动态数据进行遥控。

表9-1 2005年世界地热利用统计表（资料来源：中国地质调查局网站）

地区或国家	地热发电				直接利用			
	装机容量		总产量		设备容量		总产量	
	MW	%	GW·h/a	%	MW	%	GW·h/a	%
欧　洲								
西欧、北欧	1024.2	11.5	6942.7	12.2	9915.5	35.6	27322	36.8
中欧、东欧					1797.1	6.5	6061.5	8.2
其　他	79	0.9	85	0.1	705.4	2.5	3812.6	5.1
美　洲								
北　美	3487	39.2	24122	42.5	8443.1	30.3	9922.2	13.4
南　美					540.7	1.9	2167	2.9
中　美	424	4.8	2594.7	4.6	4.6		29.8	
亚　洲	3311.3	37.2	19173.5	33.8	5811	20.9	21361.5	28.8
非　洲	134	1.5	1088	1.9	189.7	0.7	762.7	1.0
大洋洲	441.2	5.0	2791.9	4.9	417.7	1.5	2793.3	3.8
总　计	8900.7	100.0	56797.4	100.0	27824.8	100.0	74232.6	100.0

地热能是人类尚未大规模开发的一种新的可再生能源。地热能的利用，可以分为发电利用和直接利用两种基本形式。地热能的大规模开发，涉及地壳深处的复杂和困难的地下作业，技术和经济上难度很大。但是，随着人类科学技术的进步和各国经济实力的提高，地热能终将会成为人类向自然获取能源的一个重要组成部分。

9.2 我国的地热资源

9.2.1 地热资源和地热带

地热中能够为人类所利用的部分，称为地热资源。显然，地热资源只是地热中很小的一部分。在这些地热资源中，有的是已经经过地质调查和地球物探工作，并经钻探验证，地质构造和地热资源储量已查明的地热资源，称为已查明地热资源或确认地热资源；而大部分则是经过了初步调查或是根据某些地热现象，如温泉、地热等物探资料推测、估算的地热资源，称为推测地热资源。这大部分地热资源开发之前尚需要进行进一步的地热地质、地球物理化学和地质构造等方面的物探和钻探工作。

地热资源的储量估算，目前采用体积法和积分法两类。体积法是根据热储中岩石和水的密度、体积、比热容以及平均温度，直接计算出热储区的静态含热量。积分法是按照热储区的地温梯度，沿深度积分得到。应该指出，热储资源的评估，受到自然条件、技术水平、成本和经济条件的制约，特别是在热储深度的取值上。

地热资源的位置和分布，主要受地质构造的控制。大量的研究和探测表明，地热资源的分布具有一定的规律性。高温地热资源都集中分布在地壳活动的地带，即地球各主要构造板块的内部。因此，按照地球板块构造学说，地球上的地热带可分成板间地热带和板内地热带两大类。

板间地热带的地热源温度高，由火山或岩浆所造成。世界上的板间地热带共有四条，它们分别是环太平洋地热带、大西洋地热带、红海—亚丁湾—东非裂谷地热带和地中海—喜马拉雅地热带。

板内地热带是在板块内部地壳隆起区和沉降区内发育的中低温地热带和少量特殊形成的高温地热带。隆起区中的地热带称为隆起断裂型地热带，它多数是沿构造断裂带呈带状分布的温泉密集带；沉降区中的地热带称为沉积型地热带，它是在地壳沉降过程中形成的有厚层沉积物覆盖的岩层中的地热区，由地壳内部获得热量。

9.2.2 地热资源的分类

地热资源储量丰富，种类很多。一个理想的地热资源示意图如图9-2所示。地热流体的主要来源是大气降水和少量地壳内部的内生水。地热系统内部主要的物理过程是地热流体的对流过程，它是自然界水循环中的一个重要环节。形成一处地热资源的三大要素是热源、流体和储热空间。在地质学上，常把地热资源按其在地下储存的形式分为五种类型，下面进行分类介绍。

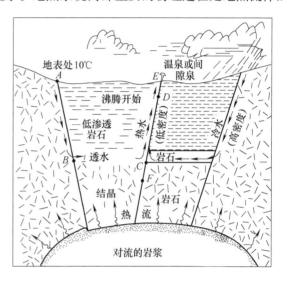

图9-2 理想地热资源示意图（White，1973）

1. 热水型地热资源

热水型地热资源是以热水形式存在的地热资源。它主要存在于火山活动地区和沉积盆地。对流型地热系统地质模型如图9-3所示。地下水从补给区到排水区形成一个环流系统，多数发育在花岗岩等结晶基岩中。地热水一般有一定的压力，温度在80～180℃之间。通常把90℃以下的称为低温地热水田，90～150℃的称为中温地热水田，150℃以上的称为高温地热水田。热水中常含有 CO_2、H_2S 等不凝性气体，大部分为 CO_2 气体。此外，不同地区的地热水中还会有0.1%～40%不等的盐分，如氯化钠、碳酸钠、硫酸钠、碳酸钙等，这类含盐的地热水具有一定的医疗效应。在利用地热水时，必须要考虑不凝性气体、盐分等对热利用设备的影响。地热水的开采方法主要是钻井，然后通过自流或水泵将地热水抽出加以利用。

2. 蒸汽型地热资源

蒸汽型地热资源是指以温度较高的湿蒸汽和过热蒸汽形式存在的地热资源。形成蒸汽型地热田需要一定的地质结构，即蒸汽被不渗透的岩层包围。这类地热田内蒸汽的温度一般在200℃以上。

蒸汽型地热资源可钻井开采，蒸汽可以直接加以利用。但蒸汽型地热资源在世界上储量较小，约占总地热资源的0.5%左右，目前仅在少数几个国家有发现。

3. 地压型地热资源

地压型地热资源是指埋藏在地下2～3km深处沉积岩中的有压力的高盐分热水。这些热水存在于可渗透的多孔岩层中，外面被不渗透的岩石包围密封，使它承受很高的压力，一般可达几十兆帕。温度在150～260℃之间。热水支撑着部分顶板岩石的重量。这种地热资源是在钻探石油时发现的。地压水中常溶解有甲烷等碳氢化合物，每立方米地压水中含气量可达 1.5～6m³（标准状态）。所以地压热水资源实际上有三种可以利用的能源可以开发，即高

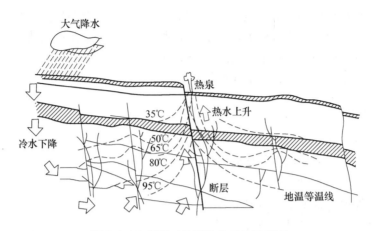

图9-3 中低温对流型地热系统示意图

温热能、压力能和甲烷的化学能。

地压型地热资源往往和油气资源同时一起开发，但需要评价长期开采后对周围环境和地质条件产生的潜在影响。

4. 干热岩型地热资源

在地壳的深处，岩石层具有很高的温度，储存着大量的热能。但因为岩石中不会有传热的流体介质，也不存在能使流体通入热岩层的通道，所以这种地热资源称为干热岩型地热资源，或称为高温岩体地热资源。干热岩的温度在 200 ~ 650℃之间，深度为 2 ~ 12km。

干热岩型地热资源的开采，在于在岩层中建立合适的渗透通道，使热流体在干热岩中循环，然后通过被加热的流体将地热能带到地面加以利用。从干热岩取热是一种对环境十分安全的办法。它既不会污染地下水或地表水，也不会排出对环境有害的气体和固体尘埃。

干热岩地热资源十分丰富，比上述三类地热资源大得多，是未来人们开发地热资源的重点目标。

实验证明，采用水力压裂干热岩，开挖注射水井和抽水井，使热流体在干热岩裂缝（裂缝开度 1 ~ 5mm）中和两井之间循环的技术路线是完全可行的。利用干热岩地热资源的主要技术障碍在于要有足够的岩石压力和在岩石中产生低流动阻力的通道，以及承受水量的损耗。同时对地下深层岩体状况的精确测定也是一个技术上的难题。

美国洛斯阿拉莫斯国家实验室干热岩地热能利用的研究进展顺利，1993 年试验井达到以 27.32MPa 和 7.3L/s 的流量注水，出水流量为 6.79L/s，水温 185℃，水损失约为 7%，产热量为 5.5MW。运行证明，岩体热流稳定，水损失小，出水品质能达到饮用水标准，无任何环境污染。

5. 岩浆型地热资源

岩浆型地热资源是指蕴藏在地层深处的呈黏弹性状态或完全熔融状态的高温熔岩。火山喷发时常把这种熔岩喷射到地面上。岩浆型地热资源约占总地热资源的 40%，岩浆温度在 1000℃以上。

开发这类地热资源需要在火山区域钻出几千米的深孔，并抽取熔岩。但是由于缺乏耐高温（1600℃）、耐高压（400MPa）、耐强腐蚀性的材料以及人类对高温高压的熔岩的运动规律缺乏了解，目前人类尚无可行的技术对这类岩浆型地热资源进行开发。在岩浆中放入换热器或热电转换设备等来获取热能可能是未来可选用的方法。

地热资源按温度分，可分为高温（$T \geqslant 1500℃$）、中温（$900℃ \leqslant T < 1500℃$）和低温（$T < 900℃$）三类，但是近年来也有人提出，以 150℃ 或 190℃ 为分界线，将地热资源仅分为低温和高温两类更具有普遍意义。

9.2.3 中国的地热资源

我国地热资源储藏十分丰富，拥有世界四大地热带中的两条，即太平洋地热带和地中海—喜马拉雅地热带。已发现的地热资源有 4200 多处，几乎遍及全国各省区。地热水（汽）的温度在 $140 \sim 330℃$ 之间，已查明的地热资源的储量相当于 4627 亿 t 标准煤，其中高于 150℃ 的中高温地热资源约为 674.4 万 kW。地热平均热流值为 $63 \sim 68 MW/m^2$，西南地区偏高，中部地区较低。

我国高温地热资源主要集中在两个地区：一是西藏南部、四川西部和云南地区；二是台湾地区。高温地热资源沿板块边界分布，形成了藏滇地热带（又称喜马拉雅地热带）和台湾地热带。

藏滇地热带地处欧亚和印度两大板块的边界，是我国大陆地热活动最强烈的一个带，在地表有强烈的高温热显示。西藏已发现水热活动区 600 多处。在藏南，超过当地水沸点的沸泉有 37 处。羊八井热水的温度高达 329.8℃，流体的干度 47%，是我国目前温度最高的地热井。云南东部主要是中低温热水区，西部以高温地热田居多。腾冲地区是高温地热资源的主要地区，平均热流值达到 $73.5 MW/m^2$，著名的热海热田、瑞滇热田就在这个区域。

台湾地热带位于太平洋板块与欧亚板块的边界，为西太平洋岛弧型地热亚带的一部分。岛上水热活动处有 100 多处。著名的北部北投火山温泉区有大量热泉、沸泉和喷气孔，其中喷气孔温度高达 120℃。在深 1005m 的一眼地热钻孔已发现有高达 294℃ 的高温蒸汽。

我国中低温的地热资源分布很广。东南沿海地热带是地壳隆起区温泉最密集的地带，包括江西、福建、广东、湖南和海南等省区。温泉水温度在 $40 \sim 80℃$ 之间。也有少数在 90℃ 以上的。此外，云南、四川、江汉盆地、新疆和北部渤海湾地区也都有丰富的中低温地热资源，其中尤其以华北地区中新代沉积盆地地热资源的开发潜力最大。目前已发现的 $70 \sim 90℃$ 的热水井有几百眼，地温梯度为 $3 \sim 3.5℃/100m$。表 9-2 列出中国地热资源成因类型，表 9-3 列出中国一些大、中型地热田资源。

表 9-2 中国地热资源成因类型（来源：中国矿业网）

成 因 类 型	热 储 温 度	代表性地热田
现（近）代火山型	高温	台湾大屯，云南腾冲热海
岩浆型	高温	西藏羊八井、羊易
断裂型	中温	广东邓屋、东山湖，福建福州、漳州，湖南灰汤
断陷盆地型	中低温	京、津、冀、鲁西、昆明、西安、临汾、运城
坳陷盆地型	中低温	四川、贵州等省分布的地热田

表 9-3 中国大、中型地热田资源（来源：中国矿业网）

位　　置	工作程度	储 层 岩 性	最高水温/℃	热能/MW	水矿化度/(mg/L)
河北怀来后郝窑	普查	第四系火山岩	88.6	12.0	0.99
北京昌平小汤山	详查	蓟县系硅质灰岩	64.0	14.4	
吉林安图白头山	普查	玄武岩、粗面岩	78.0	10.96	
西藏噶尔朗久	调查	砂砾岩	79.0	28.7	4.65
西藏那曲	勘探	板岩、砂岩	116.0	109.4	3.02
西藏羊八井	勘探	第四系花岗岩	172.0	780.0	6.73
西藏羊易	勘探	火山碎屑岩	207.0	235.8	1.59
陕西西安市	普查	第三系砂岩	101.0	34.2	1.78
陕西长安沣浴	普查	第四系砂砾石	70.0	17.8	0.52
四川大邑花水乡	普查	灰岩	68.0	18.4	
北京东南城区	勘探	蓟县系硅质灰岩	69.0	40.4	0.68
河北雄县牛驼镇	详查	炭岩、第三系砂岩	81.5	277.7	0.5 ~ 4.0
天津玉兰庄	勘探	炭岩、第三系砂岩	96.0	76.2	0.8 ~ 4.5
天津滨海	普查	第三系砂岩、砾岩	78.0	85.5	1.4 ~ 3.9
山西新绛阳王乡	普查	寒武系灰岩等	81.0	19.2	1.4
湖北应城汤池	普查	硅质白云岩	65.0	18.4	1.3

9.3　热储工程学基础

热储工程是一门新兴的工程学科，是从石油工程发展而来。热储工程的主要内容包括对地热资源的勘查、钻探，地热井试验和热储分析，热储工程基础理论以及地热资源评价等。热储工程技术的发展，对于地热资源的规划、论证、设计和开发具有重要的意义。

地热热储不同于油储、气储，因为热储包含在一个渗透性的岩层中。当原存的地热流体被抽取后，周围的流体可以进入补充。因此，从这个意义上来说，地热热储的能量并不局限于地热流体本身，这与可以开采完的油、气储完全不同。

试验地热井的开钻和测试，可以为该地热工程提供必要的基础技术信息。这些信息包括：井圈岩层地质特性和物理力学特性，地热流体的物理化学性质，热储的沸点—深度曲线，井下温度信息，地热水的压力、水位和喷流特性。对单口地热井的试验包括有：抽水降压试验，放喷试验，长期试验（持续时间为 30 天）和注水实验等。通过这些试验可以确定热储参数，计算出热储的开发潜力；探测热储的边界和运行中可能存在的问题；确定回灌水的位置、深度、压力和注水量等。

地热区岩体的热物理性质对于热储预测和热储模型，以及温度场、应力场的计算都具有重要的意义。岩体的热物理性质主要有导热系数、比热容和热扩散率，以及流体的换热系数等。

岩石的导热系数 λ 表示沿导热方向单位厚度岩石，在单位温差作用下，单位时间内所通过的热量，单位为 $W/(m \cdot K)$。砂岩、石灰岩和黏土岩的导热系数在温度为 $t = 20 \sim 300℃$ 时，由下列经验公式计算

$$\lambda_t = \lambda_0 - (\lambda_0 - 1.38)\left[\exp\left(0.725\frac{T - 293.15}{T + 403.15}\right) - 1\right] \tag{9-1}$$

式中，λ_t 为岩石在温度 t 时的导热系数；λ_0 为岩石在 20℃时的导热系数；T 为岩石热力学温度（K）。

花岗岩、玄武岩、闪长岩、橄榄岩、辉绿岩、片麻岩等的导热系数在温度为 $t = 20 \sim 600$℃时，由下列经验公式计算

$$\lambda_t = \lambda_0 - (\lambda_0 - 2.01)\left[\exp\left(\frac{T - 293.15}{T + 403.15}\right) - 1\right] \tag{9-2}$$

表9-4 和表9-5 是我国研究人员测定的岩石导热系数随温度和压力的变化。

表9-4 部分岩石不同温度下的导热系数 λ ［单位：W/(m·K)］

温度/℃	玄武岩	闪长岩	花岗岩	大理岩（平行层面）	黑曜岩	页 岩
0	2.37	2.07		3.08	1.34	
50	2.22	2.01	2.00	2.70	1.40	0.91
100	2.09	1.97	1.67	2.49	1.46	0.94
200	1.82	1.84	1.37	2.17	1.56	0.99
300	1.59	1.76	1.19		1.67	1.06
400	1.47	1.67	1.08		1.78	1.12
500	1.38	1.59	0.99		1.89	1.25
600	1.36	1.57	0.92			1.28
700	1.34	1.55	0.89			1.32
800			0.88			1.36
900			0.84			1.39
1000			0.84			
1100			0.88			
1200			0.89			

注：引自参考文献［7］。

岩石的比热容表示单位质量的岩石温度每升高 1K 所吸收的热量，用符号 c 表示，单位为 J/(kg·K)。岩石的比热容主要受岩石的成分、含水量和温度的影响。含水岩石的比热容可用下式计算

表9-5 压力对岩石导热系数 λ 的影响

压力/MPa	变质凝灰岩 λ/［W/(m·K)］	钙质粉砂岩 λ/［W/(m·K)］
0		3.473
3		3.625
5		3.743
5.9	3.515	
7	3.553	3.887
9	3.629	4.002
11.7	3.789	

（续）

压力/MPa	变质凝灰岩 λ/[W/(m·K)]	钙质粉砂岩 λ/[W/(m·K)]
12	3.855	4.163
15	3.940	4.401
17	4.038	4.407
19	4.151	4.594
22	4.256	4.752

注：引自参考文献[8]。

$$c_m = \frac{Wc_W + mc_d}{W + m} \tag{9-3}$$

式中，c_m、c_W、c_d 分别为同一温度下含水岩石、水分和干岩石的比热容；W、m 分别为岩石含水量和干燥岩石的质量。图 9-4 给出了岩石温度对比热容的影响。

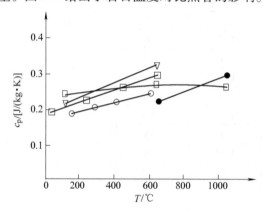

图 9-4 岩石比热容与温度的关系（引自 Heuze, 1983）

○花岗岩（Salisbury） ●花岗岩（Rockvilie） □花岗岩 ▽**Josper** 石英岩 ⊡灰色花岗岩（Charcoal）

岩石的热扩散率是反映岩石在加热或冷却过程中内部温度趋于一致的能力，也是反映岩石内部温度变化传播能力的一个物理量，用符号 a 表示，单位为 m^2/s 或 m^2/h。表 9-6 给出了不同温度下部分岩石的热扩散率。由表可知，岩石的热扩散率总体上随温度的升高而减小。

表 9-6 不同温度下部分岩石的热扩散率 a （单位：$10^{-3}m^2/h$）

温度 岩石	350K	400K	500K	600K	700 K	800 K	900 K	1000 K	1100 K	1200 K
花岗岩	5.94	5.29	3.78	2.45	1.73	1.4	1.22	1.26	1.33	1.44
辉 岩	5.08	4.68	3.96	3.20	2.63	2.48	2.41	2.38	2.27	2.09
橄榄岩	4.86	443	3.71	2.95	2.41	2.30	2.30	2.27	2.19	2.02
辉长岩	4.50	3.99	3.17	2.52	2.02	1.62	1.37	1.27	1.19	1.22
榴辉岩	4.28	4.03	3.49	3.02	2.63	2.30	2.05	1.91	1.80	1.66
微斜长石	3.74	3.53	3.17	2.81	2.52	2.38	2.27	2.19	2.16	2.12
辉长辉绿岩	3.56	3.35	3.06	2.74	2.48	2.23	2.16	1.80	1.62	1.51
闪长石	3.46	3.31	2.92	2.41	1.87	1.69	1.26	1.08	—	—
橄榄石	3.28	3.09	2.74	2.45	2.23	2.05	1.80	1.33	1.19	1.08
玄武岩	2.27	2.23	2.19	2.16	2.05	1.87	1.40	1.29	1.40	1.48

注：引自参考文献[7]。

地热带中地热流体与岩石之间的表面传热系数也是一个重要的热物理量，它反应流体与岩石之间热量交换能力的大小，用符号 h 表示，单位为 $W/(m^2 \cdot K)$。表面传热系数除了与岩石的导热性能、热流密度和通道形态有关外，还与流体的物态、流速和温度状态有关，一般需要通过实验测定。原苏联切列缅斯基得到颗粒堆积型岩层表面传热系数的近似计算公式为

当 $\dfrac{G}{\nu s}$ = 5 ~ 50 时，
$$h = \frac{0.106\lambda_f G}{\nu} \tag{9-4}$$

当 $\dfrac{G}{\nu s}$ > 50 时，
$$h = 0.61\lambda_f \left(\frac{G}{\nu}\right)^{0.67} d^{-0.3} \tag{9-5}$$

式中，ν 是流体运动黏度（m^2/s）；λ_f 为流体的导热系数 $[W/(m \cdot K)]$；G 为岩层单位横截面上流体的流量（m^3/m^2）；s 为单位体积岩石内孔隙表面积（m^2/m^3）；d 为组成岩石的颗粒直径。

井孔流体参数的测量是获取热储基本数据的重要环节。井下压力测量，一般采用普通的波登管压力计。每 50 ~ 100m 测量一次压力。温度的测量可采用电阻测温仪或热电偶。流量的测量可用孔板流量计，也可直接用简单的容积法或堰箱来进行测量。

热储工程基础理论是建立在流体通过多孔介质时的流动和传热规律的基础上。这些基本规律包括流体的热力状态方程，热力学第一定律，质量守恒方程和达西定律。其中达西定律是研究地热流体在岩层中运动的最重要的理论基础。

达西定律指出，流体流过多孔砂层时，其体积流量和沿流动方向的流体水力梯度成正比，即

$$Q = K\frac{\Delta H}{L}A \tag{9-6}$$

式中，Q 为流体的体积流量（m^3/s）；A 是流通截面积（m^2）；ΔH 是沿 L 长度的水头差（m），$\dfrac{\Delta H}{L}$ 称为水力梯度；K 是水力传导系数（m/s），它表示流体通过多孔岩层的难易程度。它由下式计算

$$K = \frac{\lambda}{\mu}\rho g \tag{9-7}$$

式中，λ 为多孔介质的固有渗透率，它与多孔介质的孔隙率、颗粒直径和排列方式有关；μ 是流体的动力黏度（$Pa \cdot s$）；ρ 为流体密度（kg/m^3）；g 为重力加速度（m/s^2）。

根据达西定律，流动条件下地热井中的压力 p 可用下式计算

$$p = p_0 + \frac{Q\mu}{4\pi\lambda h}\ln\left(\frac{1.78\phi\mu\varepsilon r^2}{4\lambda t}\right) \tag{9-8}$$

式中，p_0 为测点处的流体静压力（Pa）；ϕ 为含水层的孔隙率；h 为含水层厚度（m）；r 是井孔半径（m）；t 是生产开始到测量的时间；ε 为含水岩层的压缩系数

$$\varepsilon = -\left[\frac{1}{v}\frac{dv}{dp}\right] \tag{9-9}$$

由于岩层的可压缩性，在地热流体开采过程中常会引起地表的沉降。

岩体的导热和地热流体的对流换热是热储区内最主要的热量传递模式，相应的能量控制方程为

$$\rho_r c_{pr}\frac{\partial T_r}{\partial t} = \lambda_r \nabla^2 T_r + q_r \tag{9-10}$$

$$c_{pf} \rho_f \frac{\partial T_f}{\partial t} = \lambda_f \nabla^2 T_f + c_{pf} \rho_f \nabla(u_i T_f) + \frac{\lambda_r}{\delta}(T_{rb} - T_f) \qquad (9\text{-}11)$$

式中，T_r、T_f 分别为岩石和地热流体的温度；t 为时间；ρ_r、ρ_f、c_{pr}、c_{pf}、λ_r、λ_f 分别为岩石和流体的密度、比热容和导热系数；u_i 为地热流体在岩石中的流速；q_r 为内热源（汇）；T_{rb} 为岩石裂缝边缘温度；δ 为裂缝宽度的一半。

根据地质结构和能量、质量以及流体运动方程，建立热储理论模型并对热储进行数值模拟是热储工程的一个主要研究内容。

热储模型是针对某一特定的地质体构建的。由于地质体结构复杂，所以首先要根据钻井资料，按岩性、地层，将地质体划分为不同的层，然后再将各层细分成一个个柱体，进行三维建模。为了能对热储进行模拟研究，需要掌握下列基本数据和边界条件：岩层的地质数据；热储的边界以及流体流动区域；流体的物理化学特性以及地温和压力分布曲线等。有了地质模型和上述热储基本数据以及边界条件，就可以利用计算机对热储进行数值模拟，获取诸如该热储的开发潜力，即热储量有多大，可开采量是多少，生产井水位的下降速度以及开采与回灌对地热田长期运行特性的影响等。

图 9-5、图 9-6、图 9-7 分别示出对云南腾冲热海地热田的一些典型数值模拟结果[4]。

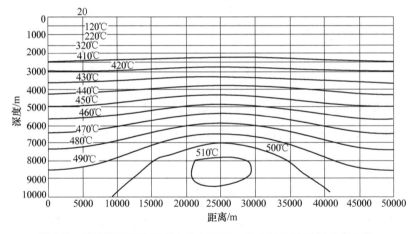

图 9-5　腾冲热田距岩浆囊中心 10 000m 垂直剖面的地温分布曲线

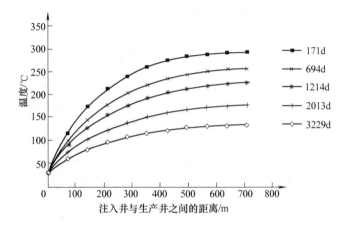

图 9-6　注入井与生产井的水温变化规律

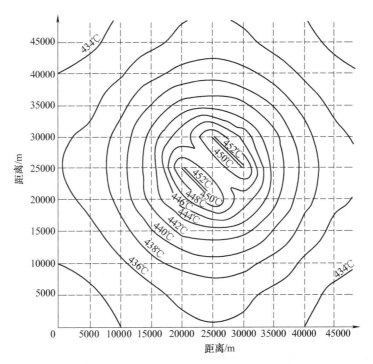

图 9-7 腾冲热田水平 4 000m 剖面的地温分布

地热资源量（热储量）的计算，可采用国际上常用的热储体积法进行。计算公式为

$$Q_r = AD\bar{c}_m(T - T_r) \tag{9-12}$$

式中，Q_r 是地热储量（kJ）；A 为热储层分布面积（m²）；D 为热储层厚度（m）；T 为热储层平均温度（℃）；T_r 为当地基准温度（℃）；$\bar{c}_m$ 为热储层岩石和流体的平均体积比热容 [kJ/(m³·℃)]，它由下式计算

$$\bar{c}_m = \rho_r c_r(1 - \varepsilon) + \rho_f c_f \varepsilon \tag{9-13}$$

式中，ρ_r、ρ_f 分别是岩石和流体的平均密度（kg/m³）；c_r、c_f 是岩石和流体的平均比热容 [kJ/(m³·℃)]；ε 为岩层的孔隙率。

计算热储量时，由于热储层各点的厚度、温度和比热容等参数不同，因此，可以将热储区划分为许多小区（网格），假定每个小区内的各参数为常量，计算出各小区的热储量，然后累加得到整个区域的热储量。

9.4 地热发电

20 世纪 70 年代后期，我国开始利用高温地热资源发电，先后在西藏羊八井、郎久建设工业性地热发电站，总装机容量 28.18MW。其中羊八井地热电站装机容量 25.18MW，利用每年 $1.095 \times 10^7 \text{m}^3$ 流量、温度 130～170℃的（地热）水，实际发电稳定在 18.5MW，约占拉萨电网全年供电量的 40%，冬季超过 60%。到 1999 年底，包括台湾在内的我国地热电站总装机容量达到 32.08MW，但目前实际运行的只有西藏羊八井、朗久、广东丰顺、湖南灰汤四座，实际生产电力装机容量为 25.78MW。表 9-7 示出了我国地热电站装机容量的概况。

表9-7 我国地热电站装机容量一览表

地 点	名 称	机 组 数	装机容量/MW	实际利用量/MW
西藏	羊八井	9	25.18	24.18（出力18.5）
	那曲	1	1	2000年停产
	朗久	2	2	1（出力0.4）
广东	丰顺	1	0.3	0.3
湖南	灰汤	1	0.3	0.3
台湾	清水	1	3	1995年停产
	土场	1	0.3	停产
总计			32.08	25.78（出力19.5）

注：资料来源于中国能源研究会地热专业委员会调查统计。

地热发电一般要求地热流体的温度在200℃以上，这时发电成本较低，有较好的经济性。但中低温（100℃以下）的地热水也可以发电，只是经济性较差。作为一种特殊情况，如偏远山区无电力供应的地区，当地有地热资源，也可因地制宜建设小型中低温地热发电站，但一定要进行技术经济可行性论证。

地热发电是高温地热资源最主要的利用方式。根据地热流体的热量参数和性状，可以有两种不同的发电方式：蒸汽型地热发电和热水型（含水汽两相混合物）地热发电。

9.4.1 蒸汽型地热电站

蒸汽型地热发电是把高温地热蒸汽田中的干蒸汽直接引入汽轮发电机组进行发电的一种发电模式。在蒸汽引入汽轮机之前，先要把地热蒸汽中的水滴、矿粒和岩屑分离和清洗干净。蒸汽型地热发电系统如图9-8所示。

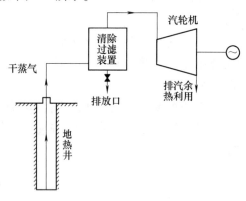

图9-8 蒸汽型地热发电系统

西藏羊八井地热电站3MW机组的热力系统如图9-9所示。该电站机组由我国自行设计和制造。该电站热力系统采用两级扩容蒸发系统，热效率达到6%。实际运行参数为：一次进汽压力为1.7×10^5Pa，温度为115℃；二次进汽压力为0.5×10^5Pa，温度为81℃。发电后排水温度为80℃。实际上还利用了从井口热水箱分离出的蒸汽，温度为130～150℃，发电量为2000kW。

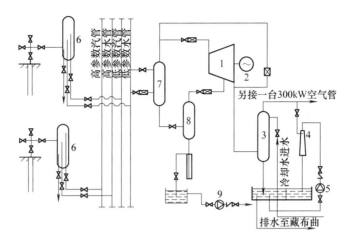

图 9-9 羊八井地热电站 3MW 机组热力系统示意图

1—汽轮机 2—发电机 3—凝汽器 4—射水抽气器 5—射水泵

6—热水箱（汽水分离器） 7—一级扩容器 8—二级扩容器 9—回灌水泵

9.4.2 热水型地热电站

热水型（含水汽两相混合物）地热发电是当前地热发电的主要形式。适用于中低温地热资源。目前，已经采用的发电循环有两种，它们分别是：

（1）闪蒸地热发电系统 闪蒸地热发电系统如图 9-10 所示。来自地热井的压力热水进入闪蒸锅炉（减压扩容），由于压力突然降低，热水发生沸腾，闪蒸出的蒸汽进入汽轮发电机组做功发电。如果地热井出口的流体是湿蒸汽，则先进入汽水分离器，分离出的蒸汽送往汽轮机，分离下来的水再进入闪蒸器，得到的蒸汽再送入汽轮机发电。闪蒸后剩下的热水和汽轮机中的凝结水可以供给其他热水用户利用。利用完后的热水再回灌到地层内。这种发电系统适合于地热水质较好且不凝气体含量较少的地热资源。图 9-11 所示是一个典型的闪蒸地热发电循环的 T-s 图。

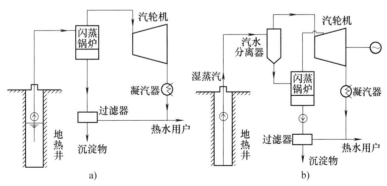

图 9-10 闪蒸地热发电系统

a）热水 b）湿蒸汽

闪蒸地热发电的特点是系统简单，运行和维护方便。闪蒸锅炉结构简单，造价低。存在的缺点是低压蒸汽比体积大，所以管道、汽轮机的尺寸较大。另外，设备中通过的是直接

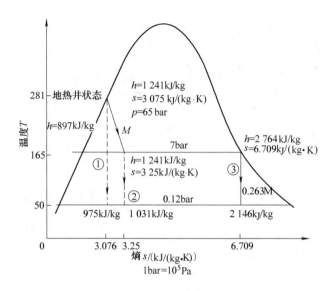

图9-11 典型闪蒸地热循环温熵图

① 从地热井得到的总热功率 $M(1241-975)=266MkW$, 100%　② 分离后的最大热功率
$M(1241-1031)=210MkW$, 79%　③ 凝汽式汽轮机最大功率 $0.263M(2764-2146)=163MkW$, 61%

从地热井来的含有一定腐蚀性成分的介质,设备易结垢与腐蚀。若蒸汽中含有不凝性气体,则汽轮机凝汽器抽真空的电耗较高。由于蒸汽的参数低,发电效率也比常规火力发电要低。

为了最大限度地利用地热能,可考虑采用多级闪蒸的系统,以提高能量的利用效率。

另一种带有两级两相分离装置的汽水两相地热发电系统如图9-12所示。这种发电系统适合具有较高地热压力的地热资源,其相应的发电效率也较高。

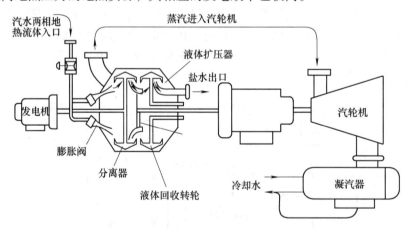

图9-12 带有前级两相分离装置的地热发电系统

(2)双循环地热发电系统　双循环地热发电系统是利用地热水来加热某种低沸点工质,使其沸腾,产生的蒸汽供汽轮发电机使用。所以该发电机系统又称中间介质法或低沸点工质循环发电。目前常用的低沸点工质有异丁烷、正丁烷、氟利昂、氯乙烷等,也可以采用异丁烷和异戊烷等混合工质。

图9-13是双循环地热发电系统图。地热水经换热器(蒸发器),加热低沸点工质,使之产生蒸汽。蒸汽进入汽轮机发电机做功发电。汽轮机排出的蒸汽经凝汽器冷却成液体后,

再用工质泵送回换热器重新加热，循环使用。
为了充分利用地热能，让从换热器排出的地
热水经过一个预热器来预热来自凝汽器的低
沸点工质液体。经过预热器的地热水再回灌
到地层中。

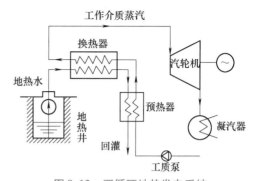

图 9-13　双循环地热发电系统

与闪蒸发电系统相比，双循环发电系统
有如下的优点：

1）低沸点工质蒸气压力高，比体积小，
所以双循环发电系统的管道和汽轮机尺寸较
小，结构紧凑，造价较低。

2）地热水与发电系统并不直接接触，管道和汽轮机受地下介质的腐蚀可以避免。

3）可以利用含盐量大，腐蚀性强和不凝性气体含量大的地热资源。

4）可以利用温度较低的地热资源。

双循环发电系统的缺点有：低沸点工质较贵，有的还易燃易爆，或有毒性，因此对系统
密封性、安全性要求较高；采用间壁式换热器，传热温差损失较大。同时低沸点工质的传热
性能较差，换热器的换热面积较大，增强了设备的投资；对系统的操作和维护的技术要求
较高。

双循环地热发电系统采用的低沸点工质汽轮机一般为轴流式。由于低沸点工质蒸气密度
较大，而等熵焓差小，因此对汽轮机的设计有特殊的要求。

9.5　地热供暖

9.5.1　地热水供暖系统

地热能用于采暖、供热和供热水，是目前地热能最广泛的利用形式。它简单、经济，热
源温度和用户使用温度十分匹配，能源利用度高，可操作性强，已在许多有地热资源的高寒
地区国家中获得应用。其中冰岛是开发利用地热能采暖最好的国家。

从能源合理利用和品位匹配的角度出发，在设计地热供暖时，应将地热供暖热负荷作为
供暖的基本负荷，以满足大部分的供暖需要。对于严寒季节供热负荷不足部分，可以考虑在
地热供暖系统中设置调峰热源（锅炉、热泵等）。这样调峰热源可以只消耗较少的燃料而达
到了充分利用地热能的目的。

地热水热利用率定义为：

地热水热利用率 = 地热水实际供热量/地热水可供热量

显然，地热水热利用率主要取决于回水温度。回水温度愈低，地热水热利用率愈高。一
般地热利用率在 40% ~ 70% 之间。

地热供暖系统可分为地热直接供暖系统与地热间接供暖系统两类。地热直接供暖系统是
指来自地热井的地热水，经过管道系统直接送往用户的供暖系统。供暖后的回水可作为综合
利用或回灌。地热直接供暖系统要求地热水井供水稳定，水质好，无腐蚀性。地热直接供暖
系统，一般由地热井及井口装置、除砂器、流体输配管道系统、用户系统和排放系统以及必

要的调峰设备所组成。地热直接供暖系统原理如图9-14所示。

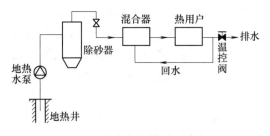

图9-14　地热直接供暖系统原理

地热直接供暖系统的供热调节主要通过调节地热水流量的方式来实现。地热水量的调节通常有下列四种方法：

1）间隙运行法。它是利用地热井泵间隙运行来改变管道中地热水的平均流量。但井泵时停时开会影响其使用寿命。

2）井口回流法。它是通过调节旁通管中的地热水流量，将地热水的一部分回流到井内，以调节向用户供应的实际供水量。

3）节流法。它是利用阀门来调节地热水泵的出水量。

4）利用可调速的井泵。这是一种最合理最节能的调节方法，已获得普遍应用。

对于有腐蚀性的地热水，应采用间接供暖系统，如图9-15所示。采用换热器将地热水和供暖循环水隔开。地热水通过换热器将热量供给洁净的循环水后排放或综合利用。循环水与地热水流量比一般为1~1.3。

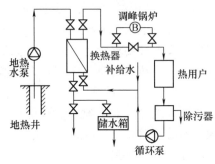

图9-15　地热间接供暖系统示意图

9.5.2　地源热泵系统

地源热泵系统以土壤作为热源或热汇，将土壤换热器置入地下，冬季将地下的低位地热能取出，通过热泵提升温度后实现对建筑供暖和供热水，同时蓄存冷量，以备夏用；夏季将建筑中的余热取出，通过热泵排至地下实现对建筑降温，同时蓄存热量，以备冬用，实现真正意义上的交替蓄能循环。由于地表热能储量大、无污染、可再生，地源热泵系统被称之为21世纪最具发展前途的供暖空调系统之一。瑞士是世界上采用地源热泵的比例最高的国家，已达96%以上。

地源热泵系统主要由土壤（室外地埋管）换热器系统、水源热泵机组、建筑物空调系统三部分组成，分别对应三个不同的环路。第一个环路为土壤换热器环路，第二个环路为热泵机组制冷剂环路，这个环路与普通的制冷循环的原理相同，第三个环路为建筑物室内空调末端环路系统，三个系统靠水或空气作为换热介质进行冷量或热量的转移，其原理如图9-16所示。

图9-16　地源热泵系统示意图

地源热泵利用地热能有三种方式，如图9-17所示。第一种是采用埋地换热器的闭式回路（图9-17a）。第二种是抽出地热水，地热水通过热泵地面换热器，即蒸发器，将地热能释放给热泵工质（图9-17b）。第三种是将吸热装置浸入表层地热水池中（图9-17c）。抽地热水的开式循环需要有较丰富的地热水资源，因此往往受到地区的限制。同时，要求地热水品质好，以减少对换热器的影响，且地热回水系统也较为复杂，所以这类地源热泵难以大量推广。获得较广泛应用的是采用埋地换热器，通过换热器和周围土壤的热交换，来获取地热能。

埋地换热器有三种形式，一种是埋设在浅层土壤中的水平埋管。这种换热器应用得不多。第二种是竖直钻孔，孔深60～120m，将U管安装在孔中再将孔填实。第三种类似于水平埋管，但管道呈蛇形环绕，以增加与土壤的接触。埋管常用塑料管。载热流体（常用水）从一侧管子流到钻孔的底部，然后从另一侧管子返回，从而实现管中水和周围土壤的热量交换。

埋地换热器地源热泵由于只从土壤中取热而不取水，因而不会因地热抽水对地面形态造成影响，也不会因地热回水而对环境造成污染。热泵系统也不受地热水腐蚀性的影响。它的缺点是获得的热能会减少。

图9-18所示为U形管埋地换热器地源热泵系统原理图。U形管中的传热介质在蒸发器和U形管中实行闭式循环。换热器与周围土壤的传热过程由6个换热过程组成，从管内流体到周围土壤依次为：地埋管内对流换热过程、地埋管管壁的导热过程、地埋管外壁面与回填物之间的传热过程、回填物内部的导热过程、回填物与孔壁的传热过程、土壤的导热过程。这些传热过程受到地下水渗流特性、土壤热物性以及换热器与土壤之间的接触状况、埋管几何结构及地埋管换热负荷变化等诸多因素的影响，计算较复杂。目前一般采用经验公式估算。

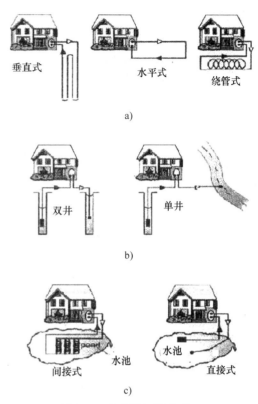

图9-17 地源热泵的种类

a） 采用埋地换热器的地源热泵（GCHP）（闭式回路）
b） 地热水热泵（GWHP）（开式回路）
c） 地表水热泵（SWHP）（湖或池塘热泵）

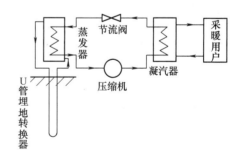

图9-18 U形管埋地换热器地源热泵系统

地源热泵系统的土壤换热器设计步骤如下：

1）根据建筑物的供热、制冷和热水供应负荷，确定土壤换热器的换热负荷和循环介质。

2）确定土壤换热器的类型和布置形式。包括水平埋管、竖直埋管闭式循环以及串联、并联的管路连接形式。考虑到我国人多地少的实际情况，在大多数情况下选择竖直埋管方式，每个钻井中可设置一组或两组U形管。

3）选择换热器管材。目前主要采用高密度聚乙烯（HDPE），管径（内径）通常采用 20~40mm，应保证管中流体的流速足够大，在管中产生湍流以利于传热，另一方面，流速又不应过大，以使循环泵的功耗保持在合理的范围内。

4）计算土壤换热器的管长。

9.5.3 地热热风供暖

地热热风供暖适用于热耗量大的建筑物和有防水要求的供暖场合。供暖的热风系统可以分为集中送风式和分散加热式两种。集中送风式是将空气在一个大的热风加热器中加热，然后输出到各个供暖房间；分散加热式是将地热水引向各个房间的暖风机或风机盘管系统，以加热房间的空气。集中送风式地热热风系统原理如图 9-19 所示。

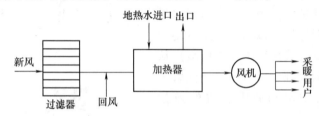

图 9-19 集中送风式地热热风系统

9.6 地热能的其他利用

地热能在农业、养殖业、加工业以及医疗、旅游等方面应用领域十分广阔。例如，利用温度适宜的地热水灌溉农田，可使农作物早熟增产；利用地热水可以养鱼，加速鱼类的生长；利用地热建造温室，进行育秧、孵化和种植蔬菜花卉；利用地热对农产品、瓜果进行脱水干燥以及培养菌种等。此外，地热温泉中常含有一些化学元素，如铁、钾、钠、氢、硫等，因此使得地热温泉产生特殊的医疗保健作用，也可以开发作为饮用矿泉水。

地热温泉附近常伴随特殊的地质、地貌条件，因此温泉也常常是著名的旅游胜地。总之，随着科学技术的进步和对可再生能源日益增长的需求，人类将对地热能进行更广泛深入的开发与利用。下面将对地热能在温室、加工和医疗、旅游等方面的利用进行较深入的分析与讨论。

9.6.1 地热温室

地热温室是地热能最广泛和最成熟的利用方式，以满足社会在一年四季中对种子、蔬菜、花卉和水果的需求。到 1998 年全世界已有地热温室面积 833 公顷，其中我国的地热温室面积达到 116ha（公顷）（$1ha = 10^4 m^2$）。

温室可以根据生物生长的需要，调节微气候和水、土、肥等方面的要求。因此，温室可以在不适合植物生态要求的季节和不适合植物生态要求的地区进行栽培。在一些技术发达的国家，已把温室和产品生产、加工组成联合企业，实现了温室内部温度、湿度、光照、通风和水肥管理的自动控制和调节。所以温室栽培已成为多学科综合的一门先进技术。

温室在运行过程中需要消耗较大的能源。目前，温室的主要能源来自太阳能和其他辅助能源。由于煤、气、油等常规能源的资源紧张和环境污染问题，利用地热能的地热温室受到了人们的关注和重视。

温室的主要结构形态是利用透明的玻璃、塑料薄膜和聚碳酸酯等覆盖材料制造顶棚，内部则装有各种加热和空调设备。

在几种透明覆盖材料中，玻璃透光性最好，使用寿命长。但它的缺点是保温性能较差，易破碎且安装难度较大。采用双层玻璃可以大大提高保温性能，但投资大且对透光性有影响。塑料薄膜（聚氯乙烯膜）是最简易、便宜的温室覆盖材料，但它的使用寿命低，一般只能用一年左右。塑料膜的厚度约为 $200\mu m$，其透光性和保温性能都较差。聚碳酸酯是一种新型的温室覆盖材料，被加工成 $6\sim16mm$ 厚的中空双层或中空三层板，板间有支撑隔板。聚碳酸酯板的透光性能较玻璃要差（约为 79%），但保温性能优于玻璃，传热系数为 $2.5\sim3W/(m^2\cdot K)$。质量小是它的主要优点。使用寿命可达 $10\sim20$ 年。但价格较贵。

加热和空调系统是温室的最主要设备。地热温室的加热是由地热水来完成的。典型的地热水直接加热温室示意图如图 9-20 所示。

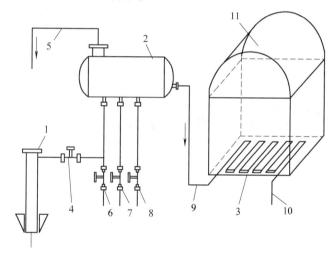

图 9-20 地热水直接加热温室示意图

1—地热井 2—热水箱 3—加热系统 4—调节阀 5—放空管 6—排水阀
7—溢水阀 8—排水阀 9—连接管 10—回水管 11—透明塑料膜

地热水加热管在温室中有不同的布置。它可以直接通过加热管（光管或翅片管）外空气自然对流向温室各部分供热，也可以通过盘管换热器向温室供应热风。图 9-21 给出了一些典型的地热温室中加热管布置方式。

9.6.2　地热在工农业加工和干燥中的应用

利用地热对工农业产品进行脱水、干燥和蒸发也是地热能的一个重要应用领域。图 9-22 是一种典型的利用地热能（110℃地热水）的多级连续输送式干燥器流程图。在一路需要高温空气的操作中，地热流体先将空气加热到 80℃，然后在空气加热器中再利用辅助热源（燃气）提升到 149℃。在方框 A-1、A-2、A-3 和 A-4 中，各设有四台并联的翅片管空气-水换热器。

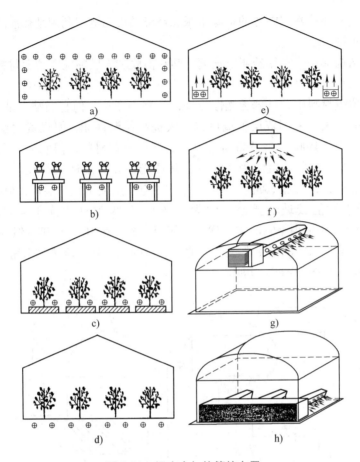

图 9-21 温室中加热管的布置

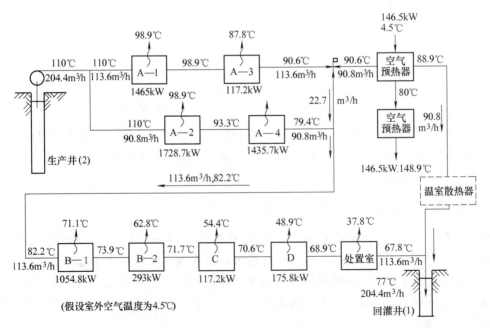

图 9-22 多级连续输送式干燥器（Lienau and Lund，1998）

（地热流体温度110℃，环境空气温度4.5℃）

9.6.3　地热在医疗和旅游方面的利用

地热在医疗和旅游方面的利用主要集中在地热温泉、火山和泉华沉积方面。

温泉是地球上分布最广又最常见的一种地热显示。温泉水清澈又温热，水中含有多种对人体有益的矿物质，因此具有治疗、饮用和洗浴的功能。依靠温泉建立的各种疗养院、休闲度假和旅游观光区已成为地热利用中的一颗闪亮的明珠。

我国温泉区大约有 300 多处，其中最多的位于云南、西藏、广东、四川和福建。云南温泉最多，被誉为"温泉之乡"。

形成温泉的三大要素是：热源、水源和通道。地球内部的内热是温泉的热源。温泉水通过埋藏不深的岩浆囊的加热（火山区）或地球内热的直接加热而升温；水源则是由地表渗透进入岩层裂隙的地下水。凡是地下涌出的温度显著高于当地年平均气温的泉水都成为温泉。

温泉按照其温度的高低，可分为温泉（≤45℃），热泉（≥45℃）和沸泉（达到当地水沸点温度）。间隙喷泉是温泉的一种特殊类型，也是一种奇特的自然景观。它具有周期性活动的特点，间断性地从地表喷出沸水和蒸汽的泉都称为间隙喷泉。世界闻名的美国黄石公园内的"老实泉"每隔 64.5min 喷发一次，每次持续 4～5min，热水温度 80～90℃，喷高 40～70m，已被联合国列入首批世界文化和自然遗产名单中。间隙喷泉都出现在地壳板块边缘的活动带中。

温泉水不仅自身具有一定的温度，而且水中还溶解了多种盐类、化学元素和不同组分的气体，所以温泉水有独特的医疗作用。它的疗效主要由温热、静压、浮力和化学元素等产生的作用引起，特别是温热和碳酸盐、硅酸盐、氡气、硫化氢和硫磺等对人身的物理化学作用，使温泉产生了独特的医疗价值。

泉华沉积是地热活动区内另一种规模壮观的地热显示。泉华总是和温泉相互伴生。泉华是温泉泉水带到地面的一种矿物盐沉积物。自然界中常见的泉华有硫华、硅华、钙华和盐华四大类。泉华体以色彩斑斓、美丽多姿的形体展现在人类面前，犹如一幅幅神奇美丽的风情画面，成为一种独特的旅游观赏资源。

火山喷发是另一种地热显示，火山体及喷发后形成的火山地貌也是一类奇特的旅游资源。我国最年轻的火山群是黑龙江省的五大连池火山区，这里分布有 14 座火山和 5 个堰塞湖，还有大面积的熔岩流和各种类型的火山地貌。1980 年起被国家辟为自然保护区，成为国内外著名的旅游景区。

总之，医疗保健和旅游事业是地热利用的一个极为重要的利用领域，是城市地热资源利用的首选，将成为国民经济的又一增长点。

9.7　地热能开采

通常，地热能是通过开挖地热井来开采的。地热流体经过换热器、锅炉等能量转换装置，将地热能转化成电能或直接利用。本节将对地热能开采利用中涉及的几种主要设备和装置分别进行介绍。

9.7.1 地热井

地热井是整个地热工程中最关键的装置。中低温地热井的井口设备，一般包括地热井泵、井口装置和测控仪表。高温地热井由于多为自喷井，一般不需要地热井泵，但井口的装置比较复杂，技术上的要求也比较高，有些类似石油的井口装置。

地热井泵与一般的水泵不同，它必须能耐高温和耐腐蚀。一般地热井泵有两种类型：长轴深井泵和潜水泵。前者水泵在井下，电机在井口，两者之间用长轴（≥100m）连接。它可以在高温地热井（200℃以上）中运行，但转速低，所以流量较小，扬程较低。后者电机直接潜入地热井口，通过短轴和泵头相连。泵轴必须有密闭措施。潜水泵实际上是一种多级离心泵，所以它的转速高、流量大，扬程也高。由于电机为高温地热流体所包围，电机绕组要求有较高的密封性和绝缘性能，它只适合输送温度在100℃以下的地热流体。潜水泵的安装位置深，可达数百米。

地热井井口装置要求密封性好，能防止空气进入系统，同时为减轻地热水对井口的腐蚀，还常采用氮气隔氧措施。此外，还要能满足井管热伸缩的要求。井口装置中须配置有测量水温、水压和流量的仪表。

对于地热水中含有较多泥沙的地热井，还需要在井口附近设置除砂器。目前使用最多的是旋流式除砂器。

对于压力较高的地热井，由于地热水到达地面井口时压力降低，部分地热水会发生汽化，呈现汽-液两相状态，且大量不溶性气体也会泄出。因此，为了使换热器或供水管道正常运行，需要在井口设置汽（气）液分离设备，一般可采用旋流式分离器。

我国大部分地热水中含有较多的铁离子，它对地热水利用装置可靠运行产生不利影响。为此，可以采用氧化除铁法，将地热水暴露在空气中，使水中的铁离子氧化成铁胶体沉淀物，然后过滤去除。为了提高氧化反应，也可以通过天然锰砂的催化作用来加速铁离子的氧化。常用的地热水曝气装置有水-气射流泵式曝气溶氧装置和强制热风式曝气塔等。

9.7.2 地热流体输送系统

地热流体输送也是地热工程中的重要环节。输送的流体可以是液态或汽-液两相混合物，但一般中低温地热流体主要是以热水的形式进行输送。地热水输送管网要进行热力和水力计算以及管道设计。地热水的输送管可选用钢管、石棉水泥管、球墨铸铁管、聚乙烯管、铝塑管和玻璃纤维增强塑料管。

为了减少在输运过程中地热能的损失，一般地热输送管道采用埋地形式，并且用聚氨酯保温材料进行管道保温，为此需要进行保温层的热力和强度设计和计算。

9.7.3 换热器

地热利用中使用的换热器有很多种，除了要求它们具有传热性能好，流动阻力小和结构紧凑、维护方便等对一般工业换热器的通用要求外，由于地热水中常常会带有很多有腐蚀性的离子和少量气体，矿化度也较高，所以还要求有较好的耐腐蚀性能，以防止地热水对金属的腐蚀。通过耐腐蚀的换热器，将地热水和供热循环水分离开。

目前，常用的换热器为钛材料制造的板式换热器。它结构紧凑、占地面积小，传热性能好，维护管理方便，耐腐蚀，但价格较为昂贵。适合地热供暖系统的换热板片面积有 $0.5m^2$、$0.8m^2$、$1.0m^2$ 等几种。板间流速常选取 $0.2 \sim 0.8m/s$。对于高温、高压的地热水，需要采用钛材料制成的耐压的管壳式换热器。在充气保护条件下，钛材的均匀腐蚀速度每年只有 $0.03mm$，且不随温度增加而增大。地热换热器常放在地热井口附近的地面上。但是对于特殊地区，为了保护地热资源本身和附近的环境生态不受破坏，不允许将地热水抽出地面。这时可以采用一种称为井下换热器的取热系统。这种换热器置于地热井内。循环冷水通过循环泵从地面打入井下换热器，通过换热器吸收地热水的热量后，再从换热器的另一端送到地面热水供应管道中。这种换热器的优点是只取热不取水，有很好的环保效应。但是井下换热器由于受到换热器换热面积和体积的限制，只适用于热负荷较小的供水系统。

另一类地热换热器称为埋地换热器，它一般用塑料管制成。埋地式换热器一般供地源热泵吸收地热能时使用。

9.8　地热回灌技术

地热资源开发过程中所遇到的另一个重要问题是热储温度和压力随开采量的增加和开采时间的延长而不断降低，并有可能引发地面沉降等环境生态问题。目前解决该问题的最佳方法是将利用后的地热水进行回灌。实践已证明了回灌不仅可以维持热储层的压力，满足地热资源的持续利用要求，而且可以保护环境和处理废水。

回灌是地热流体开采的逆过程。为了使回灌水能顺利地返回到热储开采区，地层中必须有畅通的地热水运移通道。通常，岩石间的空隙和裂缝都是地热水的运移通道。回灌按回灌井和生产井所处的地层位置的不同，可以分为同层回灌和异层回灌两大类。同层回灌是指回灌井的注水层和生产井的取水层在同一地质层位上。异层回灌则在不同的地质层位上。回灌井注水层应选择位于岩层断裂带附近，岩石破碎，裂隙发育，地下水运移通畅，回灌效果最好。由于异层回灌时，回灌水流经不同的地层后会使水质发生变化，因此应尽可能采用同层回灌。

目前，常采用的回灌方式有：同层对井回灌、异层对井回灌和同层两采一灌三种。

同层对井回灌是指在同一热储层上一对一地开挖生产井和回灌井；异层对井回灌是指在不同热储层上一对一地开挖生产井和回灌井；同层两采一灌是指在同一层上每两眼生产井配一眼回灌井。

回灌既是抽水的逆过程，对于同一含水层而言，两者无实质性的差别。因此，适用于地热流体抽取的理论模型和计算公式也同样适用于回灌过程。回灌时，井筒中水位最高，水位向井周围逐渐降低，成锥体状。地下回灌水的运动是一类向外发散的径向流。

假定含水层中水流服从 Darcy 定律，单井定流量回灌且渗透系数为常数时，距回灌井 r 处 t 时刻的水头（m）为

$$H(r,t) = \frac{Q}{4\pi T}W(r,t) \approx \frac{Q}{4\pi T}\ln\frac{2.25Tt}{sr^2} \tag{9-14}$$

上式即为回灌的 Theis 公式。式中，Q 为回灌井的流量（m^3/h）；T 为导水系数（m^2/h）；s 为含水层的储水系数；$W(r, t)$ 称为井函数。

在定压力回灌时，由于流量是变化的，所以可以先画出流量随时间的变化曲线，然后将

总时间划分成几个不同的时段，在每一时段取平均流量作为定流量回灌，再用上述公式计算上升水头，最后通过叠加求出总水位上升高度。

在地热回灌时，要避免空气进入回灌水中。否则，回灌水进入地层后，气体释放形成气泡，会引起地热水运移通道产生气相阻塞现象。另外，会引起藻类细菌生长与繁殖，堵塞空隙，影响入渗效果。因此，回灌井必须密封，避免空气进入。密封部位主要有泵座轴、阀门轴、泵管接头和压力表接头等。

回灌按加压方式不同可分为自然回灌和加压回灌。自然回灌是指将回水直接注入回灌井，加压回灌是采用加压泵将回水加压注入回灌井。对于热储条件好，裂隙发育，水运移通畅的地层可以采用自然回灌，否则需要加压回灌。

随着回灌时间的增长，回灌井会出现不同程度的堵塞现象。造成堵塞的原因有：悬浮物堵塞、细菌和微生物堵塞、化学沉淀和气相堵塞等。发生堵塞后，可以采用回扬法、化学法和灭菌法等方法消除堵塞。

思考题与习题

1. 有一口地热井，井口在海平面上655m，井深870m，井底温度53℃，井外年平均环境温度为13℃。试计算该井的地热梯度并估算深度为1350m处岩层的温度。

2. 形成一个热储必需的三大要素是什么？什么是地热系统内的主要物理过程？

3. 地热资源可分为几种不同的类型？说明它们各自的温度范围。

4. 我国地热资源的分布有什么特点？举例说明我国典型地热资源的利用情况。

5. 地热资源开发会对生态环境产生什么影响？如何避免？

6. 有一口地热井，每小时生产170t温度为205℃，压力为0.5MPa的蒸汽。若采用凝汽式汽轮机，排汽压力为6kPa，试计算汽轮机的做功量和汽耗量。若每发1kW·h电消耗8kg蒸汽，试计算该地热井的发电功率。

7. 有一地热直接供暖系统，每小时供水量为100t，地热水进水温度为80℃，通过室内散热器供暖后排水温度为40℃。试计算有效的供暖热负荷。若将散热器供暖后的地热水通过地板加热器再次利用，排水温度将为30℃，问可以回收多少地热量？

8. 一地热井生产的热水温度为105℃，水质较好且有一定的压力。试设计一个合理的地热供暖系统。

9. 地源热泵有什么优点？地源热泵有多少种安装方式？

10. 温室有什么功能？试分析温室内各种可能的传热机理。

参 考 文 献

[1] Godfrey Boyle (eds). Renewable Energy [M]. Oxford University Press, 2004.

[2] 蔡义汉. 地热直接利用 [M]. 天津：天津大学出版社，2004.

[3] Mary H Dickson, Mario Fanelli. Geothermal Energy：Utilization and Technology [M]. Published by Earthscan in UK and USA, 2005.

[4] 赵阳升，万志军，康建荣. 高温岩体地热开发导论 [M]. 北京：科学出版社，2004.

[5] 何满潮，李春华，朱家玲，等，中国中低焓地热工程技术 [M]. 北京：科学出版社，2004.

[6] Mutthews C S, Russell D G. Pressure Buildup and Flow Test in Wells[C]. Monograph 1, Society of Petroleum Engineers, Dallas, TX USA.

[7] 林睦曾. 岩石热物理学及其工程应用 [M]. 重庆：重庆大学出版社，1991.

[8] 赵永信, 杨淑贞, 张文仁, 等. 岩石热导率的温压实验及分析 [J]. 地球物理学进展, 1995, 10 (1): 104-113.

[9] 勒热夫斯基, 诺维克. 岩石的物理学基础 [M]. 何修仁, 黄士芳, 译. 北京: 中国矿业大学出版社, 1989.

[10] Heuze F E, 1983 Int. J Rock Mech, Min. Sci&Geomech. Abstr, 26(2):125

[11] Lindal B. Industrial and other applications of geothermal energy [M]. In: H C H Armstead(ed), Geothermal Energy, UNESCO, 1973.

[12] 刘时彬. 地热资源及其开发利用和保护 [M]. 北京: 化学工业出版社, 2005.

[13] D E. White. Characteristics of geothermal resource [M]. In: P Kruger and C Otte (eds), Geothermal Energy, Stanford University Press, 1973.

[14] GB 50366—2005地源热泵系统工程技术规范(2009年版) [S]. 北京:中国建筑工业出版社,2005.

[15] Lund J. 100 Years of Geothermal Power Production [J]. Geo- Heat Centre Quarterly Bulletin (Klamath Falls, Oregon: Oregon Institute of Technology), 2004, 25(3):11-19.

第 10 章

氢能与燃料电池

氢能是一种新的二次能源。常用的电能、汽油、柴油、酒精等属于传统的二次能源。随着人类社会能源供需矛盾的加剧和化石燃料造成的对环境污染的威胁，对新的二次能源的开发日益迫切。氢能就是一种人类所期待的清洁的二次能源。氢能可以输送、储存、大规模生产和可再生利用，同时对环境友好，基本上没有环境污染。当前，氢能源的研究、开发和利用正受到越来越广泛的重视。氢能源正处于技术开发阶段。到 21 世纪中叶，氢有可能将取代石油，成为使用最广泛的燃料之一。

本章将对氢能源的特性、制备方法以及氢能的主要应用对象——燃料电池进行分析和讨论。

10.1 氢元素和氢能

1766 年英国科学家卡文迪什（Cavendish）从金属与酸的作用中发现了氢气。氢元素是周期表中的第一号元素，以符号 H 表示。氢的相对原子质量是 1.008，是已知元素中最轻的元素。它在常温下是气体，标准大气压下，沸点是 $-252.87℃$，凝固点为 $-259.14℃$。

氢在自然界中有三种同位素，其中质量数为 1 的氕占 99.98%，质量数为 2 的氘占 0.02%，极微量的质量数为 3 的氚约占 10^{-16}%。氢是自然界中最普遍存在的元素，大约占到整个宇宙物质质量的 75%。在地球上与地球大气范围内，氢除了以气态少量存在于空气中外，绝大部分以化合物的形态存在于水中。

氢气在常温下为无色无臭的气体，密度是空气的 0.0689 倍。氢气的导热性很高。固态氢具有金属性和超导性。氢能是由氢元素燃烧或化学反应时所释放出的能量，主要以热能或化学能的形式出现。

氢气燃烧有下列特点：

1）发热值高，约 143.5MJ/kg，是化石燃料发热值的 3 倍以上。

2）点燃快，燃点高，燃烧性能好。与空气混合时，在空气含量为 4%～74% 的范围内都能稳定燃烧，燃烧效率很高。

3）氢气在空气中燃烧时，与空气中的氧化合成水蒸气以及少量氧化氮，不产生其他对环境有害的污染物质，是一种清洁燃料。

氢的利用形式很多，除了可以通过燃烧将化学能转变成热能以外，还可以在燃料电池反应中直接由化学能转变成电能。此外，氢还可以形成固态的金属氢化物，可作为结构材料使用。

氢能的利用已有近百年的历史。第一次世界大战中，利用充装氢气的探测气球，用于对敌方战场的侦察。在 1928—1937 年的 10 年中，充氢气的飞艇作为一种新型的运输工具，曾多次飞越大西洋，先后承载过 1 万多名乘客。之后氢气除了在大量的各类气球中使用外，还逐步地在化工、化肥、塑料和冶金行业中作为一种重要的原料而获得广泛使用。利用氢与氮合成的合成氨生产的尿素已成为现代农业肥料的支柱。

20 世纪 70 年代爆发的石油危机，加快了人类利用各类可再生能源的步伐。1974 年成立了国际氢能协会（International Hydrogen Energy Association），主要进行氢能利用的研究交流，范围包括氢的制备、储存、运输和应用技术等领域。科学家们预测，氢能和电能将成为未来能源体系的两大支柱，21 世纪中期以后将是氢经济（Hydrogen Economy）时代。图 10-1 示出对未来能源结构体系的展望。

按照美国能源部的计划，从现有的能源体系向氢能体系的过渡可以分成四步：第一步（2015 年之前），进行相关氢能技术的研发；第二步（2010—2025年），氢能初步进入市场。在便携式电源和运输工具上开始实现商业化，并且

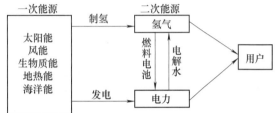

图 10-1　未来能源结构体系的展望

开始与氢能利用相关的基础设施建设；第三步（2015—2035 年），进行氢能源和运输系统实用化，市场和基础设施不断扩大；第四步（2035 年以后），市场和基础设施完善化，氢能源和运输系统广泛应用于各个领域，进入真正的氢经济时代。

冰岛于 1999 年投入 650 万美元在其首都雷克亚维克启动了一个名为"生态城市交通系统"的计划，其总体目标为在 2030 年前后，冰岛全境实现以氢能替代传统能源。由于冰岛所使用的能源主要来自地热能和水力发电，因此该计划主要发展电解水技术，在加氢站就地制氢，以燃料电池为主要动力设备。

国际上其他的有关大规模开发氢能的项目有德国和沙特阿拉伯合作的"Hy-Solar Project"，目标是利用沙特阿拉伯丰富的太阳能资源制取氢气；欧盟和加拿大合作的"Euro-Quebec-Hydro-Hydrogen Pilot Project"，目标是利用加拿大魁北克省丰富的水电资源制取氢气；日本的"WE-NET Project"，主要用于开发氢能利用的各项相关技术。

目前全世界每年约生产 $5 \times 10^{12} m^3$ 的氢气，以肥料和石油化工工业用量为最大。氢气中的 90% 是以石油、天然气和煤为主要原料制取的。

解决氢能大规模利用的关键在于规模化的廉价制氢技术、安全高效的储氢技术和输送技术，这也是当前各国科技工作者关心和研究的热点和难点。

氢能作为一种高效清洁能源，有着重要而广泛的应用前景。人们已在规划未来氢能时代的各种方案。展望未来，氢能的主要应用领域有：

（1）航空航天　由于液氢的优良燃烧特性和能量密度，目前已广泛地用于卫星和航天器的火箭发动机中。1985 年美国洛克希德和波音公司已试飞了以氢为燃料的远程客机。俄国也正在研制之中。海军舰艇用氢作为燃料也正在设计实验中。以固态氢为动力燃料和过程性结构材料的宇宙飞行器也在研究之中。

（2）交通运输　国际上许多国家都已研制出以氢为燃料的汽车。氢化金属储氢和氢气发动机已经研制成功并投入使用。日本还研制了以液氢为燃料的汽车发动机。运行实践表明，液氢汽车在安全性和运行特性方面都能满足市场要求。目前存在的问题是制氢和储氢成

本较高，且储氢技术尚未达到市场化的要求。一旦这两个问题取得突破，人类将全面进入氢燃料汽车时代。

（3）工业   长期以来，氢一直是石油、化工、化肥和冶金工业的重要原料。在石油裂解、煤气化、合成氨、合成塑料和铁矿石还原中，都需要用到氢。在电力工业中，目前正在研究用氢作为燃料的尖峰负荷发电厂，其热效率可达到 47% ~ 49%。而更有市场前景的还是直接以氢为原料的燃料电池。这将在下面进行详细的介绍。

总之，利用太阳能和生物质制氢，大规模利用氢能，实现以"氢循环"替代现有化石燃料的"碳循环"，形成所谓的氢能经济，将使人类进入永久清洁能源利用时代。

10.2 氢的制备

通常人们所指的氢能，是指游离的分子氢 H_2 所具有的能量。虽然地球上氢元素含量十分丰富，但是游离的分子氢却十分的稀少。在大气中游离的 H_2 仅有二百万分之一的水平。氢通常以化合物的形态存在于水、生物质和矿物质燃料中。要从这些物质中获得氢，需要消耗大量的能量。因此，为了实现氢能的大规模应用，最关键的是要找到一种廉价低能耗的制氢方法。

人类制氢的历史已经很长，但是氢气的产量一直不大，主要作为化工原料使用。

目前掌握的制备氢的方法有下列四种：

1. 甲烷或碳与水蒸气反应制氢

该制氢方法是：采用煤、石油或天然气等化石燃料，在高温下与水蒸气发生催化反应，其反应方程为

甲烷催化水蒸气重整反应 $CH_4 + 2H_2O \rightarrow 4H_2 + CO_2$ (10-1)

煤气化制氢反应 $C + 2H_2O \rightarrow CO_2 + 2H_2$ (10-2)

甲醇催化裂解反应 $CH_3OH + H_2O \rightarrow CO_2 + 3H_2$ (10-3)

由于制氢反应都是吸热反应，所需要的热量从部分燃烧煤气或天然气获得，也可以利用外部热源，如核能等。

挪威自 1990 年起，开发了一种新的热解烃类原料制备氢气的技术，该技术采用等离子火焰获得热解反应所需要的高温。使用天然气为原料时，氢的纯度可达 98%，等离子发生器的热效率为 97% ~ 98%，电能消耗为 $1.1 kW \cdot h/m^3$，原料气的转化率接近 100%。装置的年设计生产能力为 $1 \times 10^6 ~ 3.6 \times 10^8 m^3$。

2. 电解水制氢

利用外加电能对水进行电解来产生氢气的方法已有很长的历史了，也是目前最广泛使用的制氢方法。图 10-2 是电解水的原理图。水电解过程就是使直流电通过导电水溶液（通常加 H_2SO_4 或 KOH）使水分解成 H_2 和 O_2，理想状态下（水的理论分解电压为 1.23V）制氢时的电能消耗为 $32.9 kW \cdot h/kg$。实际电能的消耗要大于此值，一般能量效率只有 70% 左右。电解的反应式为

阳极 $H_2O + 电能 \rightarrow \frac{1}{2}O_2 + 2H^+ + 2e^-$

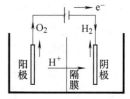

图 10-2   电解水制氢原理

阴极 $2H^+ + 2e^- \longrightarrow H_2$

电池反应 $H_2O + \Delta Q \Longleftrightarrow H_2 + \dfrac{1}{2}O_2$　　　　　　　　　　　　　　　(10-4)

式中，使水电解的能量 ΔQ 约为 242kJ/mol，这大大超过碳氢化合物制氢的理论能耗。为了提高制氢效率，水的电解通常在 3.0~5.0MPa 的压力下进行。

电解水槽目前有三种类型：①碱性电解槽；②质子交换膜电解槽；③固体氧化物电解槽。表 10-1 是三种电解槽性能的比较。

表 10-1　不同类型电解槽的特性

类　型	电　解　液	工作温度/℃	迁移离子	效　率
碱性电解槽	20%~30% KOH	70~100	OH^-	80%
质子交换膜电解槽	PEM 膜	50~90	H^+	94%
固体氧化物电解槽	氧化锆	600~1000	O^{2-}	90%

碱性电解槽效率较低，但技术成熟，价格便宜，目前被广泛使用。它使用有致癌性的石棉作为隔膜。因此，各国都在研究石棉的取代材料。现已有多种聚合物。如 PTFE（Poly Tetra Fluorethylene），PSF（Poly Sulfone）等具有和石棉类似的特性。在电极方面，采用新的雷尼镍、Ni-Mo 合金等作为电极材料，可以加快水的分解速度，提高电解效率。

质子交换膜电解槽采用薄膜作为固体电解质，其机械强度和化学稳定性都很高，电解效率高，但价格昂贵。随着膜成本的下降以及电极催化剂铂用量的减少，这类电解槽将逐步成为电解水制氢的主要装置。

固体氧化物电解槽由于温度高，电化学反应快，电能消耗较少，同时还可以使用工业余热，是一种新的电解槽。但工作温度高，存在着安全隐患，使其推广受到限制。

近来，采用煤辅助水电解的方法，可以使电解的能耗比常规下降 1 倍。煤辅助水电解反应为

阳极：　　　　　　　　　　$C + 2H_2O = CO_2 + 4H^+ + 4e^-$

阴极：　　　　　　　　　　$2H^+ + 2e^- = H_2$　　　　　　　　　　　(10-5)

电池反应：　　　　　　　　$C + 2H_2O = CO_2 + H_2$

具体做法是以 H_2SO_4 为电解质，将粒径小于 $200\mu m$ 的煤粉悬浮于电解质中，煤粉的质量浓度为 $0.01~1.0g/cm^3$。阳极为铂或石墨。

高温水蒸气电解是水电解制氢的另一种方法。它把稳定的 ZrO_2 等作为传导氧离子的电解质，在 900℃ 以上使水蒸气电解。该方法的优点是将分解水所需要的部分电能以热能的形式提供，能量利用率有所提高。电极反应过程为

阳极：　　　　　　　　　　$O^{2-} \rightarrow \dfrac{1}{2}O_2 + 2e^-$

阴极：　　　　　　　　　　$H_2O + 2e^- \rightarrow H_2 + O^{2-}$　　　　　　　　(10-6)

电池反应：　　　　　　　　$H_2O \rightarrow H_2 + \dfrac{1}{2}O_2$

3. 热化学制氢

从水中制氢，也可以通过高温化学反应的方法进行。按照反应中所涉及的中间载体物料，可以分成氧化物体系、卤化物体系、含硫体系和杂化物体系四种反应体系。它们分别为

氧化物体系： $3MeO + H_2O \rightarrow Me_3O_4 + H_2$

$$Me_3O_4 \rightarrow 3MeO + \frac{1}{2}O_2 \qquad (10\text{-}7)$$

其中 Me 为金属 Mn、Fe、Co、Mg、Zn、Al 等。

卤化物体系： $3MeX + 4H_2O \rightarrow Me_3O_4 + 6HX + H_2$

其中 Me 为金属 Mn、Fe、Ca 等。X 为 Cl、Br、I。 $\qquad (10\text{-}8)$

$$Me_3O_4 + 8HX \rightarrow 3MeX_2 + 4H_2O + X_2$$

$$MeO + X_2 \rightarrow MeX_2 + \frac{1}{2}O_2$$

$$MeX_2 + H_2O \rightarrow MeO + 2HX$$

含硫体系： $SO_2 + I_2 + 2H_2O \rightarrow 2HI + H_2SO_4$

$$H_2SO_4 \rightarrow H_2O + SO_2 + \frac{1}{2}O_2 \qquad (10\text{-}9)$$

$$2HI \rightarrow H_2 + I_2$$

杂化物体系： $CH_4 + H_2O \rightarrow CO + 3H_2$

$$CO + 2H_2O \rightarrow CH_3OH \qquad (10\text{-}10)$$

$$CH_3OH \rightarrow CH_4 + \frac{1}{2}O_2$$

上述各种体系的反应过程可以写成一种通用形式

$$H_2O + X \rightarrow XO + H_2$$

$$XO \rightarrow X + \frac{1}{2}O_2 \qquad (10\text{-}11)$$

总反应为 $\qquad H_2O \rightarrow H_2 + \frac{1}{2}O_2$

反应式中 X 是反应的中间媒体，它在反应中并不消耗，仅参与反应，但是由于其反应中呈气态，很易和氧气发生氧化反应而重新生成氧化物。因此，需将它们从产物中分离出来。一般采用快速冷却法，使其冷却成固体。整个过程仅仅消耗水和一定的热量。热化学反应的温度为 1073~1273K，由于产物分离技术尚不成熟，热化学制氢目前尚未商业化。

4. 固体生物质制氢

固体生物质也是一种可再生能源，具有十分重要的应用前景。固体生物质制氢是它的一个重要的应用领域。固体生物质制氢的基本工艺为：将生物质气化或热裂解，生成合成气。合成气中的碳氢化合物再与水蒸气发生催化重整反应，生成 H_2 和 CO_2。整个反应式为

$$C_xH_y + 2xH_2O \rightarrow xCO_2 + \left(2x + \frac{1}{2}y\right)H_2 \qquad (10\text{-}12)$$

另一种正在研究的生物质制氢新方法是利用生物质中的碳素材料，与溴和水在250℃的温度下发生化学反应，生成氢溴酸和二氧化碳，然后将氢溴酸水溶液电解成氢和溴，生成的溴再循环利用。

生物质超临界水气化制氢是正在研究的一种制氢新技术。在超临界水中进行生物质的催化气化，生物质气化率可达100%，气体产物中氢的体积含量可达50%，反应不生成焦油、

木炭等副产品，无二次污染，因此有很好的发展前景。例如，以氧化钙为催化剂的超临界水中气化松木屑，已在实验室中取得了成功。由于超临界水气化对设备要求高，目前尚在小规模实验阶段。

上述四种制氢方法，在产量、成本和能耗方面都无法达到规模化制氢的要求，这就给氢能的利用造成了障碍。为了真正意义上的大规模利用氢能，采用核能和太阳能规模化制氢已成为世界各国的共同的目标。目前各国正在探索研究的核能和太阳能规模化制氢技术有：

（1）核能热利用制氢　核能热利用制氢实质上就是利用核反应堆生成的热能或电能作为能源来进行制氢。具体的制备氢的方法仍然是上述的几种方法，例如，利用核电将水电解，用核能将煤气化以及核能热化学分解水等。核能制氢的规模，取决于核电自身的成本以及生产的安全性。

（2）太阳能制氢　太阳能制氢是最具有吸引力且最具现实意义的未来规模化制氢的一条合理的途径。这是因为太阳能清洁且用之不竭。

目前正在研究的太阳能制氢技术有：

1）太阳能热分解水制氢。利用太阳能聚焦后的高温，将水直接加热到 3000K 以上。此时水中的氢和氧就开始离解，其反应式为 $2H_2O \rightarrow 2H_2 + O_2$。加热温度越高，工作压力越低，水中氢的离解度越大。例如，在压力为 0.05bar（5kPa）、温度为 2500K 时水蒸气的分解率达 25%，当温度达到 2800K 时，分解率为 55%。这种太阳能制氢的效率很高，也可以利用催化剂在 900～1200K 温度下进行热化学制氢，但制氢的效率只有 50% 左右。太阳能高温聚焦成本太高是制约该制氢技术的关键所在。另一方面高温下的安全性和氢氧分离技术也是高温热解水需要克服的技术难点。

2）太阳能电解水制氢。太阳能通过热发电或光伏发电转换成电能，然后电解水制氢。太阳能电解水制氢的关键是降低太阳能发电的成本。

3）太阳能直接光解水制氢。太阳光中的光子在一定的环境下可以为水中加入的光敏化剂吸收并使它激发，当光子吸收量达到一定水平时，在光解催化剂的作用下，就可以将水中的氢分解出来。但光解过程的效率很低，一般不超过 10%。

4）人工光合作用制氢。人工光合作用是模拟植物的光合作用，利用太阳光制氢。具体的过程为：首先，利用金属络合物使水中分解出电子和氢离子；然后，利用太阳能提高电子能量，使它能和水中的氢离子起光合作用以产生氢。人工光合作用过程和水电解相似，只不过用太阳能代替了电能。目前还只能在实验室中制备出微量的氢气，光能的利用率也只有 15%～16%。

5）生物制氢。人们早就发现，江河湖海中的某些藻类、细菌，能够像一个生物反应器一样，在太阳光的照射下用水做原料，连续地释放出氢气。

生物制氢的物理机制是某些生物（光合生物和发酵细菌）中存在与制氢有关的酶，其中主要的是固氮酶和氢酶。固氮酶是一种多功能的氧化还原酶，主要成分是钼铁蛋白和铁蛋白，它存在于能够发生固氮作用的原核生物（如固氮菌、光合细菌和藻类等），能够把空气中的氮气（N_2）转化生成 NH_4^+ 或氨基酸。

氢酶是一种多酶复合物，主要成分是铁硫蛋白，它存在于某些微生物中。氢酶分为放氢酶和吸氢酶两种，分别为催化反应 $2H^+ + 2e^- \longleftrightarrow H_2$ 的正反应和逆反应。氢酶的作用主要是对固氮酶起催化作用。

生物制氢技术具有清洁、节能和不消耗矿物资源等突出优点。作为一种可再生资源，生物体又能自身复制、繁殖，可以通过光合作用进行物质和能量转换，同时，这种转换可以在常温、常压下通过酶的催化作用得到氢气。目前生物制氢主要有三种方法：光合生物产氢、发酵细菌产氢和光合生物与发酵细菌的混合培养产氢。其中光合生物产氢是以水为原料，利用太阳光通过生物体制氢，是一种最有前途的生物制氢方法。

能够产生氢的光合生物包括光合细菌和藻类。目前研究较多的光合细菌是深红红螺菌、红假单胞菌等，属于原核生物。催化光合细菌产氢的酶主要是固氮酶。光合细菌中含有光合系统。当光子被捕获并送到光合系统后，进行电荷分离，产生高能电子，并形成蛋白质。最后，在固氮酶的作用下进行 H^+ 还原，生成 H_2。

许多藻类（如绿藻、红藻和蓝藻）是能够进行光合产氢的微生物，H_2 代谢主要由氢酶进行。

光合生物制氢中最关键的是要有充分的太阳光照。因此，涉及合理设计生物制氢反应器中的聚光系统和光提取器。聚光系统常用抛物面盘式和槽式。

发酵细菌产氢的机制是利用发酵细菌对甲酸、脂肪酸、葡萄糖、淀粉和纤维素等底物，在固氮酶或氢酶的作用下进行分解制氢。常见的发酵产氢菌有丁酸梭状芽孢杆菌、大肠杆菌和根瘤菌等。

生物制氢的前景很好。当前需要进一步弄清这类生物和微生物制氢的物理机理，并培育出高效的制氢微生物，才有可能使太阳能生物制氢成为一项实用化的技术。

6）太阳能半导体光催化制氢。半导体 TiO_2 及过渡金属氧化物、层状金属化合物，如 $K_4Nb_6O_{17}$、$K_2La_2Ti_3O_{10}$、$Sr_2Ta_2O_7$ 等，以及能利用可见光的催化材料，如 CdS、Cu-ZnS 等，都能在一定的光照条件下，催化分解水，从而产生氢气，是一种新的正在研究的制氢新技术，虽然目前效率很低，但有很好的发展前景。

10.3 氢的储存

大规模利用氢能的另一个关键问题是氢的储存。由于氢的质量轻，常温下是气态，其单位体积的含能量要比常规能源小得多，且易燃易爆（当氢气占空气中的体积分数为4%～75%时，遇到明火可引起爆炸）。当氢作为燃料时，又具有分散性和间断使用的特点，因此氢的存储难度很大。目前可以采用的储氢方法有下列几种：

（1）高压储存　将氢气压缩成高压（15～40MPa），装入钢瓶中储存和运输。常用的压缩机有离心式、辐射式和往复活塞式，其中离心式处理量最大。储氢容器可分为四类，即：全金属容器；可承重的金属材料作衬里，外包饱和树脂纤维的容器；不可承重的金属材料作衬里，外包饱和树脂纤维；全非金属容器，压力为35MPa的由碳化纤维制成的高压气瓶已足够汽车使用。

（2）液态储存　将氢气冷却到20K左右，氢气将被液化，体积大大缩小，然后储存在绝热的低温容器中。液态氢的体积含能量很高，常温、常压下液氢的密度为气态氢的845倍，液氢的体积能量密度比高压气态储存高好几倍，已在宇航中作为燃料获得应用。氢气液化装置主要包括加压器、换热器、膨胀机和节流阀。最常用的氢液化循环是林德（Linde）循环或节流循环。氢气首先在常压下被压缩，然后在换热器中被冷却。冷却后的氢气进入节流阀进行膨胀制冷，部分氢气被液化。未被液化的冷氢气返回换热器，冷却压缩后的氢气。

如果节流前压力为 10～15MPa，温度为 50～70K，则液化率约为 25%。另一种使氢气通过膨胀机的氢液化循环采用液氮进行预冷，可以大大提高氢的液化率，是目前生产液氢的主体。高度绝热的储氢容器是液态储氢的技术关键。目前填充绝热性能最好的镀铝空心玻璃微珠绝热容器已经获得了广泛应用。

液氢储罐最理想的是球形。因为它的表面积小，热损失小，且强度高，但加工比较困难。美国宇航局用的 3800m³ 的球形容器，直径 20m，液氢的年蒸发损失量为 600000L。目前常用的为圆柱形容器。蒸发损失比球形容器大 10% 左右。当容积为 50m³ 时，蒸发损失为 0.3%～0.5%。容积越大，蒸发损失率越小。高度绝热的储氢容器是液态储氢的技术关键。目前广泛应用填充绝热性能最好的镀铝空心玻璃微珠的绝热容器。

需要指出的是，由于容器各部分的温度不同，液氢储罐中会出现"层化"现象。即由于对流作用，温度高的液氢会集中于容器的上部，使上部的蒸汽压增大，导致容器所承受的压力不均匀。因此，在液氢储存过程中，必须将上部部分氢气排出，以保证安全。另一个消除层化的方法，是在储罐内部垂直安装一导热性好的竖板，以达到消除上下温差的作用。从安全的角度看，储存的液氢最好处于过冷状态。

车用液氢容器是目前研究的热点。目前开发出的车用液氢容器分成内外两层。内胆盛装温度为 20K 的液氢，通过支撑物置于外层壳体中心。支撑物可由玻璃纤维带制成，具有良好的绝热性能。两层之间充填多层镀铝涤纶薄膜，以减少热辐射，或充填中空玻璃微珠。各层薄膜间安放炭绝热纸，增加热阻并吸附低温下的残余气体。整个夹层被抽成高真空，防止对流热损失。液氢注入管和排气管同轴，可以回收排气的冷量。管子用热导率很小的材料制成。储罐内胆一般用不锈钢制成，承压 1～2MPa，外壳用低碳钢、不锈钢制成，也可用铝合金，以减轻质量。

（3）固态金属氢化物储氢　由于氢和氢化金属之间可以进行可逆反应，当氢和氢化金属形成氢化物时，氢就以固态的形式存储于氢化物中。当需要用氢时，通过加热，氢化物就可以放出氢气。目前已经发展的氢化金属有 Li、Mg 和 Ti 的合金，如 Mg_2NiH_4 和 $FeTiH_{1.95}$ 等，氢化金属的储氢密度与液氢相当，例如每 100kg LiH 中储存 12.6kg 的氢，每 100kg MgH_2 中储存 7.6kg 氢。

金属氢化物储氢安全、储存容量大、使用方便、运输简单，是氢气储存中最方便且最有发展前景的一种储氢方法。

表 10-2 给出了一些金属氢化物的储氢能力。

表 10-2　一些金属氢化物的储氢能力

储 氢 介 质	氢原子密度/ ($\times 10^{22}/cm^3$)	储氢相对密度	含氢量（质量分数）（%）
标准状态下氢气	0.0054	—	100
氢气钢瓶（15MPa）	0.81	150	100
-253℃液氢	4.2	778	100
$LaNi_5H_6$	6.2	1148	1.37
$FeTiH_{1.95}$	5.7	1056	1.85
$MgNiH_4$	5.6	1037	3.6
MgH_2	6.6	1222	7.65

(4）其他储氢方法 除了上述三种储氢方法以外，还有另外一些方法也可以实现氢的储存。它们是：

1）配位氢化物储氢。碱金属和碱土金属同 III A 族元素可以和氢形成配位氢化物，如表 10-3 所示。它们含有丰富的轻金属元素和极高的储氢容量，可以作为优良的储氢介质。

配位氢化物储氢的机理有热解和水解两种，它们的反应式分别为

$$2M + xH_2 \longleftrightarrow 2MH_x + 热量$$

$$MH_x + xH_2O \rightarrow M(OH)_x + xH_2$$

表 10-3 碱金属和碱土金属配位氢化物及其储氢容量（理论值）

配位氢化物	储氢容量（质量分数）（%）	配位氢化物	储氢容量（质量分数）（%）
LiH	13	$Mg(BH_4)_2$	14.9
$KAlH_4$	5.8	$Ca(AlH_4)_2$	7.9
$LiAlH_4$	10.6	$NaAlH_4$	7.5
$LiBH_4$	18.5	$NaBH_4$	10.6
$Al(BH_4)_3$	16.9	$Ti(BH_4)_3$	13.1
$LiAlH_2(BH_4)_2$	15.3	$Zr(BH_4)_3$	8.9
$Mg(AlH_4)_2$	9.3		

配位氢化物吸放氢反应和储氢合金相比，主要差别是配位氢化物在普通条件下没有可逆的氢化反应，因此难于"可逆"储氢。要实现可逆储氢，必须使用催化剂并采用合适的催化反应条件。目前正在试验的催化剂有无机盐，如 $TiCl_3$，$TiCl_4$，和有机物如 $Ti(O\text{-}n\text{-}C_4H_9)_4$ 等。在 180℃ 和 8MPa 的压力下，已获得质量分数约为 5% 的可逆储放氢容量。这为未来配位氢化物储氢技术的发展奠定了基础。

2）有机物储氢。1975 年，O. Sultan 和 M. Shaw 提出利用可循环有机液体作为化学氢载体的构想，开辟了一条新的储氢途径。与传统的储氢技术相比，它的储氢量大，苯和甲苯的理论储氢量分别为 7.19% 和 6.18%，比传统的方法大 2~4 倍。同时，储氢介质的性质和汽油相似，运输和维护安全方便，且储存设施简单，而且还可以多次循环使用，寿命长达 20 年。加氢反应放出的热量也可以综合利用。

有机液体氢化物储氢是借助不饱和液体有机物与氢的可逆反应来实现的。加氢反应实现氢的储存，脱氢反应实现氢的释放。加氢反应有热化学加氢和电催化加氢，例如在 90~150℃ 的温度下，采用 Pr、Ni 作为催化剂，可以实现苯和甲苯的储氢反应。电催化加氢过程是将电解水和苯（甲苯）的加氢过程复合，可望实现氢气的生产和储存合二为一，其电极反应为

阳极： $$H_2O \rightarrow 2H^+ + \frac{1}{2}O_2 + 2e^-$$

阴极： $$C_6H_6 + 6H^+ + 6e^- \rightarrow C_6H_{12}$$

$$2H^+ + 2e^- \rightarrow H_2$$

电催化储氢反应不需要裂解氢分子，反应条件比热解加氢温和，并可通过电解电压来调节电极反应。但是要把还原产物从电解质中分离出来以及铂电极成本太高限制了该技术的应用。

脱氢过程主要通过膜催化反应器来实现。国外已有用 Pt/Al_2O_3 为催化剂、Pd 膜为分离

膜，实现了环己烷脱氢反应过程。该脱氢反应的技术关键是要有高活性的催化剂和对氢有透过选择性的高通量膜。目前已研究的膜有合金膜、二氧化硅膜和碳膜等。

目前有机物储氢的研究计划有：西欧和加拿大合作将水电能转换成氢能，然后以甲基环己烷为氢载体储存和输送到欧洲；日本的水电解＋苯电化学加氢系统，将氢能存储在环己烷中输送。由于有机物氢化物可以长时间的储存和容易实现氢的释放，所以可以考虑通过有机氢化物将夏季多余的水电资源储存到冬季枯水期使用。

有机物储氢目前还处于开创阶段，主要难点是载体脱氢温度偏高和实际释氢效率偏低。但它作为大规模季节性储氢方式具有很好的发展前景。

3）玻璃微球储氢。使用直径为 $25 \sim 500 \mu m$、壁厚为 $1 \mu m$ 的玻璃中空微球，在 $200 \sim 400 ℃$ 的范围内，氢气可以在一定压力下穿透球壁，进入玻璃球中。当温度降低到室温时，玻璃体的透过性消失，氢气就存储在微球内。然后当温度升高时，氢气就可以被释放出来。微球储氢特别适合于氢动力车系统，是一种有发展前途的储氢技术。目前的技术难点是难以制备高强度的空心玻璃微球。

4）地下储氢。地下储氢（以压缩氢气的形式）被认为是一种长期大量储氢（$10^6 m^3$ 以上）的主要方法。德国 Kiel 市于 1971 年开始使用地下岩洞储存城市气（氢含量60% ～ 65%）。法国国家气体公司也在含水层的地下结构中储存富氢精炼产物气。英国也在盐矿洞中存贮氢气。多孔、水饱和的岩石是理想的防止氢气扩散的介质。但地下储存的氢气大约有50%左右难于被释放出来，滞留在岩洞中。科学家正在研究采用盐水驱气的技术。

5）物理吸附储氢。研究发现，纳米碳管能够吸附氢气。由于纳米碳管具有很大的表面积，其上含有许多尺寸均一的微孔。当氢到达材料表面积时，即被吸附在表面上；同时，在微孔毛细管力的作用下，氢被压缩到微孔中，因此能储存很多的氢。纳米碳管的储氢能力优于金属氢化物。纳米碳管储氢已成为当前的一个研究热点。

10.4　燃料电池的基本原理

10.4.1　燃料电池的特点

1839 年英国人 Grove 发明了燃料电池，1889 年 Mood 和 Langer 首先采用了燃料电池这一名称。燃料电池是一种通过电化学反应直接将燃料的化学能转变成电能的高效发电技术。它与通常的干电池、蓄电池等一次电池区别在于燃料电池不是一个能量储存装置，而是一个能量转化装置。燃料电池需要不断地向其供应燃料和氧化剂，以维持其连续的电能输出。当供应中断时，发电过程就会结束。

与传统发电技术相比，燃料电池有如下特点：

1）燃料电池的能量转换效率高，不受卡诺效率限制。目前最高的发电效率已超过60%。如果将反应中放出的余热加以利用，其总效率将超过80%。

2）清洁、环保。燃料电池不需要锅炉、汽轮机等大型设备，没有 SO_x、NO_x 气体和固体粉尘的排放。它排放的气体污染物仅为严格的环保标准的 1/10，排放的 CO_2 和水量也远少于火力发电厂。因此，燃料电池是一种清洁能源技术。

3）可靠性和操作性良好，噪声低。

4）所用燃料广泛，占地面积小，建厂具有很大灵活性。

因此，燃料电池被称为未来最主要的发电技术之一，在世界范围内开展了广泛的基础和应用研究。由于氢气是燃料电池最主要的燃料，因此，燃料电池通常和氢能的利用联系在一起。

10.4.2 燃料电池的组成和工作原理

一个燃料电池单元由四个基本部分组成，它们是阳极、阴极、电解质和外电路。氢氧燃料电池单元如图 10-3 所示。氢氧燃料电池的阳极为氢电极，气态氢燃料连续地吹入电极。阴极为氧电极，氧气作为氧化剂连续地吹入阴极。为了加速电极上的电化学反应，燃料电池的电极上都包含了一定的催化剂。催化剂一般做成多孔材料，以增大燃料、电解质和电极之间的接触截面。这种包含催化剂的多孔电极也称为气体扩散电极，是燃料电池的关键部件。

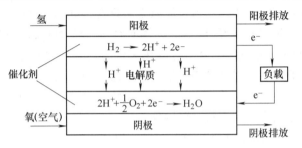

图 10-3　燃料电池的基本单元

对于液态电解质，需要有电解质保持材料，即电解质膜。电解质膜的作用是分隔氧化剂和还原剂，并同时传导离子。固态电解质直接以电解质膜的形式出现。在强度保证的条件下，电解质膜越薄越好。外电路包括集电器（双极板）和负载。双极板具有收集电流、疏导反应气体的作用。它要求具有良好的导电性、导热性和耐腐蚀性且不透气。

在两电极之间是电解质。燃料电池中的电解质有不同的种类，一般可分为五大类型：碱性型（A 型）、磷酸型（PA 型）、固体氧化物型（SO 型）、熔融碳酸盐型（MC 型）和质子交换膜型（PEM 型）。

下面以氢氧磷酸型电池为例，来说明燃料电池的工作原理。

1）氢气在阳极催化剂的作用下，发生下列阳极反应 $H_2 \rightarrow 2H^+ + 2e^-$
即氢气离解为氢离子并释放出两个电子。

2）氢离子穿过电解质到达阴极。电子则通过外电路及负载也达到阴极。在阴极催化剂的作用下，与氧气发生阴极反应生成水。反应式为 $2H^+ + 2e^- + \frac{1}{2}O_2 \rightarrow H_2O$

3）综合起来，氢氧燃料电池中总的电池反应为 $2H_2 + O_2 = 2H_2O$

伴随着电池反应，电池向外输出电能。显然，只要保持氢气和氧气的供给，该燃料电池就会连续不断地产生电能。因此，燃料电池实质上是一个发电装置。

对于一个理想的可逆燃料电池，可以输出的最大电功 W'_{max}（J/mol）为

$$W'_{max} = -\Delta G = G_{re} - G_p \tag{10-13}$$

式中，G_{re} 和 G_p 分别为反应物和生成物的摩尔吉布斯自由能（J/mol）。

燃料电池的最大电压 V_{max}（理论电动势）为

$$V_{max} = \frac{W'_{max}}{nF} \tag{10-14}$$

式中，n 为每摩尔燃料的自由电子数，也就是电池化学反应中的电子计量系数，F 为法拉第

常数 $F = 96500\text{C/mol}$。对于氢氧燃料电池 $n = 2$，$V_{\max} = 1.228\text{V}$。

燃料电池的理想电能转化效率为

$$\eta_i = \frac{W'_{\max}}{H_{re} - H_p} = \frac{G_{re} - G_p}{H_{re} - H_p} \tag{10-15}$$

式中，H_{re} 和 H_p 分别为反应物和生成物的焓。对于氢氧燃料电池 $\eta_i = 83\%$。

燃料电池由于存在不可逆损失，实际电池转化效率为

$$\eta = \frac{W'}{H_{re} - H_p} = \frac{nFE}{H_{re} - H_p} \tag{10-16}$$

式中，W' 为电池实际输出电功，E 为电池的实际输出电压，E 为

$$E = V_{\max} - \Delta V - IR_i \tag{10-17}$$

式中，ΔV 为由于存在电池电化学极化和浓差极化现象而引起的电池电动势降落；I 为电流，R_i 为电池内电阻，IR_i 又称为欧姆极化。

燃料电池的电能转化效率和电池电动势随电池的工作温度和压力的变化而变化。图 10-4 为氢氧燃料电池在可逆条件下电能转化效率和电池电动势随温度和压力变化曲线。由图可见，燃料电池的电能转换效率远高于传统的发电效率。但单电池的电压较低，只有 1V 多，所以必须将单电池串联形成电池堆而成为实用的发电装置。

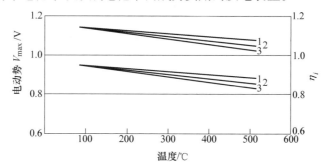

图 10-4　可逆氢－氧燃料电池效率和电动势曲线
1—0.5MPa　2—0.3MPa　3—0.1MPa

根据热力学原理，在等温条件下进行的气相化学反应 $n_A A + n_B B \to n_C C + n_D D$，反应前各组分吉布斯自由能的变化为

$$\Delta G = \Delta G^0 + RT \ln \frac{\left(\dfrac{p_C}{p_0}\right)^{n_C}\left(\dfrac{p_D}{p_0}\right)^{n_D}}{\left(\dfrac{p_A}{p_0}\right)^{n_A}\left(\dfrac{p_B}{p_0}\right)^{n_B}} \tag{10-18}$$

式中，ΔG^0 是标准状态下的吉布斯自由能变化。p_A、p_B、p_C、p_D 分别为各组分的分压力，p_0 为标准压力。

由式（10-13），可以得到燃料电池最大电压（可逆电动势）为

$$V_{\max} = V_{\max}^0 + \frac{RT}{nF} \ln \frac{\left(\dfrac{p_A}{p_0}\right)^{n_A}\left(\dfrac{p_B}{p_0}\right)^{n_B}}{\left(\dfrac{p_C}{p_0}\right)^{n_C}\left(\dfrac{p_D}{p_0}\right)^{n_D}} \tag{10-19}$$

由上式可知，反应组分的分压力增加时，电池最大电压也增大。

对于氢氧燃料电池，若所有压力的单位以 bar（$1\text{bar} = 10^5\text{Pa}$）表示，则上式可简化为

$$V_{max} = V_{max}^0 + \frac{RT}{2F}\ln\frac{p_{H_2}p_{O_2}^{\frac{1}{2}}}{p_{H_2O}} \tag{10-20}$$

在一般情况下，燃料电池阳极和阴极有相同的工作压力。设氢氧电池的工作压力为 p，则参与反应的各气体中分压力分别为

$$p_{H_2} = n_{H_2}p \quad p_{O_2} = n_{O_2}p \quad p_{H_2O} = n_{H_2O}p$$

则式（10-19）简化为

$$V_{max} = V_{max}^0 + \frac{RT}{2F}\ln\frac{n_{H_2}n_{O_2}^{\frac{1}{2}}}{n_{H_2O}} + \frac{RT}{4F}\ln p \tag{10-21}$$

下面分析反应气体压力变化对最大电压的影响。

1）当阴极氧化剂的分压力不变，阳极氢气压力从 $(p_{H_2})_1$ 变化到 $(p_{H_2})_2$ 时，燃料电池最大电压的改变量为

$$\Delta V_{max} = \frac{RT}{2F}\ln\frac{(p_{H_2})_2}{(p_{H_2})_1} \tag{10-22}$$

2）当阳极燃料气不变时，阴极氧化剂分压力从 $(p_{O_2})_1$ 变到 $(p_{O_2})_2$ 时，燃料电池最大电压的改变量为

$$\Delta V_{max} = \frac{RT}{4F}\ln\frac{(p_{O_2})_2}{(p_{O_2})_1} \tag{10-23}$$

例如，在标准状态下，以纯氧代替空气作氧化剂时，燃料电池最大电压的增加量为

$$\Delta V_{max} = \frac{RT}{4F}\ln\frac{1.0}{0.21} = 10.02\text{mV}$$

3）当电池燃料气和氧化剂组成不变，将电池工作压力由 p_1 改变到 p_2 时，电池最大电压的变化为

$$\Delta V_{max} = \frac{RT}{4F}\ln\frac{p_2}{p_1} \tag{10-24}$$

上式表明，增大电池工作压力，可以提高电池的最大电压。

10.4.3 电池极化

上面的讨论都是针对可逆电池进行的，即认为电极反应是可逆反应。但是对于实际电池来说，当电流通过电池时，电极上会发生一系列物理、化学过程，例如气体扩散、吸附、溶解等。这些过程都会产生阻力，电池反应要进行下去，就必须消耗一部分自身能量去克服这些阻力。因此，实际的电极电位就低于可逆理想电位。这种现象称为电池极化。电池极化是由于电池中有净电流通过时所产生的电化学现象。极化可以分成以下三类：

（1）活化极化 ε_{act} 产生活化极化的原因是实际电化学反应要克服反应的活化能，使反应速度变为有限值所造成的化学反应迟缓。活化极化直接与电化学反应速率有关，所以也称

为电化学极化。

活化极化 ε_{act} 可以根据塔菲尔公式计算

$$\varepsilon_{act} = a + b\ln J \qquad (10\text{-}25)$$

式中，常数 a 为当电流密度为 $1A/cm^2$ 时的电极过电位，即电极可逆电位与实际电位之差；b 为塔菲尔斜率，其值对各种金属变化不大，在常温下接近 0.12；J 为电流密度。

（2）浓度差极化 ε_{con}　当燃料电池电极上的反应气体因参与电化学反应而消耗时，在电极附近反应气体的浓度就会降低，较远处的反应气体要通过扩散到达电极，而扩散过程具有阻力，使气体到达电极的速度减慢，影响反应进程。这种由于浓度梯度造成的电极电位下降称为浓度差极化。所以浓度差极化的主要原因是反应物或产物不能及时到达或离开电极表面。

浓差极化由下式计算

$$\varepsilon_{con} = \frac{RT}{nF}\ln\left(1 - \frac{J}{J_L}\right) \qquad (10\text{-}26)$$

式中，J_L 为极限电流密度，它等于反应物在电极表面处浓度为零时所对应的最大电流。

（3）欧姆极化 ε_Ω　欧姆极化是由于离子在电解质中迁移和电子在电极中移动的阻力（电阻）所引起的。它由欧姆定律计算

$$\varepsilon_\Omega = JR \qquad (10\text{-}27)$$

式中，R 为电池的总内电阻。

所以实际燃料电池的输出电压为

$$V_{cell} = V_{max} - \varepsilon_{act} - \varepsilon_{con} - \varepsilon_\Omega \qquad (10\text{-}28)$$

图 10-5 所示为典型燃料电池的极化曲线。

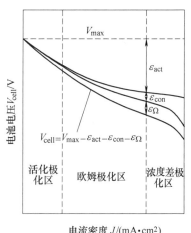

图 10-5　典型的燃料电池极化曲线

10.4.4　燃料电池效率

燃料电池和一般能量转换装置一样，在化学能与电能的转换过程中必然有能量损失。燃料电池效率就是反映它在能量转换过程中能量损失大小的一个量。

燃料电池效率的定义为

$$\eta = \frac{输出的电能}{输入的能量} \qquad (10\text{-}29)$$

在可逆过程中，燃料电池的理想效率（热力学效率）为

$$\eta_i = \frac{-\Delta G}{\Delta H} = \frac{nFV_{max}}{\Delta H} \qquad (10\text{-}30)$$

式中，ΔG 是反应前后各组分的吉布斯自由能差，ΔH 是反应前后各组分的焓差。

显然，理想效率与温度有关。例如，氢氧燃料电池在工作温度为 80℃ 时，最大电压为 $V_{max} = 1.18V$，效率 $\eta = 83\%$；在 100℃ 时，$V_{max} = 1.17V$，$\eta = 80\%$；在 200℃ 时，$V_{max} = 1.14V$，$\eta = 77\%$。与热机不同，燃料电池在较低温度下能达到较高的能量转换效率。

10.4.5 燃料电池中的催化作用

燃料电池中的电催化作用是用来加速燃料电池化学反应中电荷的转移，一般发生在电极与电解质的分界面上。在燃料电池中，通过采用适当的电催化作用，可以降低电极反应的活化能，提高电化学反应速度，从而可以提高燃料电池的效率。催化剂是一类可产生电催化作用的物质。

通常，由于燃料电池中反应速度较缓慢，极化现象严重。例如，氢氧燃料电池中，由于阴极上较高的电化学极化，如不进行催化，则在同样的工作电流下，电池的输出电压仅0.5V，电池输出功率将减少40%左右，因此在燃料电池中必须使用催化剂。

电催化剂可以分别用于催化阳极和阴极反应。这种分离的催化特征，使得人们可以更好地优选不同的催化剂。评价催化剂的主要技术指标为稳定性、电催化活性、电导率和经济性。现有的催化剂有铂、朗尼金属、碳化钨、硼化镍、碳和各类金属氧化物。其中，铂的催化性能最好，但价格昂贵。所以降低铂催化剂的用量，使用替代催化剂是降低燃料电池成本的重要因素之一，也是广大燃料电池工作者的研究目标。

10.5 燃料电池的分类及特征

燃料电池按电解质的不同，可以分成五类：碱性燃料电池（AFC）、磷酸型燃料电池（PAFC）、固体氧化物燃料电池（SOFC）、熔融碳酸盐燃料电池（MCFC）和质子交换膜燃料电池（PEMFC）。图10-6汇总了不同的电解质类型时，燃料电池中发生的五种电化学反应。表10-4列出了以上五种燃料电池的主要特征。

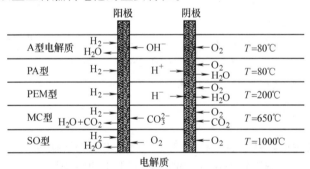

图10-6 不同电解质类型的电化学反应原理图

表10-4 五种燃料电池的主要特征

电池种类	典型电解质	工作温度/℃	燃料	氧化剂	单电池理论发电效率（%）	优 点	缺 点
AFC	KOH-H_2O	60~200	纯H_2	纯O_2	83	1. 起动快 2. 室温常压下也可工作	1. 成本高 2. 燃料单一
PAFC	H_3PO_4	60~220	甲烷 天然气 H_2	O_2 空气	80	对 CO_2 不敏感，燃料广泛	1. 对CO敏感 2. 工作温度高 3. 成本高 4. 低于峰值功率时效率下降

（续）

电池种类	典型电解质	工作温度/℃	燃料	氧化剂	单电池理论发电效率（%）	优　点	缺　点
SOFC	ZrO_2-Y_2O_3	900~1000	甲烷煤气天然气H_2	O_2空气	73	燃料广泛	工作温度过高
MCFC	$NaCO_3$	650	甲烷煤气天然气H_2	O_2空气	78	燃料广泛	工作温度高
PEMFC	含氟质子交换膜	80~100	H_2甲醇	O_2空气	83	1. 寿命长 2. 比功率大 3. 室温工作 4. 起动快 5. 输出功率可调	1. 对 CO 敏感 2. 反应物要加温

对于不同的电解质，燃料电池中发生的电化学反应也不一样。由于各种电化学反应所处的温度水平和生成的热量各不相同，所以不同电解质的燃料电池具有不同的工作温度。如果按工作温度的不同来分，燃料电池可以分成低温、中温和高温三类。其中碱性燃料电池、质子交换膜燃料电池属低温型，工作温度 80~100℃；磷酸型燃料电池工作温度在 200℃左右，属中温型；熔融碳酸盐燃料电池和固体氧化物燃料电池工作温度在 650~1000℃之间，属于高温型燃料电池。

下面将对这五类燃料电池分别进行讨论。

10.5.1　碱性燃料电池（AFC）

碱性燃料电池（Alkaline Fuel Cell，简称 AFC）是燃料电池中发展最早的一种。20 世纪 50 年代中期，英国工程师培根研制成功 5kW 电池系统是 AFC 技术发展中的一个里程碑。AFC 最初的应用是空间技术领域。到了 60 年代，AFC 陆续在汽车、潜艇等领域获得应用。AFC 的特点是电池本身结构材料选择广泛，可以不采用贵金属电极，起动快，5min 就可以达到额定负荷，电极极化损失小。它的工作原理基本上是水电解的逆过程。它以氢氧化钾（KOH）水溶液为电解质，溶液的质量分数一般为 30%~45%，最高可达 80%。工作温度 50~80℃，压力为大气压力或稍高。但当采用 KOH 为电解质时，电池对燃料气中的 CO_2 十分敏感。一旦在电解液中形成碳酸根离子，电池效率会急剧下降。所以原料气必须安装 CO_2 脱除装置。

AFC 燃料电池的电化学反应为

阳极反应 $2H_2 + 4OH^- \rightarrow 4H_2O + 4e$

阴极反应 $O_2 + 2H_2O + 4e \rightarrow 4OH^-$

整个电池反应 $2H_2 + O_2 \rightarrow 2H_2O + 电能 + 热能$

由于电池反应是一个放热过程，电池在工作时必须冷却和排水。

AFC 的电极与所选的催化剂有关。通常采用雷尼（Raney）镍为催化剂的金属阳极和以银基催化剂粉制成的阴极。电极一般制成薄电极，由多层具有不同孔隙率的多孔结构材料组成。在液相侧为薄层催化剂层，在气相侧为憎水层，这样，液体电解质和反应气体在电极内部流动时互不干扰。

例如，德国西门子公司开发的氢氧电极，它们为厚度为 1mm 的气体扩散电极。将催化剂、粘结剂及石棉借助沉积技术置于镍网担体上。阳极催化剂为涂钛的雷尼镍，载量为 $110mg/cm^2$。阴极催化剂为银，载量为 $60mg/cm^2$。在电极的电解质一侧压上一层石棉，以阻止气体进入电解质层。在高于环境压力下使用，阳极氧气室压力为 0.23MPa，阴极氢气室压力为 0.23MPa。使用这类电极的单电池电流密度为 $400mA/cm^2$ 左右，平均电压 0.8V，工作温度 82℃。

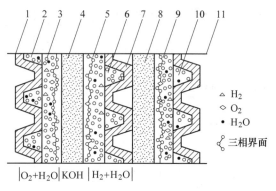

图 10-7　静态排水的氢氧隔膜型燃料电池单体示意图（基本型）

1—氧支撑板　2—氧蜂窝（气室）　3—氧电极　4—石棉膜
5—氢电极　6—氢蜂窝（气室）　7—氢支撑板　8—排水膜
9—排水膜支撑板　10—除水蜂窝（蒸发室）　11—除水蜂窝板

AFC 电池结构有两种形式：一是电解质保持在多孔体中的基体型。图 10-7 是这类电池的单体示意图。基体主要是石棉膜，它饱吸 KOH 溶液。电池成多孔叠层结构；二是自由电解质型。电解质是自由流体，电池设有电解质循环系统，可以在电池外部冷却电解质和排出水分。电极以电解液保持室隔板的形式粘结在塑料制成的电池框架上，然后再加上镍隔板做成的双极板，构成单电池，如图 10-8 所示。

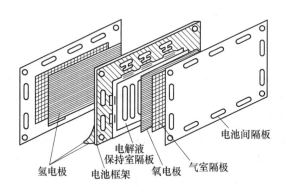

图 10-8　碱性燃料电池的结构（自由电解质型）

图 10-9 所示是 5kW 培根 AFC 电池系统简图。该系统采用多孔镍阳极，多孔氧化镍阴极，电解质为 30% KOH 溶液。工作温度为 200℃，压力 4.5MPa。在电池电压为 0.78V 时可获得 $800mA/cm^2$ 的电流密度。

总的来说，AFC 燃料电池在所有的应用领域中都可以和其他燃料电池相竞争，特别是它的低温快速起动特性。但是由于 AFC 需要纯 H_2 和纯 O_2 作为燃料和氧化剂，气体净化和排水排热系统庞大，限制了 AFC 的广泛应用。

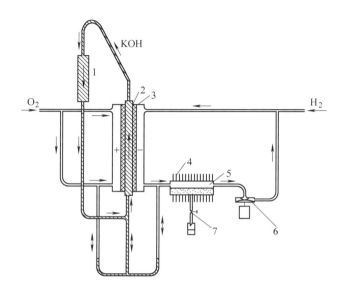

图 10-9 培根 AFC 电池系统

1—电解质循环 2—多孔镍（$\phi < 16\mu m$） 3—多孔镍（ϕ 约 $30\mu m$）
4—散热片 5—冷凝器 6—氢循环 7—阀门

10.5.2 磷酸型燃料电池（PAFC）

磷酸型燃料电池（Phosphorous Acid Fuel Cell，简称 PAFC）以磷酸水溶液为电解质，重整气为燃料，以空气为氧化剂。它对燃料气和空气中的 CO_2 具有耐受力，因此，它能适应各种工作环境。

PAFC 燃料电池中的电化学反应为

阳极反应 $H_2 \rightarrow 2H^+ + 2e^-$

阴极反应 $2H^+ + 2e^- + \dfrac{1}{2}O_2 \rightarrow H_2O$

整个电池反应 $H_2 + \dfrac{1}{2}O_2 \rightarrow H_2O$

PAFC 电池的工作温度为 $160 \sim 210℃$，工作压力为常压或稍高。电池工作时，需要采用空气、水或绝缘油进行冷却。PAFC 的实际发电效率较低。

PAFC 电池的电极是多孔扩散电极，由载体和催化剂层组成。用化学附着法将催化剂晶粒沉积在载体的微孔表面。催化剂层厚度约为 0.1mm，一般以贵金属铂作催化剂，以碳作为载体。电解质磷酸不是以自由流体而是以浸有磷酸的二氧化硅微孔膜的形式出现的。这种多孔的二氧化硅膜称为基质。

PAFC 单电池外形为正方形层状结构，如图 10-10 所示。

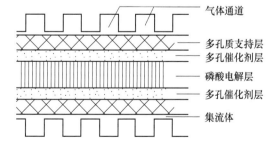

图 10-10 磷酸型燃料电池的基本构造

气体通道
多孔质支持层
多孔催化剂层
磷酸电解层
多孔催化剂层
集流体

目前，磷酸型燃料电池单电池的工作性能约为：电流密度 $350mA/cm^2$，在常压下电池输出电压 $600 \sim 700mV$，电池实际效率为 $40\% \sim 50\%$，是所有燃料电池中效率最低的。同时，由于 PAFC 需要贵金属作为催化剂，且当燃料气中 CO 含量过高时，催化剂会被毒化而大大降低其活性，因此需要有燃料气的前期处理系统，使燃料中的 CO 的质量浓度下降到每立方米燃料气中只有几毫克的低量。另一方面，PAFC 的体积较大，工作温度偏高。在低功率下运行时，电极材料性能下降很快，加上较差的起动性能，所以不适合车载和小型移动电源之用。

但是 PAFC 工作可靠，在满负荷下运行性能稳定，所以常作为医院、计算机工作站等的不间断电源使用。也可以作为固定电站使用。目前国际上已有 40kW、50kW、100kW、200kW、1000kW、5000kW 和 11MW 等各种规格的 PAFC 电站。图 10-11 给出了美国 40kW PAFC 电站系统的工艺流程图。

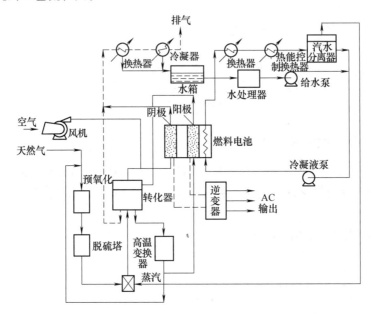

图 10-11　美国 40kW PAFC 电站系统工艺流程图

表 10-5 列出了日本 4.5MW 和 11MW PAFC 电站的主要性能。

表 10-5　4.5MW 和 11MW PAFC 电站的主要性能

项　　目	4.5MW	11MW
功率/MW	4.5	11
发电效率（%）	36.7	41.1
可调功率范围（%）	25 ~ 100	30 ~ 100
工作压力/kPa	250	740
电极面积/ cm^2	3440	9300
电站占地面积/ m^2	3240	3300
起动时间/h	4	6
NO_x 排放量（体积分数）/ $\times 10^{-6}$	<40	<10
噪声/dB	<55	<55

10.5.3　固体氧化物燃料电池（SOFC）

固体氧化物燃料电池（Solid Oxide Fuel Cell，简称 SOFC）以重整气（$H_2 + CO$）为燃料，空气为氧化剂。采用氧化钇稳定的氧化锆基固体电解质。SOFC 的工作温度为 $1000℃$ 左右，运行压力 $0.3 \sim 1MPa$，是所有燃料电池中工作温度最高的。在这样高的工作温度下，燃料能迅速氧化而不需要使用昂贵的贵金属催化剂。SOFC 是国际上正在研发的新型发电技术之一。

SOFC 电池的工作过程与其他燃料电池有所不同。由于固体电解质不允许电子和氢离子通过，而只允许带负电的氧离子通过（图 10-12），因此它的电池反应为

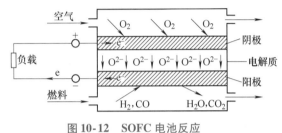

图 10-12　SOFC 电池反应

阳极反应

$$aH_2 + aO^{2-} \rightarrow aH_2O + 2ae^-$$
$$bCO + bO^{2-} \rightarrow bCO_2 + 2be^-$$

阴极反应

$$\frac{1}{2}(a+b)O_2 + (a+b)e \rightarrow (a+b)O^{2-}$$

整个电池反应为

$$\frac{1}{2}(a+b)O_2 + aH_2 + bCO \rightarrow aH_2O + bCO_2$$

SOFC 的电极使用多孔电极。由于工作温度高，常采用高温下稳定的锶掺杂的锰酸镧（LSM）为阴极材料。阳极由金属镍和氧化钇稳定的氧化锆（YSZ）骨架组成。骨架的作用是防止金属颗粒烧结，同时也使阳极的热膨胀与电池其他构件相一致。

SOFC 电池采用在高温下具有传递氧离子 O^{2-} 能力的固态氧化物为电解质，目前常用的是氧化锆基固体电解质（YSZ）。它是在氧化锆（Z_rO_2）中渗杂 $8\% \sim 10\%$（摩尔分数）的氧化钇（Y_2O_3），厚度为 $25 \sim 50\mu m$。在这样的电解质晶格中，产生氧离子空缺位，使得氧离子 O^{2-} 可以在电解质中自由移动。由于离子导电率较低，为了提高导电率，电解质的工作温度需要在 $1000℃$ 左右。

SOFC 电池的结构有薄膜型板式和管式结构两类。电极、电解质及连接材料一层层地沉积，或采用等离子喷涂技术，然后烧结成型。图 10-13 为 SOFC 单电池的结构型式简图。由于在高温下运行，要求各电池组件的高温机械相容性要好，膨胀系数接近，以减少内部热应力。

SOFC 在高温下运行，其反应热的品位较高，可以用于发电或供热。SOFC 本身的发电效率常在 60% 左右。但是如果将高温反应热综合利用，其能量利用率可达到 80% 左右。SOFC 的排气温度高达 $1000℃$，很容易和煤气化联合循环发电系统结合，因此受到能源界的重视。目前国际上最大的高温 SOFC 功率达到 $20kW$，使用煤气作为燃料。图 10-14 是世界上第一套 SOFC 和微型燃气轮机复合的发电系统示意图。机组总输出功率为 $220kW$，其中 SOFC 提供 $200kW$ 的电力。

但是高温始终是 SOFC 发展的一个障碍。为此，国际上已开始研究工作温度为 500 ~

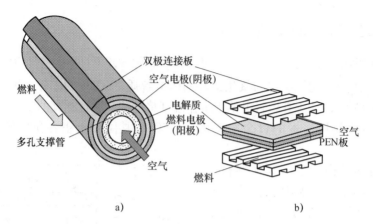

图 10-13　SOFC 单电池的结构型式简图

a）管式　b）平板式

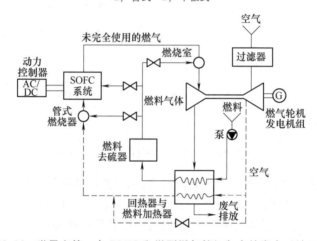

图 10-14　世界上第一套 SOFC 和微型燃气轮机复合的发电系统示意图

800℃的中温 SOFC 电解质和 400 ~ 600℃的低温 SOFC 电解质。目前开发的几类低温固体电解质中掺杂的氧离子导体 CeO_2、Bi_2O_3 和 $LaGaO_3$ 以及质子导体无机盐-氧化物复合物 $LiSO_4$-Al_2O_3 和 $RbNO_3$-Al_2O_3 是最有希望的材料。

10.5.4　熔融碳酸盐燃料电池（MCFC）

熔融碳酸盐燃料电池（Molten Carbonate Fuel Cell，简称 MCFC）采用碱金属锂（Li）、钠（Na）和钾（K）的碳酸盐为电解质，典型的有 62% $LiCO_2$ + 38% K_2CO_3。以 H_2 和 CO_2 为燃料气，O_2 和 CO_2 为氧化剂。由于 MCFC 中阳极生成 CO_2 而阴极消耗 CO_2，所以电池中需要 CO_2 的循环系统。图 10-15 是 MCFC 电池中 CO_2 循环示意图。电池工作温度为 600 ~ 700℃，在此温度下，电解质呈现熔融状态，通过电解质的载流子是碳酸根离子 CO_3^{2-}。由于阴极和阳极反应物都是气体，电化学反应需要合适的气、液、固三相界面，因此阳极和阴极必须采用特殊结构的三相多孔气体扩散电极。

熔融碳酸盐燃料电池的电化学反应为

阳极反应：

$$H_2 + CO_3^{2-} \rightarrow H_2O + CO_2 + 2e^-$$

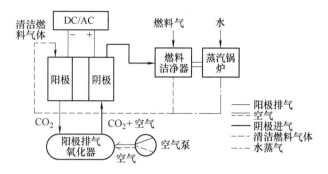

图 10-15　MCFC 电池中 CO_2 循环示意图

$$CO + CO_3^{2-} \rightarrow CO_2 + 2e^-$$

阴极反应：

$$CO_2 + 1/2O_2 + 2e^- \rightarrow CO_3^{2-}$$

整个电池反应：

$$H_2 + 1/2O_2 + CO_2(a) \rightarrow H_2O + CO_2(c)$$

MCFC 的阳极常用 Ni，Ni-Al 或 Ni-Cr 合金，阴极为 NiO，但 NiO 会在电解质中溶解，从而影响 MCFC 的使用寿命。它们的厚度为 $0.7 \sim 1.0 \mu m$，附着在厚度不到 1mm 的不锈钢双极板上。

MCFC 的电解质熔融碳酸盐包容在陶瓷颗粒混合物制成的多孔载体中，常做成瓦状的电解质瓦。电解质瓦既是离子的导体，又是阴阳极隔板，其塑性可保证电池内气体的密封，防止气体外泄。

MCFC 的结构如图 10-16 所示。

MCFC 燃料电池中使用的是燃料气，因此需要设置重整器来将燃料气转化成氢气。但由于工作温度高，所以可以在内部进行重整，使燃料气的转化效率提高。

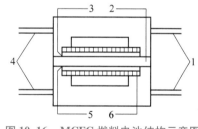

图 10-16　MCFC 燃料电池结构示意图
1—进气口　2—电解质瓦　3—阴极
4—出气口　5—阳极
6—电流收集板

重整反应在阳极室内进行，电极反应放热供给吸热重整反应。电极反应产生的 H_2O 也参与重整反应和水气置换反应，促使生成更多的 H_2。

重整反应为　$CO + H_2O \rightarrow CO_2 + H_2$

在直接内重整阳极室内，Ni 为催化剂，MgO 为催化剂载体。

MCFC 电池由于工作温度高，电极反应活化能小，因此可以不用高效的催化剂。另外，由于进行内部重整，所以可以使用 CO 含量较高的煤制气。再加上电池工作过程中放出的高温余热可以进行回收利用，因此使 MCFC 电池具有较好的应用前景。MCFC 由于高温及电解质具有强腐蚀性，因此对电池材料有严格要求，这对 MCFC 的发展产生了一定的制约。

目前已经研制成 100kW 和 250kW 的 MCFC 电池堆并成功地运行，同时正在开发 MCFC

和燃气轮机的复合系统，燃气发电机组由 MCFC 的余热推动。国外正在运行的典型 MCFC 电池堆的特性如表 10-6 所示。

表 10-6 典型的 MCFC 电池堆的性能

输出功率/kW	电极面积/m²	电池数目/个	电流密度/(mA/cm²)	输出电压/mV	功率密度/(kW/m²)	工作压力/MPa
263	0.78	340	124	800	0.99	0.1
206	1.06	250	108	723	0.78	0.1
272	1.2	300	95	794	0.75	0.5
136	1	140	120	808	0.97	0.5
12.4	0.3	33	150	833	1.25	0.4
4	0.07	50	158	740	1.17	0.1

MCFC 发电效率高，且可以使用含 CO 的燃料，电池不用催化剂，发电系统也不要大量冷却水，因此 MCFC 电站结构简单，具有很好的商业化前景，以天然气为燃料的兆瓦级发电厂已接近商品化。图 10-17 所示是 MCFC 发电厂流程图。

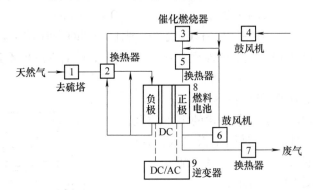

图 10-17　MCFC 发电厂流程图

10.5.5　质子交换膜燃料电池（PEMFC）

质子交换膜燃料电池（Proton Exchange Membrane Fuel Cell，简称 PEMFC）也有称为聚合物电解质燃料电池。它是以固体电解质膜为电解质。电解质不传导电子，是氢离子的良导体。PEMFC 采用氢气、液态烃或甲醇作为燃料，氧或空气作为氧化剂。PEMFC 的最大优越性体现在它的工作温度低，其最佳工作温度为 80℃左右，在室温下也能正常工作。它起动快，功率密度高，是汽车动力的最优选电源之一。

典型的质子交换膜燃料电池的剖面如图 10-18 所示。

PEMFC 中膜电极是它的主体。PEMFC 电池的工作原理是：氢气和氧气通过双极板的导气通道分别到达电池的阳极和阴极，再通过电极上的扩散层到达质子交换膜。在膜的阳极侧，氢气在催化剂的作用下发生阳极反应

$$n\mathrm{H_2O} + \frac{1}{2}\mathrm{H_2} \rightarrow \mathrm{H^+} \cdot n\mathrm{H_2O} + \mathrm{e^-}$$

离解后的氢离子以水合质子（$\mathrm{H^+} \cdot \mathrm{H_2O}$）的形式，通过质子交换膜中的一个又一个磺

酸基（—SO₃H），逐步转移到阴极。与此同时，阴极的氧分子在催化剂的作用下与氢离子和电子发生阳极反应生成水

$$\frac{1}{2}O_2 + 2H^+ \cdot nH_2O + 2e^- \rightarrow (n+1)H_2O$$

整个电池反应为

$$H_2 + \frac{1}{2}O_2 \rightarrow H_2O$$

PEMFC 的理论发电效率是 83%，但实际效率约为 50% ~ 70%。

电解质膜是 PEMFC 的核心部件。目前国际上有多个电解质膜产品，但大部分使用的是美国杜邦公司生产的 Nifion 质子交换膜。Nifion 是全氟型聚合物，主要的基体材料是全氟磺酸型离子交换树脂。膜内酸浓度固定。膜具有网络结构，对带负电且水合半径较大的 OH⁻ 离子的迁移阻力远远大于 H⁺ 离子，因此该离子膜具有选择透过性。此外，该膜还具有优良的化学稳定性和热稳定性，但价格十分昂贵。膜的厚度为 50 ~ 175μm，其导电行为类似于酸溶液，所以使用温度应该低于水的沸点。

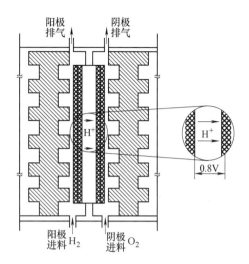

图 10-18　PEMFC 剖面图

一般而言，对电解质膜的要求是：有良好的离子导电性；水分子电渗透作用小，在膜的表面有较大的扩散速度；气体的渗透性小；膜的水合/脱水可逆性好；不易膨胀变形；对氧化还原和水解具有稳定性；有足够高的机械强度，表面易于和催化剂复合。

PEMFC 的电催化剂包括阴极催化剂和阳极催化剂两类。目前主要用铂作催化剂，它对两极均有催化作用，而且可以长期工作。由于铂很贵，所以降低铂的使用量和寻找价格低的非贵金属催化剂是当前的研究热点。目前催化剂铂的用量已经下降到 0.5mg/cm² 以下。

PEMFC 的电极常被称为膜电极组件（MEA），它是指质子交换膜和其两侧各一片多孔气体扩散电极（涂有催化剂的多孔碳布）组成的阴、阳极和电解质的复合体。膜电极是一种典型的气体扩散电极，是影响 PEMFC 性能的关键核心部件。

膜电极由五部分组成，即阳极扩散层、阳极催化剂层、质子交换膜、阴极催化剂层和阴极扩散层组成。此外，在膜电极的两侧，分别是阳极集流板和阴极集流板，也称为双极板，如图 10-19 所示。

在双极板上加工出各种形状的流道，作为反应气体和产物进出燃料电池通道。通道的设计应尽量增强气体的对流和扩散能力，具有最佳的开孔率和降低流动阻力。目前常见的 PEMFC 双极板流道设计如图 10-20 所示。它们各有优缺点，阻力小的排水性差，排水性好的则阻力较大。

PEMFC 工作时，阳极氧化所产生的 H⁺ 离子由阳极向阴极迁移。在这个水合质子的迁移过程中，每迁

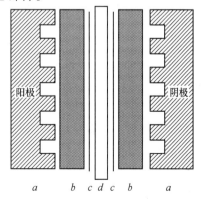

图 10-19　膜电极结构示意图

a—双极板　b—扩散层

c—催化剂层　d—质子交换膜

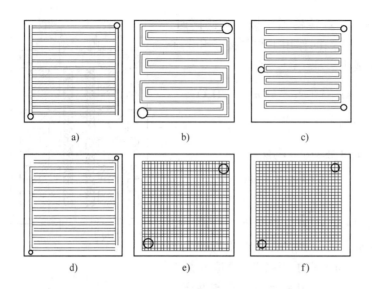

图 10-20　常见的 PEMFC 双极板流道设计

a）平行流道　b）蜿蜒流道（巴拉德专利设计）　c）对称型蜿蜒流道（通用汽车专利设计）
d）指叉形流道　e）网格形流道　f）金属网流道

移一个 H^+ 离子，需要同时迁移 4~6 个水分子。因此，为了提高电流密度，必须增大阳极的含水量，所以要对阳极燃料气加湿。如果水分不足，会造成膜的脱水甚至干涸。但湿分也不能太大，否则会堵塞膜电极通道，造成电极淹没。

PEMFC 的另一个特点是电极反应生成的是液态的水，而不是水蒸气。因此，相对于其他形式的燃料电池，PEMFC 电池运行中水的管理是一项特别重要的任务，它直接影响电池的性能。

水管理的主要内容是：调节反应气体的湿度，控制电池内水分流速，控制电池内湿度和电流密度，建立膜的供排水系统等。

图 10-21 示出了 PEMFC 的单电池结构。图 10-22 是一个典型的 PEMFC 系统图。它包括了燃料电池本体、燃料供给系统、氧化剂供给系统、水/热管理系统和控制系统。PEMFC 系统的优化设计，对燃料电池的性能和运行的可靠性、经济性以及使用寿命都有重要的影响。

PEMFC 发展的一个重要分支是直接甲醇燃料电池（Direct Methanol Fuel Cell，简称 DMFC）。DMFC 直接采用液态甲醇作为燃料，不需要对甲醇进行重整。由于甲醇来源十分广泛，已经有完整的生产和销售网络，储存十分安全方便，所以特别适用于交通工具上的电源

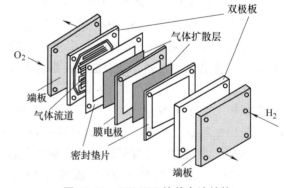

图 10-21　PEMFC 的单电池结构

和各种便携式电源。但是由于甲醇的电化学活性比氢大约低了 3 个数量级，所以甲醇的反应速率低，导致 DMFC 发电效率较低。

直接甲醇燃料电池的全称应为直接甲醇质子交换膜燃料电池，其工作原理与常规的以氢

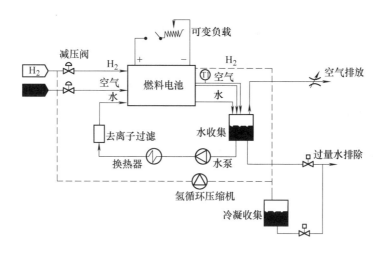

图 10-22　典型的 PEMFC 系统

为燃料的质子交换膜燃料电池基本相同,不同之处在于 DMFC 的燃料为甲醇(可以是气态或液态,但主要是液态),氧化剂仍是氧或空气。工作温度 50 ~ 100℃。

DMFC 的电化学反应为

阳极反应:

$$CH_3OH + H_2O \rightarrow CO_2 + 6H^+ + 6e^-$$

阴极反应:

$$\frac{3}{2}O_2 + 6H^+ + 6e^- \rightarrow 3H_2O$$

整个电池反应:

$$CH_3OH + \frac{3}{2}O_2 \rightarrow CO_2 + H_2O$$

DFMC 在标准状态下的可逆电动势为

$$V_{max} = \frac{-\Delta G}{nF} = \frac{702450}{6 \times 96500}V = 1.213V$$

DMFC 的理论发电效率为

$$\eta = -\frac{\Delta G}{\Delta H} = \frac{-702450}{-726550} = 96.68\%$$

实际上由于 DMFC 工作时存在电池内阻和极化现象比较严重,特别是甲醇有较高的氧化过电位,使得实际电池的发电效率下降很多,一般在 40% ~ 60%。

DMFC 的结构如图 10-23 所示。其阴极使用 Pt-Ru 催化剂,以炭黑为载体,粘结剂为 Nafion-Teflon。阳极使用 Pt 为催化剂。DMFC 两极上催化剂中 Pt 的载量较高,为 $1 ~ 5mg/cm^2$。

DMFC 目前大都采用美国杜邦公司开发的 Nafion 系列的膜,存在的主要问题是价格较高且存在甲醇通过膜的穿透现象。目前电聚合磺化苯酚等聚合物有可能制成一种无甲醇穿透的新型膜组件,将可使 DMFC 的性能大为提高并且可简化电池的水管理。此外,阳极

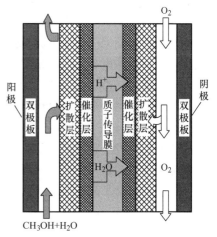

图 10-23　DMFC 结构

生成的 CO_2 必须及时从扩散层排除才能使电池稳定运行。因此，DMFC 还存在一个 CO_2 管理问题。

由美国和加拿大合作研制的世界上首辆安装 DMFC 电池的汽车已经问世，该电池输出功率为 6kW，发电效率为 40%，工作温度为 110℃。作为移动电话电源的微型 DMFC 电池也已经在美国研制成功。

总的来说，质子交换膜燃料电池是一种适应性广的燃料电池，它在固定式电源和移动式电源两个领域都有广泛的应用前景，特别是电动汽车领域。

10.6 燃料电池的发展和展望

10.6.1 燃料电池的发展

燃料电池的研究始于 1839 年。英国人格罗夫（W. Grove）用两个铂电极电解硫酸时发现，析出的气体（氢和氧）具有电化学活性，并在两极之间形成电位差。1894 年奥斯特瓦尔德（W. Ostwald）利用热力学理论，证明了燃料的低温电化学氧化优于高温燃烧过程，电化学电池的能量转换效率高于燃料燃烧的热力发动机，且不受卡诺效率的限制。

20 世纪初，能斯特（Nernst）、哈伯（Harber）等人对直接碳—氧燃料电池进行了研究。1920 年后，由于材料研究的进展，气体扩散电极开始被采用。1933 年鲍尔（Baur）设计了一种以氢为燃料的碱性电解质燃料电池。英国人培根（Bacon）研究了多孔电极系统，并于 20 世纪 50 年代成功地开发出多孔镍电极，制成了第一个千瓦级碱性燃料电池，成为美国宇航局阿波罗飞船中的燃料电池原型。1958 年，布劳尔斯（Broers）改进了熔融碳酸盐燃料电池，取得了较长的预期寿命。

20 世纪 60 年代以后，由于空间计划的发展，燃料电池逐渐成为各国的研究热点。后来由于低催化剂载量的多孔碳基材料的研制成功，大大降低了燃料电池的成本，从而引发了车用燃料电池的研制热潮。1970 年考尔迪什（K. Kordesch）装配了以氢—空气碱性燃料电池为动力的 4 座轿车，并实际运行了 3 年。

20 世纪 70 年代中期，磷酸型燃料电池开始取代碱性燃料电池，成为发电的主要形式之一。同时，由于碳氢化合物是首选燃料，燃料重整技术也获得了相应的发展。目前磷酸型燃料电池的发电功率已经达到兆瓦级，寿命也已经达到实用要求。日本、美国等已经造出多套兆瓦级燃料电池电站，运行情况良好。

与此同时，由于综合热效率高，熔融碳酸盐和固体氧化物燃料电池也得到了较快的发展。但高温燃料电池的寿命仍然是一个有待于解决的难题。

由于 20 世纪末在膜和催化剂方面所取得的突破性进展，质子交换膜燃料电池获得了广泛的研究和开发。它已被公认为是最有希望的汽车电源之一。目前很多国家都研制成功燃料电池电动车，并进入商业化生产。

燃料电池未来需要研究的关键技术问题有：

1）电催化过程的机理和新型高效电极催化剂的研制。

2）电解质和集流体材料的研究开发以及它们与电极的紧密接触问题。

3）燃料电池中的水管理和热管理，相应的排水、排热以及余热综合利用技术。

4）燃料的来源及其储存问题。

5）提高寿命，降低电池成本。

10.6.2　燃料电池的展望

燃料电池是未来最主要的发电技术之一，有着十分广阔的应用前景。总结起来，未来主要的应用领域集中在以下三个方面：

（1）燃料电池电站　与传统火力发电相比，燃料电池电站具有高效、低噪声、低污染、占地面积小等优点。而且由于可积木式地从单电池形成电池堆，因此可以按实际需要的功率大小来确定所需的单电池个数和电站尺寸。

燃料电池电站可以分成两类，一类是大型区域性电站。这类电站以高温燃料电池为主体，建立煤气化和燃料电池复合能源大系统，以实现煤化工和热、电、冷联产联供的新型能源系统。另一类是中小型分布式供能电站。这类电站作为区域性大型电站的补充，提供超量和补充负荷。它可以灵活地布置在城市、农村、企业甚至居民小区和宾馆，也可以安装在缺乏电力供应的偏远地区和沙漠地区。对于这类电站，磷酸盐型和高温型燃料电池都可以选用。

利用农村生物质产生的沼气作为燃料电池的燃料，将是解决广大农村未来供电的重要选择之一。

（2）车载燃料电池　目前普遍认为，质子交换膜燃料电池，特别是直接甲醇燃料电池由于其优越的起动特性和环保特性以及简单的供料支持系统，将是优选的车载燃料电池，是汽车内燃机最有希望的取代者。

目前国际上各大汽车生产商都已经研制出了以质子交换膜燃料电池为电源的电动车。我国也成功地开发了燃料电池公交车和轿车，正在向商业化迈进。

（3）微小型便携式燃料电池　无论是民用还是军事用途，微小型便携式燃料电池都有广泛的应用前景。例如，作为移动电话、照相机和摄像机、计算机、无线发报机、信号灯以及其他小型便携式电器的电源。军用士兵便携式燃料电池是当代数字化、信息化作战的主要工具。

便携式燃料电池以碱性燃料电池和质子交换膜燃料电池为主要类型。当前需要解决的关键问题是氢燃料的储藏和携带。

思考题与习题

1. 燃料电池与蓄电池内发生的电化学反应是类似的，但它们又有本质上的区别，为什么？

2. 燃料电池按电解质分有几种类型？按工作温度又可以分为几种类型？

3. 燃料电池的发电效率为何可以比理想的卡诺热机效率还要高？

4. 为什么说燃料电池是一种清洁发电技术？

5. 燃料电池中热管理、水管理和气体管理主要有哪些项目？为什么它们对电池稳定运行有重要的影响？

6. 氢气有什么特点？

7. 当前氢能大规模利用的难点在哪里？

8. 叙述氢能的主要应用领域。

9. 叙述燃料电池的发电原理，并将它与内燃机的工作原理进行比较。指出它们的共同点和不同点。

10. 燃料电池由哪些主要部件组成？它们各自的功用是什么？

参 考 文 献

[1] 毛宗强. 氢能——21世纪的绿色能源 [M]. 北京：化学工业出版社，2005.

[2] 黄素逸. 能源科学导论 [M]. 北京：中国电力出版社，1999.

[3] 陈学俊，袁旦庆. 能源工程 [M]. 西安：西安交通大学出版社，2002.

[4] 李瑛、王林山. 燃料电池 [M]. 北京：冶金工业出版社，2000.

[5] 林维明. 燃料电池系统 [M]. 北京：化学工业出版社，1996.

[6] 黄倬，屠海令，张冀强，等. 质子交换膜燃料电池的研究开发和应用 [M]. 北京：冶金工业出版社，2000.

[7] 刘凤君. 高效环保的燃料电池发电系统及其应用 [M]. 北京：机械工业出版社，2006.

[8] 翟秀静，刘奎仁，韩庆. 新能源技术 [M]. 北京：化学工业出版社，2005.

第 11 章
储 能 技 术

前面各章详尽地讨论了各种可再生能源技术。但是，大多数可再生能源都具有间歇性和不稳定的特点，特别是太阳能、风能和海洋能，如果直接并网发电，势必对已有的电网产生冲击。另外，由于传统的发电厂是定负荷发电，存在白天缺电晚上盈余的不合理情况。因此，利用储能技术，将电能转换成另一种能量形态，如化学能、电磁能或机械能储存起来，并在需要时重新转换为电能释放出来，可极大地提高电力系统的利用率。从世界范围来看，随着新能源技术的发展和智能电网水平的提高，储能技术已成为制约新能源产业推广应用的瓶颈，储能技术的研究也是新能源领域国际竞争的热点。

储能技术作为提高能源综合利用效率的一种有效途径，可以解决电能在时间与空间上不匹配的矛盾。储能技术可以分为三大类：①机械储能，包括抽水储能、压缩空气储能、飞轮储能等；②化学储能，包括铅酸蓄电池、锂离子电池、钠硫电池、全钒液流电池等；③电磁储能，包括超导储能、超级电容器储能等。

目前较成熟的一种大规模机械储能方式是抽水储能（参见本书第 7 章）。它需要配建上、下游两个水库，在电网负荷低谷时将下游水库的水抽到上游水库储存；在负荷高峰时利用储存在上游水库中的水发电，其能量转换效率在 70%~75%。抽水蓄能电站的建设受地形条件制约，当电站距离用电区域较远时输电损耗较大，因此难以大规模推广。

压缩空气储能是另一种能实现大规模工业应用的机械储能方式。这种储能方式在电网负荷低谷期将富余电能用于驱动空气压缩机，将高压空气密封在山洞、报废矿井和过期油气井中；在电网负荷高峰期释放压缩空气，推动燃汽轮机发电。压缩空气储能具有效率高、寿命长、响应速度快等特点，能量转化效率可以达到 75%。但压缩空气储能电站的建设受地形制约，对地质结构有特殊要求，通用性不强。

飞轮储能利用电动机带动飞轮高速旋转，将电能转化成机械能储存起来，在需要时飞轮带动发电机发电。飞轮系统运行于真空度较高的环境中，其优点是没有摩擦损耗、风阻小、寿命长、对环境无影响，几乎不需要维护，适用于电网调频和电能质量保障。缺点是能量密度较低，保障系统安全性的费用很高，在小型场合还无法体现其优势。

蓄电池也称为二次电池，是世界上最广泛使用的一种化学储能装置，具有电压平稳、安全可靠、价格低廉、适用范围广、原材料丰富和回收再生利用率高等优点，在人们的日常生活中发挥着重要作用，这部分也是本章重点讨论的内容。

本章将首先介绍属于机械储能的飞轮储能技术，然后介绍化学电池的基本原理。在此基础上，介绍各种常见的、具有广阔应用前景的化学蓄电池，包括铅酸电池、锂离子电池、钠硫电池和液流电池。

11.1 飞轮储能

11.1.1 飞轮储能的基本原理

飞轮储能系统又称飞轮电池或机电电池，它已经成为电池行业一支新生的力量。如图 11-1 所示，飞轮储能的基本原理是利用旋转飞轮的角动量守恒。在储能时，电能通过电力电子装置变换后驱动电机运行，电机带动飞轮加速转动，飞轮以动能的形式把能量储存起来，完成电能到机械能转换的储能过程，能量储存在高速旋转的飞轮体中。之后，电机维持一个恒定的转速，直到接收到一个能量释放的控制信号。释能时，高速旋转的飞轮带动发电机发电，经电力电子装置输出适用于负载的电流与电压，完成机械能到电能转换的释放能量过程。整个飞轮储能系统实现了电能的输入、储存和输出。

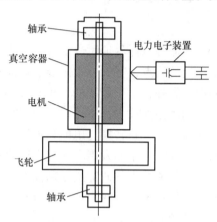

图 11-1　飞轮储能原理图

典型的飞轮储能系统一般由三大主体、两个控制器和若干辅件组成：①储能飞轮；②集成驱动的电动机/发电机；③磁悬浮支承轴承；④磁力轴承控制器和电机变频调速控制器；⑤辅件（如着陆轴承、冷却系统、显示仪表、真空设备和安全容器等）。图 11-2 所示为一种飞轮电池的结构简图。

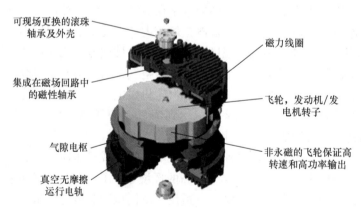

图 11-2　飞轮储能系统结构示意图

飞轮电池有以下两种工作模式：

1）充电模式：当飞轮电池充电器插头插入外部电源插座时，打开启动开关，电动机开始运转，吸收电能，使飞轮转子速度提升直至达到额定转速时，由电机控制器切断与外界电源的连接。在整个充电过程中电机作电动机用。

2）放电模式：当飞轮电池外接负载设备时，发电机开始工作，向外供电，飞轮转速下降，直至下降到最低转速时由电机控制器停止放电。在放电过程中，电机作为发电机使用。

上述两种工作模式全部由电机控制器负责完成。

对于飞轮储能系统，可以从它提取的最大能量为

$$\Delta E = \frac{1}{2} J (\omega_{max}^2 - \omega_{min}^2) \tag{11-1}$$

式中，ΔE 是最大可提取的能量（J）；J 是飞轮的转动惯量（kg·m²）；ω_{max} 和 ω_{min} 分别是飞轮的最大旋转速度和最小稳定旋转速度（rad/s）。

举例来说，如果飞轮转子的转动惯量为 5kg·m²，最大转速为 20000r/min，最小转速为 500r/min，则此飞轮储能系统可用的能量为 2.192×10^7J。这些能量如果供应功率为 1kW 的用电器，则可供应 6.1h。

从式（11-1）可以看出，飞轮储存的能量与飞轮的转动惯量成正比，与飞轮的旋转速度的平方成正比。可见提高飞轮的转速比提高飞轮的转动惯量更有效。飞轮的最大旋转速度除跟飞轮的结构有关外，主要取决于飞轮材料的最大许用拉应力。对于薄壳圆筒形飞轮，最大旋转速度 ω_{max} 为

$$\omega_{max} \leqslant \frac{1}{r} \sqrt{\frac{\sigma_h}{\rho}} \tag{11-2}$$

式中，σ_h 是材料的许用拉应力（MPa）；r 是薄壳圆筒的半径（mm）；ρ 是材料的密度（g/cm³）。

由此可见，对于薄壳圆筒形飞轮，提高圆筒的旋转半径与提高飞轮的旋转速度从储能的效果来讲是等价的，但是从经济性上来说，提高圆筒的旋转半径势必要增加材料的使用，所以提高飞轮的转速是经济性更好的办法。

飞轮转子在运动时由磁性轴承实现转子无接触支承，而着陆轴承则主要负责转子静止或存在较大外部扰动时的辅助支承，避免飞轮转子与定子直接相碰而导致灾难性破坏。真空设备用来保持壳体内始终处于真空状态，减少转子运转的风耗。冷却系统则负责电机和磁悬浮轴承的冷却。安全容器用于避免一旦转子产生爆裂或定子与转子相碰时发生意外。显示仪表则用来显示剩余电量和工作状态。

11.1.2 飞轮储能的特点

飞轮储能具有多方面的优势：①储能密度高（45W·h/kg，而镍氢电池的能量密度仅有 10 ~ 12W·h/kg），瞬时功率大，功率密度甚至比汽油的还高，因而在短时间内可以输出更大的能量，这非常有利于电磁炮的发射和电动汽车的快速起动；②在整个寿命周期内，不会因过充电或过放电而影响储能密度和使用寿命，而且飞轮也不会受到损坏；③容易测量放电深度和剩余"电量"；④充电时间较短，一般在几分钟内就可以将电池充满；⑤能量转换效率高，一般可达 85% ~ 95%，这意味着有更多可利用的能量、更少的热耗散。

尽管飞轮储能已有长足的进展，但由于它涉及机械、电机、电力电子、传感技术、控制技术、材料科学等诸多学科和技术，所以到目前为止，国内外仍没有成熟的理论和方法指导飞轮储能系统的设计。即便在国外已有开发出的飞轮电池可供使用，但仍有诸多方面需要改善，而且价格昂贵。只有大幅降低其价格并提高其可靠性，才有大范围推广应用的可能。

11.2 化学电池原理

11.2.1 丹尼尔干电池

本书第2章已经对电化学反应、电化学平衡和原电池作了初步的介绍。为了加深对电化学氧化还原反应的理解，下面以基本的电化学电池——丹尼尔干电池为例，介绍化学电池的原理。这种电池的电化学氧化还原反应同时在两个不同但相连接的电极处发生。

如图11-3所示，丹尼尔干电池包括一个锌电极和一个铜电极，分别浸没在硫酸锌和硫酸铜溶液中，两种溶液被多孔隔膜隔开。电池的两电极通过外电路相连，两电极的连接端为同一种金属材料（例如铜），从而得到两个分别发生在两电极的电化学反应，其方程涉及等量的电子产生或消耗。

如果 Zn 电极表面反应涉及的物质用 M_1 表示，Cu 电极表面反应涉及的物质用 M_2 表示，于是这些电极反应分别为

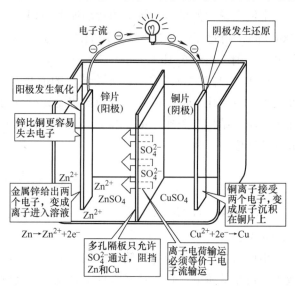

图 11-3　丹尼尔干电池

Zn 电极（氧化）：$\sum v_1 M_1 + n_1 e^- = 0$　或　$Zn = Zn^{2+} + 2e^-$　　　(11-3)

Cu 电极（还原）：$\sum v_2 M_2 - n_2 e^- = 0$　或　$Cu^{2+} + 2e^- = Cu$　　　(11-4)

总反应　　　$\sum v_1 M_1 + \sum v_2 M_2 = 0$　或　$Zn + Cu^{2+} = Zn^{2+} + Cu$　　　(11-5)

总的电化学反应可以向任一方向进行，取决于两电极之间的电位差。通过的电荷量为每溶解 1mol Zn 或每沉积 1mol Cu 产生 2F（法拉第）的电量。法拉第（F）是 1mol 的电子所带电量，1F = 96485C（库伦）/mol。

11.2.2 平衡电位和标准电位

当大多数金属和各种溶液接触时，都会自发地离子化，即金属变成金属离子进入溶液，在金属表面留下相应的电子。进入溶液的离子越多，留在表面的电子也越多。由于正离子和负电子的相互吸引，金属的离子化越来越困难，终于达到平衡，如下式所示

$$M = M^{n+} + ne^-　　　　(11-6)$$

不同的金属在不同的溶液中，离子化的倾向或程度也不同。当达到平衡态时，用电化学术语说，金属在溶液中建立了一个平衡（电极）电位。金属在溶液中成为一个电极。电极电位和自由能一样，表示电化学反应的自发倾向。电位低，表示金属容易离子化，如铁、锌、镁等金属；电位高，表示不容易离子化，如金、铂、铜等贵金属。

可以将金属看成由离子和自由电子构成。以锌-硫酸锌为例：当锌片与硫酸锌溶液接触时，金属锌中 Zn^{2+} 的化学势大于溶液中 Zn^{2+} 的化学势，则锌不断溶解到溶液中，而电子留在锌片上。结果是金属带负电，溶液带正电，形成双电层。双电层的形成建立了相间的电位差，电位差排斥 Zn^{2+} 继续进入溶液，金属表面的负电荷又吸引 Zn^{2+}，达到动态平衡。此时的电极电位即平衡电极电位。

电极电位和吉布斯自由能的关系可由下列电化学的公式解释

$$\Delta G_0 = -nE_0F \tag{11-7}$$

式中，ΔG_0 为电化学反应的吉布斯自由能变化；E_0 为电化学电池的电动势；n 为氧化反应中的电子数，即金属离子的价数；F 为法拉第常数。

由式（11-7）可看出，电池的电动势越大，自由能降低（$-\Delta G_0$）就越大，即离子化倾向越大。电动势等于电池中两个电极（阴极和阳极）电位之差。原电池（或腐蚀电池）中的阳极反应是金属失去电子变成离子，阴极反应一般是溶液中氧的离子化。只有同时存在阴极反应有效地取走金属表面上的离子，反应才能继续进行。可见，阳极金属电位越低，则 E_0 越大，$-\Delta G_0$ 也越大。

表 11-1 列出了一些重要金属的标准电极电位。由于金属电位随溶液中金属离子浓度和温度变化，所以采用 25℃时每升溶液中含 1mol 金属离子的溶液为标准溶液，测出不同金属的电位作为标准电位，以便于比较。由于电极电位的绝对值很难测量，故以氢的标准电极电位（SHE）定为零，测其他金属和氢电极的电位差，作为金属的标准电极电位。

表 11-1　金属的标准电极电位

电 极 反 应	标准电位/V	电 极 反 应	标准电位/V
$Li \Longrightarrow Li^+ + e^-$	-3.04	$H_2 \Longrightarrow 2H^+ + 2e^-$	0.00
$K \Longrightarrow K^+ + e^-$	-2.93	$Sn^{2+} \Longrightarrow Sn^{4+} + 2e^-$	$+0.15$
$Ca \Longrightarrow Ca^{2+} + 2e^-$	-2.76	$Cu \Longrightarrow Cu^{2+} + 2e^-$	$+0.16$
$Na \Longrightarrow Na^+ + e^-$	-2.71	$O_2 + 2H_2O + 4e^- \Longrightarrow 4OH^-$	$+0.49$
$Mg \Longrightarrow Mg^{2+} + 2e^-$	-2.38	$Cu \Longrightarrow Cu^+ + e^-$	$+0.52$
$Ti \Longrightarrow Ti^{2+} + 2e^-$	-1.75	$2I^- \Longrightarrow I_2 + 2e^-$	$+0.54$
$Al \Longrightarrow Al^{3+} + 3e^-$	-1.66	$Fe^{2+} \Longrightarrow Fe^{3+} + e^-$	$+0.77$
$Mn \Longrightarrow Mn^{2+} + 2e^-$	-1.19	$Hg \Longrightarrow Hg^+ + e^-$	$+0.80$
$Zn \Longrightarrow Zn^{2+} + 2e^-$	-0.76	$Ag \Longrightarrow Ag^+ + 2e^-$	$+0.80$
$Cr \Longrightarrow Cr^{3+} + 3e^-$	-0.74	$Hg \Longrightarrow Hg^{2+} + 2e^-$	$+0.85$
$Fe \Longrightarrow Fe^{2+} + 2e^-$	-0.41	$Pd \Longrightarrow Pd^{2+} + 2e^-$	$+0.99$
$Cd \Longrightarrow Cd^{2+} + 2e^-$	-0.40	$2Br^- \Longrightarrow Br_2 + 2e^-$	$+1.07$
$Co \Longrightarrow Co^{2+} + 2e^-$	-0.28	$Pt \Longrightarrow Pd^{2+} + 2e^-$	$+1.20$
$Ni \Longrightarrow Ni^{2+} + 2e^-$	-0.23	$O_2(g) + 4H^+ + 4e^- \Longrightarrow 2H_2O$	$+1.23$
$Sn \Longrightarrow Sn^{2+} + 2e^-$	-0.14	$2Cl^- \Longrightarrow Cl_2 + 2e^-$	$+1.36$
$Pb \Longrightarrow Pb^{2+} + 2e^-$	-0.13	$Au \Longrightarrow Au^{3+} + 3e^-$	$+1.50$
$Fe \Longrightarrow Fe^{3+} + 3e^-$	-0.04	$Au \Longrightarrow Au^+ + e^-$	$+1.68$

注：金属在其离子浓度为每升溶液含单位活度在 25℃时的平衡电位。

金属的标准电位是度量水溶液中发生氧化还原反应的强度因子，它是化学中最重要的数据之一。表中是将金属的标准电位由小（负）到大（正）排列的，金属的这一电位次序可以说明以下反应的发生：①溶液中最先发生的阳极（氧化）反应将是电位最低的金属的电极反应，而最先发生的阴极（还原）反应将是电位最高的电极反应。例如，溶液同时接触铁和铜，两者又相连，铁就溶解，成为阳极，铁表面的电子流到铜表面，溶液中的铜离子就将和电子结合，还原为铜，沉积在阴极铜表面。如果溶液中不含铜离子，而含有电位较高的其他物质，如氧分子，则将产生 O_2 还原为 OH^- 的阴极反应。②如溶液中低电位金属（如铁和锌）和高电位金属（如铜和铂）接触，将会促进低电位金属的氧化（腐蚀），而高电位金属则得到保护（阴极保护）。③表中列出了氢电极反应和氢电位，当金属和酸接触时，由于酸中 H^+ 浓度高，氢电位也较高，如果金属电位低于氢电位（如铁和锌），则金属就会发生氧化反应（腐蚀），金属为阳极；阴极反应产生氢气（$2H^+ + 2e^- \rightarrow H_2\uparrow$）。如果金属电位高于氢电位（如铜和铂），则金属不会腐蚀，也不会产生氢气。

11.2.3 原电池的平衡电位与化学势的关系

原电池的平衡电位（可逆电位）即当整个系统处于电化学平衡时电池两极在开路时的电位差 $\phi_1 - \phi_2$。这一条件要求没有净的反应在任一电极发生。对于总化学反应式（11-5）

$$\sum v_1 M_1 + \sum v_2 M_2 = 0$$

其可逆平衡电位与总反应的各组分化学势的关系为

$$\phi_1 - \phi_2 = \frac{\sum v_1 \mu_1 + \sum v_2 \mu_2}{n_1 F} \tag{11-8}$$

式中，平衡电位 ϕ 的单位为 V；化学势 μ 的单位为 J/mol；其余符号同前。

考虑可逆电位的符号取法，注意到上述反应给出电位差 $\phi_1 - \phi_2$，即电极 1 相对于电极 2 的电位，则显然电子的化学计量系数 n_1 应具有与电极 1 的反应方程中同样的符号；如果希望将电位差表达为 $\phi_2 - \phi_1$，即电极 2 相对于电极 1 的电位，则电子的化学计量系数 n_2 必须用与电极 2 的反应方程中同样的符号，即 $n_2 = -n_1$。显然有

$$\phi_2 - \phi_1 = -(\phi_1 - \phi_2) \tag{11-9}$$

11.2.4 电池电动势和电极电位差

当无外电流流动时，电池两电极之间测出的电位差称为电池的电动势，简写为 E. m. f，表示为 E。图 11-4 示出一个无液相界面的典型的原电池的总的 E. m. f 组成。由图可见，$E = \phi(Pt') - \phi(Pt)$。总电位差还可表示为穿过各界面的电位差之和

$$\begin{aligned} E &= \phi(Pt') - \phi(Pt) \\ &= \phi(Pt') - \phi(M') + \phi(M') - \phi(S) + \phi(S) - \phi(M) + \phi(M) - \phi(Pt) \\ &= \Delta\phi(Pt',M') + \Delta\phi(M',S) - \Delta\phi(M,S) - \Delta\phi(Pt,M) \end{aligned} \tag{11-10}$$

右端电位

$$E_R = \Delta\phi(Pt',M') + \Delta\phi(M',S) \tag{11-11}$$

左端电位

$$E_L = \Delta\phi(Pt,M) + \Delta\phi(M,S) \tag{11-12}$$

电池电动势 $E = E_R - E_L$，其中 R 和 L 对应所标记的电池的右端和左端。

对于电极的左端和右端的规定，对应电池电极的标记为

$$M \mid M^+(aq) \parallel M'^+(aq) \mid M'$$

对于标记为 Pt, $H_2(p) \mid HCl(m) \mid AgCl$, Ag $\mid$ Pt, 或简记为 $H_2(p) \mid HCl(m) \mid AgCl$, Ag 的电池, 如果其电动势为 $+0.2V$, 意味着 $Cl^- \mid AgCl$, Ag 电极相对于另一端具有正电位。如果记为 Ag, $AgCl \mid HCl(m)$, H_2 的电池, 则其电动势将为 $-0.2V$。重要的是符号总是代表穿过电极 $E_R - E_L$ 的电位, 其中 R 和 L 对应所标记的电池。

1. 符号规则

对于 E 为正的电池, 右端电极电位高于左端 ($E_R > E_L$), 表示右端相对于左端为正充电。这也意味着, 如果在两电极间连接一外电路, 电子将由左端流向右端, 如图 11-5 所示 (电流按传统定义为正电荷的流动, 因此电流方向与电子流方向相反)。

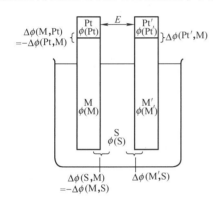

图 11-4 一个无液相界面的
原电池的总的 E. m. f 组成

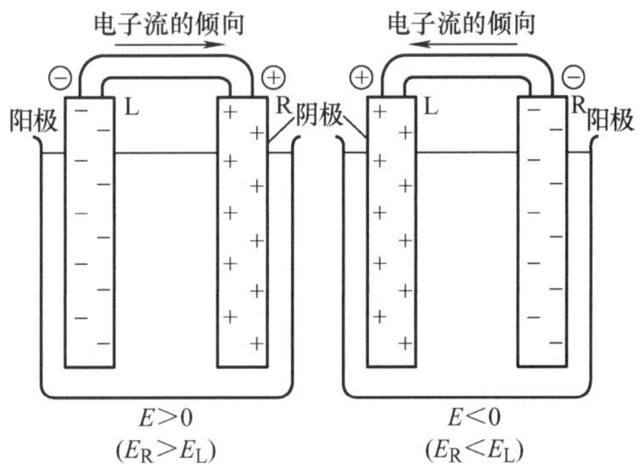

图 11-5 原电池符号与电位的对应关系

一个正的电动势强调右电极存在电子匮乏。这一电子匮乏是由于在该电极的反应趋势为从电极吸引电子。因此, 如果 $E > 0$, 则右电极发生还原反应

$$M'^+ + e^- \rightarrow M' \tag{11-13}$$

右电极因此为电池阴极。左端电极的电子相对富余 (当 $E > 0$), 表现在其周围反应趋势为氧化反应 (去电子反应)

$$M \rightarrow M^+ + e^- \tag{11-14}$$

左电极因此为电池阳极。电池总的电动势由下述表示的总电池反应产生

$$E > 0, \quad M + M'^+ \rightarrow M^+ + M'$$

测出正的电动势表明反应具有向所发生的方向进行的趋势。但只是在外电路闭合, 电子从一个 (左端) 电极传递到另一个 (右端) 电极的情况下, 反应才能够向预定的方向实际进行。

相反, 如果电池被记为负电动势, 则反应将向相反方向进行。即

$$E < 0, \quad M + M'^+ \leftarrow M^+ + M'$$

上述分析设定了电池电动势与电池反应方向对应的简单的规则。

2. 电池电动势与自发反应方向的对应关系

为了确定自发反应向何方向进行, 执行下列操作:

1) 将右端电极写为获得电子的反应 (还原反应)。

半电池反应：$M'^+ + e^- \rightarrow M'$，电极电位 E_R。

（记住 R 代表右端和还原反应）

2）将左端电极写为获得电子的反应。

半电池反应：$M^+ + e^- \rightarrow M$，电极电位 E_L。

3）右端-左端，得到总电池反应和总电动势。

电池反应：$M'^+ - M^+ + e^- - e^- \rightarrow M' - M$

或 $M'^+ + M \rightarrow M' + M^+$

电池电动势 $E = E_R - E_L$

4）如果 $E > 0$，则电池反应的趋势为左端→右端（即电池反应方向由 > 指示）。

如果 $E < 0$，则电池反应的趋势为右端→左端（即电池反应方向由 < 指示）。

11.3　铅酸电池

11.3.1　铅酸电池的组成和工作原理

铅酸电池是最常用的电化学储能装置，由法国人普兰特于 1859 年发明。经过 150 多年的发展，铅酸电池在理论研究、产品种类、产品电气性能等方面都得到了长足的进步，不论是在交通、通信、电力、军事，还是在航海、航空等各个经济领域，铅酸电池都起到了不可或缺的重要作用。

铅酸电池由正电极、负电极、间隔板、电解液和辅件组成，如图 11-6 所示。正极侧使用的是二氧化铅电极，负极侧使用的是铅板。间隔板是在正负极之间起绝缘作用的多孔材料，它的特性是不导电且耐酸。电解液由纯硫酸与蒸馏水按一定比例配置而成。辅件包括盖板、壳体、溢气阀等，前二者主要起支撑作用，后者是用于排出电池运行过程中产生的气体，保持电池内外的压力平衡。常见的铅酸电池堆（stack）是由一定数量的单电池用铅质联条串联起来的。

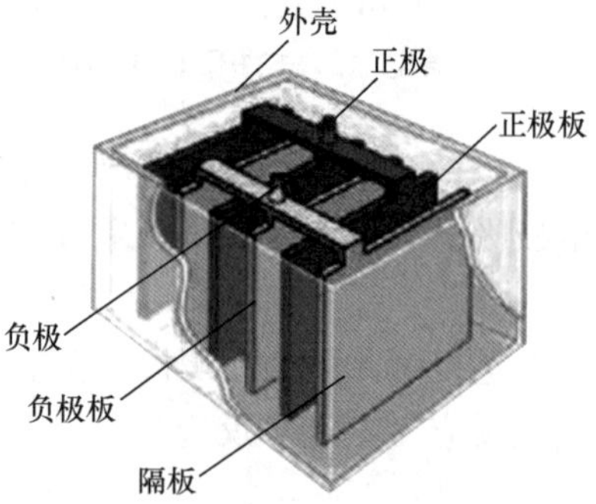

图 11-6　铅酸电池的结构示意图

由于硫酸的一级解离常数约是二级解离常数的 1000 倍，在电解液中大量存在的是硫酸氢根离子。其正负极的电化学反应方程式为

正极　　　$PbO_2 + 3H^+ + HSO_4^- + 2e \Leftrightarrow PbSO_4 + 2H_2O$　　$E^0 = 1.655V$　　(11-15)

负极　　　$Pb + HSO_4^- - 2e \Leftrightarrow PbSO_4 + H^+$　　$E^0 = -0.300V$　　(11-16)

总反应方程式为　　$Pb + PbO_2 + 2H^+ + 2HSO_4^- \Leftrightarrow 2PbSO_4 + 2H_2O$　　(11-17)

铅酸电池放电时，反应自左向右进行；充电时，反应自右向左进行。放电产物硫酸铅并不溶于电解液，它在电极表面形成多孔薄膜，充电完毕后薄膜消失。铅酸电池的标准电压是 1.955V，理论能量密度为 167W·h/kg，实际应用中加上辅件后能量密度为 35~45W·h/kg。需要指出的是，铅酸电池的电势只与酸的浓度有关，与电池中含有的铅、二氧化铅或硫酸铅的量无关。铅酸电池的容量主要取决于活性物质的数量及其利用率，后者与放电程序、电极和电池的结构以及制造工艺等有关。

11. 3. 2　铅酸电池的特点

铅酸电池的优点：

1）原料易得，价格相对低廉。

2）电池的吸液间隔板将电解液保持在隔板内，电池内部没有自由酸液，因此电池可放置在任意位置。

3）高倍率放电性能良好。

4）温度适应性好，可在 -40 ~ 60℃ 环境下工作。

但是，铅酸电池也有显著的缺点：

1）能量密度较低，实际应用为 35 ~ 45W·h/kg。

2）使用寿命不够长。普通铅酸电池的设计寿命为 2 ~ 3 年，而往往实际使用只 1 年时间甚至更短。若深度充放电使用，电池很快就会失效。

3）制造过程容易污染环境，必须配备三废处理设备。

11. 3. 3　铅酸电池的充放电性能特性

铅酸电池以一定的电流充、放电时，其端电压的变化如图 11-7 所示。

1. 放电时电压的变化

电池在放电之前电极板微孔中的硫酸浓度与极板外主体溶液浓度相同，电池的开路电压与此浓度对应。放电一开始，电极表面处（包括孔内表面）的硫酸被消耗，酸浓度立即下降。而硫酸由主体溶液向电极表面的扩散是缓慢过程，不能立即补偿所消耗的硫酸，故电极表面处的硫酸浓度继续下降。而决定电极

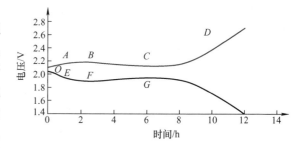

图 11-7　铅酸电池的充放电曲线

电势数值的正是电极表面处的硫酸浓度，结果导致电池端电压明显下降，见曲线 OE 段。

随着电极表面硫酸浓度的继续下降，与主体溶液之间的浓度差加大，促进了硫酸向电极表面的扩散过程，于是电极表面和微孔内的硫酸得到补充。在一定的电流放电时，在某一段时间内，单位时间消耗的硫酸量大部分可由扩散的硫酸予以补充，所以电极表面的硫酸浓度变化缓慢，电池端电压比较稳定。但是由于硫酸被消耗，整体的硫酸浓度下降，又由于放电过程中电极活性物质的消耗，其作用表面积不断减少，真实电流密度不断增加，过电位也不断加大，故放电电压随着时间还是缓慢下降，见曲线 EFG 段。

随着放电继续进行，正、负极活性物质逐渐转变为硫酸铅，并向电极深处扩展。硫酸铅的生成使活性物质的孔隙率降低，加剧了硫酸向电极微孔内部扩散的困难，硫酸铅的导电性不良，电池内阻也增加，这些原因最后导致在放电曲线的 G 点后，电池端电压急剧下降，达到所规定的放电终止电压。

2. 充电中的电压变化

在充电开始时，由于硫酸铅转化为二氧化铅和铅，有硫酸生成，因而电极表面硫酸浓度迅速增大，电池端电压沿着 OA 急剧上升。当达到 A 点后，由于扩散，电极表面及微孔内的

硫酸浓度不再急剧上升，端电压的上升就较为缓慢（*ABC* 段）。这样活性物质逐渐从硫酸铅转化为二氧化铅和铅，电极的孔也逐渐扩大，孔隙率增加。随着充电的进行，逐渐接近电化学反应的终点，即充电曲线的 *C* 点。当极板上所存硫酸铅不多，通过硫酸铅的溶解提供电化学氧化和还原所需的 Pb^{2+} 极度缺乏时，反应的难度增加，当这种难度相当于水分解的难度时，即在充入电量70%时开始析氧，充电曲线上端电压明显增加。当充入电量达90%以后，负极上的副反应即析氢过程发生，这时电池的端电压达到 *D* 点，两极上大量析出气体，进行水的电解过程，端电压又达到一个新的稳定值，其数值取决于氢和氧的过电位，正常情况下该恒定值约为 2.6V。

11.3.4　铅酸电池的失效机理

铅酸电池过早失效而报废的现象，75%以上都是由于铅酸电池极板上形成不可逆硫酸铅盐（即硫酸盐化，简称"硫化"）、自放电以及活性物质失效并脱落的原因，而这三大难题一直是困扰铅酸电池行业难以攻克的顽症，至今还没有解决这三大难题的最佳办法。

所谓硫化，是指正负极板上不可逆地形成一层白色粗粒结晶的硫酸铅。这种结晶体很难在正常的充电时消除。硫化的形成程度与铅酸蓄电池容量有很大的关系，硫化越严重，电池容量越少，直至报废。极板硫化的因素很多，主要是铅酸电池贮存时间过长，因为极板在化成处理时活性物质表面存在硫酸，导致活性物质表面的硫酸铅老化后失去电离的作用。铅酸电池带电搁置时处于放电状态，放电后未及时给电池充电，电解液密度过高或不纯，都会使正负极板中活性物质的表面形成不可逆硫化。所以，硫化是导致极板活性物质失效报废的主要原因。

所谓自放电，是指铅酸电池内电自行消耗。一般认为，每昼夜容量下降不大于2%，就认为正常。因铅酸电池本身有自放电缺点，如果每昼夜容量下降大于2%时，那就是有故障了。自放电原因主要有：生产制造中材料不纯（如含锑过高或其他有害杂质）；电解液中含有害杂质（铁、锰、砷、铜等离子）；正负极板硫化后极隔板孔隙堵塞，导致铅酸电池内阻消耗增大。所以，制造过程中要求电解液必须是专用硫酸，水必须是蒸馏水或去离子水。

规范地使用铅酸蓄电池，正负极板中的活性物质是不易脱落的。正极板活性物质的脱落主要是过充电或低温时大电流放电，而负极板活性物质的脱落主要是过充电或充电电流过大。过充电会引起水的电解产生大量的氢气和氧气，当气体向孔隙冲击时，会使活性物质脱落。铅酸电池在颠震的环境使用也会加速活性物质的脱落。所以，要求铅酸电池在使用中一定要避免过充电过放电发生。

11.3.5　铅酸电池的维护

1. 一般维护

为了保证铅酸电池使用良好，需要做一些必要的管理工作，需要经常检查如下项目：

1）单体和电池组浮充电压。

2）电池外壳或极板温度。

3）连接处有无松动。

4）极板、安全阀周围是否有渗酸与酸雾逸出。

5）电池壳体有无变形和渗漏。

同时也应经常对开关电源的电池管理参数进行检查，要保证电池参数符合要求。

2. 内阻和电导测试

电池容量与电池内阻或电导存在对应关系，通过测量电池的内阻或电导，可以判断电池容量状况，达到电池容量检测的目的。该方法突出的优点是能在线或离线测量，用质量很轻的便携式内阻或电导测量仪，将仪器正负极接到电池单体正负极，仪器将显示测试值。将该电导值与标准数据比较，可判断电池容量状况，不用拆卸电池，不损伤电池，快速方便。缺点是建立标准需要采集大量的数据，影响因素较多，不易准确判断，特别是同一容量电池，不同厂家生产，其电导值标准不一样，没有通用性。

11.4 锂离子电池

11.4.1 锂离子电池的工作原理

与传统的铅酸蓄电池不同，锂离子电池是一种全新的电池设计概念，它用嵌入化合物代替了锂金属，电池两极都由嵌入化合物充当。本质上，锂离子电池是一种浓差电池，在充电时 Li^+ 从正极材料的晶格中脱出，经过电解质后嵌入到负极材料的晶格中。放电时，Li^+ 从负极材料的晶格中脱出，经过电解质嵌入到正极材料晶格中（图 11-8）。锂离子在整个充放电过程中，往返于正负极之间形成摇椅式运动，故这种电池也称为摇椅式电池。

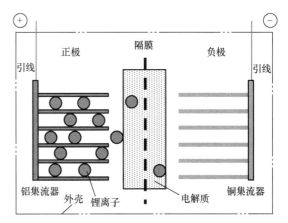

图 11-8 锂离子电池原理示意图

锂离子电池用化学式可以表示为
$$(-)C \mid LiClO_4 + (EC + DEC) \mid LiMO_2 (+)$$
上式表示正极材料为 $LiMO_2$（M 代表金属，常用的是 Co），负极材料为碳材料，电解质为 $LiClO_4$、EC（乙烯碳酸脂）以及 DEC（二乙烯碳酸脂）所组成的锂离子电池。

电池的正极反应为

$$LiMO_2 - xe^- \underset{\text{放电}}{\overset{\text{充电}}{\rightleftharpoons}} Li_{1-x}MO_2 + xLi \tag{11-18}$$

电池的负极反应为

$$nC + xLi + xe^- \underset{\text{放电}}{\overset{\text{充电}}{\rightleftharpoons}} Li_xC_n \tag{11-19}$$

总反应为

$$LiMO_2 + nC \underset{\text{放电}}{\overset{\text{充电}}{\rightleftharpoons}} Li_{1-x}MO_2 + Li_xC_n \tag{11-20}$$

11.4.2 锂离子电池的特点

锂离子电池具有显著的优点：

1）工作电压高。通常单体锂离子电池的电压为 3.6V，是 Ni-Cd 电池的 3 倍。

2）寿命长。由于在充放电过程中没有金属锂产生，避免了枝晶产生，而且锂离子在正负极有相对固定的空间和位置，因此电池充放电反应的可逆性好，从而保证了电池的长循环寿命。

锂离子电池的寿命可达到 1200 次以上，远远高于其他类电池。

3）自放电小，无记忆效应，对环境无污染，综合性能优于其他种类电池。

4）允许工作温度范围宽，具有优良的高低温放电性能，可在 -20 ~ 60℃ 的温度范围工作，这是其他类电池所不及的。

5）体积小、质量轻、能量密度高。锂离子电池的能量密度比 Ni-Cd 电池大 2 倍以上，与同容量 Ni-Cd 电池相比，体积可减小 30%，质量降低 50%，有利于小型化，便于成为携带式的电子设备使用。

但是，锂离子电池也存在着一些缺点：

1）成本高。正极材料中用到钴。钴的价格不断波动升高，由 20 ~ 30 万元/t，最高价曾升高到 80 ~ 90 万元/t，造成了锂离子电池的成本昂贵。

2）在放电速率较大时，锂离子电池容量下降较大。

3）电池中电解液及电极材料对水分有较大的负面敏感性，从而影响电池的性能。

11.4.3　锂离子电池的发展历史

最早提出摇椅式电池概念的是美国贝尔实验室的研究人员 Amand。1970 年代初，Amand 就开始研究石墨嵌入化合物。1977 年，他为嵌锂石墨化合物申请了专利，并指出该化合物可充当二次电池的电极材料。1980 年，他提出摇椅式电池概念。同年，Scrosati 等人也发表了基于两种无机嵌入化合物的锂二次电池的论文。20 世纪 70 年代末，贝尔实验室发现氧化物作为电极材料能提供更大容量以及更高电压。研究人员找到 $LiMO_2$（M 代表 Co，Ni，Mn 等金属）族化合物，$LiCoO_2$ 是首先商业化应用的锂离子电池正极材料。1995 年索尼公司最早将该锂离子电池商品化。目前正在发展的是使用固体聚合物电解质的聚合物锂离子电池，该电池具有能量密度高、超薄化、轻量化和高安全性等多种优势。

11.4.4　锂离子电池的制造工艺

锂离子电池的制造工艺技术非常严格，在制造的过程中，会对制造工艺进行相应的调整和改进。如在锂离子电池极片的制造中，为了防止锂在极片的未涂覆碳材料的铜部位析出而引起安全问题，就需要对极片进行改进。关于工艺的取舍，是多方面的综合因素决定的。

如图 11-9 所示，锂离子电池的制造工艺过程，有以下几个主要工序：

制浆——用专门的溶剂和黏结剂分别与粉末状的正负极活性物质混合，经高速搅拌均匀后，制成浆状的正负极物质。

涂布——将制成的浆料均匀地涂覆在金属箔的表面，烘干，分别制成正、负极极片。

装配——按正极片—隔膜—负极片—隔膜自上而下的顺序放好，经卷绕制成电池芯，再经注入电解液、封口等工艺过程，即完成电池的装配过程，制成成品电池。

化成——用专用的电池充放电设备对成品电池进行充放电测试，对每一个电池都进行检测，筛选出合格的成品电池待出厂。

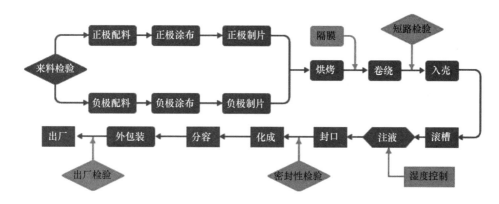

图 11-9　锂离子电池制造工艺流程图

工业上应用的常见正极活物质主要有 $LiCoO_2$，$LiNiO_2$ 和 $LiMn_2O_4$ 等。最早用于商品化的锂离子电池正极是 $LiCoO_2$。但是，由于钴材料成本较高，资源缺乏，因此，必须开发少用钴、不用钴或廉价易得的材料，如用镍或锰来取代钴，这样电池单价可大大降低。$LiNiO_2$ 是继 $LiCoO_2$ 后研究较多的层状化合物，一般是用锂盐和镍盐混合，在 $700\sim850℃$ 经固态反应制备。镍与钴的性质相近，价格比钴低廉。但由于 $LiNiO_2$ 的制备中存在许多问题，所以 $LiNiO_2$ 的实际应用还受到限制。为了改善 $LiNiO_2$ 的电化学性能，使其能实现工业化生产，目前各种掺杂的 $LiNiO_2$ 的研究正在不断研究和完善之中。

尖晶石型的 $LiMn_2O_4$ 中 Mn_2O_4 骨架是一个有利于 Li^+ 离子扩散的四面体和八面体共面的三维网络，其典型代表是 $LiMn_2O_4$。但因为在加热过程中易失去氧而产生电化学性能差的缺氧化合物，高容量的 $LiMn_2O_4$ 制备较复杂。现在常用的合成方法有多步加热固态合成法、溶液-凝胶法、沉淀法等。

聚合物正极材料主要是杂环聚合物，如聚砒咯（PPy）、聚噻吩（PTh）及其衍生物。由于聚合物电极的最大理论能量密度高达 $300W\cdot h/kg$，成本低，并可通过掺杂以满足不同电极的需要，因此成为重要的发展方向。作为锂离子电池用的纳米正极材料已有纳米结晶尖晶石 $LiMn_2O_4$、钡镁锰矿型 MnO_2 纳米纤维、聚吡咯包覆尖晶石型 $LiMn_2O_4$ 纳米管等料，其高空隙率为锂离子的嵌入与脱出和有机溶剂分子的迁移提供了足够的空间。

无论是锂离子电池的正极还是负极，都涉及浆料即活性物质往铝箔或铜箔上涂敷的问题。活性物质涂敷的均匀性直接影响电池的质量。因此，极片浆料涂布技术和设备是锂离子电池研制和生产的关键之一。在所有涂布产品中，胶片所要求的涂布精度是最高的一种，因此胶片涂布中的许多技术是解决极片涂布的基础。但极片涂布所特有的要求必须有特殊的技术才能解决。极片浆料黏度极高，超出一般涂布液的黏度，而且所要求的涂量大，用现在常规涂布方法无法进行均匀涂布。因此，应该依据其流动机理，结合极片浆料的流变特性和涂布要求，选择适当的极片浆料的涂布方法。锂离子电池极片是分段涂布生产不同型号锂离子电池，所需要的每段极片长度也是不同的。如果采用连续涂布，再进行定长分切生产极片，在组装电池时需要在每段极片一端刮除浆料涂层。

11.4.5　锂离子电池的关键技术

摇椅式电池的概念令电池设计思路豁然开朗，但是要让概念得以实现，必须跨越三道障碍：一是找到合适的嵌锂正极材料，二是找到适用的嵌锂负极材料，三是找到可以在负极表面形成稳定界面的电解液。

20 世纪 70 年代末，贝尔实验室发现氧化物作为电极材料能提供更大容量以及更高电压。层状金属氧化物具有更高的比容量和电压，在该体系中寻找合适的嵌入化合物，符合摇椅式电池对正极材料的要求。研究人员找到 $LiMO_2$（M 代表 Co，Ni，Mn 等金属）族化合物，它们具有斜方六面体结构，Li 与过渡金属交替排列在变形的密堆积立方体阳离子晶格中，层状结构提供了二维空隙，使锂离子易于在其中嵌入与脱嵌。

碳材料作为固体化学的研究主题已经有很长的时间，但在锂离子电池出现以前作为负极材料的嵌入化合物的研究并不多。直到摇椅式电池概念提出之后，人们在寻找低电压嵌入化合物时，Li-GIC（锂石墨层间化合物）才被重新提起。当浸润在含有复杂锂盐的惰性有机电解质（如 $LiPF_6$，$LiBF_4$，$LiAsF_6$）时，在碳材料表面形成的固体-电解液界面（SEI）钝化膜具有良好的稳定性。电池在经历 1000 多次循环反应后，Li-GIC 并未受腐蚀。

电解液作为电池的重要组成部分，它的性能好坏直接影响锂离子电池的性能。电解液一般包含三个组成部分：有机溶剂、电解质锂盐、添加剂。有机溶剂是电解液的主体部分，主要是提供锂离子迁移的媒介和条件。有机溶剂分三大类：质子溶剂、非质子溶剂和惰性溶剂。由于锂离子电池负极的电位与锂接近，非常活泼，必须使用非水、非质子性有机溶剂。为了保证锂离子电池良好的电化学性能，组成电解液的溶剂体系要求具有高介电常数、低黏度、高沸点、低熔点等特点。经过二十年的筛选与发展，目前锂离子电池电解液常用溶剂有 EC（碳酸乙烯酯）、DEC（碳酸二乙酯）、DMC（碳酸二甲酯）、PC（碳酸丙烯酯）、EMC（碳酸甲乙酯）等。有机溶剂的组成、配比不一样，导致电池的电化学性能明显差异。由于有机溶剂 EC + DMC 使用温度范围广，与碳负极相容性好，安全系数高，有好的循环寿命和放电特性而使用最多。

锂离子电池电解质对锂盐的要求有以下几点：①锂盐极性要强，以促进其在有机溶剂中的溶解。②阴离子与 Li^+ 的结合能要小，要为负电荷分散程度较高的基团，晶格能越小，锂盐越容易离解。③阴离子基团质量不能过大，否则会影响电池的能量密度。④阴离子参与反应形成的 SEI 膜阻抗要小，并能够对正极集流体实现有效的钝化，以阻止其溶解。⑤锂盐本身具有较好的热稳定性和电化学稳定性。⑥可行的生产工艺以及有竞争力的性价比，对环境友好。目前常用的锂盐主要是 $LiPF_6$、$LiClO_4$、$LiBF_4$、$LiAsF_6$、$LiB(C_2H_5)_3(C_4H_4N)$、$iB(C_6F)_3(CF_3)$、$LiCFSO_3$ 等无机锂盐和有机锂盐。$LiBF_4$ 稳定性和电导率都不好，相对而言 $LiPF_6$ 对负极稳定，电导率高，虽然它对水分和 HF 酸极其敏感，但是实际应用中电池水分和酸度能够得到控制，因此目前锂离子电池基本上是使用 $LiPF_6$。新型的锂盐研究和开发主要包括如下几个方面：$LiN(SO_2CF_3)_2$ 及其类似物、络合硼酸锂、络合磷酸锂。通过控制阴离子在分子中引入其他吸电子基团，从而控制锂盐的化学稳定性和电化学稳定性。

在电解液中加入少量添加剂能改善锂离子电池性能。添加剂的种类主要分为以下几种：

1）SEI 成膜添加剂。最新的报道显示在电解液中加入气体成膜添加剂如 SO_2、CO_2、CO 等，能有助于形成 SEI 膜，使电池具有良好的导电能力和循环性能。碳酸亚乙烯酯（VC）用于成膜添加剂是目前报道的最佳成膜添加剂。它的还原电位高，在碳负极上可优先被还原，从而较好地抑制循环过程中容量衰减。在锂离子电池电解液中加入苯甲醚或其卤代衍生物，能够改善电池的循环性能，减少电池的不可逆容量损失，能够延长电池的放电平台。

2）阻燃添加剂。锂离子电池的安全问题是目前制约其应用发展的重要因素。提高电解液的稳定性是改善锂离子电池安全性的一个重要方法。锂离子电池电解液阻燃添加剂大多为含磷有机物、含氟有机物和含磷氟的复合有机物。磷氟化合物具有 P 和 F 两种阻燃元素，F 元素的存在有助于削弱分子间的黏性力，改善电解液的电导率。烷族阻燃添加剂也有涉及，如在电解液中添加 TPOS（四丙氧基硅烷）和 TMOS（四甲氧基硅烷），结果显示添加TMOS，电池的热分解温度提高。

3）过充电保护添加剂。锂离子蓄电池的过充电保护是通过外加专用的过充电保护电路来实现的。通过添加剂来实现电池的过充电保护，对简化电池制造工艺、降低电池生产成本具有重要的意义。目前所用的过充电添加剂主要有电聚合添加剂和氧化还原对添加剂两种。电聚合原理是当电池充电到一定电压时电聚合反应，阴极表面生成导电聚合物造成电池内部短路而放电。氧化还原是当充电电压超过截止电压时添加剂在正极上氧化，氧化产物扩散到负极被还原。联苯已经广泛应用于锂离子电池中，与 PTC、防爆安全阀联用效果更好。三咪唑钠、二甲基溴代苯应用于部分锂离子电池中。

4）控制电解液中酸和水含量的添加剂。目前用的锂盐多是 $LiPF_6$，而 $LiPF_6$ 对水分和HF 酸极其敏感。因此锂离子电池对电解液中的水和酸要求非常严格。在电解液中添加对水和酸起稳定作用的稳定剂是解决水对电池性能破坏的有效途径之一。稳定剂的作用原理是能与水或 HF 分子反应形成氢键或者与 PF_6-PF_5 形成络合物。因此有机胺或亚胺类物质兼具吸附型和反应型稳定剂的双重特点，所以研究的较多。碳化二亚胺类化合物能与水形成较弱的氢键，阻止水与锂盐反应生产氢氟酸。

11.4.6 聚合物锂离子电池

聚合物锂离子电池（Li-polymer，又称高分子锂电池）所用的正负极材料与液态锂离子都是相同的，电池的工作原理也基本一致。它们的主要区别在于电解质的不同，锂离子电池使用的是液体电解质，而聚合物锂离子电池则以固体聚合物电解质来代替，这种聚合物可以是"干态"的，也可以是"胶态"的，目前大部分采用聚合物胶体电解质。聚合物锂离子电池具有能量密度高、更小型化、超薄化、轻量化和高安全性等多种明显优势。在形状上，锂聚合物电池具有超薄化特征，可以配合各种产品的需要，制作成任何形状与容量的电池；在安全性上，外包装为铝塑包装，有别于液态锂离子电池的金属外壳，内部质量隐患可立即通过外包装变形而显示出来，一旦发生安全隐患，不会爆炸，只会鼓胀。由于聚合物锂离子电池使用的胶体电解质不会像液体电液那样易泄露，所以装配很容易，使得整体电池很轻、很薄。也不会产生漏液与燃烧爆炸等安全上的问题，因此可以用铝塑复合薄膜制造电池外壳，从而可以提高整个电池的比容量；聚合物锂离子电池还可以采用高分子作正极材料，其质量能量密度将会比目前的液态锂离子电池提高 50% 以上。此外，聚合物锂离子电池在工作电压、充放电循环寿命等方面都比液态锂离子电池有所提高。因此，聚合物锂离子电池被誉为下一代锂离子电池。

新一代的聚合物锂离子电池在形状上可做到薄形化（电池最薄可达 0.5mm，相当于一张卡片的厚度）、任意面积化和任意形状化，大大提高了电池造型设计的灵活性，从而可以配合产品需求，做成任何形状与容量的电池，为应用设备开发商在电源解决方案上提供了高度的设计灵活性和适应性，以最大化地优化其产品性能。同时，聚合物锂离子电池的单位能量比目前的一般锂离子电池提高了 50%，其容量、充放电特性、安全性、工作温度范围、循环寿命（超过 500 次）与环保性能等方面都较锂离子电池有大幅度的提高。

聚合物锂离子电池可分为三类：①固体聚合物电解质锂离子电池。电解质为聚合物与盐的混合物，这种电池在常温下的离子电导率低，适于高温使用。②凝胶聚合物电解质锂离子电池。即在固体聚合物电解质中加入增塑剂等添加剂，从而提高离子电导率，使电池可在常温下使用。③聚合物正极材料的锂离子电池。采用导电聚合物作为正极材料，其能量密度是现有锂离子电池的 3 倍，是最新一代的锂离子电池。目前已实现产业化生产的聚合物锂离子电池是指以聚合物作为电解质代替液态电解质的锂离子电池。已有日本、韩国、美国、加拿大、中国等国的多家公司能够批量生产。2002 年聚合物锂离子电池占到了全部锂离子电池 7% 的市场份额，到 2005 年占 9.3% 左右，到 2010 年则提高到 30% 左右。聚合物锂离子电池虽然销量在快速增长，但其市场份额尚低于人们的预期。由于各种原因，目前市场上聚合物的价格普遍要高于液态锂电。但是，由于移动电器的竞争模式正在悄悄地发生变化，特别是聚合物电池给移动电器带来的设计价值创新（如 4mm 厚度以下的优越性能、大型容量电池），聚合物电池正被越来越多的手机、移动 DVD 等设计人员所认识，聚合物电池的时代很快会到来。

11.4.7 锂离子电池的使用和保养

锂离子电池具有能量密度高、体积小、安全快速充电、无记忆效应、无环境污染等其他电池无法比拟的优点，目前几乎所有的数码相机和绝大多数的电子产品，如移动电话、手提计算机等都采用锂离子电池作为供电的电源。因此，了解电池性能衰降的原因，掌握正确的使用和维护方法，具有十分重要的意义。

电池的记忆效应是指电池长时间经受特定的工作循环后，自动保持这一特定的倾向。记忆效应的原理是结晶化。锂离子电池几乎不会产生这种反应，故基本上没有记忆效应。但是，锂离子电池在多次充放后容量仍然会下降，其原因是复杂而多样的。主要是正负极材料本身的变化。从分子层面来看，正负极上容纳锂离子的空穴结构会逐渐塌陷、堵塞；从化学角度来看，是正负极材料活性钝化，出现副反应生成稳定的其他化合物。物理上还会出现正极材料逐渐剥落等情况。总之，最终降低了电池在充放电过程中可以自由移动的锂离子数目。

锂离子电池在首次使用时进行激活是有必要的。对初次使用的锂离子电池，最好进行 1~3 次完全充放电过程，以便消除电极材料的钝化，达到最大容量。之后，电池就可以即用即充，只有在长时间不用后才需要再次进行完全充放电，使之恢复活力。需要了解的是：锂离子电池不允许过度充电和过度放电，这将对锂离子电池的正负极造成永久的损坏。此外，充电时若产生过高的温度，也将会引发锂离子电池的损害，所以在不少的锂离子电池正负极之间设有保护性的温控隔膜或电解质添加剂。在电池升温到一定的情况下，复合膜膜孔闭合或电解质变性，电池内阻增大直到断路，电池不再升温，确保电池充电温度正常。大多数锂离子电池配套的充电器通常具有充放电的控制电路，当充电完成时，电路会自动断开，以保护锂离子电池。

与镍镉电池和镍氢电池的寿命以充电次数来计算不同，锂离子电池的使用寿命体现在充放电周期上，这个周期指的是一次完整的充放电过程。锂离子电池的使用寿命在出厂时就已经确定了，同一个品牌和批号的产品，它们的使用寿命，也就是充放电的周期数是一样的。

经过实验证实，锂离子电池的最佳保养方式是轻度使用、快放快充。锂电池深度放电的程度越小，使用的时间越长，要尽量避免经常的完全充放电。此外，使用环境的温度对电池寿命也有影响，过高（30℃）或过低（低于0℃）的温度都会对电池寿命形成损耗。比如经常连接适配器电源使用的笔记本计算机，最好把锂离子电池拆下来，实际上并不是充电会对电池形成损害，因为电池满电之后就不再充电，而是便携式计算机在使用时不注意底部的通风情况会让温度过热，这才是影响电池寿命的真凶。

11.5　钠硫电池

11.5.1　钠硫电池的工作原理

典型的 NaS 电池结构如图 11-10 所示。一个 NaS 电池单体主要包括钠（Na）负极、硫（S）正极、固体电解质陶瓷隔膜、电池壳体等多个部件以及连接这些部件的各个界面。数个单体电池可以组成模块，通过模块的组合最终形成储能电池堆或储能站。在一定工作温度下（约300℃），钠离子（Na^+）透过电解质隔膜与硫发生可逆反应，形成能量的释放和储存。

如图 11-11 所示，NaS 电池负极的反应物质是负极腔内熔融的 Na，正极的反应物质是正极腔内熔融的硫。正极和负极之间用 $\alpha\text{-}Al_2O_3$ 电绝缘体密封。正、负极腔之间有 $\beta\text{-}NaAl_{11}O_{17}$ 陶瓷管电解质。电解质只能传导自由金属离子，对电子而言是绝缘体。当外电路接通时，负极不断产生 Na^+ 并放出电子，电子通过外电路移向正极，而 Na^+ 通过 $\beta\text{-}NaAl_{11}O_{17}$ 电解质与正极的反应物质生成 Na 的硫化物。

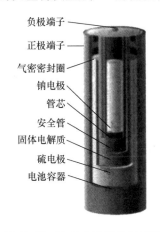

图 11-10　NaS 电池结构示意图

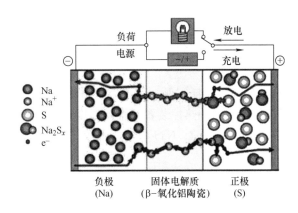

图 11-11　NaS 电池工作原理图

NaS 电池正、负极反应方程式如下：

正极
$$Na_2S_x - 2e^- \underset{\text{放电}}{\overset{\text{充电}}{\rightleftharpoons}} 2Na^+ + xS \tag{11-21}$$

负极
$$2Na^+ + 2e^- \underset{\text{放电}}{\overset{\text{充电}}{\rightleftharpoons}} 2Na \tag{11-22}$$

总反应方程式为

$$Na_2S_x \underset{\text{放电}}{\overset{\text{充电}}{\rightleftharpoons}} 2Na + xS \tag{11-23}$$

放电时，Na 在 β-Al_2O_3 界面氧化生成 Na^+ 并迁移，通过陶瓷电解质与硫发生反应生成多硫化钠（Na_2S_x）；充电时，Na_2S_x 分解，Na^+ 迁移回负极侧生成金属 Na，硫氧化成单质保留在正极。

11.5.2　钠硫电池的特点

钠硫电池的优点：

1）高能量密度。能量密度是指电池单位质量或单位体积所具有的有效电能量。大功率 NaS 电池先进的结构设计使其理论能量密度为 760W·h/kg，实际能达到 300W·h/kg，约是锂电池的 4 倍，镍电池的 5 倍，铝酸电池的 10 倍。

2）大电流、高功率放电。大功率 NaS 电池放电的电流密度可达 2~3kA/m²，并瞬时可放出其 300% 的固有能量。

3）无自放电现象，高充放电效率。NaS 电池采用固体电解质，不会产生如采用液体电解质的二次电池所产生的自放电及副反应，故充放电效率接近 100%。

4）充电时间短。大功率 NaS 电池一次充放电时间为 20~30min。

5）使用寿命长。大功率 NaS 电池连续充放电可达 2 万次，使用寿命可达 10 年之久。

6）无污染，可回收。在大功率 NaS 电池的制造过程中不会对环境造成污染，单质 Na 和 S 元素本身对人体无毒性，且其废旧电池中的 Na 和 S 的回收率将近 100%，回收后的物质可循环再利用，进一步降低了成本。相比之下，传统的铅酸电池在其制造和废旧电池处理过程中对环境都会造成严重污染。

钠硫电池的缺点：

1）安全问题。NaS 电池的运行要求是 Na 和 S 都处于液态。为达到该要求，电池的运行温度达到 300℃ 左右。一旦陶瓷电解质破损，高温的 Na 和 S 就会直接接触并发生剧烈的放热反应。此外，NaS 电池还不能过度充电，否则有发生爆炸的危险。

2）材料腐蚀剂隔膜问题。长时间工作在高温下，金属零部件在 S 及硫化物的长期作用下会被腐蚀。

3）运行保温与能耗问题。由于 NaS 电池在 300℃ 才能启动，工作时还需要加热保温，故需要附加供热设备和热控装置来维持温度。此外，煅烧生产陶瓷管的过程耗能较大。

4）成本问题。目前，NaS 电池成本较高，要降低至商用水平还需要继续深入的研究。

11.5.3　钠硫电池的发展历史

1967 年，美国福特汽车公司率先提出了 NaS 电池原理，并对其在电动汽车上的应用展开了积极研究。早期 NaS 电池的研究主要是以电动汽车的应用为目标。由于 NaS 电池需要的运行温度较高，当时难以解决安全性和可靠性问题，使 20 世纪 80 年代中期世界范围的 NaS 电池研发一度出现了停滞。目前日本特殊陶业株式会社（简称 NGK 公司）是国际上 NaS 电池研制、开发和应用的主要机构。20 世纪 80 年代中期，NGK 公司即开始与日本东京电力公司合作开发大型储能 NaS 电池。1992 年第一个 NaS 电池储能系统开始在日本示范运行，至 2002 年有超过 50 座 NaS 电池储能站在日本示范运行中。2003 年 4 月，NGK 开始了储能 NaS 电池的大规模商业化生产，到 2004 年产量即达到 65MW。2004 年 7 月，世界上最大的 NaS 储能电站（9.6MW/57.6MW·h）在日本正式投入运行。目前 NGK 公司在研的 NaS 电池堆功率达到 20MW，同时其每千瓦时 600 美元的设备报价也成了行业价格标准。美国 AEP 公司在西弗吉尼亚州的查尔斯顿市安装的 1.2MW（7.2MW·h）NaS 电池储能系统于 2006 年 6 月 26 日实现商业运行。该公司目标是到 21 世纪前 15 年底完成布置 25MW 的目标。预计未来 10 年将有 1000MW NaS 电池储能系统加入世界能源布局。

11.5.4　NaS 电池的制造工艺

NaS 电池的制造工艺如图 11-12 所示。

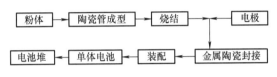

图 11-12　NaS 电池制造工艺流程图

其主要工艺过程包括：

1）β-Al_2O_3 粉末合成。采用固态反应、溶胶凝胶、共沉淀技术，喷雾-冷冻/冷冻、干燥法等方法合成 β-Al_2O_3 粉末。

2）Al_2O_3 陶瓷管制作。将合成粉末球用干压、注浆、挤压、冷等静压、注射、流延、热压及热等静压成型等方法磨至所需尺寸，然后烧结至电池设计所要求的形状。

3）钠芯结构制作。在未退火的不锈钢管箔外贴不锈钢网，并卷成筒状套入 β-Al_2O_3 管内，使得不锈钢网紧贴 β-Al_2O_3 内壁，再注入金属 Na，制成钠芯结构。

4）硫电极制作。将熔融 S 注入压成槽型的长方形石墨毡中，冷却后成型，获得硫预制电极。将 2 个槽型硫预制电极分别插入 β-Al_2O_3 和电池壳体间，并且要使石墨毡纤维走向与 β-Al_2O_3 管垂直，制成硫电极。

5）电池的密封与防腐。将带有封接的 β-Al_2O_3 管上的 α-Al_2O_3 环与电极容器用冷压力或热压力焊接方法进行绝缘密封，解决气密封问题。

6）产品检测。对封装好的电池模块进行充放电性能测试和综合电化学性能检测，包括单体电池极化特性、内阻等关键特性的分析。

11.5.5　NaS 电池发展的关键技术

1. 氧化铝陶瓷管制备

氧化铝陶瓷管是 NaS 电池的关键部件，其质量在很大程度上影响着电池的性能和寿命，因此它必须具有高的离子电导率、长的离子迁徙寿命以及良好的纤维结构和力学性能，这些都对陶瓷管的制备提出了很高的要求。目前陶瓷管存在着粉体制备和陶瓷管成型的困难。

传统的陶瓷粉体制备方法主要为固相反应法。为了反应显著，必须将它们加热到很高的温度（通常为 1000~1500℃）。过高的烧结温度、过长的烧结时间带来的一个不利因素是会导致 β-Al_2O_3 的相转变。在粉体中掺杂一定量的 Mg^{2+} 或 Li^+ 时，可使 β-Al_2O_3 至少稳定到 1973K。过高的烧结温度、过长的烧结时间带来的另外一个不利因素就是高温下 Na_2O 很容易挥发，严重影响了 β-Al_2O_3 的钠离子导电性能，会给电池带来致命的伤害。用一些软化学合成方法，如溶胶-凝胶法、溶液燃烧合成法、共沉淀法等，这些方法大大降低了合成温度，但仍然存在合成工艺复杂、合成时间长、能耗大的缺点，而且在器件制备过程中仍需要高温烧结，Na_2O 的高温挥发难以避免。微波烧结技术是比较新颖的合成方法，具有升温快和体加热等优点，能够短时间内迅速升温，由于气体的逸出方向和升温方向一致，可以得到致密度很高的陶瓷烧结体。

陶瓷管制备的另一个难点就是管子的成型技术。陶瓷管的特殊使用环境，要求其具有高的力学强度、高密度和均匀显微结构，良好的同心度和尺寸公差，这些都对管子的成型技术提出了更高的要求。目前采用的等静压、电泳、滑铸或挤压技术等较好地解决了这些问题。等静压相对简单、成熟、成本较低，且产出率高。等静压时将粉末置入聚氨酯模具，通过向模具施加液压力压紧，然后将粉末等静压至相对高的密度与适宜的尺寸公差。电泳沉积将一根带电的顶杆放入悬浮 $\beta\text{-}Al_2O_3$ 粉末的电解液中，在顶杆与一电极之间施加电场，粉末均匀沉积在顶杆上，素管从顶杆取出后进一步等静压，提高均匀度与强度。

2. 硫电极容器防腐蚀

NaS 电池硫极容器的腐蚀是引起电池退化、影响电池寿命的重要因素之一。电池硫极中的反应物熔融多硫化钠具有高度腐蚀性，它与金属容器反应形成松散的金属硫化物，影响电池的物理及化学性能造成电池退化。电池的腐蚀产物会引起电池电阻增加、减少电池容量、破坏 $\beta\text{-}Al_2O_3$ 陶瓷管电解质。电池电阻的增加，是由于在集流器或者硫电极基体界面产生的腐蚀产物层，或者是由于 $\beta\text{-}Al_2O_3$ 陶瓷管全部或者部分被沉积的腐蚀产物所堵塞。当足够多的硫通过腐蚀过程中的化学反应形成金属硫化物后，电池的容量就会下降。即使是非常微量的腐蚀产物，也会改变硫电极碳毡基体的润湿性，同时也会影响电池的导电性能。扩散或者杂质离子通过离子交换进入到 $\beta\text{-}Al_2O_3$ 陶瓷管晶格内，引起其导电性的改变，陶瓷电解质的部分堵塞会导致电流分布的不均匀，这会使局部电流密度急剧增大，最终导致陶瓷管的失效。

为达到更加优良的防腐蚀效果，在扩散层中添加一定量的石墨，制成防腐蚀性和导电性都更佳的石墨分散镍导电层。使用镍电镀液或者混合合金电镀液，并加入一定量的表面活性剂，同时将一定直径的天然或者人造石墨充分分散到电镀液中，再进行电镀过程，在钢板表面形成石墨分散镍导电层，之后将电镀好的薄板制成电池容器。经过测试，这种钢板制成的硫极容器具有较好的耐腐蚀性和导电性能。此外，还开发了渗铬技术来提高材料的耐腐蚀性。

3. 电极结构

在 NaS 电池中，为了确保钠电极电阻在整个电池内阻的分布中占据较小地位，一个很重要的方面就是解决钠极在放电时的供钠问题，也就是必须维持钠极中金属钠在电池整个充放电期间始终与 $\beta\text{-}Al_2O_3$ 陶瓷管内表面全部接触、润湿。传统的靠重力供钠方式的钠极结构在设计时必须增加钠的加入量，因为当电池放电到所设计容量时，钠的液面只能降到 $\beta\text{-}Al_2O_3$ 管口上部为止，整个管内剩余的钠不能再被消耗，否则如进一步放电，由于钠的液面继续下降，造成上部分管壁未被钠所润湿，$\beta\text{-}Al_2O_3$ 陶瓷管内表面有效接触面积减少，电流相对集中于陶瓷管下部分面积，则电流在电解质表面分布不均匀，可导致陶瓷管损坏。

新的钠芯结构如图 11-13 所示，将退火过和未退火

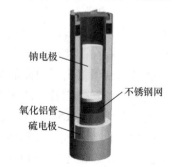

钠电极

不锈钢网

氧化铝管

硫电极

图 11-13 NaS 电池钠芯结构示意图

的两种不锈钢管箔（厚 0.045~0.05mm）分别外贴 300 目不锈钢网卷成筒状套入 β-Al_2O_3 管内，使不锈钢网紧贴 β-Al_2O_3 内壁后盛入金属钠，利用不锈钢网的毛细作用，从 β-Al_2O_3 陶瓷管底部吸取液钠，使之与整个氧化铝管内壁润湿。在放电过程中，只要钠芯底部仍有少量钠接触，通过毛细作用，整个管内壁都能与钠完全润湿。

钠芯结构供钠方式有如下优点：①电池钠的加入量少了，活性物质利用率得以提高。②钠量减少，贮钠器可免去，整个电池体积减小，质量减轻，从而提高了电池能量密度。③电池的安全性提高。因为当 β-Al_2O_3 管破裂损坏时，钠芯起到了对钠的限流作用，这样阻止了大量的钠与硫瞬间发生剧烈反应。④电池的密封可靠性有望进一步加强。

传统硫极制作是把熔融硫直接注入填充石墨毡的硫极容器中，这必须在加热状态下进行，以免 β-Al_2O_3 陶瓷管因受骤热而开裂，电池装配极为不便。新的制作方法将长方形石墨毡在磨具中压成槽型，注入熔融硫，冷却后成型取出，两个槽型预制块插入 β-Al_2O_3 陶瓷管和电池壳体间（石墨毡纤维走向与 β-Al_2O_3 陶瓷管垂直）即构成硫电极。硫预制块组成的硫电极，可在室温下直接装配电池，易于电池的批量室温装配。

11.5.6 NaS 电池的应用

NaS 电池的应用可以分为移动式应用和固定式应用两类。

1. 移动式应用

大功率 NaS 电池主要应用于军事和航天等领域，如潜艇、坦克、卫星等。由于大功率 NaS 电池具有能量密度大、充电速度快、使用寿命长等特点，故其可在潜艇、军舰上取代现有的锂离子电池和铅酸电池，提高行驶里程，降低维护成本，减轻潜艇的自身载重，提高速度和机动性，同时节省出大量的空间，保证艇员的生活供给物品、武器及弹药的储存，提高潜艇的作战能力。NaS 电池特有的瞬间大电流特点更可以应用到导弹、火箭、大炮等的发射装置上，它能使弹头出膛速度达到 3~50km/s，实现超高速运行，且性能稳定，可控性好。同样，该项技术也可用于航天等领域。总之，大功率 NaS 电池为军用、航天设备提供燃料能源，将提高军用设备的作战能力，提升航空设备的能量供给能力，对于国防实力的提高有着重要的意义。

大功率 NaS 电池也可用于交通工具，如电动车上，可提高一次性充电行驶里程，极大地减少各类交通工具上石油燃料的使用，同时还可大大降低汽车排放废气对人们生存环境的污染。

2. 固定式应用

大功率 NaS 电池主要用于削峰填谷、应急电源、风力发电等可再生能源的稳定输出，以提高电能质量。当前我国电力消耗的昼夜峰谷差日益扩大，要解决这种电力使用严重不对称造成的电力紧张现象，利用大功率 NaS 电池储能是最有效的途径。当用电需求小于发电量时，使用 NaS 电池将多余的电能储存起来；当需求大于供给时，则用以补充电能。通过这种储能手段进行削峰填谷，能使现有发电站的资源消耗量减少约 50%，相应地这些有限的不可再生资源的使用年限可增加 100%。

目前，我国的新能源发电迅猛发展，但风力发电、太阳能发电均存在着并网困难，成为限制我国新能源发电的瓶颈。统计资料显示，我国目前完成的风电装机总量只有不到 20% 实现了并网发电。许多风力发电场经常发生"弃风""停机"现象，造成了大量的投资浪费。由于可再生能源的电力输出随着风力、光照等强度同步变化和波动，而目前我国传统的电网没有能力接纳这些不稳定的电力来源，故无法直接向电网输出或向用户出售，需要经过稳定化处理后方可与电网安全对接输出。大功率 NaS 电池作为一种先进的储能电池，具有使用寿命长、充电快速等特性，可从根本上解决风能、太阳能输出电力不稳定的问题，提高电能质量，使其能成为与风能、太阳能等发电方式配套的一种理想的储能电池。大容量 NaS 电池可用于电网调峰、照明、应急、高耗能企业、分布电站、电信通信基站、国家重要部门的备用电站等大型储能领域。

11.6　液流电池

11.6.1　液流电池的组成和工作原理

前述的几种电化学储能技术都是把电极和电解液放置在同一个密闭空间内，电解液在电池工作过程中是静止的。若电池工作时电解液是流动的，则变成"液流电池（Redox flow battery，RFB）"。如图 11-14 所示，一个典型的液流电池包含正负极集电板、正负极电解液罐、正负极电解液、正负极电极（通常是多孔结构）、隔膜、泵和管路连接系统。当电池工作时，泵推动正负极电解液从液罐流经各自对应的电极再回到液罐。通过发生在电极上的电化学反应，实现电能和化学能之间的相互转换。发生在两个电极的反应可由以下的方程式表示：

正极

$$C^n - ye^- \underset{\text{放电}}{\overset{\text{充电}}{\rightleftharpoons}} C^{n+y} \tag{11-24}$$

负极

$$A^{n-x} + xe^- \underset{\text{放电}}{\overset{\text{充电}}{\rightleftharpoons}} A^n \tag{11-25}$$

电池运行时，质子通过隔膜内部传递而电子通过外部电路传递形成一个完整的电回路。

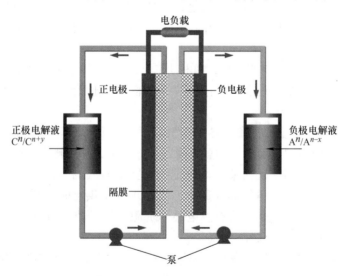

图 11-14　液流电池结构示意图

由于对正负极活性反应物、电极材料和电解液有多重选择，液流电池目前已经形成很大的一个家族。在所有已开发研究的液流电池中，多硫化钠溴液流电池与全钒液流电池被公认为是目前最成功和最具有发展潜力的产品。

多硫化钠溴液流电池（PSB）工作原理如下

正极

$$Br_2 + 2Na^+ + 2e^- \underset{放电}{\overset{充电}{\rightleftharpoons}} 2NaBr \tag{11-26}$$

负极
$$(x+1)Na_2S_x \underset{放电}{\overset{充电}{\rightleftharpoons}} 2Na^+ + xNa_2S_{x+1} + 2e^- \qquad x = 1 \sim 4 \tag{11-27}$$

常温常压下，正极电位为 1.06V，负极电位为 -0.48V，单电池开路电压为 1.54V。正极电解液为溴化钠，负极电解液为多硫化钠，放电时钠离子通过阳离子交换膜从负极到达正极，与溴发生电极反应。

全钒液流电池（VRFB）工作原理如下

正极
$$VO_2^+ + e^- \underset{放电}{\overset{充电}{\rightleftharpoons}} VO^{2+} \tag{11-28}$$

负极
$$V^{2+} - e^- \underset{放电}{\overset{充电}{\rightleftharpoons}} V^{3+} \tag{11-29}$$

常温常压下，正极电位为 1.0V，负极电位为 -0.26V，单电池开路电压为 1.26V。全钒液流电池通常用低浓度硫酸溶液（小于 3.0mol/L）作为电解液。电池正负极之间用离子交换膜隔开，充放电时电池内部通过电解液中的阳离子（主要是 H^+）在膜内迁移而导通。

11.6.2　液流电池的特点

与其他类型的储能电池相比，液流电池具有极大的成本优势：电极材料使用不含贵金属的碳材料，电解液是常见的盐酸溶液，来源广泛。这种电池还可以进行 100% 的深度放电，因电池的活性物质均存于电解液中，不会受到电极表面发生变化的影响，其使用寿命较长。由于正负极半电池的活性物质分别存于不同的液罐中，避免了电解液在存放过程中发生的自放电损耗，电池的充放电能量效率可达到 80%。最大的特点是容量和功率相互独立：电池的容量取决于电解液的体积和浓度，功率则由电池电极的活性面积决定。此外，电池结构简单，故能方便地将单电池按照实际设计的要求进行串联或并联叠加形成电池堆，且不受选址条件的限制。

但是，液流电池目前也存在着一些缺点，例如由电化学动力学较差引起的功率密度较低（放电功率密度通常为 $60mW/cm^2$），由活性物质溶解度较低引起的能量密度较低（$25W \cdot h/L$），以及在充放电过程中由于活性物质透过隔膜相互渗透造成的电化学容量减小。这些问题阻碍了液流电池的商业化进程。

11.6.3　液流电池的发展历史

鉴于全钒液流电池目前受到的关注和对其进行的研究最多，本节主要论述全钒液流电池的发展历史。

对全钒液流电池的研究始于澳大利亚新南威尔士大学（UNSW）Skyllas-kazacos 研究小组。从 1984 年开始，Skyllas-Kazacos 等对 VRFB 开展了一系列研究工作。从单电池开始，到 1991 年 UNSW 成功开发出 kW 级 VRFB 电池组。电池组使用 Selemion 阳离子交换膜（Asahi

Glass，Japan）为隔膜、碳塑复合板为集电板、碳毡为电极材料，由 10 个单电池串联组成。在 $80mA/cm^2$ 的电流密度放电电池组能量效率约 72%，平均功率为 1.33kW。随后，UNSW 进行了 1 ~ 4kW 级原理级样机的开发。1985 年日本住友电工（SEI）与关西电力公司（Kansai Electric Power Co.）合作进行 VRFB 的研发工作。SEI 于 1996 年用 24 个 20kW 级电池模块组成了 450kW 级 VRB 电池组，关西电力将其作为子变电站的一个基本储能单元进行充放电试验，530 次循环电池组能量效率均值为 82%（充放电电流密度 $50mA/cm^2$）。

国内对 VRFB 的研究始于 20 世纪 90 年代，迄今先后有中国工程物理研究院、中南大学、清华大学、中科院大连化学物理研究所等开发成功了千瓦级以上电池组的报道。中南大学组装的千瓦级电池组，在 $40mA/cm^2$ 的电流密度下能量效率达 72%。清华大学的电池组采用高密度石墨板为集流板，以 PVDF-g-PSSA 质子交换膜为隔膜，聚丙烯腈石墨毡为电极，电流密度为 $40mA/cm^2$ 左右时，能量效率达 82%。2005 年中科院大连化学物理研究所成功集成出国内第一套 10kW 级 VRB 储能电池系统（系统单个模块的输出功率约 1.3kW），$85mA/cm^2$ 的电流密度下，系统输出功率达 10.05kW，能量效率接近 80%。在此基础上集成的额定输出功率为 100kW 级的电池系统的能量转换效率也达到了 75%。100kW 级全钒液流储能电池系统的研制成功，为全钒液流储能电池系统的规模放大、示范应用及产业化奠定了坚实的技术基础。

11.6.4　液流电池充放电循环效率的影响因素

液流电池的充放电循环效率（放电阶段输出能量与充电阶段输入能量之比）是电池运行中最关注的参数。循环效率一般定义如下

$$\psi_{energy} = \psi_{coul} \times \psi_{volt} \qquad (11\text{-}30)$$

式中，下标 "energy" "coul" 和 "volt" 分别代表能量，电量（库仑）和电压，即能量效率为库伦效率与电压效率的乘积。

考虑到电解液的流动需要消耗泵功，完整的循环效率定义为

$$\psi_{energy} = \frac{W_{disch} - W_{pump,disch}}{W_{char} + W_{pump,char}} \qquad (11\text{-}31)$$

式中，下标 "disch" "char" 和 "pump" 分别代表放电、充电和泵。

从式（11-31）中可发现，在一次充放电循环中，当放电能量接近充电能量且泵功足够小时，循环效率就能得到提高。

1. 电解液

液流电池的电解液中溶解了电极反应的活性物质。如果浓度高，则活性物质的体积能量密度高，能增加电池的总容量。但是，高浓度的电解液对应着高黏度，会增大泵功，使循环效率降低。同时，在某些电池中（例如全钒液流电池的正极侧）高浓度溶液在接近全充电状态时会发生沉淀，从而堵塞多孔电极表面，导致电池逐渐失效。为此，需要在液流电池电解液中加入合适的添加剂，抑制沉淀的产生。

2. 电池隔膜

适用于液流电池的隔膜必须能抑制正负极电解液中不同价态的离子相互混合，而不阻碍质子通过隔膜传递电荷，这就要求选用具有良好导电性能和较好选择性透过的离子交换膜。在全钒液流电池中，正负极的活性物质均为钒离子（不同价态），因而受到的交叉污染影响

较小。但在全钒液流电池内部钒离子携带 H_3O^+ 透过隔膜渗透到另一侧，仍然造成容量的损失和循环效率的下降。如果采用阳离子交换膜，由于该膜具有带负电的磺酸根基团，会吸引带正电的钒离子通过隔膜。如果采用阴离子交换膜，由于该膜具有带正电的季铵盐基团，会排斥钒离子通过隔膜。但是，目前的阴离子交换膜的电导率普遍比阳离子交换膜低一个数量级，造成电池运行时欧姆损失较大，放电能量和充电能量相差较大，这也会降低液流电池的循环效率。此外，对中性膜进行侧链改性或接枝使其具有离子交换功能，也具有一定的应用前景，因为中性膜的价格比离子交换膜要便宜一个数量级。

3. 电极材料

电极材料影响到液流电池的反应动力学速率，从而决定了电池运行时的过电势。过电势越小，放电电压和充电电压的差值越小，电池的循环效率越高。目前最常用的电极材料是聚合物复合多孔石墨毡，其稳定性好，电导率高，价格便宜，但电化学活性不高。为了提高石墨毡的电化学反应活性，可用金属离子对电极进行修饰，如用 Mn^{2+}、Te^{4+}、In^{3+} 和 Co^{2+} 离子。此外，也可用酸处理或电化学处理的方法增加碳纤维表面 COOH 官能团的数量而提高电极的活性。最近，也有研究人员使用石墨粉与碳纳米管（CNT）制成复合电极用在液流电池中，该电极的电化学活性较传统的石墨毡有了很大的提高。

4. 电极及流场结构

液流电池中电解液的流动形态，直接影响到反应物分布的均匀性进而影响电极的过电势（图 11-15）。若电解液直接从电极侧面流入，这种流动组织形式被称为"穿流（flow through）"。若在电极和集电极中间加入流场板，电解液先流入流场板再通过对流扩散作用进入多孔电极内部，这种流动组织形式被称为"平流（flow by）"。采用"穿流"结构，在电极厚度方向上活性物质分布较均匀，但靠近出口侧的活性物质浓度不高，引起较大的局部过电势。流场板有多种设计，可以更均匀地在电极表面分布电解液。

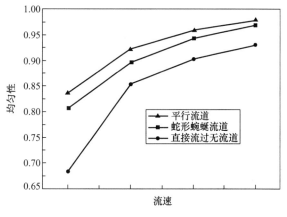

图 11-15　电解液不同流动形态对反应物分布均匀性的影响

但是如果流速过小，在靠近隔膜的电极内活性物质浓度不高，也会引起较大的局部过电势。不同的电极及流场结构还会造成压降和泵功的不同，影响到液流电池的循环效率。

5. 电池运行温度

电池的运行温度对电池性能和循环效率有很大的影响。一方面，提高运行温度会提升电极的活性，降低电池的过电势，使放电电压与充电电压的差值减小；使电解液黏度降低，有利于减小泵功。这些对循环效率是正面的影响。另一方面，提高运行温度也会增大离子在电解液和隔膜中的扩散率，使充放电过程中活性物质透过隔膜的扩散通量增加，降低库仑效率，从而导致循环效率降低。这两个作用相反的效应决定了在实际运行中存在一个最优化的温度范围，运行在其中能获得最大的电池循环效率。图 11-16 示出了电池的运行温度对电池放电极化曲线的影响。

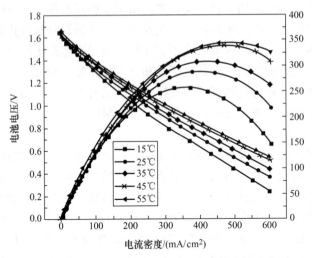

图 11-16 不同运行温度对液流电池性能的影响

6. 电解液流速

电池的电解液流速对电池性能和循环效率也有较大的影响。一方面，提高电解液流速会强化多孔电极内的传质过程，降低电池的过电势，使放电电压与充电电压的差值减小。这对循环效率有正面的影响。另一方面，提高电解液流速也会增大泵功，从而导致循环效率降低。这两个作用相反的效应决定了在实际运行中存在一个最优化的电解液流速范围，运行在其中能获得最大的电池循环效率。

11.7 各种储能技术的对比、环境影响和未来展望

11.7.1 各种储能技术的对比

各种化学储能技术的性能指标如表 11-2 所示。表 11-3 列出了各种储能技术的市场应用和国内外主要研发机构的信息。

表 11-2 主要储能技术性能比较

储能技术	电池材料			能量密度和功率密度		成本美元/kW·h	安全性	寿命/年	循环次数	电压/V
	正极	负极	电解液	W·h/kg	W/kg					
铅酸电池	二氧化铅	铅	浓硫酸	30 ~ 50	75 ~ 300	200 ~ 400	有毒	3 ~ 5	500 ~ 800	2
锂离子电池	含锂过渡金属化合物（钴酸锂、磷酸铁锂等）	石墨、软碳、硬碳、钛酸锂	六氟磷酸锂的有机溶液	150 ~ 200	200 ~ 315	600 ~ 2500	易燃	5 ~ 10	2000 ~ 3000	3.3 ~ 4.2

（续）

储能技术	电池材料			能量密度和功率密度		成本美元/kW·h	安全性	寿命/年	循环次数	电压/V
	正极	负极	电解液	W·h/kg	W/kg					
钠硫电池	熔融硫	熔融钠	固态氧化铝陶瓷	150~240	90~200	300~500	易燃易爆	5~10	2500	2
全钒液流电池	高价钒离子溶液	低价钒离子溶液	钒离子硫酸溶液	25~40	50~110	150~700	好	10~20	12000	1.15~1.55

表 11-3　主要储能技术应用比较

储能技术	使用环境	市场主要用途	售价美元/kW·h	国内主要研发机构	国外主要研发机构
铅酸电池	-10~45℃ 标准：25℃	动力汽车、UPS、调峰，频率控制，电能质量调节，输配电系统	550	双登、南都、天能、超威、风帆、骆驼等	SAFT
锂离子电池	-20~60℃远离火源、热源；禁止摔打、碰撞	各种应用	3000	比亚迪、力神	索尼、三洋三星、LG
钠硫电池	需加热到300℃以上	大功率大容量的各种应用	1000	中科院上海硅酸盐研究所	日本 NGK
全钒液流电池	0~45℃	备用电源，削峰，能量管理，可再生能源系统集成	800	北京普能科技、大连融科	加拿大 VRB Power、日本住友电气

综合各种电池储能技术在不同领域的应用情况，可得出以下结论：

1）铅酸电池、镍镉电池等传统储能电池虽存在许多缺点，但作为历史最久、技术最成熟的储能电池，应积极挖掘其应用潜力。可作为应急备用、电能质量管理等领域的备选技术。

2）锂电池存在成本较高、集成系统与单体电池性能差距较大等问题，但近年来该技术进步最快，具有较为完备的产业链，在上述几个重要的指标上也具有一定优势。目前，小容量锂离子电池已广泛作为便携式设备的电源。可作为分布式能源发电、应急备用、电能质量管理等领域优先考虑的储能技术。同时，在新能源并网、系统调峰等领域也可作为备选技术。

3）钠硫电池目前存在较强的技术垄断，发展前景尚不明朗，可作为系统调峰、风电场配套储能等领域的备选技术。

4）液流电池在储存容量方面具有突出优势，寿命、初始投资等其他重要指标也具备较强的竞争力，可作为新能源并网、电站调峰等领域优先考虑的技术选择。同时，在分布式能源发电领域也可作为备选技术之一。

可以看出，复合应用储能技术是实现储能效用最大化的发展方向。目前的技术水平，虽然某种储能技术可能非常适用于特定的领域，但单一储能电池很难同时满足储存容量、能量密度、功率密度、储能效率、使用寿命、经济成本以及环境特性等指标的要求。在研究制定具体的储能技术应用方案时，有必要在明确某种主要储能技术的基础上，结合项目的实际情况，辅之以具有较好互补性的其他储能技术，形成能最大限度满足项目需求、发挥最优效用的复合储能方案。

11.7.2　储能技术的环境影响

储能技术除了考虑提高效率等因素外，还必须考虑如何减轻生产过程以及使用过程中对环境的污染。

典型的机械储能技术如抽水储能、压缩空气储能对地形和地质条件有较高的要求。建成后，由于长期蓄水或储存高压压缩空气，储能电站周围的水文、地质环境都会发生改变，需要防止地质次生灾害的发生。

铅酸电池中大量使用铅元素。由于生产工艺过程中存在产污环节，排出含铅的废水废气和固体废弃物而造成铅污染。铅颗粒或铅离子进入人体，会对人的神经系统和造血功能产生毒性作用，导致铅中毒。进入水体或土壤，会对水生生物和农作物生长造成危害。当前，铅酸电池的生产工艺有了很大的改进，新工艺具有装备水平高、自动化生产和环境污染轻等优势。此外，铅回收和再生利用的技术难题已得到攻克，但仍有待于推广应用。

锂离子电池是环保电池，不含重金属等有害物质。但是在制造过程中，会用到乙醚、丙酮等化学试剂，会对人体健康产生不利的影响。

钠硫电池和全钒液流电池的使用寿命长，不含重金属元素，生产过程中不排放有害物质，使用或报废后也不会对环境造成二次污染，是一种真正意义上的环保储能技术。

11.7.3　未来展望

(1) 低成本与高效快速储能系统的开发　目前，大规模应用与推广储能系统的主要难题在于成本太高。因此，降低成本与提高能量转换效率是储能技术发展的关键。储能技术在用于增强电网稳定性时，如何提高电能的释放和存储速度也是至关重要的。

(2) 不同储能系统的混合应用　每一种储能方法都有其自身的局限性，而如果要对其固有技术特性进行改良会在成本上付出巨大代价。所以，结合各种不同储能方式的特性进行混合应用就能够取长补短，充分发挥不同储能方式的优点，达到功率和能量等各方面的要求，同时还能有效延长储能系统的循环寿命，这也是电力系统储能研究的新热点。

(3) 大力发展液流电池　广义的液流储能系统目前已经拥有钒溴、全钒、多硫化钠/溴等诸多体系。液流储能电池的电化学极化很小，其中全钒液流电池具有储能容量较大、能量效率较高、能够完成快速充放电、可100%深度放电、有效寿命长等诸多优势。全钒液流储能系统现在已实现市场商业化运作，可以有效平滑波动的风电功率。作为与其配套的储能系统，氧化还原液流电池具有成本低、效率高、寿命长等优势，市场前景广阔。

(4) 关注储能技术可能对未来能源电力系统带来的革命性变化　在未来以电力为中心的能源系统中，储能技术的关键意义在于将电力系统从功率型转变为能量型，其隐性收益远远大于直接经济收益，如促进节能减排、提供优质电力、优化电力系统、带动就业和技术创新、完善产业布局等。因此，储能技术不仅能够作为电力系统的配套设施，其广泛应用还可能给整个能源系统和社会带来综合的效益。

思考题与习题

1. 在飞轮储能系统中，飞轮转子的转动惯量为$6kg \cdot m^2$，最大转速为$25000r/min$，最小转速为$600r/min$，则此飞轮储能系统可用的能量为多大？这些能量如果供应功率为$1kW$的用电器，则可供应多少分钟？

2. 构造一个转换效率高的原电池，需要什么样的材料做电极和电解液？总结组成原电池的条件。

3. 金属腐蚀的本质是什么？

4. 电化学电池与半导体P-N结有何异同？能否用电化学电池构造一个类似于P-N结的内建电场？存在什么问题？

5. 简述铅酸电池的工作原理。

6. 简述锂离子电池的工作原理和特点。

7. 简述钠硫电池的工作原理和应用范围。

8. 简述全钒液流电池的工作原理。运行一段时间后，造成其循环效率降低的主要因素有哪些？如何减小这些因素对循环效率的影响？

9. 运用你所学到的知识，为你的家乡选择一种符合当地情况的储能技术，并尝试设计一个小型储能系统。

10. 简述各种储能电池的环境影响，提出和讨论有关的回收和再生措施。

参 考 文 献

[1] 高传昌. 抽水蓄能电站技术 [M]. 郑州：黄河水利出版社，2011.

[2] 汤双清. 飞轮储能技术及应用 [M]. 武汉：华中科技大学出版社，2007.

[3] 方彤，王乾坤，周原冰. 电池储能技术在电力系统中的应用评价及发展建议 [J]. 能源技术经济，2011，23 (11).

[4] 张华民. 储能与液流电池技术 [J]. 储能科学与技术，2012，1 (1).

[5] C Ponce de Leon, A Frias-Ferrer, J Gonzalez, D A Szanto, F C Walsh. Redox flow cells for energy conversion [J]. Journal of Power Sources, 160 (2006) 716. 2006, 160：716-732.

[6] 张远明，李伟善. 多硫化钠/溴与全钒液流电池的发展现状 [J]. 电池工业，2006，11 (6).

[7] A F Zobaa. Energy storage—Technologies and applications [M]. Intechopen Press, 2013.

[8] 李建国，焦斌，陈国初. 钠硫电池及其应用 [J]. 上海电机学院学报，2011，14 (3).

[9] 邱广伟，刘平，曾乐才，等. 钠硫电池发展现状 [J]. 材料导报A，2011，25 (11).

[10] 钱伯章. 聚合物锂离子电池发展现状与展望 [J]. 国外塑料，2010，28 (12).

[11] 黄彦瑜. 锂电池发展简史 [J]. 物理，2007，36 (8).

[12] 黄可龙，王兆翔，刘素琴. 锂离子电池原理与关键技术 [M]. 北京：化学工业出版社，2008.

[13] Yves Brunet, 等. 储能技术 [M]. 唐西胜，等译. 北京：机械工业出版社，2013.

附　　录

附表1　用于十进分数和倍数单位的词头

词头符号	对应英文	所表示的因数	词头名称
E	exa-	10^{18}	艾［可萨］
P	peta-	10^{15}	拍［它］
T	tera-	10^{12}	太［拉］
G	giga-	10^{9}	吉［咖］
M	mega-	10^{6}	兆
k	kilo-	10^{3}	千
h	hecto-	10^{2}	百
da	deca-	10	十
d	deci-	10^{-1}	分
c	centi-	10^{-2}	厘
m	milli-	10^{-3}	毫
μ	micro-	10^{-6}	微
n	nano-	10^{-9}	纳

附表2　常用能量单位换算

	MJ	GJ	kW·h	toe	tce
1MJ =	1	0.001	0.2778	2.4×10^{-5}	3.6×10^{-5}
1GJ =	1000	1	277.8	0.024	0.036
1kWh =	3.60	0.0036	1	8.6×10^{-5}	1.3×10^{-4}
1toe =	42000	42	12000	1	1.5
1tce =	28000	28	7800	0.67	1

注：toe(ton of standard oil equivalent) = 吨标准油；

tce(ton of standard coal equivalent) = 吨标准煤。

本书常用符号

英 文 字 母

A	面积(m^2)
AM	大气质量
a	热扩散率 $a = \lambda/\rho c_p$
C	光速；升力或阻力系数
C_p	风能功率利用系数
c	比热容[$J/(kg \cdot K)$]
D	直径(m)
d	水深(m)
E	能量(J)；电场强度(V/m)
E_b	黑体辐射力(W/m^2)
E_F	费米能级(eV)
E_g	能带间隙(eV)
E_λ	光谱辐射力(W/m^3)
F	光通量[光子数/($s \cdot cm^2$)]；法拉第常数
FF	光电池填充因子
G_m	摩尔吉布斯自由能(J/mol)
Gr	格拉晓夫数 $Gr = \dfrac{g\beta \Delta T L^3}{\nu^2}$
g	载流子产生率[EHP/($cm^3 \cdot s$)]
H	高度；波高；水头(m)；焓(J)
h	表面传热系数[$W/(m^2 \cdot K)$]；比焓(J/kg)；太阳高度角
I	电流(A)
J	电流密度(A/m^2)
L	长度、特征长度、扩散长度
m	质量(kg)；浓度(mol/L)
N	施主或受主浓度($1/cm^3$)
n	电子浓度($1/cm^3$)；折射率；转速(r/min)
Nu	努塞尔数 $Nu = \dfrac{hL}{\lambda}$
P	功率(W)
Pr	普朗特数 $Pr = \dfrac{\nu}{a}$
p	压强(工程上习惯称压力)(Pa)；空穴浓度($1/cm^3$)
Q	热量(J)；流量(m^3/s)
$\dot{Q}$	热流量(W)
q	热流密度(W/m^2)；电子电荷
R	半径；气体常数[$8.31 J/(mol \cdot K)$]；电阻；热阻
Ra	瑞利数 $Ra = Gr \cdot Pr$
Re	雷诺数 $Re = \dfrac{uL}{\nu}$
r	载流子复合率[EHP/($cm^3 \cdot s$)]
s	比熵[$J/(kg \cdot K)$]
S	熵(J/K)
t	时间(s)，摄氏温度(℃)
T	热力学温度(K)；波周期(s)
U	总传热系数；叶尖速，$U = \Omega R$(m/s)；热力学能(J)
u, v	速度(m/s)
V	体积(m^3)
V_0	上游未受干扰风速(m/s)
W	能量或功率
w	风能密度(W/m^2)
x, y, z	直角坐标

希 腊 字 母

α	光吸收系数(1/cm)
β	集热面倾角；热膨胀系数(1/K)
γ	方位角；二极管曲线因子
δ	厚度；太阳赤纬角
ε	发射率；光子能量；制冷系数
η	效率
θ	太阳入射角
λ	导热系数(也称热导率)[$W/(m \cdot K)$]
λ	波长(m，μm)；叶尖速比，$\lambda = U/V_0$
μ	化学势；动力粘度(Pa·s)；电子迁移率
ν	频率(1/s)；运动粘度(m^2/s)
ρ	密度(kg/m^3)；表面反射率
σ	斯忒藩—玻耳兹曼常数；电导率
τ	时间；透射率；电子复合寿命
$(\tau\alpha)$	太阳能集热器透过吸收积

Φ	电极电位(V)	L	损失
Ψ	纬度角	n	N 型半导体
Ω	角速度(1/s)	o	出口;平衡时的值
ω	时角	oc	开路

下　标

		op	光生载流子;
		p	并联;集热板;P 型半导体
a	环境;受主	rev	可逆
c	集热器,导带	s	串联
d	施主	sc	短路
i	进口;本征半导体	v	价带

全 文 索 引

A

暗电流   138
岸式波浪能装置   284

B

摆板式装置   289
半导体   53
被动式太阳房   107
贝兹（Betz）理论   228
本征半导体   54
边界层分离   34
边界层理论   33，46
标准电位   357
波浪   271
波浪的折射   276
波浪能   271
波浪能密度   273
波浪能转换装置   271
波矢   61
伯努利方程   30
不可再生能源   6
布里奇曼法（Bridgman）   149

C

槽式太阳能聚焦系统   114
层流   29
掺杂半导体   54
产甲烷菌   184
产氢产乙酸菌   183
潮汐电站   262
潮汐能   262
赤纬角   89
冲击式水轮机   254、260
抽水蓄能电站   266
储能技术   351
储氢技术   323
垂荡与摇摆机构   283
垂直轴型（达里厄型）风力机   230

D

达西定律   308

大气透明度   86
大气质量   86
大中型沼气技术   186
丹尼尔干电池   354
单晶硅太阳电池   132、147
导带   58
导热   39
导热机理   41
导热系数   41
地热资源、地热带   298
地热发电   307
地热供暖   311
地热回灌技术   319
地热井   318
地热能   296
地热热储   302
地热温室   314
地热资源   298
地源热泵   312
地转偏向力   210
点头鸭装置（DUCK）   291
点吸收型装置   281
点吸收型模式   281
电池极化   334
电化学反应   72
电解槽   325
电极电位   355
蝶式太阳能聚焦系统   114
对称翼透平技术   294
对流   40
多层结太阳电池   155~156
多共振振荡水柱技术   294
多晶硅太阳电池   154

F

发酵性细菌   183
反击式水轮机   254

非晶硅薄膜太阳电池	154
废弃物	169
费米能级	62
风级	219
风力发电	213
风力发电机	232
风力田	240
风能	207
风能密度	222
风速	219
风向	219
俘获能级	67
浮动式波浪能装置	284
浮动式波能船（FWPV）	290
辐射	40
附加能级	59
复合结太阳电池	145、155

G

跟踪装置	112、114
攻角	36
固定式波浪能装置	284
固体废弃物的厌氧消化	181
固体能带理论	57
固液相变材料（PCM）	127
贯流式水轮机	258
光电化学电池	156
光电流	138
光伏效应	131
光合作用	165

H

海蚌式装置（CLAM）	290
海浪谱	274
海蛇装置（Pelamis or Sea Snake）	291
耗尽层	56
耗氢产乙酸菌	183
黑体	41
黑体辐射力	48
化合物薄膜电池	155
化合物电池	155
化学储热	128
化学电池	77，355
化学反应	72
化学能	4

J

基尔霍夫定律	50
激光刻槽埋栅	152
集热板	94
集热器效率	101
集热器效率因子	101
集热器总热损系数	101
集热—蓄热墙式太阳房	107
价带	58
减反射膜	95、151
减缓型模式	281
间接带隙半导体	61、135
禁带宽度	58、134
巨鲸装置（The Mighty Whale）	290
聚光器	112、114
聚光式太阳灶	112
聚光太阳电池	145
聚光型集热器	114
聚光型光伏系统	156
聚焦型装置	284

K

卡诺循环	18
抗反射膜	147
可再生能源	7
空穴	53
扩散电流	56

L

垃圾填埋	171
离岸式波浪能装置	285
锂离子电池	361

M

闷晒式热水器	105
闷晒温度	101

N

纳维-斯托克斯（N-S）方程	31
钠硫电池	367
内建电场	56
能量	3
能量回收	161
能量平衡	161
能流密度	7
能源	1

能源品位	7
能源作物	168
黏性	25
牛顿内摩擦定律	25

P

P-N 结	56
漂移电流	57
平板集热器	93
平板太阳电池	145
平衡常数	73
平衡电位	354

Q

起动风速	219
气动翼弦	36
气压梯度	209
潜热储存	127
浅水波	275
铅酸电池	358
腔体吸收器	114
强迫对流	46
强制循环太阳能热水器	105
氢能	322
丘克拉斯基法（CZ）	149
区域熔解法	149
全玻璃真空管	103
全钒液流电池	373

R

燃料电池	331
燃料电池电站	349
燃料电池效率	335
燃用生物质锅炉	174
热储工程	302
热辐射	40
热管式真空管	104
热力学	13
热力学变量	14
热力学系统	13
热声发电机	117
热水型地热电站	309
热箱式太阳灶	111
容积比	229
柔性气袋装置	283

S

塞贝克效应（Seebeck effect）	113
熵	21
熵增加原理	22
设计风速	223
深水波	275
升力	36、224
升力系数	36
生物柴油	198
生物燃料电池	203
生物制氢技术	204
生物质等离子体气化	202
生物质裂解油燃料	192
生物质能	164
生物质气化	187
生物质燃料	176、192、158
生物质燃料乙醇技术	194
生物质热解	191
生物质热裂解技术	191
生物质压缩成型工艺	176
声子	42
施主能级	59
受主能级	59
水电站	249
水电站水工建筑物	251
水力发电	248
水轮机	253
水平轴型风力机	230
水位差型波能转换装置	281
丝网印刷	152
斯特林发电机	115

T

塔式太阳能聚焦系统	115
太阳常数	84
太阳池	118
太阳电池的 I-V 特性	137
太阳电池的短路电流	140、138
太阳电池的开路电压	140、138
太阳电池转换效率	141
太阳房	106
太阳辐射	85
太阳高度角	88
太阳入射角	89

太阳能除湿制冷	122		阳极	75
太阳能储存	126		氧化还原反应	74
太阳能干燥	125		叶尖速	229
太阳能热发电	113		液流电池	372
太阳能热利用	82		乙醇燃料	194
太阳能热水器	104		异养生物	165
太阳能温差发电	113		异质结电池	145
太阳能吸附式制冷	121		翼型	35
太阳能吸收式制冷	119		阴极	75
太阳能蒸汽喷射式制冷	124		油脂的水解反应	198
太阳能制冷	119		有效风能	217、223
太阳入射角	88		有效质量	60
太阳烟囱	117		原子核能	4
太阳灶	111		**Z**	
特朗伯墙	107		载流子的产生	65
填充因子	141		载流子的复合	65
停机风速	219		载流子浓度	54
同质结电池	145		沼气发酵	182
透明蜂窝	96		真空管集热器	103
透明盖板	95		振荡水柱装置	283
湍流	29		蒸汽型地热电站	308
W			脂肪酸的酯化反应	199
威尔士空气涡轮机（Wells Turbine）	285		直接带隙半导体	61、135
温室效应	9		直接受益式太阳房	107
X			直流式热水器	105
显热储存	126		酯交换反应	199
相对风速	225		制冷系数	20
相位控制技术	294		制氢技术	323
吸收系数	135		终结型模式	280
小型水电站	249		主动式太阳房	110
肖特基结太阳电池	145		自然对流	46
楔形流道装置（TAPCHAN）	287		自然循环热水器	105
选择性吸收涂层	94		自养生物	165
Y			自由电子	53
压缩空气型波能转换装置	281		阻力	32、36
压缩流体型波能转换装置	281		阻力系数	32、36、225

信息反馈表

尊敬的老师：您好！

感谢您对机械工业出版社的支持和厚爱！为了进一步提高我社教材的出版质量，更好地为我国高等教育发展服务，欢迎您对我社的教材多提宝贵意见和建议。另外，如果您在教学中选用了《可再生能源概论》第 2 版（左然、施明恒、王希麟、徐谦主编），欢迎您提出修改建议和意见。索取课件的授课教师，请填写下面的信息，发送邮件即可。

一、基本信息

姓名：_____ 性别：_____ 职称：_____ 职务：_____

邮编：_____ 地址：_____

学校：_____

任教课程：_____ 电话：_____—_____（H）_____（O）

电子邮件：_____ QQ：_____手机：_____

二、您对本书的意见和建议
（欢迎您指出本书的疏误之处）

三、您对我们的其他意见和建议

请与我们联系：

100037　北京百万庄大街 22 号

机械工业出版社·高等教育分社　刘涛　收

Tel：010-8837 9542（O），6899 4030（Fax）

E-mail：Ltao929@163.com

http://www.cmpedu.com（机械工业出版社·教育服务网）

http://www.cmpbook.com（机械工业出版社·门户网）